U0935850

全国技工院校机械类专业通用教材（高级技能层级）

机械制造工艺与装备

（第三版）

人力资源社会保障部教材办公室组织编写

中国劳动社会保障出版社

内容简介

本书主要内容包括绪论、机械加工工艺规程、车削工艺与装备、钻削和镗削工艺与装备、铣削工艺与装备、磨削工艺与装备、齿轮加工工艺与装备、数控加工与特种加工、先进制造技术、切削加工质量、典型零件加工、复杂零件加工、机械装配工艺等。

本书由崔兆华主编。

图书在版编目（CIP）数据

机械制造工艺与装备 / 人力资源社会保障部教材办公室组织编写 . -- 3 版 . -- 北京：中国劳动社会保障出版社，2020

全国技工院校机械类专业通用教材 . 高级技能层级

ISBN 978-7-5167-4291-4

Ⅰ. ①机… Ⅱ. ①人… Ⅲ. ①机械制造工艺－技工学校－教材 Ⅳ. ①TH16

中国版本图书馆 CIP 数据核字（2020）第 031073 号

中国劳动社会保障出版社出版发行

（北京市惠新东街 1 号　邮政编码：100029）

*

北京谊兴印刷有限公司印刷装订　新华书店经销

787 毫米 ×1092 毫米　16 开本　17.75 印张　410 千字

2020 年 4 月第 3 版　　2022 年 7 月第 2 次印刷

定价：33.00 元

读者服务部电话：（010）64929211/84209101/64921644

营销中心电话：（010）64962347

出版社网址：http://www.class.com.cn

http://jg.class.com.cn

版权专有　　侵权必究

如有印装差错，请与本社联系调换：（010）81211666

我社将与版权执法机关配合，大力打击盗印、销售和使用盗版图书活动，敬请广大读者协助举报，经查实将给予举报者奖励。

举报电话：（010）64954652

前 言

为了更好地适应全国技工院校机械类专业的教学要求，全面提升教学质量，人力资源社会保障部教材办公室组织有关学校的一线教师和行业、企业专家，在充分调研企业生产和学校教学情况、广泛听取教师对教材使用反馈意见的基础上，对全国高级技工学校机械类专业通用教材进行了修订。本次修订后出版的教材包括:《机械制图（第四版）》《机械基础（第二版）》《机构与零件（第四版）》《机械制造工艺学（第二版）》《机械制造工艺与装备（第三版）》《金属材料及热处理（第二版）》《极限配合与技术测量（第五版）》《电工学（第二版）》《工程力学（第二版）》《数控加工基础（第二版）》《液压传动与气动技术（第二版）》《液压技术（第四版）》《机床电气控制（第三版）》《金属切削原理与刀具（第五版）》《机床夹具（第五版）》《金属切削机床（第二版）》《高级车工工艺与技能训练（第三版）》《高级钳工工艺与技能训练（第三版）》《高级焊工工艺与技能训练（第三版）》等。

本次教材修订工作的重点主要体现在以下几个方面:

第一，更新教材内容，体现时代发展。

根据机械类专业毕业生所从事岗位的实际需要和教学实际情况的变化，合理确定学生应具备的能力与知识结构，对部分教材内容及其深度、难度做了适当调整；根据相关专业领域的最新发展，在教材中充实新知识、新技术、新设备、新材料等方面的内容，体现教材的先进性；采用最新国家技术标准，使教材更加科学和规范。

第二，提升表现形式，激发学习兴趣。

在教材内容的呈现形式上，较多地利用图片、实物照片和表格等形式将知识点生动地展示出来，尤其是在《机械基础（第二版）》《机床夹具（第五版）》等教材插图的制作中全面采用了立体造型技术，力求让学生更直观地理解和掌握所学内容。针对不同的知识点，设计了许多贴近实际的互动栏目，在激发学生学习兴趣和自主学习积极性的同时，使教材“易教易学，易懂易用”。

第三，开发配套资源，提供教学服务。

本套教材配有习题册和方便教师上课使用的多媒体电子课件，可以通过职业教育教学资源和数字学习中心网站（http://zyjy.class.com.cn）下载电子课件等教学资源。另外，在部分教材中使用了二维码技术，针对教材中的教学重点和难点制作了动画、视频、微课等多媒体资源，学生使用移动终端扫描二维码即可在线观看相应内容。

本次教材的修订工作得到了河北、辽宁、江苏、山东、河南、湖南、广东等省人力资源社会保障厅及有关学校的大力支持，在此我们表示诚挚的谢意。

人力资源社会保障部教材办公室

2018 年 8 月

目　录

绪　论

机械制造工艺是工业产品制造的基础，先进的制造工艺是建设制造强国的基础。优质产品来源于优秀的设计，更依赖于优良的制造，而优良的制造取决于完善的加工工艺。只有先进的加工工艺，才能制造出高、精、尖产品，才可能降低生产成本，提高生产效率。

一、本课程研究的对象

任何一种机械产品都是由机械零件组成的，机械零件由不同的材料经过机械制造而成。机械制造是指利用各种手段对金属材料进行加工，从而得到所需产品的过程。机械制造包括从金属材料毛坯的制造到制成零件后装配到产品上的全过程，如图 0–1 所示。机械制造过程包括毛坯制造、机械加工及热处理、装配与调试三个阶段。

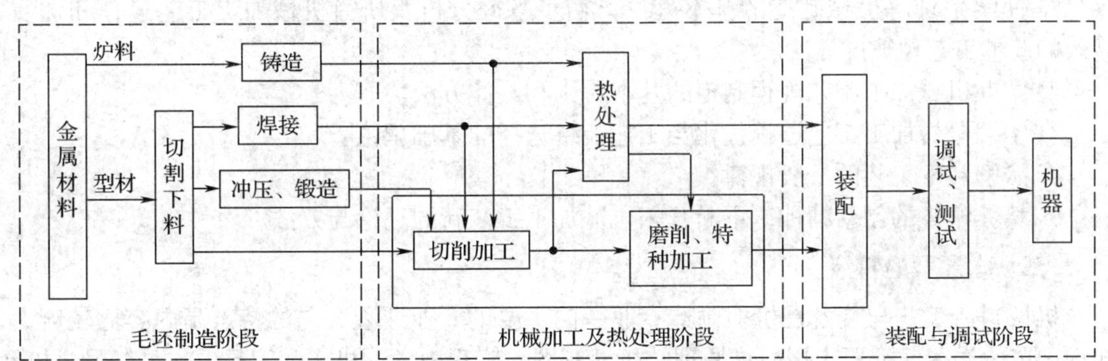

图 0–1　机械制造过程

毛坯制造过程一般分为选材和成型两个阶段。选材：根据零件的功用和技术要求选择毛坯材料；成型：根据零件的材料和技术要求加工成型。机械零件加工常用毛坯有铸件、锻件、焊接件、棒料、板材、型材等。

零件加工是机械零件生产加工过程的一个主要阶段，零件的形状在这一阶段中完成，并且要达到技术要求和使用功能。机械零件的加工以金属切削为主。金属切削加工方法一般分为车削、铣削、磨削、钻削、镗削、插削、刨削、齿轮加工等。金属切削加工内容繁多，但各种切削加工共同涉及的问题是工艺方法与过程、工艺装备（机床、刀具、夹具、量具）。

工艺是指使各种原材料、半成品成为产品的方法与过程。工艺过程是指改变生产对象的形状、尺寸、相对位置和性质等，使其成为产品或半成品的过程。机械制造工艺包含工艺性分析、工艺方案的确定、工艺文件的制定、工艺装备的选择等。

机械装配是机械产品制造过程中最后一个阶段，包括装配与调试两个内容。零件的制造质量是产品质量的基础，但如果使用了不合理的装配工艺，即使采用了高质量的零件，也会装配出质量差甚至不合格的产品来。

机械制造工艺与装备研究的对象是机械零件加工的工艺方法、工艺过程与工艺装备。本课程是在学完金属工艺学、金属切削与刀具、机械零件设计、机械制图、公差与技术测量等课程的基础上，综合地研究将毛坯切削加工成零件的工艺方法和工艺过程；正确地制定工艺规程，选择工艺方法、工艺装备；优质、高效地生产出机械产品。

二、本课程的内容与任务

生产加工一个规定的机械产品，采用不同的工艺方法和工艺装备会有不同的加工效果。合理的工艺过程应满足两个基本目标，即合格的产品质量，生产效率高、生产成本低。

处理这两个问题的原则是先满足产品质量的要求，在此前提下不断优化生产过程，提高生产效率，降低生产成本。这就是本课程要研究、探索和遵循的最普通的规律，正是这些规律及其应用构成了本课程的整个体系。

随着科学技术的发展，新技术、新装备不断产生，也对机械制造工艺与装备学科提出了更高、更新的要求。在不同的条件和环境中，优质、高效地生产出优质的机械产品，是一个企业永远追求的目标，也是本课程必须不断探讨的课题。

本课程的具体任务如下：

1. 使学生理解机械制造的基本理论，初步掌握分析及研究机械加工工艺过程和优质、高效的基本工艺规律的方法。
2. 掌握机械加工工艺规程制定的基本原则和具体方法。
3. 掌握机械加工工艺过程优化与工艺装备选择的基础理论。
4. 了解装配工艺的一般规律。
5. 培养学生的创新精神，不断开拓机械加工工艺新的理论与方法。

三、本课程的特点

机械制造工艺与装备是机械制造专业一门主要的专业课程，它的特点是内容比较庞大，知识面广，学习时需要应用机械原理、机械制图、工程力学、机床、刀具、夹具、量具以及工艺方法等诸多方面的理论与知识，是一门综合性的实用技术学科。

根据本课程性质、内容与特点，在学习本课程时特别要注意三个方面：一是必须打好前期知识的基础，掌握好基础知识是学好本课程的一个前提；二是理论联系实际，本课程理论体系的建立离不开生产实际，要真正学好这门课程，实践是一条必由之路，因为只有深入生产实践中去，才能真正理解这门课程的特点与内在规律；三是要逐步养成辩证的思维方式，因为机械制造工艺理论与方法应用时涉及问题多，灵活性也相当大，所以必须实事求是地根据具体情况、环境、条件做出具体分析与决策，以避免顾此失彼。

第一章　机械加工工艺规程

机械加工工艺规程是规定产品或零部件机械加工工艺过程和操作方法等的工艺文件。机械加工的目的是将毛坯加工成符合产品要求的零件。通常，毛坯需要经过若干道工序才能转化为符合产品要求的零件。一组相同结构、相同要求的机器零件，可以采用几种不同的工艺过程完成，但其中总有一种工艺过程在某一特定条件下是最经济、最合理的。因此，设计者只有具备丰富的生产实践经验和扎实的机械制造工艺基础理论知识，才能制定出较合理的工艺过程。

§1–1　基本概念

一、生产过程和工艺过程

1. 生产过程

生产过程是指将原材料转变为成品的全过程。对机械制造而言，生产过程一般包括以下内容：

（1）原材料、半成品和成品的运输和保存。

（2）生产和技术准备工作，如产品的开发和设计、工艺及工艺装备的设计与制造等。

（3）毛坯制造和处理，零件的机械加工，热处理及其他表面处理。

（4）部件或产品的装配、检测、调试、包装等。

2. 工艺过程

在生产过程中，凡是改变生产对象的形状、尺寸、相对位置或性质等，使其成为成品或半成品的过程称为工艺过程。工艺过程是生产过程中的主要部分。机械加工车间中采用机械加工的方法，直接改变毛坯的形状、尺寸和表面质量等，使其成为零件的过程称为机械加工工艺过程。

在机械加工工艺过程中，根据被加工零件的结构特点和技术要求，在不同的生产条件下，需要采用不同的加工方法和装备，按照一定的顺序依次进行才能完成由毛坯到零件的转变过程。因此，机械加工工艺过程是由一个或若干个顺序排列的工序组成的，而工序又由安装、工位、工步和进给组成。

（1）工序

一个或一组工人，在一个工作地对一个或同时对几个零件所连续完成的那一部分工艺过程称为工序。划分工序的依据是工作地是否发生变化和工作是否连续。如图 1–1 所示的台阶轴，当加工数量不同时，其工艺过程的工序划分也不同，见表 1–1。

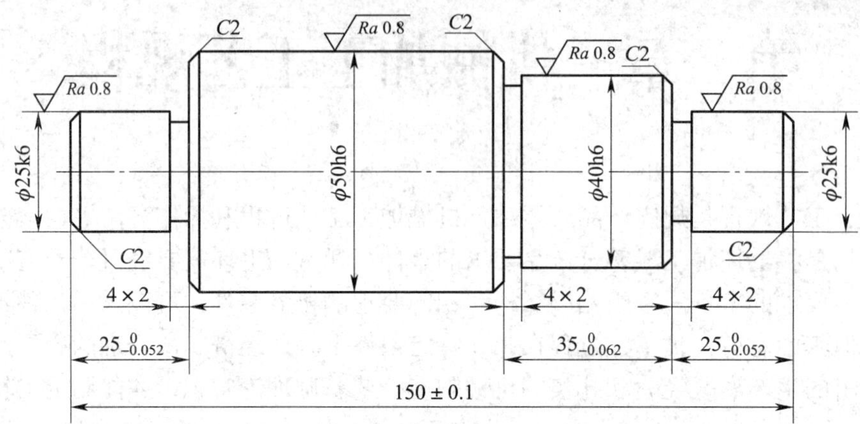

图 1–1　台阶轴

表 1–1　台阶轴工序划分

	工序号	工序内容	设备
单件、小批量生产的工艺过程	1	车两端面、钻两端中心孔	车床
	2	车外圆、槽和倒角	车床
	3	去毛刺	钳台
	4	磨外圆	磨床
大批量生产的工艺过程	1	两端同时铣端面、钻中心孔	专用机床
	2	车一端外圆、槽和倒角	车床
	3	车另一端外圆、槽和倒角	车床
	4	去毛刺	钳台或专门去毛刺机
	5	磨外圆	磨床

（2）安装

工件在加工前，确定工件在机床上或夹具中占有正确位置的过程称为定位。工件定位后将其固定，使其在加工过程中保持定位位置不变的操作称为夹紧。将工件在机床上或夹具中定位、夹紧的过程称为装夹。

工件经一次装夹后所完成的那一部分工序称为安装。在一道工序中，工件可能安装一次或多次才能完成加工，例如，表 1–1 中单件、小批量生产工艺过程中的工序 1 需要两次安装。工件在加工过程中，应尽量减少安装次数，因为多一次安装就会增加安装时间，还会增大装夹误差。

（3）工位

工件经一次装夹后，在加工过程中工件如需做若干位置的改变，则工件与夹具或机床的可动部分一起，相对刀具或机床的固定部分所占据的每一个位置（每一位置有一个或一组相应的加工表面）上所进行的那部分加工过程称为一个工位。如图 1–2 所示，在普通立式钻床上钻法兰盘的四个等分轴向孔，当钻完一个孔后，工件 1 连同夹具回转部分 2 一起分别转过 90°，然后钻另一个孔。该工序包括一个安装、四个工位。采用多工位加工方法可以减少工件的装夹次数，提高加工精度和生产效率。

（4）工步

在加工表面（或装配时的连接面）和加工（或装配）工具、切削用量不变的情况下，所连续加工的同一个或同一组表面的那一部分工序内容称为工步。划分工步的依据是加工表面、切削用量和工具是否变化。例如，车削图 1–3 所示的支撑轴零件，包括九个工步：车端面 *A*、车 ϕ30 mm 外圆、车 ϕ14h7 外圆、车端面 *B*、车槽 ϕ13 mm × 1 mm、倒角 *C*1 mm、切断、车端面 *C*、倒角 *C*1.5 mm。

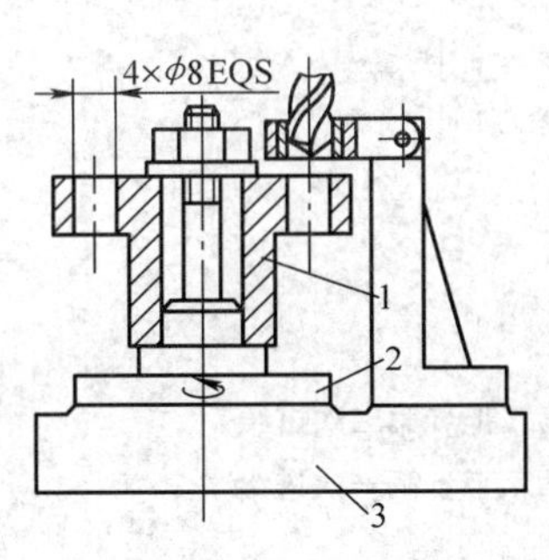

图 1–2　多工位加工示例

1—工件　2—夹具回转部分　3—夹具固定部分

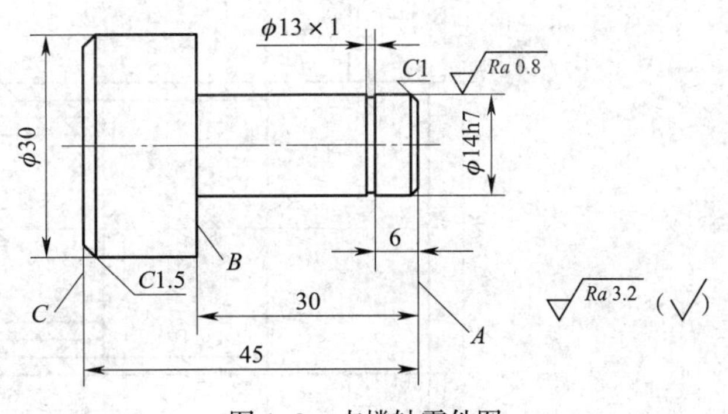

图 1–3　支撑轴零件图

为简化工艺文件，对在一次安装中连续进行若干个相同的工步，通常看作一个工步。如图 1–4 所示，钻削零件上六个 ϕ20 孔，可写成一个工步“钻 6 × ϕ20 孔”。按照工步的定义，带回转刀架的机床（如转塔车床、加工中心等），其回转刀架的一次转位所完成的工位内容应属于一个工步。此时若有几把刀具同时参与切削，该工步称为复合工步。如图 1–5 所示为立轴转塔车床回转刀架，图 1–6 所示为利用该刀架加工齿轮内孔及外圆的一个复合工步。在数控加工中，通常将一次安装下用一把刀具连续切削工件上的多个表面划分为一个工步。

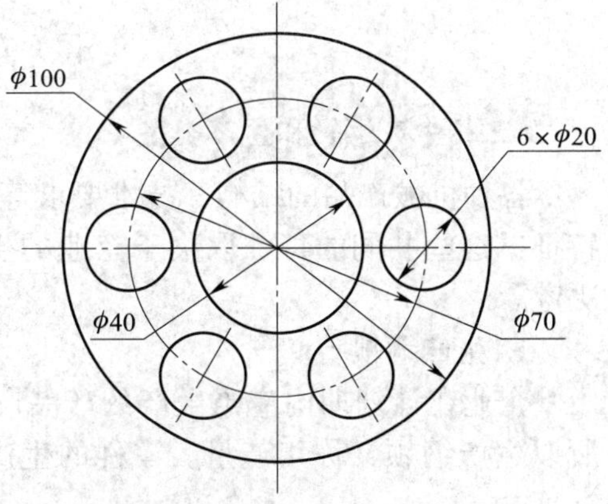

图 1–4　加工六个相同表面的工步

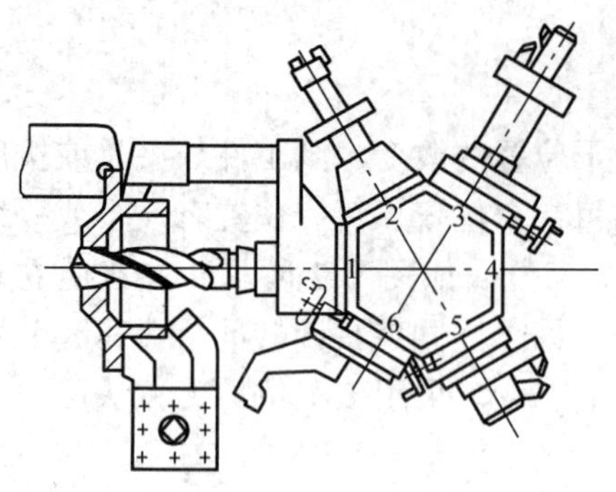

图 1-5 立轴转塔车床回转刀架

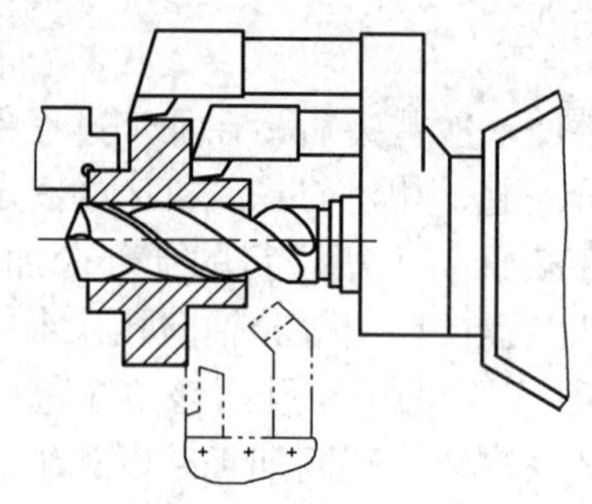
图 1-6 立轴转塔车床上的一个复合工步

（5）进给

在一个工步内，若被加工表面需切除的余量较大，可分几次切削，每次切削称为一次进给。车削图 1-7 所示的台阶轴，第一工步（车削 ϕ80 mm 外圆）为一次进给，第二工步（车削 ϕ60 mm 外圆）为二次进给。

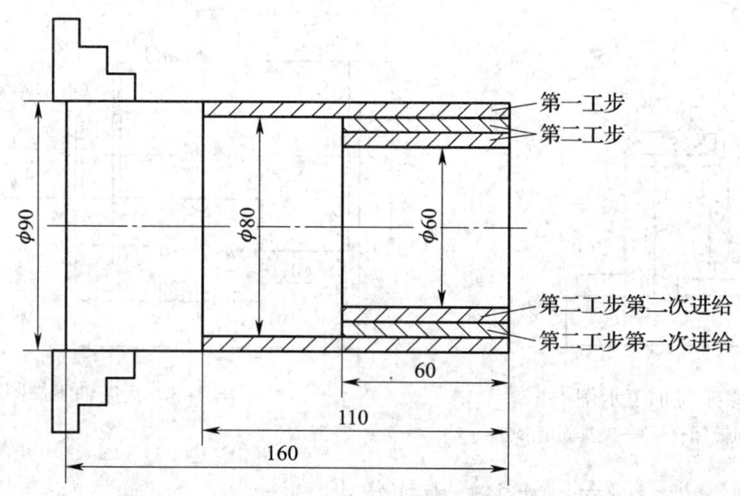

图 1-7 台阶轴的车削进给

二、生产纲领和生产类型

各种机械产品的结构、技术要求等差异很大，但它们的制造工艺则存在着很多共同的特征。这些共同的特征取决于企业的生产类型，而企业的生产类型又由企业的生产纲领决定。

1. 生产纲领

企业在计划期内应当生产的产品产量和进度计划称为生产纲领。计划期通常为一年，所以生产纲领又称年产量。零件的生产纲领还包括一定的备品和废品的数量，可按下式计算：

$$N=Qn（1+\alpha）（1+\beta）$$

式中 N——零件的年产量，件/年；

Q——产品的年产量，台/年；

n——每台产品中该零件的数量，件/台；

α——备品的百分率，%；

β——废品的百分率，%。

2. 生产类型

在机械制造中，按照企业（或车间、工段、班组、工作地）生产专业化程度，一般可分为单件生产、大量生产和成批生产三种类型。

（1）单件生产

单件生产是指产品品种多，而每一种产品的结构、尺寸不同，且产量很少，各个工作地点的加工对象经常改变，且很少重复的生产类型。如新产品试制、重型机械和专用设备的制造等均属于单件生产。

（2）大量生产

大量生产是指产品数量大，大多数工作地点长期按一定节拍进行某一个零件的某一道工序的加工。如汽车、摩托车、柴油机等的生产均属于大量生产。

（3）成批生产

成批生产是指一年中分批轮流地制造几种不同的产品，每种产品均有一定的数量，工作地点的加工对象周期性地重复。如机床、电动机等均属于成批生产。

每一次投入或产出的同一产品（或零件）的数量称为生产批量，简称批量。批量可根据零件的年产量及一年中的生产批数计算确定。一年的生产批数根据用户的需要、零件的特征、流动资金的周转、仓库容量等具体情况确定。

按批量的多少，成批生产又可分为小批、中批和大批生产三种。在工艺中，小批生产和单件生产相似，常合称为单件、小批量生产；大批生产和大量生产相似，常合称为大批大量生产；成批生产通常仅指中批生产。产品的不同生产类型和生产纲领的关系见表 1–2。

表 1–2　生产类型和生产纲领的关系

生产类型		生产纲领（台/年或件/年）		
		轻型零件（4 kg 以下）	中型零件（4 ~ 30 kg）	重型零件（30 kg 以上）
单件生产		≤ 100	≤ 10	≤ 5
成批生产	小批生产	>100 ~ 500	>10 ~ 150	>5 ~ 100
	中批生产	>500 ~ 5 000	>150 ~ 500	>100 ~ 300
	大批生产	>5 000 ~ 50 000	>500 ~ 5 000	>300 ~ 1 000
大量生产		>50 000	>5 000	>1 000

生产类型不同，产品和零件的制造工艺、工艺装备、设备、技术措施、经济效果等也不相同。大批大量生产采用高效率的工艺装备及专用机床，加工成本低，经济效益高。单件、小批量生产通常采用通用设备及工艺装备，生产效率低，加工成本高。数控加工主要用于单件、小批量生产和成批生产。各种生产类型的工艺特征见表 1–3。

表 1–3　　各种生产类型的工艺特征

工艺特征	单件、小批量生产	成批生产	大批大量生产
毛坯的制造方法及加工余量	铸件用木模手工造型，锻件用自由锻。毛坯精度低，加工余量大	部分铸件用金属模造型，部分锻件用模锻。毛坯精度及加工余量中等	铸件广泛采用金属模造型，锻件广泛采用模锻以及其他高效方法，毛坯精度高，加工余量小
机床设备及其布置	通用机床、数控机床。按机床类别采用机群式布置	部分通用机床、数控机床及高效机床。按工件类别分工段排列	广泛采用高效专用机床及自动机床。按流水线和自动线排列
工艺装备	多采用通用夹具、刀具和量具。靠划线和试切法达到精度要求	广泛采用夹具，部分靠找正装夹达到精度要求，较多采用专用刀具和量具	广泛采用高效率的夹具、刀具和量具，用调整法达到精度要求
工人技术水平	需技术熟练的工人	需技术比较熟练的工人	对操作工人的技术要求较低，对调整工人的技术要求较高
工艺文件	有工艺过程卡，关键工序要工序卡，数控加工工序要详细的工序卡和程序单等文件	有工序过程卡，关键零件要工序卡，数控加工工序要详细的工序卡和程序单等文件	有工艺过程卡和工序卡，关键工序要调整卡和检验卡
生产效率	低	中	高
成本	高	中	低

三、机械加工工艺文件

将工艺规程的内容填入一定格式的卡片，即形成工艺文件。工艺文件是指导工人操作和用于生产、工艺管理的技术文件，常用的机械加工工艺文件的基本格式有以下三种。

1. 机械加工工艺过程卡片

机械加工工艺过程卡片简称过程卡片或路线卡片，见表 1–4。它是以工序为单位说明一个零件全部加工过程的工艺卡片。这种卡片包括零件各工序的名称、工序内容、经过的车间和工段、所用的设备、工艺装备、工时定额等，主要用于单件小批量生产的生产管理。

表 1–4　　机械加工工艺过程卡片

机械加工工艺过程卡片	产品型号		零（部）件图号				
	产品名称		零（部）件名称		共　页	第　页	
材料牌号		毛坯种类		毛坯外形尺寸		每个毛坯可制件数	
每台件数		备注					
工序号	工序名称	工序内容	车间	工段	设备	工艺装备	工时（单件／最终）
1							
2							
3							
4							

										设计（日期）	审核（日期）	标准化（日期）	会签（日期）
标记	处数	更改文件号	签字	日期	标记	处数	更改文件号	签字	日期				

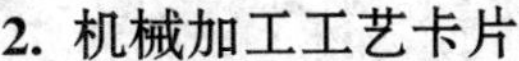

2. 机械加工工艺卡片

机械加工工艺卡片是以工序为单元，详细说明产品（或零、部件）在某一工艺阶段中的工序号、工序名称、工序内容、工艺参数、操作要求以及采用的设备和工艺装备等。机械加工工艺卡片的格式见表 1–5，它是工艺准备、生产管理和指导操作的一种主要技术文件，广泛用于批量生产的零件和小批量生产的重要零件。

表 1–5　　　　机械加工工艺卡片

<table>
<tr><td colspan="2" rowspan="2">××××</td><td colspan="3" rowspan="2">机械加工工艺卡片</td><td colspan="2">产品型号</td><td colspan="2"></td><td colspan="2">零（部）件图号</td><td colspan="3"></td><td colspan="2">共 页</td></tr>
<tr><td colspan="2">产品名称</td><td colspan="2"></td><td colspan="2">零（部）件名称</td><td colspan="3"></td><td colspan="2">第 页</td></tr>
<tr><td colspan="2">材料牌号</td><td></td><td>毛坯种类</td><td></td><td colspan="2">毛坯外形尺寸</td><td></td><td colspan="2">每个毛坯可制件数</td><td></td><td colspan="2">每台件数</td><td></td><td>备注</td><td></td></tr>
<tr><td rowspan="2">工序</td><td rowspan="2">装夹</td><td rowspan="2">工步</td><td rowspan="2">工序内容</td><td rowspan="2">同时加工零件数</td><td colspan="4">切削用量</td><td rowspan="2">设备名称及编号</td><td colspan="3">工艺装备名称及编号</td><td rowspan="2">技术等级</td><td colspan="2">工时定额</td></tr>
<tr><td>背吃刀量（mm）</td><td>切削速度（m/min）</td><td>主轴转速（r/min 或往复次数）</td><td>进给量（mm/r 或 mm/min）</td><td>夹具</td><td>刀具</td><td>量具</td><td>单件</td><td>最终</td></tr>
<tr><td></td><td></td><td></td><td></td><td></td><td></td><td></td><td></td><td></td><td></td><td></td><td></td><td></td><td></td><td></td><td></td></tr>
<tr><td></td><td></td><td></td><td></td><td></td><td></td><td></td><td></td><td></td><td></td><td colspan="2" rowspan="2">编制（日期）</td><td colspan="2" rowspan="2">审核（日期）</td><td colspan="2" rowspan="2">会签（日期）</td></tr>
<tr><td></td><td></td><td></td><td></td><td></td><td></td><td></td><td></td><td></td><td></td></tr>
<tr><td>标记</td><td>处数</td><td>更改文件号</td><td>签字</td><td>日期</td><td>标记</td><td>处数</td><td>更改文件号</td><td>签字</td><td>日期</td><td colspan="2"></td><td colspan="2"></td><td colspan="2"></td></tr>
</table>

3. 机械加工工序卡片

机械加工工序卡片是在机械加工工艺过程卡片或机械加工工艺卡片的基础上，对每道工序所编制的一种工艺文件。一般具有工序简图，并详细说明该工序每个工步的加工（或装配）内容、工艺参数、操作要求以及所用设备和工艺装备等，用以具体指导工人进行操作，其内容比机械加工工艺卡片更详细，常用于大批大量生产中。机械加工工序卡片的格式见表 1–6。

表 1–6　　　　机械加工工序卡片

××××	机械加工工序卡片	产品型号		零（部）件图号		共　页
		产品名称		零（部）件名称		第　页

（工序简图）	车间	工序号	工序名称	材料牌号
	毛坯种类	毛坯外形尺寸	每个毛坯可制件数	每台件数
	设备名称	设备型号	设备编号	同时加工件数
	夹具名称	夹具编号	切削液	
	工位器具名称	工位器具编号	工序工时	
			最终	单件

工步号	工步内容	工艺装备	主轴转速（r/min）	切削速度（m/min）	进给量（mm/r）	背吃刀量（mm）	进给次数	工步工时	
								机动	辅助

										设计（日期）	审核（日期）	标准化（日期）	会签（日期）
标记	处数	更改文件号	签字	日期	标记	处数	更改文件号	签字	日期				

§1–2　基准的选择

一、基准的概念及分类

1. 基准的概念

零件是由若干表面组成的，它们之间有一定的相互位置和距离尺寸的要求。在加工过程中，也必须相应地以某个或某几个表面为依据来加工有关表面，以保证零件图上所规定的要求。零件表面间的各种相互依赖关系就引出了基准的概念。

所谓基准，就是用来确定生产对象上几何要素的几何关系所依据的那些点、线、面。

2. 基准的分类

根据功用不同，基准又可分为设计基准和工艺基准两大类。

（1）设计基准

设计基准是指零件设计图样上用来确定其他点、线、面位置的基准。如图 1-8a 所示的零件，对尺寸 30 mm 而言，*B* 面是 *A* 面的设计基准，或者 *A* 面是 *B* 面的设计基准，它们互为设计基准。图 1-8b 所示的零件，对于径向圆跳动而言，ϕ40h6 圆柱面的轴线是 ϕ30h6 外圆的设计基准，而 ϕ40h6 圆柱面的设计基准是它本身的轴线。图 1-8c 所示的零件，对尺寸 44.5 mm 而言，键槽底面的设计基准是圆柱面的下素线 *D*。图 1-8d 所示的零件，对尺寸 $S\phi$50 mm 来说，球面的设计基准是球心。

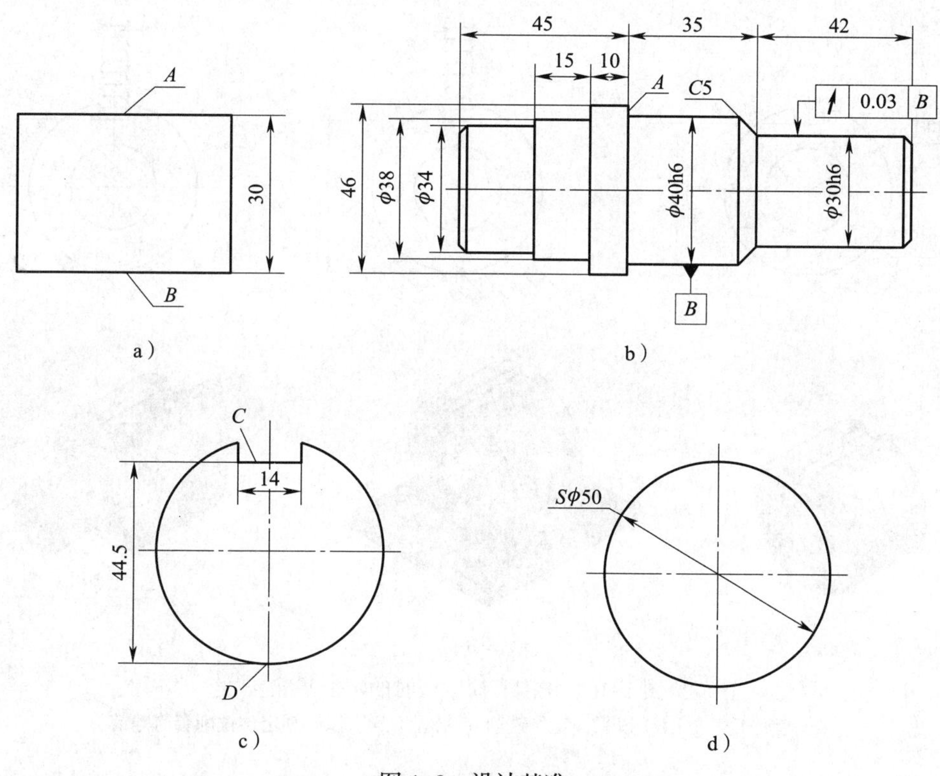

图 1-8　设计基准

a）平面类零件　b）轴类零件　c）键槽类零件　d）球类零件

对整个零件而言，往往有很多位置尺寸和位置精度要求，但在各方向上通常有一个主设计基准。主设计基准常与装配基准重合。如图 1-8b 所示的零件，轴向的主设计基准是 *A* 面，径向的主设计基准是 ϕ40h6 圆柱面的轴线。

（2）工艺基准

工艺基准是指工艺过程中所采用的基准。按其作用不同，工艺基准可分为工序基准、定位基准、测量基准和装配基准。

1）工序基准。是指工序图上用来确定本工序所加工表面加工后的尺寸、形状和位置的基准。如图 1–9 所示某钻孔工序的工序图，工序基准为 *A* 面。某工序加工应达到的尺寸称为工序尺寸，如图 1–9 所示的尺寸（20 ± 0.1）mm 和 $\phi 5^{+0.02}_{0}$ mm 即为工序尺寸。

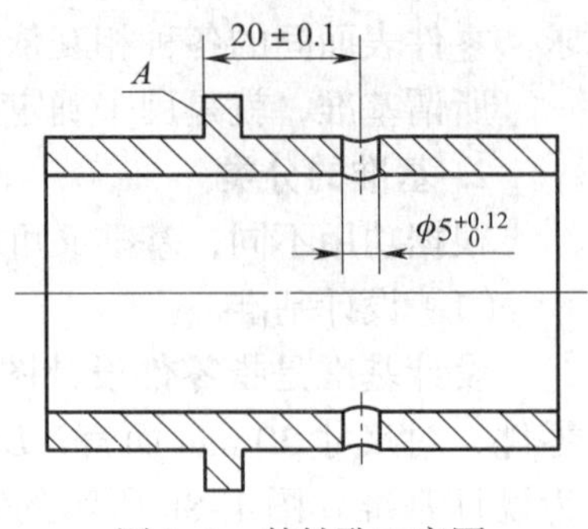

图 1–9　某钻孔工序图

2）定位基准。在加工中用作定位的基准称为定位基准。定位基准用来确定工件在机床上或夹具中的正确位置。在使用夹具时，其定位基准就是工件与夹具定位组件相接触的点、线、面。图 1–10a 所示为铣削套筒键槽时的两种定位情形：按平面定位（图 1–10b）时，工件的下母线是定位基准；按心轴定位（图 1–10c）时，工件以孔轴线作为定位基准。

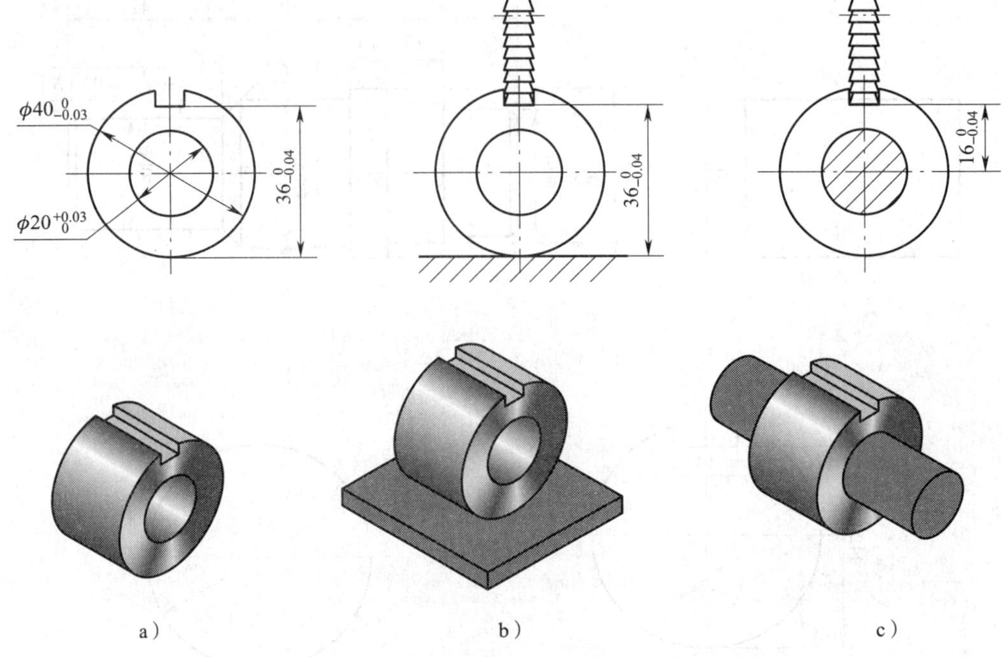

图 1–10　铣削套筒键槽时的定位基准

a）套筒工序图　b）以平面定位铣削套筒键槽　c）以心轴定位铣削套筒键槽

3）测量基准。测量时所采用的基准称为测量基准。如图 1–11 所示，测量 7 mm 时，以小圆柱面上素线 *A* 为测量基准；测量 50 mm 时，以大圆柱面的下素线 *B* 为测量基准。测量基准可以是点、线、面。

4）装配基准。装配基准是指装配时用来确定零件或部件在产品中的相对位置所采用的基准。如图 1–12 所示的齿轮装配在轴上，则齿轮的孔 *A* 及端面 *B* 为装配基准。

二、定位基准的选择

合理地选择定位基准对保证加工精度和确定加工顺序都有决定性影响。定位基准分为粗基准和精基准。在机械加工的第一道工序中，只能使用毛坯上未加工的表面作为定位基准，

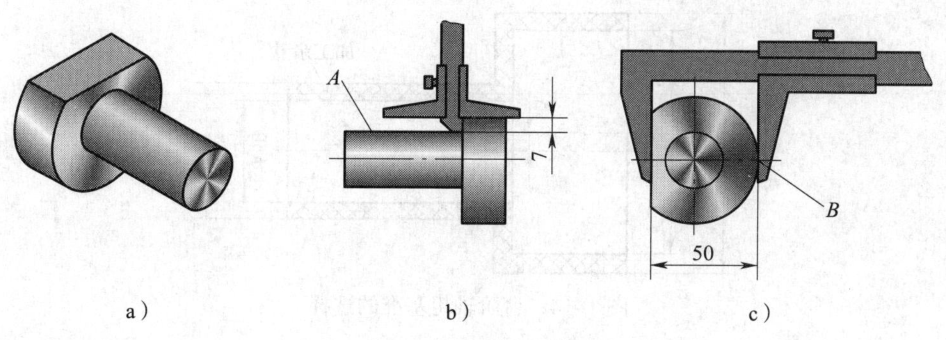

图 1–11 测量基准

a）零件 b）以 A 为基准 c）以 B 为基准

这种基准称为粗基准。在以后的工序中，可以采用已加工过的表面作为定位基准，这种基准称为精基准。

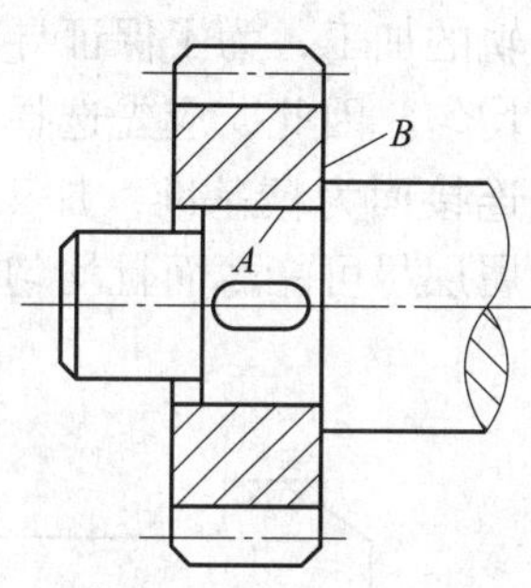

图 1–12 装配基准

1. 粗基准的选择原则

选择粗基准时，必须达到以下两个基本要求：其一，要保证所有加工表面都有足够的加工余量；其二，应保证工件加工表面和不加工表面之间有一定的位置精度。具体可按下列原则选择：

（1）相互位置要求原则

选取与加工表面相互位置精度要求较高的不加工表面作为粗基准，以保证不加工表面与加工表面的位置要求。如果零件上有多个不加工表面，则应以其中与加工表面相互位置精度要求高的不加工表面为粗基准。如图 1–13a 所示的零件，为了保证壁厚均匀，应选择不加工的孔及内表面为粗基准。又如图 1–13b 所示的零件，径向有三个不加工表面，若外圆表面 ϕA 与孔 $\phi 50^{+0.1}_{0}$ mm 之间的壁厚均匀度要求较高，则应选择外圆 ϕA 为径向粗基准。

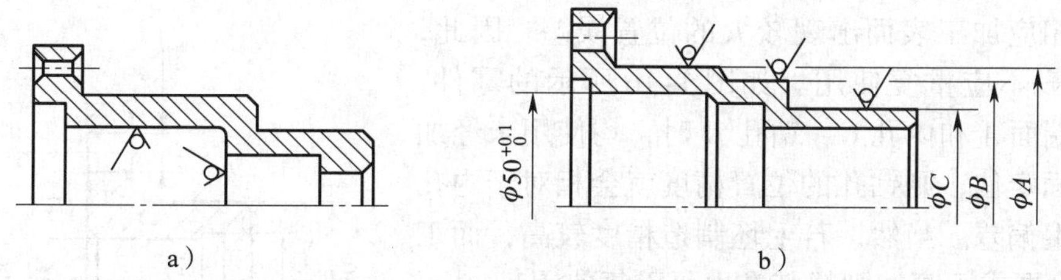

图 1–13 选择不加工的表面为粗基准

a）以不加工内孔为粗基准 b）以不加工外圆为粗基准

（2）加工余量合理分配原则

对于全部表面都需要加工的零件，应该选择加工余量最小的表面作为粗基准，这样不会因为位置偏移而造成余量太小的部位加工不出来。如图 1–14 所示台阶轴，毛坯大、小端外圆有 5 mm 的偏心，应以余量较小的 $\phi 58$ mm 外圆表面作粗基准。如果选 $\phi 114$ mm 外圆作粗基准加工 $\phi 58$ mm 外圆，则无法加工出 $\phi 50$ mm 外圆。

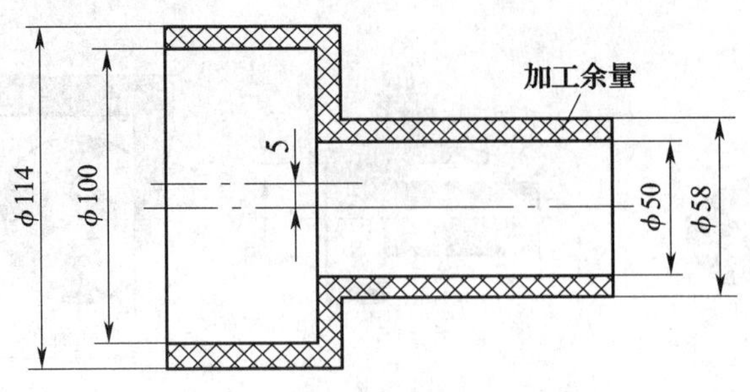

图 1–14　台阶轴粗基准的选择

（3）重要表面原则

为保证重要表面的加工余量均匀，应选择重要加工面为粗基准。如图 1–15 所示床身导轨的加工，为了保证导轨面的金相组织均匀一致并且有较高的耐磨性，应使其加工余量小而均匀。因此，应先选择导轨面为粗基准，加工与床腿的连接面，如图 1–15a 所示。然后再以连接面为精基准，加工导轨面，如图 1–15b 所示。这样才能保证加工导轨面时被切去的金属层尽可能薄而且均匀。

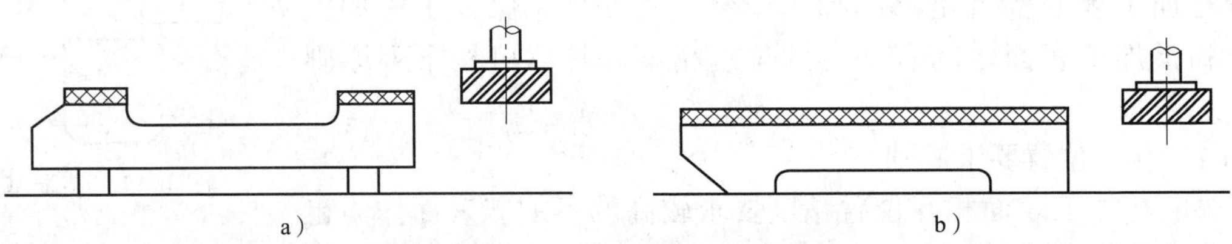

图 1–15　加工床身导轨时粗基准的选择

a）加工与床腿的连接面时以导轨面为粗基准　b）加工导轨面时以连接面为精基准

（4）不重复使用原则

粗基准未经加工，表面比较粗糙且精度低，二次安装时，其在机床上（或夹具中）的实际位置可能与第一次安装时不一样，从而产生定位误差，导致相应加工表面出现较大的位置误差。因此，粗基准一般不应重复使用。如图 1–16 所示的零件，若在加工端面 A 和内孔 C、钻孔 D 时，均使用未经加工的 B 表面定位，则钻孔的位置精度就会相对于内孔和端面产生偏差。当然，若毛坯制造精度较高，而工件加工精度要求不高，则粗基准也可重复使用。

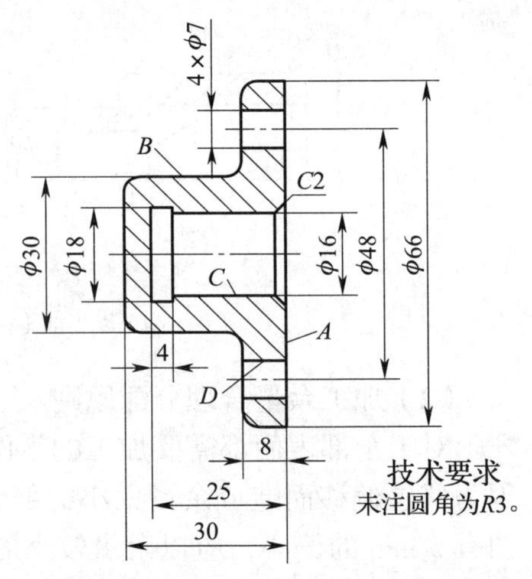

图 1–16　粗基准重复使用的误差

（5）便于工件装夹原则

作为粗基准的表面，应尽量平整、光滑，没有飞翅、冒口、浇口或其他缺陷，以便使工件定位准确、夹紧可靠。

2. 精基准的选择原则

精基准选择考虑的重点是如何保证工件的加工精度，并使工件装夹准确、可靠、方便，以及夹具结构简单。选择精基准一般应遵循下列原则：

（1）基准重合原则

直接选择加工表面的设计基准为定位基准，称为基准重合原则。采用基准重合原则可以避免由定位基准与设计基准不重合而引起的定位误差（基准不重合误差）。如图 1–17a 所示的零件，欲加工孔 3，其设计基准是面 2，要求保证尺寸 A。在用调整法加工时，若以面 1 为定位基准，如图 1–17b 所示，则直接保证的尺寸是 C，尺寸 A 是通过控制尺寸 B 和 C 间接保证的。因此，尺寸 A 的公差为：

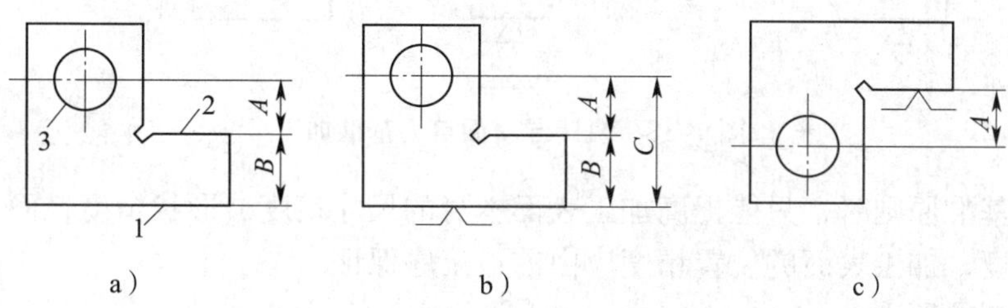

图 1–17　设计基准与定位基准的关系

a）工件　b）设计基准与定位基准不重合　c）设计基准与定位基准重合

$$T_A=A_{max}-A_{min}=C_{max}-B_{min}-(C_{min}-B_{max})=T_B+T_C$$

由此可以看出，尺寸 A 的加工误差中增加了一个从定位基准（面 1）到设计基准（面 2）之间尺寸 B 的误差，这个误差就是基准不重合误差。由于基准不重合误差的存在，只有提高本道工序尺寸 C 的加工精度，才能保证尺寸 A 的精度；当本道工序 C 的加工精度不能满足要求时，还需提高前道工序尺寸 B 的加工精度，增加了加工的难度。若按图 1–17c 所示用面 2 定位，则符合基准重合原则，可以直接保证尺寸 A 的精度。

应用基准重合原则时，要具体情况具体分析。定位过程中产生的基准不重合误差是在用夹具装夹、调整法加工一批工件时产生的。若用试切法加工，设计要求的尺寸一般可直接测量，不存在基准不重合误差问题。在带有自动测量功能的数控机床上加工时，可在工艺中安排坐标系检测工步，即每个零件加工前由 CNC 系统自动控制测量头检测设计基准并自动计算、修正坐标值，消除基准不重合误差。在这种情况下，可不必遵循基准重合原则。

（2）基准统一原则

同一零件的多道工序尽可能选择同一个定位基准，称为基准统一原则。这样既可保证各加工表面间的相互位置精度，避免或减少因基准转换而引起的误差，又简化了夹具的设计与制造工作，降低了成本，缩短了生产准备周期。例如，轴类零件以两中心孔定位加工各台阶外圆表面，可保证各台阶外圆表面的同轴度精度。

基准重合和基准统一原则是选择精基准的两个重要原则，但实际生产中有时会遇到两者相互矛盾的情况。此时，若采用统一定位基准能够保证加工表面的尺寸精度，则应遵循基准统一原则；若不能保证尺寸精度，则应遵循基准重合原则，以免使工序尺寸的实际公差值减小，增大加工难度。

（3）自为基准原则

对于研磨、铰孔等精加工或光整加工工序，要求余量小而均匀，选择加工表面本身作为定位基准，称为自为基准原则。例如，图 1–18 所示为在磨削机床床身导轨面时，在磨头上装百分表找正导轨面本身以保证加工余量均匀，从而满足对导轨面的质量要求。另外，采用浮动铰刀铰孔、用拉刀拉孔、在无心磨床上磨削外圆以及珩孔等都是以加工表面本身为定位基准的。

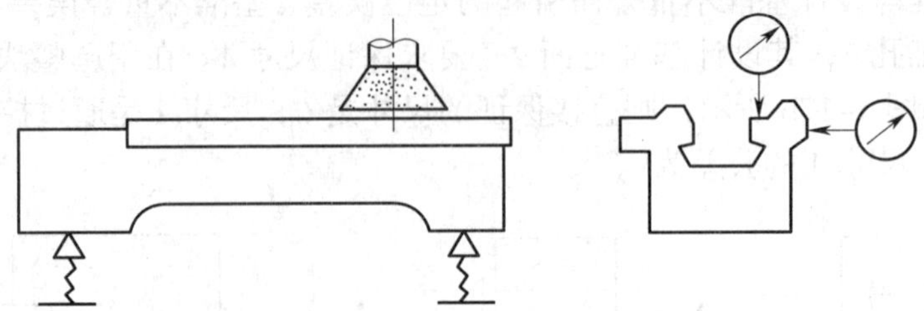

图 1–18　机床导轨面自为基准加工

采用自为基准原则时，只能提高加工表面本身的尺寸精度、形状精度，而不能提高加工表面的位置精度，加工表面的位置精度应由前道工序保证。

（4）互为基准原则

为使各加工表面之间具有较高的位置精度，或为使加工表面具有均匀的加工余量，可采取两个加工表面互为基准反复加工的方法，称为互为基准原则。例如，图 1–19 所示的轴承座零件，外圆 ϕC 的轴线对孔 ϕD 轴线同轴度公差为 ϕ0.02 mm。在精加工时，首先以外圆定位磨削孔，然后再以孔定位磨削外圆，以达到同轴度要求。

（5）便于装夹原则

所选精基准应能保证工件定位准确、稳定，装夹方便、可靠，夹具结构简单、适用，操作方便、灵活。同时，定位基准应有足够大的接触面积，以承受较大的切削力。

3. 辅助基准的选择

在切削加工过程中，有时找不到合适的表面作为定位基准，为了方便装夹和易于获得所需要的加工精度，可在工件上特意加工出供定位用的表面。这种为了满足工艺需要，在工件上专门设计的定位面称为辅助基准。

辅助基准在切削加工中应用比较广泛，如轴类零件加工所用的两个中心孔，它不是零件的工作表面，只是出于工艺上的需要才加工出的。又如图 1–20 所示的零件，为安装方便，毛坯上专门铸出工艺搭子，也是典型的辅助基准，加工完毕应将其从零件上切除。

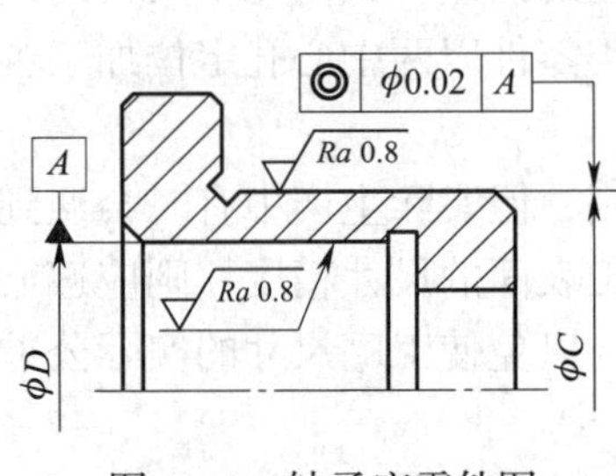

图 1–19　轴承座零件图

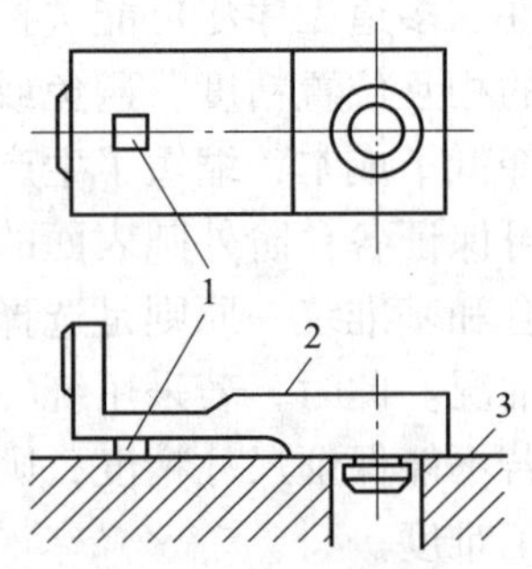

图 1–20　辅助基准典型实例

1—工艺搭子　2—加工表面　3—定位面

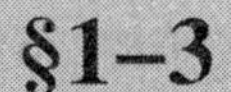

§1–3 工艺路线的拟定

一、毛坯的选择

毛坯的选择是否合适，对零件的质量、材料消耗及加工工时都有很大的影响。显然，毛坯的尺寸和形状越接近成品零件，机械加工的工作量就越少，但是毛坯的制造成本就越高。所以应根据生产纲领，综合考虑毛坯制造和机械加工的费用来选择毛坯，以取得最好的经济效益。

1. 毛坯种类的选择

机械加工常用的毛坯有铸件、锻件和型材等，选用时应考虑以下因素：

（1）零件的材料及其力学性能

零件的材料大致确定了毛坯的种类。例如，铸铁和青铜零件使用铸造毛坯；当钢质零件的形状不复杂而力学性能要求不高时常用棒料，力学性能要求高时宜用锻件。

（2）零件的结构、形状和外形尺寸

如台阶轴零件，各台阶直径相差不大时可用棒料，相差较大时宜用锻件。外形尺寸大的零件一般用自由锻件或砂型铸造毛坯，中、小型零件可用模锻或特种铸造毛坯。

（3）生产类型

大批大量生产应采用精度和生产效率都比较高的毛坯制造方法，如铸件应采用金属模机械造型，锻件应采用模锻或精密锻；单件、小批量生产则应采用木模手工造型铸件或自由锻锻件。

（4）毛坯车间的生产条件

必须结合现有生产条件来确定毛坯，也应考虑毛坯车间的近期发展情况，以及是否可以由专业化企业提供毛坯。

（5）利用新工艺、新技术、新材料的可能性

如采用精密铸造、精密锻造、冷轧、冷挤压、粉末冶金、异型钢材及工程材料等。

2. 毛坯的形状与尺寸

应使毛坯的形状与尺寸尽量接近零件，从而实现少屑或无屑加工。但由于现有毛坯制造技术及成本的限制，以及机电产品性能对零件加工精度和表面质量的要求越来越高，故毛坯的某些表面需留有一定的加工余量，以便通过机械加工达到零件的技术要求。毛坯制造尺寸与零件图样尺寸的差值称为毛坯加工余量，毛坯制造尺寸的公差称为毛坯公差，两者都与毛坯的制造方法有关，其值可参阅有关工艺手册。

二、加工方法的选择

机械零件的结构和形状是多种多样的，但它们都由平面、外圆柱面、内圆柱面或曲面、成形面等基本表面所组成。每一种表面都有多种加工方法，具体选择时应根据零件的加工精度、表面粗糙度、材料、结构、形状、尺寸及生产类型等因素，选用相应的加工方法和加工

方案。

1. 外圆表面加工方法的选择

外圆表面的主要加工方法是车削和磨削。当表面粗糙度值要求较小时，还要经光整加工。表 1–7 所列为外圆表面的典型加工方案。可根据加工表面所要求的精度和表面粗糙度、毛坯种类和材料性质、零件的结构特点以及生产类型，并结合现场的设备等条件予以选用。

表 1–7　外圆表面的典型加工方案

<table>
<tr><th>加工方案</th><th>经济精度等级</th><th>表面粗糙度 Ra（μm）</th><th>适用范围</th></tr>
<tr><td>粗车</td><td>IT13 ~ IT11</td><td>50 ~ 12.5</td><td rowspan="4">适用于淬火钢以外的各种金属</td></tr>
<tr><td>粗车—半精车</td><td>IT10 ~ IT8</td><td>6.3 ~ 3.2</td></tr>
<tr><td>粗车—半精车—精车</td><td>IT8 ~ IT7</td><td>1.6 ~ 0.8</td></tr>
<tr><td>粗车—半精车—精车—滚压（或抛光）</td><td>IT7 ~ IT6</td><td>0.2 ~ 0.025</td></tr>
<tr><td>粗车—半精车—磨削</td><td>IT7 ~ IT6</td><td>0.8 ~ 0.4</td><td rowspan="3">主要用于淬火钢，也可用于未淬火钢，但不宜加工有色金属</td></tr>
<tr><td>粗车—半精车—粗磨—精磨</td><td>IT6 ~ IT5</td><td>0.4 ~ 0.1</td></tr>
<tr><td>粗车—半精车—粗磨—精磨—超精加工（或轮式超精磨）</td><td>IT6 ~ IT5</td><td>0.1 ~ 0.012</td></tr>
<tr><td>粗车—半精车—粗磨—金刚石车</td><td>IT6 ~ IT5</td><td>0.4 ~ 0.025</td><td>主要用于要求较高的有色金属的加工</td></tr>
<tr><td>粗车—半精车—粗磨—精磨—超精磨或镜面磨</td><td>IT5 以上</td><td>0.025 ~ 0.012</td><td rowspan="2">极高精度的外圆加工</td></tr>
<tr><td>粗车—半精车—粗磨—精磨—研磨</td><td>IT5 以上</td><td>0.1 ~ 0.012</td></tr>
</table>

2. 内孔表面加工方法的选择

内孔表面加工方法有钻孔、扩孔、铰孔、镗孔、拉孔、磨孔和光整加工。表 1–8 所列为常用的孔加工方案，应根据被加工孔的加工要求、尺寸、具体生产条件、批量的大小及毛坯上有无预制孔等情况合理选用。

表 1–8　常用的孔加工方案

<table>
<tr><th>加工方案</th><th>经济精度等级</th><th>表面粗糙度 Ra（μm）</th><th>适用范围</th></tr>
<tr><td>钻孔</td><td>IT13 ~ IT11</td><td>50 ~ 12.5</td><td rowspan="3">加工未淬火钢及铸铁的实心毛坯，也可用于加工有色金属，孔径小于 20 mm</td></tr>
<tr><td>钻孔—铰孔</td><td>IT9 ~ IT8</td><td>3.2 ~ 1.6</td></tr>
<tr><td>钻孔—粗铰—精铰孔</td><td>IT8 ~ IT7</td><td>1.6 ~ 0.8</td></tr>
<tr><td>钻孔—扩孔</td><td>IT11 ~ IT10</td><td>12.5 ~ 6.3</td><td rowspan="4">加工未淬火钢及铸铁的实心毛坯，也可用于加工有色金属，但是孔径大于 20 mm</td></tr>
<tr><td>钻孔—扩孔—铰孔</td><td>IT9 ~ IT8</td><td>3.2 ~ 1.6</td></tr>
<tr><td>钻孔—扩孔—粗铰—精铰</td><td>IT8 ~ IT7</td><td>1.6 ~ 0.8</td></tr>
<tr><td>钻孔—扩孔—机铰—手铰</td><td>IT7 ~ IT6</td><td>0.4 ~ 0.1</td></tr>
<tr><td>钻孔—扩孔—拉孔</td><td>IT9 ~ IT7</td><td>1.6 ~ 0.1</td><td>大批大量生产（精度由拉刀的精度而定）</td></tr>
</table>

续表

加工方案	经济精度等级	表面粗糙度 *Ra*（μm）	适用范围
粗镗（或扩孔）	IT12 ~ IT11	12.5 ~ 6.3	除淬火钢外各种材料，毛坯有铸出孔或锻出孔
粗镗（粗扩）—半精镗（精扩）	IT9 ~ IT8	3.2 ~ 1.6	
粗镗（扩孔）—半精镗（精扩）—精镗（铰）	IT8 ~ IT7	1.6 ~ 0.8	
粗镗（扩孔）—半精镗（精扩）—精镗（铰）—浮动镗刀精镗	IT7 ~ IT6	0.8 ~ 0.4	
粗镗（扩孔）—半精镗—磨孔	IT8 ~ IT7	0.8 ~ 0.2	主要用于淬火钢，也可用于未淬火钢，但不宜用于有色金属
粗镗（扩孔）—半精镗—粗磨—精磨	IT7 ~ IT6	0.2 ~ 0.1	
粗镗—半精镗—精镗—金刚镗	IT7 ~ IT6	0.2 ~ 0.05	主要用于精度要求高的有色金属加工
钻孔—扩孔—粗铰—精铰—珩磨 钻孔—扩孔—拉孔—珩磨 粗镗—半精镗—精镗—珩磨	IT7 ~ IT6	0.2 ~ 0.025	精度要求很高的孔
以研磨代替上述方案中的珩磨	IT6 以上	0.1 ~ 0.025	

3. 平面加工方法的选择

平面的主要加工方法有铣削、刨削、车削、磨削和拉削等，精度要求高的平面还需要经研磨或刮削加工。常见的平面加工方案见表 1–9，其中尺寸公差等级是指平行平面之间距离尺寸的公差等级。

表 1–9　　平面加工方案

加工方案	经济精度等级	表面粗糙度 *Ra*（μm）	适用范围
粗车—半精车	IT11 ~ IT8	6.3 ~ 3.2	工件端面的加工
粗车—半精车—精车	IT8 ~ IT7	1.6 ~ 0.8	
粗车—半精车—磨削	IT7 ~ IT6	0.8 ~ 0.4	
粗刨（或粗铣）—精刨（或精铣）	IT10 ~ IT8	6.3 ~ 1.6	不淬硬平面（端铣的表面粗糙度值可较小）
粗刨（或粗铣）—精刨（或精铣）—刮研	IT8 ~ IT7	0.8 ~ 0.2	精度要求较高的不淬硬平面，批量较大时宜采用宽刃精刨方案
粗刨（或粗铣）—精刨（或精铣）—宽刃精刨	IT8 ~ IT7	0.8 ~ 0.2	
粗刨（或粗铣）—精刨（或精铣）—磨削	IT8 ~ IT7	0.8 ~ 0.2	精度要求较高的淬硬平面或不淬硬平面
粗刨（或粗铣）—精刨（或精铣）—粗磨—精磨	IT8 ~ IT7	0.8 ~ 0.2	
粗刨—拉削	IT9 ~ IT7	0.8 ~ 0.2	大量生产中加工较小的不淬硬平面
粗铣—精铣—磨削—研磨	IT5 以上	0.1 ~ 0.006	高精度平面的加工

4. 平面轮廓和曲面轮廓加工方法的选择

（1）平面轮廓常用的加工方法有数控铣、线切割及磨削等。对如图 1–21a 所示的内平面轮廓，当曲率半径较小时，可采用数控线切割方法加工。若选择铣削的方法，因铣刀直径受最小曲率半径的限制，直径太小，刚度不足，会产生较大的加工误差。对图1–21b所示的外平面轮廓，可采用数控铣削方法加工，常用粗铣→精铣方案，也可采用数控线切割方法加工。对精度及表面质量要求高的轮廓表面，在数控铣削加工后，再进行数控磨削加工。数控铣削加工适用于除淬火钢以外的各种金属，数控线切割加工适用于各种金属，数控磨削加工适用于除有色金属以外的各种金属。

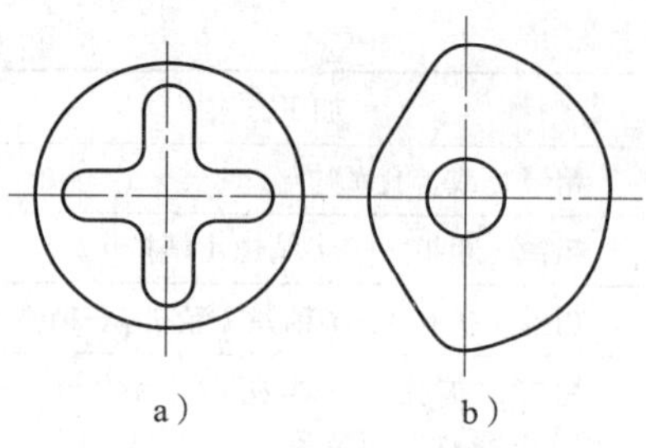

图1–21　平面轮廓类零件
a）内平面轮廓　b）外平面轮廓

（2）立体曲面加工方法主要是数控铣削，多用球头铣刀，以“行切法”加工，如图1–22所示。根据曲面形状、刀具形状以及精度要求等通常采用二轴半联动或三轴联动。对精度和表面质量要求高的曲面，当用三轴联动的“行切法”加工不能满足要求时，可用模具铣刀，选择四坐标或五坐标联动加工。

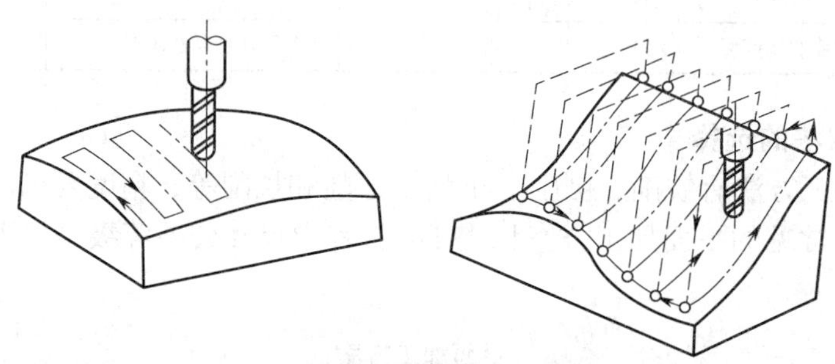

图1–22　立体曲面的“行切法”加工

5. 影响表面加工方法的因素

所选择表面加工方法应能满足零件的质量、良好的加工经济性和高的生产效率要求。为此还应考虑下列各因素：

（1）任何一种加工方法获得的加工精度和表面粗糙度都有一个相当大的范围，但只有在某一个较窄的范围内才是经济的，这一定范围内的加工精度即为该加工方法的经济加工精度。它是指在正常加工条件下（采用符合质量标准的设备、工艺装备和标准等级的工人，不延长加工时间）所能达到的加工精度，相应的表面粗糙度称为经济粗糙度。在选择加工方法时，应根据工件的精度要求选择与经济加工精度相适应的加工方法。例如，公差为IT7级、表面粗糙度 Ra 值为0.4 μm的外圆表面，采用精车可以达到精度要求，但不如采用磨削经济。

当精度达到一定程度后，要继续提高精度，成本会急剧上升。例如，外圆车削时，将精度从IT7级提高到IT6级，此时需要价格较高的金刚石车刀，很小的背吃刀量和进给量，增加了刀具费用，延长了加工时间，大大地增加了加工成本。对于同一表面加工，采用的加工方法不同，加工成本也不一样。常用加工方法的经济精度及表面粗糙度可查阅有关工艺手册。

（2）要考虑工件材料的性质。例如，对淬火钢应采用磨削加工，但对有色金属采用磨削加工就会产生困难，一般采用金刚镗削或高速精细车削加工。

（3）要考虑工件的结构和尺寸大小。例如，回转工件可以采用车削或磨削等方法加工孔，而箱体上 IT7 级精度的孔一般不易采用车削或磨削，而通常采用镗削或铰削加工。孔径小的宜采用铰孔，孔径大的或长度较短的孔则宜用镗孔。

（4）要考虑生产效率和经济性要求。大批大量生产时，应采用高效率的先进工艺，如平面和孔的加工采用拉削代替普通的铣削、刨削和镗削等加工方法，甚至可以从根本上改变毛坯的制造方法，如用粉末冶金来制造油泵齿轮，用石蜡铸造柴油机上的小零件等，均可以大大减少机械加工的劳动量。

（5）要考虑企业或车间的现有设备情况和技术条件。选择加工方法时应充分利用现有设备，挖掘企业潜力，发挥工人的积极性和创造性。但也应考虑不断改进现有的加工方法和设备，采用新技术和提高工艺水平，此外还应考虑设备负荷的平衡。

三、加工阶段的划分

当零件的加工质量要求较高时，往往不可能用一道工序来满足其要求，而要用几道工序逐步达到所要求的加工质量。为保证加工质量和合理地使用设备、人力，零件的加工过程通常按工序性质不同，可分为粗加工、半精加工和精加工三个阶段。有时在精加工之后还有专门的光整加工阶段。当毛坯余量特别大，表面非常粗糙时，在粗加工之前还要安排荒加工。

1. 加工阶段的任务

各个加工阶段可归纳为以下几个方面的任务：

（1）荒加工

荒加工的任务是及时发现毛坯的缺陷，使不合格的毛坯不进入机械加工车间。为了减少运输量，荒加工阶段常在毛坯车间进行。

（2）粗加工

粗加工的任务是切除毛坯上大部分多余的金属，使毛坯在形状和尺寸上接近零件成品。因此，这个阶段的主要问题是如何获得高的生产效率。

（3）半精加工

半精加工的任务是使主要表面达到一定的加工精度，保证一定的精加工余量，为主要表面的精加工（如精车、精磨等）做好准备。同时完成一些次要表面的加工，如扩孔、攻螺纹、铣键槽等。半精加工阶段一般安排在热处理之前进行。

（4）精加工

精加工的任务是保证主要加工表面达到图样规定的尺寸精度和表面质量要求。在这个阶段中，各表面的加工余量都较小，主要考虑的问题是获得较高的加工精度和表面质量。

（5）光整加工

当零件加工精度（尺寸精度在 IT6 级以上）和表面质量（$Ra \leqslant 0.2\ \mu m$）要求很高时，在精加工阶段之后还要进行光整加工。其主要目标是提高尺寸精度，减小表面粗糙度值，但一般不用来提高位置精度。

2. 划分加工阶段的目的

（1）有利于保证产品的质量。零件按阶段依次加工，有利于消除或减少变形对加工精度的影响。在粗加工阶段，切除的金属层较厚，产生的切削力和切削温度都较高，所需的夹紧力也较大，因而工件会产生较大的弹性变形和热变形。此外，从加工表面切除一层金属后，残余在工件中的内应力会重新分布，也会使工件产生变形。加工过程划分阶段后，粗加工工序的加工误差可以通过半精加工和精加工予以修正，使加工质量得到保证。

（2）有利于合理使用设备。粗加工余量大，切削用量大，要求采用功率大、刚度高、效率高、精度要求不高的设备。精加工切削力小，对机床破坏小，采用精度高的设备。这样充分发挥了设备各自的特点，既能提高生产效率，又能延长精密设备的使用寿命。

（3）便于及时发现毛坯的缺陷。在粗加工或荒加工后即可发现毛坯的各种缺陷（如气孔、砂眼和加工余量不足等），便于及时修补或决定报废，以免继续加工造成浪费。

（4）便于热处理工序的安排。为了在机械加工工序中插入必要的热处理工序，同时使热处理发挥充分的效果，这就自然而然地把机械加工工艺过程划分为几个阶段，并且每个阶段各有其特点及应该达到的目的。如加工精密主轴时，在粗加工后一般要安排去应力处理，半精加工后进行淬火，在精加工后进行冷处理及低温回火，最后再进行光整加工。

（5）精加工、光整加工安排在后，可保护精加工和光整加工过的表面少受损伤或不受损伤。

加工阶段的划分也不应绝对化，应根据零件的质量要求、结构特点和生产纲领灵活掌握。当加工质量要求不高、刚度高的零件时，则可以不划分或少划分加工阶段；对于毛坯精度高、加工余量小的零件，也可以不划分加工阶段；单件生产也通常不划分加工阶段；有些刚度高的重型零件，由于搬运及装夹困难，常在一次装夹下完成全部粗、精加工。对于不划分加工阶段的工件，为了减小粗加工中产生的各种变形对加工质量的影响，在粗加工后，松开夹紧装置，停留一段时间，消除夹紧变形及热变形，然后再用较小的夹紧力重新夹紧工件，进行精加工。但是，对于精度要求高的重型零件，仍要划分加工阶段，并插入内应力处理工序。

应当指出，工艺过程划分加工阶段是指整个工艺过程而言的，不能以某一工序的性质和某一表面的加工来判断。例如，有些定位基准面，在半精加工甚至在粗加工阶段就需加工得很准确。有时为了避免尺寸链换算，在精加工阶段，也可安排某些次要表面（如小孔、小槽等）的半精加工。

四、工序的划分

1. 工序划分的原则

在制定工艺路线时，当选定了各表面的加工方法及划分加工阶段后，就可将同一加工阶段中各表面的加工组合成若干个工序。组合时可采用工序集中或工序分散的原则。

（1）工序集中原则

工序集中是指将工件的加工集中在少数几道工序内完成，而每一道工序的加工内容较多。采用工序集中原则的优点如下：有利于采用高效的专用设备和数控机床，提高生产效率；减少工序数目，缩短工艺路线，简化生产计划和生产组织工作；减少机床数量、操作工人数和占地面积；减少工件装夹次数，不仅保证了各加工表面间的相互位置精度，而且减少了夹具数量和装夹工件的辅助时间。缺点是专用设备和工艺装备投资大，调整及维修比较麻烦，生产准备周期较长，不利于转产。

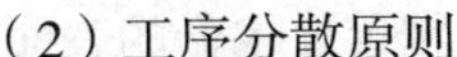

（2）工序分散原则

工序分散是指将工件的加工分散在较多的工序内完成，每道工序的加工内容很少。采用工序分散原则的优点如下：加工设备和工艺装备结构简单，调整和维修方便，操作简单，转产容易；有利于选择合理的切削用量，减少机动时间。缺点是工序数目多，工艺路线较长，所需设备及工人人数多，占地面积大，生产组织工作复杂，且工件装夹次数多，生产辅助时间长，工件的多次装夹会降低各表面的相互位置精度。

2. 工序划分方法

工序划分主要考虑生产纲领、现场生产条件及零件本身的结构和技术要求等。大批量生产时，若使用多刀、多轴等高效机床，可按工序集中原则划分；若在组合机床组成的自动线上加工，工序可按分散原则划分。单件、小批量生产时，工序划分通常采用集中原则。成批生产时，工序可按集中原则划分，也可按分散原则划分，应根据具体情况确定。对于尺寸大的重型零件，由于装卸和搬运困难，一般采用工序集中的原则；对于结构简单、尺寸小的零件，可以采用工序分散的原则。若零件的尺寸精度和形状精度要求较高，则采用工序分散原则，可以采用高精度的机床保证加工要求。若零件的位置精度要求较高，则采用工序集中的原则，可以在一次装夹中加工，保证较高的位置精度。随着现代数控技术的发展，特别是加工中心的应用，工艺路线的安排更多地趋向于工序集中。

五、加工顺序的安排

在选定加工方法、划分工序后，工艺路线拟定的主要内容就是合理安排这些加工方法和加工工序的顺序。零件的加工工序通常包括切削加工、热处理和辅助工序等，这些工序的顺序直接影响到零件的加工质量、生产效率和加工成本。因此，在设计工艺路线时，应合理安排好切削加工工序、热处理工序和辅助工序的顺序，并解决好工序间的衔接问题。

1. 切削加工工序的安排

一个零件往往有多个表面需要加工，这些表面不仅本身有一定的精度要求，而且各表面间还有一定的位置精度要求。为了达到这些要求，各表面的加工顺序不能随意安排，一般应遵循以下原则：

（1）基面先行原则

加工一开始，总是把作为精基准的表面加工出来。因为定位基准的表面越精确，装夹误差就越小，所以任何零件的加工过程总是先对定位基准面进行粗加工和半精加工，必要时还要进行精加工。例如，轴类零件总是先加工中心孔，再以中心孔为精基准加工外圆表面和端面；箱体类零件总是先加工定位用的平面和两个定位孔，再以平面和定位孔为精基准加工孔系和其他平面。如果精基准面不止一个，则应按照基面转换的顺序和逐步提高加工精度的原则来安排基准面的加工。

（2）先粗后精原则

先粗后精原则是指各表面的加工顺序按照粗加工—半精加工—精加工—光整加工的顺序依次进行，这样才能逐步提高零件加工表面的精度和减小表面粗糙度值。

（3）先主后次原则

先安排主要表面，后安排次要表面。这里所谓主要表面，是指装配基面、工作面等，次要表面是指非工作表面（如自由表面、键槽、紧固用的光孔和螺孔及精度要求低的表面等）。由于次要表面的加工工作量比较小，而且它们又往往与主要表面有位置要求，因此，次要表面的加工一般放在主要表面达到一定的精度后，而在最后精加工或光整加工之前进行。

（4）先面后孔原则

对箱体类、支架类、机体类等零件，平面轮廓尺寸较大，用平面定位比较稳定可靠，故一般先加工平面，再加工孔和其他尺寸。这样安排加工顺序，一方面用加工过的平面定位，稳定可靠；另一方面在加工过的平面上加工孔，比较容易，并能提高孔的加工精度，特别是钻孔，孔的轴线不易偏斜。

（5）先内后外原则

对既有内表面又有外表面的零件，在制定其加工方案时，通常应安排先加工内形和内腔，后加工外形表面。即先以外表面定位加工内表面，再以精度高的内表面定位加工外表面，这样可以保证高的同轴度精度，并且使所用的夹具简单。同时，也是因为控制内表面的尺寸和形状比较困难，刀具刚度相应较低，刀尖（刃）的使用寿命易受切削热影响而缩短，以及在加工中清除切屑比较困难等。

2. 热处理工序的安排

为提高零件材料的力学性能，改善材料的切削加工性能，消除残余内应力，在工艺过程中要适当安排一些热处理工序。热处理工序在工艺路线中的安排主要取决于零件的材料和热处理的目的。一般可分为以下三种：

（1）预备热处理

预备热处理安排在机械加工之前，其目的是改善材料的切削加工性能，消除毛坯应力，细化晶粒，均匀组织。例如，对于含碳量（质量分数）超过 0.5% 的碳钢，一般采用退火，以降低硬度；对于含碳量低于 0.5% 的碳钢，一般采用正火，以提高材料的硬度，使切削时切屑不粘刀，表面光滑。由于调质处理（淬火后再进行 500 ~ 650℃的高温回火）能得到组织细密、均匀的回火索氏体，因此，有时也用作预备热处理。

（2）消除残余应力热处理

由于毛坯在制造和机械加工过程中产生的内应力会引起工件变形和开裂，为稳定尺寸，保证产品质量，因此要安排消除残余应力热处理。常用的处理方法有时效处理（分人工时效处理和自然时效处理）和深冷处理。

消除残余应力热处理最好安排在粗加工之后精加工之前，对于精度要求不太高的零件，一般把去除残余应力的人工时效和退火安排在毛坯进入机加工车间之前进行。对精度要求高的复杂零件，在机加工过程中通常安排两次时效处理：铸造—粗加工—时效处理—半精加工—时效处理—精加工。对高精度零件，如精密丝杠、精密主轴等，应安排多次消除残余应力热处理，甚至采用深冷处理以稳定尺寸。

深冷处理一般安排在淬火后进行，然后回火。但是为了防止内应力过大产生裂纹，在淬火之后先回火，然后进行深冷处理，继之以稍低的温度进行第二次回火。

（3）最终热处理

最终热处理的目的是提高零件的强度、表面硬度和耐磨性等。一般安排在精加工之前进行，以便通过精加工纠正热处理引起的变形。常用的方法有淬火、表面淬火、渗碳、渗氮和

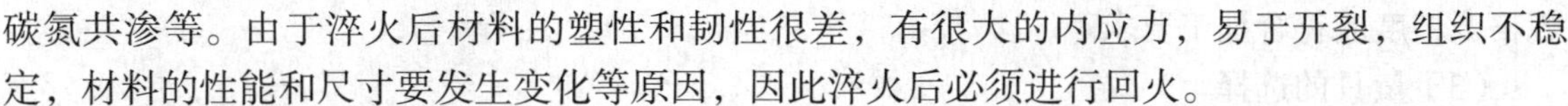

碳氮共渗等。由于淬火后材料的塑性和韧性很差，有很大的内应力，易于开裂，组织不稳定，材料的性能和尺寸要发生变化等原因，因此淬火后必须进行回火。

3. 辅助工序的安排

辅助工序主要包括检验、清洗、去毛刺、去磁、倒钝锐边、涂防锈油和平衡等。

其中检验工序是主要的辅助工序，除了在每道工序中需要进行检验外，为了保证产品质量，必要时还应安排专门的检验工序，即中间检验和成品检验。中间检验通常安排在粗加工全部结束后，精加工之前，或重要工序前后，或工件从一个车间转向另一个车间前后。成品检验安排在工件全部加工结束后，应按零件图的全部要求进行检验。

钳工去毛刺工序一般安排在检验工序之前，或易于产生毛刺的工序（如铣削、钻削、拉削等）之后，或下道工序作为定位基准的表面加工之后。对于形状复杂的工件，为了减少热处理变形，防止由于内应力集中而产生裂纹，应在热处理工序之前安排钳工去毛刺工序。为了保证表面处理质量，在表面处理之前也应安排钳工去毛刺工序。

特种检验的种类较多，有无损检验、气密性试验、平衡性试验等。其中常见的是无损检验，如射线探伤（安排在机械加工工序之前进行）、超声探伤（安排在粗加工阶段进行）、磁粉探伤（安排在精加工阶段进行）、渗碳探伤（安排在工艺过程的最后阶段进行）等。

为了提高零件的耐腐蚀性、耐磨性、疲劳强度及外观的美观性等，还常采用表面处理的方法。表面处理工序一般安排在工艺过程的最后阶段进行。表面处理后，工件的尺寸和表面粗糙度变化一般均不大。但当零件的精度要求较高时，应进行工艺尺寸链的计算。

六、选择机床和工艺装备

拟定了零件的加工工艺路线后，便明确了各工序的任务，然后就可以确定各工序所使用的机床和工艺装备。

1. 机床的选择

选择机床其实就是选择机床的类型、规格和精度。

（1）机床的类型

常用机床有车床、铣床、插床、滚齿机、平面磨床、内圆磨床、磨齿机、钻床等。

（2）机床的主要规格

机床的主要规格应与所加工零件的外轮廓尺寸相适应，加工小零件选小机床，加工大零件选大机床，确保设备合理使用。

（3）机床精度

机床精度应与工序要求的加工精度相适应。

2. 工艺装备的选择

（1）夹具的选择

单件、小批量生产应尽量选用通用夹具，如各种卡盘、平口虎钳和回转工作台等。为提高生产效率，应积极推广使用组合夹具或拼装夹具。大批量生产应采用高生产效率的气动、液压传动的专用夹具。夹具的精度应与加工精度相适应。

（2）刀具的选择

一般采用标准刀具，必要时也可采用高生产效率的复合刀具及专用刀具。刀具的类型、规格及精度应符合加工要求。

（3）量具的选择

单件、小批量生产采用通用量具，如游标卡尺、千分尺等。大批量生产应采用各种量规和一些高效的专用检具。量具的精度必须与加工精度相适应。

七、时间定额的确定

时间定额是指在一定生产条件下，规定生产一件产品或完成一道工序所需消耗的时间。它是安排生产计划、计算生产成本的重要依据，还是新建或扩建企业（或车间）时计算设备和工人数量的依据。一般通过对实际操作时间的测定与分析计算相结合的方法确定。使用中，时间定额还应定期修订，以保持其平均先进水平。

完成一个零件的一道工序的时间定额称为单件时间定额。包括下列几部分：

1. 基本时间 T_j

基本时间是指直接用于改变生产对象的尺寸、形状、相互位置、表面状态或材料性质等的工艺过程所消耗的时间。对于切削加工而言，基本时间是指切除材料所消耗的机动时间，包括真正用于切削加工的时间以及切入与切出时间。

2. 辅助时间 T_f

辅助时间是指为实现工艺过程所必须进行的各种辅助动作所消耗的时间。辅助动作包括装卸工件、开停机床、改变切削用量、测量工件、引进和退出刀具等。确定辅助时间的方法主要有以下几种：

（1）在大批量生产中，将各辅助动作分解，然后采用实测的方法确定各分解动作所需消耗的时间，最后予以综合。

（2）在中批量生产中，可根据以往统计资料来确定。

（3）在小批量生产中，按基本时间的一定百分比进行估算，并在实际生产中进行修改，使之趋于合理。

基本时间和辅助时间的总和称为作业时间，它是直接用于制造产品或零部件所消耗的时间。

3. 布置工作地时间 T_b

布置工作地时间是指为使加工正常进行，工人照管工作地（如更换刀具、润滑机床、清理切屑、收拾工具等）所消耗的时间。它不是直接消耗在每个零件上的时间，而是消耗在一个工作班内的时间，再折算到每一个零件上。一般按作业时间的 2% ~ 7% 估算。

4. 休息和生理需要时间 T_x

休息和生理需要时间是指工人在工作班内恢复体力和满足生理上需要所消耗的时间。T_x 按一个工作班为计算单位，再折算到每个工件上。对普通机床操作工人，一般按作业时间的 2% 估算。

5. 准备和终结时间 T_e

准备和终结时间是指工人为了生产一批产品或零部件，进行准备和结束工作所消耗的时间。包括：加工一批工件前熟悉工艺文件、准备毛坯和工艺装备、安装刀具和夹具、调整机床等准备工作，加工一批工件后拆下和归还工艺装备、发送成品等结束工作。T_e 是消耗在一批工件上的时间，因而分解到每一个工件上的时间为 T_e/n，其中 n 为批量。

综上所述，单个工件的时间定额 T_c 计算方法如下：

$$T_c=T_j+T_f+T_b+T_x+T_e/n$$

§1–4　加工余量的确定

一、加工总余量和工序余量

确定工序尺寸时，首先要确定加工余量。所谓加工余量，是指使加工表面达到所需的精度和表面质量而应切除的金属层厚度。加工余量有工序余量和加工总余量之分。工序余量是指相邻两工序的工序尺寸之差；加工总余量是指毛坯尺寸与零件图的设计尺寸之差，它等于各工序余量之和，即：

$$Z_{\Sigma}=\sum_{i=1}^{n} Z_i$$

式中　Z_{Σ}——加工总余量，mm；

Z_i——工序余量，mm；

n——工序数量。

由于工序尺寸有公差，实际切除的余量是一个变量，因此，工序余量分为基本余量（又称公称余量）、最大工序余量和最小工序余量。

为了便于加工，工序尺寸的公差一般按入体原则标注，即被包容面的工序尺寸取上极限偏差为零，包容面的工序尺寸取下极限偏差为零，毛坯尺寸的公差一般采取双向对称分布。

工序余量与工序尺寸及其公差的关系如图 1–23 所示。

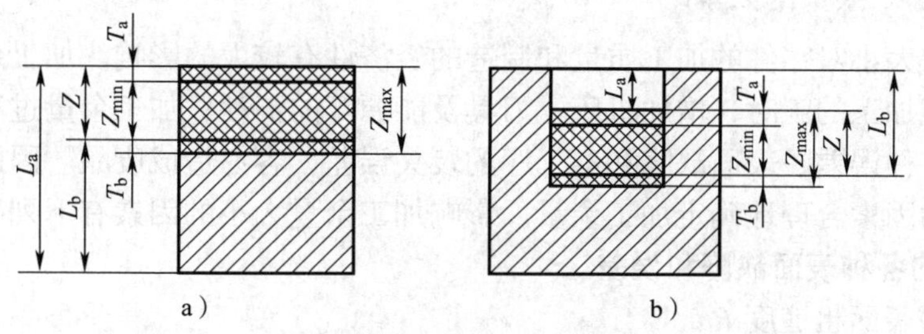

图 1–23　工序余量与工序尺寸及其公差的关系

a）被包容面　b）包容面

工序的基本余量、最大工序余量和最小工序余量可按下式计算：

对于被包容面：

$$Z=L_a-L_b$$

$$Z_{max}=L_{amax}-L_{bmin}=Z+T_b$$

$$Z_{min}=L_{amin}-L_{bmax}=Z-T_a$$

对于包容面：

$$Z=L_b-L_a$$
$$Z_{max}=L_{bmax}-L_{amin}=Z+T_b$$
$$Z_{min}=L_{bmin}-L_{amax}=Z-T_a$$

式中　Z——工序余量的公称尺寸，mm；

Z_{max}——最大工序余量，mm；

Z_{min}——最小工序余量，mm；

L_a——上工序的公称尺寸，mm；

L_b——本工序的公称尺寸，mm；

T_a——上工序的尺寸公差，mm；

T_b——本工序的尺寸公差，mm。

加工余量有单边余量和双边余量之分。平面的加工余量则指单边余量，它等于实际切削的金属层厚度。图 1–23a 所示表面的加工余量为非对称的单边加工余量。对于内孔和外圆等回转体表面，在机床加工过程中，加工余量有时指双边余量，即以直径方向计算，实际切削的金属层厚度为加工余量的一半，如图 1–24 所示。

对于外圆表面：

$$2Z=d_a-d_b$$

对于内圆表面：

$$2Z=d_b-d_a$$

式中　$2Z$——直径上的加工余量，mm；

d_a——上工序的公称尺寸，mm；

d_b——本工序的公称尺寸，mm。

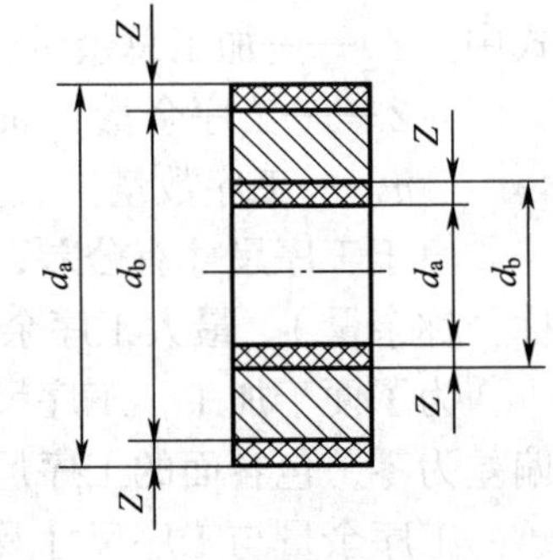

图 1–24　双边余量

二、影响加工余量的因素

加工余量的大小对零件的加工质量和制造的经济性有较大的影响。加工余量过大，会浪费原材料及机械加工的工时，增加机床、刀具及能源等的消耗；加工余量过小，则不能消除上工序留下的各种误差、表面缺陷和本工序的装夹误差，容易造成废品。因此，应根据影响加工余量大小的因素合理地确定加工余量。影响加工余量大小的因素有下列几种：

1. 上工序的各种表面缺陷和误差

（1）上工序表面粗糙度 Ra

由于尺寸测量是在表面粗糙度的高度上进行的，任何后续工序都应减小表面粗糙度值，因此，在加工中首先要把上工序所形成的表面粗糙度切去。

（2）上工序的表面缺陷层 D_a

由于切削加工都在工件表面留下一层塑性变形层，这一层金属的组织已遭破坏，必须在本工序中将缺陷层 D_a 全部切去，如图 1–25 所示。

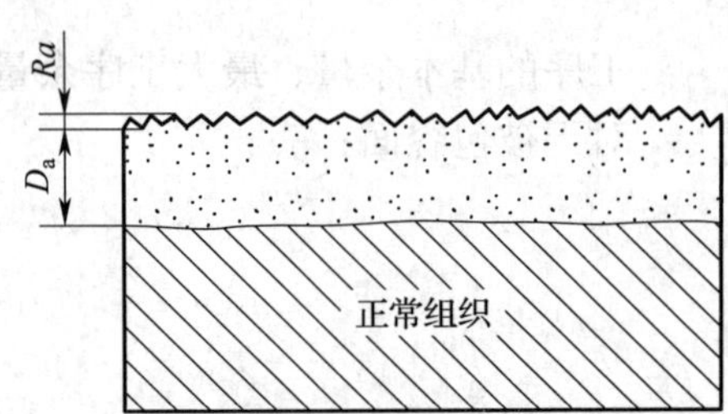

图 1–25　表面粗糙度及缺陷层

（3）上工序的尺寸公差 T_a

从图 1–23 可知，上工序的尺寸公差 T_a 直接影响

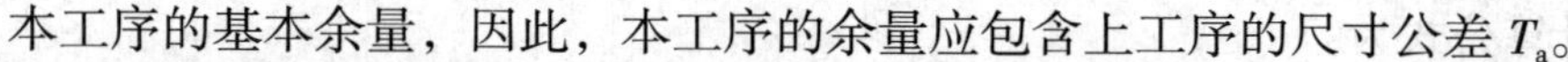

本工序的基本余量，因此，本工序的余量应包含上工序的尺寸公差 T_a。

（4）上工序的几何误差（又称空间误差）ρ_a

当几何公差与尺寸公差之间的关系是包容原则时，尺寸公差控制几何误差，可不计 ρ_a 值。但当几何公差与尺寸公差之间是独立原则或最大实体原则时，尺寸公差不控制几何误差，此时加工余量中要包括上工序的几何误差 ρ_a。如图 1–26 所示的小轴，其轴线有直线度误差 ω，需在本工序中纠正，因而直径方向的加工余量应增加 2ω。

2. 本工序的装夹误差 ε_b

装夹误差包括定位误差、装夹误差（夹紧变形）及夹具本身的误差。由于装夹误差的影响，使工件待加工表面偏离了正确位置，因此确定加工余量时还应考虑装夹误差的影响。如图 1–27 所示，用三爪自定心卡盘夹持工件外圆磨削内孔时，由于三爪自定心卡盘定心不准，使工件轴线偏离主轴回转轴线 e 值，导致内孔磨削余量不均匀，甚至造成局部表面无加工余量的情况。为保证全部待加工表面有足够的加工余量，孔的直径余量应增加 $2e$。

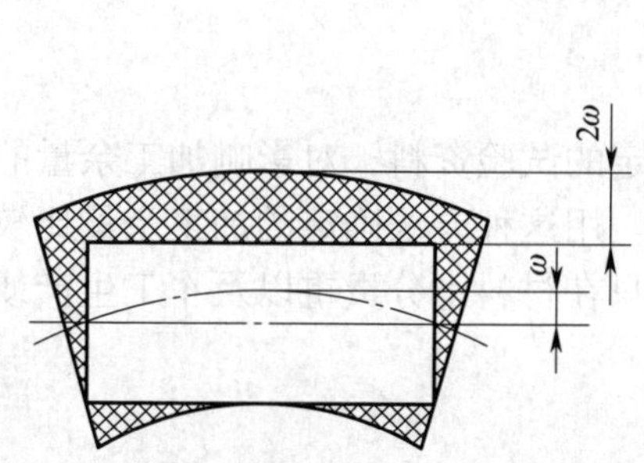

图 1–26 轴线弯曲对加工余量的影响

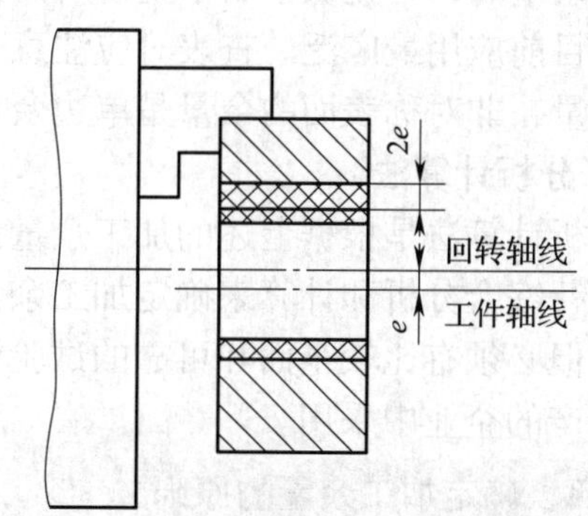

图 1–27 装夹误差对加工余量的影响

几何误差 ρ_a 和装夹误差 ε_b 都具有方向性，它们的合成应为向量和。综上所述，工序余量的组成可用下式表示：

对单边余量：

$$Z_b=T_a+Ra+D_a+|\rho_a+\varepsilon_b|$$

对双边余量：

$$2Z_b=T_a+2（Ra+D_a）+2|\rho_a+\varepsilon_b|$$

应用上述公式时，可视具体情况进行适当修正。例如，用拉刀、浮动铰刀、浮动镗刀加工孔时，都是自为基准，加工余量不受装夹误差 ε_b 和几何误差 ρ_a 中位置误差的影响。此时加工余量的计算公式可修正为：

$$2Z_b=T_a+2（Ra+D_a）$$

在无心外圆磨床上磨削外圆或用两顶尖装夹工件车削外圆时，装夹误差 ε_b 可以忽略不计，此时加工余量的计算公式可修正为：

$$2Z_b=T_a+2（Ra+D_a）+2\rho_a$$

又如，外圆表面的光整加工，若以减小表面粗糙度值为主要目的，如进行研磨、超精加工等，则加工余量的计算公式为：

$$2Z_b=2Ra$$

若还需进一步提高尺寸精度和形状精度时，则加工余量的计算公式为：

$$2Z_b=T_a+2Ra+2\rho_a$$

三、确定加工余量的方法

1. 经验估算法

经验估算法是凭工艺人员的实践经验估计加工余量。为避免因余量不足而产生废品，所估余量一般偏大，仅用于单件、小批量生产。

2. 查表修正法

根据企业生产实践和试验研究积累的有关加工余量的资料制成表格，并汇编成手册。确定加工余量时，可先从手册中查得所需数据，然后再结合企业的实际情况进行适当修正。这种方法目前应用最广泛。查表时应注意表中的余量值为基本余量值，对称表面的加工余量是双边余量，非对称表面的余量是单边余量。

3. 分析计算法

分析计算法是根据上述的加工余量计算公式和一定的试验资料，对影响加工余量的各项因素进行综合分析和计算来确定加工余量的一种方法。用这种方法确定的加工余量比较经济合理，但必须有比较全面和可靠的试验资料，目前，只在材料十分贵重以及军工生产或少数大量生产的企业中采用。

四、确定加工余量的原则

1. 总加工余量（毛坯余量）和工序余量要分别确定。总加工余量的大小与所选择的毛坯制造精度有关。粗加工工序的加工余量不能用查表法确定，而是由总加工余量减去其他各工序余量之和而获得。

2. 大零件取大余量。零件越大，切削力、内应力引起的变形越大。因此，工序加工余量应取大一些，以便通过本工序消除变形量。

3. 余量要充分，防止因余量不足而造成废品。余量中应包含热处理引起的变形。

4. 采用最小加工余量原则。在保证加工精度和加工质量的前提下，余量越小越好，以缩短加工时间，减少材料消耗，降低加工费用。

§1–5 工序尺寸及其公差的确定

零件上的设计尺寸一般要经过几道机械加工工序的加工才能得到，每道工序所应保证的尺寸称为工序尺寸，与其相应的公差即工序尺寸的公差。工序尺寸及其公差的确定不仅取决于设计尺寸、加工余量及各工序所能达到的经济精度，而且还与定位基准、工序基准、测量基准、编程坐标系原点的确定及基准的转换有关。所以，计算工序尺寸及公差时应根据不同

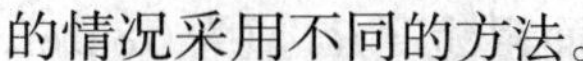

的情况采用不同的方法。

一、基准重合时工序尺寸及其公差的计算

当工序基准、测量基准、定位基准或编程原点与设计基准重合时，工序尺寸及其公差直接由各工序的加工余量和所能达到的精度确定。其计算方法是由最后一道工序开始向前推算，具体步骤如下：

1. 确定毛坯总余量和工序余量。

2. 确定工序公差。最终工序尺寸公差等于零件图上设计尺寸公差，其余工序尺寸公差按经济精度确定。

3. 计算工序公称尺寸。从零件图上的设计尺寸开始向前推算，直至毛坯尺寸。最终工序公称尺寸等于零件图上的公称尺寸，其余工序公称尺寸等于后道工序公称尺寸加上或减去后道工序余量。

4. 标注工序尺寸公差。最后一道工序的公差按零件图上设计尺寸标注，中间工序尺寸公差按入体原则标注，毛坯尺寸公差按双向标注。

例 1–1　图 1–28a 所示为某法兰盘零件上的一个孔，孔径为 $\phi 60^{+0.03}_{0}$ mm，表面粗糙度 Ra 值为 0.8 μm，毛坯采用铸钢件，需要进行淬火。试确定其各工序尺寸及其公差。

解：ϕ60 mm 的孔可以直接铸出，零件精度为 IT7 级，工艺路线为粗镗—半精镗—磨孔。从《机械加工工艺手册》查出各工序余量、加工经济精度和表面粗糙度，填入表 1–10 所列的第二、第四、第六列内；计算各工序公称尺寸，并填入表 1–10 的第三列内；再按入体原则和对称原则确定各工序尺寸的上、下极限偏差，填入表 1–10 的第五列内。标注如图 1–28 所示。

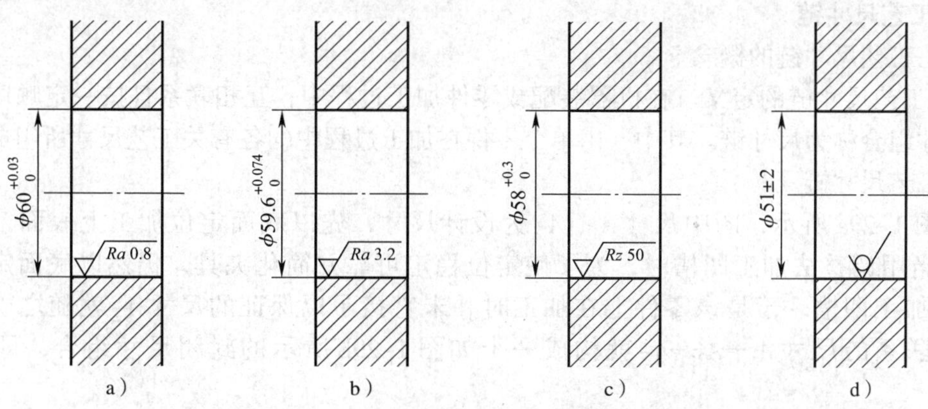

图 1–28　工艺基准与设计基准重合时工序尺寸及其公差计算

表 1–10　**工序尺寸及其公差的计算 1**

工序名称	工序余量（mm）	工序公称尺寸（mm）	加工经济精度（mm）	工序尺寸标注（mm）	表面粗糙度（μm）
磨	0.4	60	IT7（$^{+0.03}_{0}$）	$\phi 60^{+0.03}_{0}$	Ra0.8
半精镗	1.6	60–0.4=59.6	IT9（$^{+0.074}_{0}$）	$\phi 59.6^{+0.074}_{0}$	Ra3.2
粗镗	7	59.6–1.6=58	IT12（$^{+0.3}_{0}$）	$\phi 58^{+0.3}_{0}$	Rz50
毛坯	9	58–7=51	± 2	ϕ51 ± 2	—

例 1–2 某箱体上孔的设计尺寸为 ϕ（100 ± 0.011）mm（JS6），表面粗糙度 *Ra* 值为 0.8 μm，工艺路线为粗镗—半精镗—精镗—浮动镗。试确定其各工序尺寸及其公差。

解： 工序尺寸的计算方法同上例，结果见表 1–11。

表 1–11　工序尺寸及其公差的计算 2

工序名称	工序余量（mm）	工序公称尺寸（mm）	加工经济精度（mm）	工序尺寸标注（mm）	表面粗糙度（μm）
浮动镗	0.1	100	JS6（±0.011）	ϕ100 ± 0.011	*Ra*0.8
精镗	0.5	100–0.1=99.9	IT7（$^{+0.035}_{0}$）	$\phi 99.9^{+0.035}_{0}$	*Ra*3.2
半精镗	2.4	99.9–0.5=99.4	IT10（$^{+0.14}_{0}$）	$\phi 99.4^{+0.14}_{0}$	*Ra*3.2
粗镗	5	99.4–2.4=97	IT12（$^{+0.44}_{0}$）	$\phi 97^{+0.44}_{0}$	*Rz*50
毛坯	8	97–5=92	±1.5	ϕ92 ± 1.5	—

二、基准不重合时工序尺寸及其公差的计算

当工序基准、测量基准、定位基准或编程原点与设计基准不重合时，工序尺寸及其公差的确定需要借助于工艺尺寸链的基本知识和计算方法，通过解工艺尺寸链才能获得。

1. 工艺尺寸链

（1）工艺尺寸链的概念

1）工艺尺寸链的定义。在机器装配或零件加工过程中，互相联系且按一定顺序排列的封闭尺寸组合称为尺寸链。其中，由单个零件在加工过程中的各有关工艺尺寸所组成的尺寸链称为工艺尺寸链。

如图 1–29a 所示，图中尺寸 A_1、A_Σ 为设计尺寸，先以底面定位加工上表面，得到尺寸 A_1，当用调整法加工凹槽时，为了使定位稳定可靠并简化夹具，仍然以底面定位，按尺寸 A_2 加工凹槽，于是该零件上在加工时并未直接予以保证的尺寸 A_Σ 就随之确定。这样相互联系的尺寸 A_1—A_2—A_Σ 就构成一个如图 1–29b 所示的封闭尺寸组合，即工艺尺寸链。

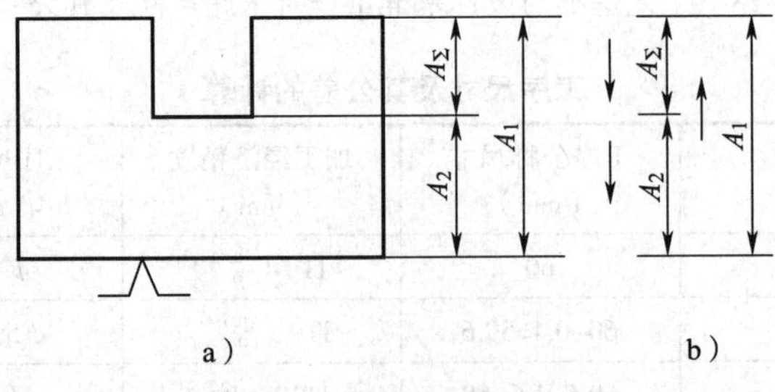

图 1–29　定位基准与设计基准不重合的工艺尺寸链

a）零件图　b）工艺尺寸链

又如图 1-30a 所示的零件，尺寸 A_1、A_Σ 为设计尺寸。在加工过程中，因尺寸 A_Σ 不便于直接测量，若以面 1 为测量基准，按容易测量的尺寸 A_2 加工，就能间接保证尺寸 A_Σ。这样相互联系的尺寸 A_1—A_2—A_Σ 也同样构成一个工艺尺寸链，如图 1-30b 所示。

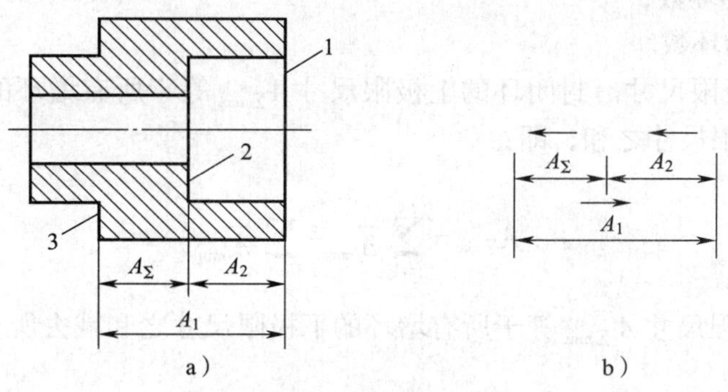

图 1-30　测量基准与设计基准不重合的工艺尺寸链

a）零件图　b）工艺尺寸链

2）工艺尺寸链的特征。通过以上分析可知，工艺尺寸链具有以下两个特征：

①关联性。任何一个直接保证的尺寸及其精度的变化必将影响间接保证的尺寸及其精度。在图 1-29 和图 1-30 所示的尺寸链中，尺寸 A_1 和 A_2 的变化都将引起尺寸 A_Σ 的变化。

②封闭性。尺寸链中各尺寸的排列呈封闭性，如图 1-29 和图 1-30 所示，A_1—A_2—A_Σ 首尾相接组成封闭的尺寸组合。

3）工艺尺寸链的组成。可以把组成工艺尺寸链的各尺寸称为环。图 1-29 和图 1-30 中的尺寸 A_1、A_2、A_Σ 都是工艺尺寸链的环，它们可分为以下两种：

①封闭环。工艺尺寸链中间接得到的尺寸称为封闭环。它的尺寸随着别的环的变化而变化。图 1-29 和图 1-30 中的尺寸 A_Σ 均为封闭环。一个工艺尺寸链中只有一个封闭环。

②组成环。工艺尺寸链中除封闭环以外的其他环称为组成环。根据其对封闭环的影响不同，组成环又可分为增环和减环。

增环是当其他组成环不变时，该环增大（或减小），使封闭环随之增大（或减小）的组成环。图 1-29 和图 1-30 中的尺寸 A_1 即为增环。

减环是当其他组成环不变时，该环增大（或减小），使封闭环随之减小（或增大）的组成环。图 1-29 和图 1-30 中的尺寸 A_2 即为减环。

为了迅速判别增环和减环，可采用下述方法：在工艺尺寸链图上，先给封闭环任意确定一方向并画出箭头，然后沿此方向环绕尺寸链回路，依次给每一组成环画出箭头，凡箭头方向与封闭环相反的则为增环，相同的则为减环。

（2）工艺尺寸链计算的基本公式

工艺尺寸链计算的关键是正确地确定封闭环；否则，计算结果是错的。封闭环的确定取决于加工方法和测量方法。

工艺尺寸链的计算方法有极大极小法和概率法两种。生产中一般多采用极大极小法，其基本计算公式如下：

1）封闭环的公称尺寸。封闭环的公称尺寸 A_Σ 等于所有增环的公称尺寸之和减去所有减环的公称尺寸之和，即：

$$A_{\Sigma}=\sum_{i=1}^{m}\overrightarrow{A_i}-\sum_{i=1}^{n}\overleftarrow{A_i}$$

式中 m——增环的环数；

n——减环的环数。

2）封闭环的极限尺寸。封闭环的上极限尺寸 $A_{\Sigma\max}$ 等于所有增环的上极限尺寸之和减去所有减环的下极限尺寸之和，即：

$$A_{\Sigma\max}=\sum_{i=1}^{m}\overrightarrow{A}_{i\max}-\sum_{i=1}^{n}\overleftarrow{A}_{i\min}$$

封闭环的下极限尺寸 $A_{\Sigma\min}$ 等于所有增环的下极限尺寸之和减去所有减环的上极限尺寸之和，即：

$$A_{\Sigma\min}=\sum_{i=1}^{m}\overrightarrow{A}_{i\min}-\sum_{i=1}^{n}\overleftarrow{A}_{i\max}$$

3）封闭环的上、下极限偏差。封闭环的上极限偏差 ES_{A_Σ} 等于所有增环的上极限偏差之和减去所有减环的下极限偏差之和，即：

$$ES_{A_\Sigma}=\sum_{i=1}^{m}ES_{A_i}-\sum_{i=1}^{n}EI_{A_i}$$

封闭环的下极限偏差 EI_{A_Σ} 等于所有增环的下极限偏差之和减去所有减环的上极限偏差之和，即：

$$EI_{A_\Sigma}=\sum_{i=1}^{m}EI_{A_i}-\sum_{i=1}^{n}ES_{A_i}$$

4）封闭环的公差。封闭环的公差 T_{A_Σ} 等于所有组成环的公差 T_{A_i} 之和，即：

$$T_{A_\Sigma}=\sum_{i=1}^{m+n}T_{A_i}$$

2. 工艺尺寸链封闭环的选择

在零件加工工艺方案确定后，就可以确定其中的一个尺寸作为封闭环。为此，将工艺尺寸链封闭环的选择原则归纳如下：

（1）选择工艺尺寸链的封闭环时，尽量与零件图样上的尺寸封闭环一致，以免产生工序公差的“压缩现象”。

（2）选择工艺尺寸链的封闭环时，尽可能选择公差大的尺寸作为封闭环，以便使组成环分得较大的公差。

（3）选择工艺尺寸链的封闭环时，尽可能选择不容易测量的尺寸作为封闭环。

（4）选择工艺尺寸链的封闭环时，要注意两个或多个尺寸链中的“公共环”，它在某一尺寸链中作了封闭环，则在其他尺寸链中必为组成环，这种情况就称为“封闭环的一次性”。

（5）选择工艺尺寸链的封闭环时，要注意所求解的尺寸链的环数最少，从而使组成环能获得较大的公差，这就称为“最短尺寸链的原则”。

（6）选择工艺尺寸链的封闭环时，通常选择加工余量作为封闭环。

3. 工序尺寸计算示例

（1）定位基准与设计基准不重合时的工序尺寸计算

零件用调整法加工时，如果加工表面的定位基准与设计基准不重合，就要进行尺寸换算，并重新标注工序尺寸。

例 1–3　如图 1–31 所示的零件，尺寸$60_{-0.12}^{\ 0}$ mm 已经加工完成，现以 B 面定位精铣 D 面，试求工序尺寸 A_2。

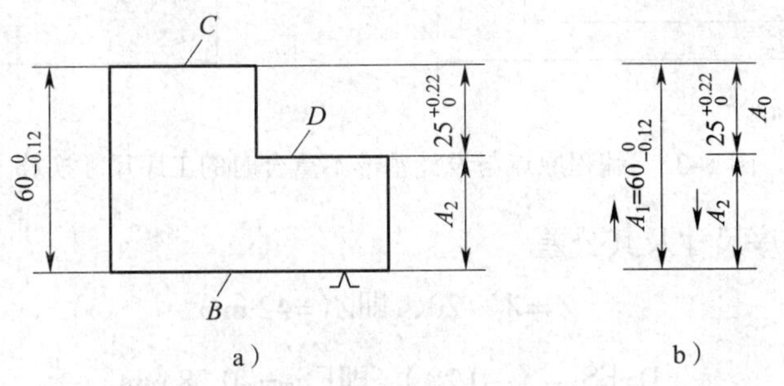

图 1–31　定位基准与设计基准不重合的尺寸换算

a）零件图　b）工艺尺寸链

解：当以 B 面定位加工 D 面时，将按工序尺寸 A_2 进行加工，设计尺寸 $A_0=25_{\ 0}^{+0.22}$ mm 是本工序间接保证的尺寸，为封闭环。其尺寸链如图 1–31b 所示，尺寸 A_2 的计算如下：

$$25=60-A_2，即A_2=35\ \text{mm}$$

$$0=-0.12-ES_{A_2}，即ES_{A_2}=-0.12\ \text{mm}$$

$$+0.22=0-EI_{A_2}，即EI_{A_2}=-0.22\ \text{mm}$$

所以工序尺寸 $A_2=35_{-0.22}^{-0.12}$ mm。

（2）数控编程原点与设计基准不重合的工序尺寸计算

零件在设计时，从保证使用性能的角度考虑，尺寸多采用局部分散标注，而在数控编程中，所有点、线、面的尺寸和位置都是以编程原点为基准的。当编程原点与设计基准不重合时，为方便编程，必须将分散标注的设计尺寸换算成以编程原点为基准的工序尺寸。

图 1–32a 所示为一根台阶轴简图。图上部的轴向尺寸 Z_1、Z_2…Z_6 为设计尺寸。编程原点在左端面与中心线的交点上，与尺寸 Z_2、Z_3、Z_4 及 Z_5 的设计基准不重合，编程时须按工序尺寸 Z_1'、Z_2'…Z_6' 编程。其中工序尺寸 Z_1' 和 Z_6' 就是设计尺寸 Z_1 和 Z_6，即 $Z_1'=Z_1=20_{-0.28}^{\ 0}$ mm；$Z_6'=Z_6=230_{-1}^{\ 0}$ mm，为直接获得尺寸。其余工序尺寸 Z_2'、Z_3'、Z_4' 和 Z_5' 可分别利用图 1–32b ~ e 所示的工艺尺寸链进行计算。各尺寸链中 Z_2、Z_3、Z_4 和 Z_5 为间接获得尺寸，是封闭环，其余尺寸为组成环。各尺寸链的计算过程如下：

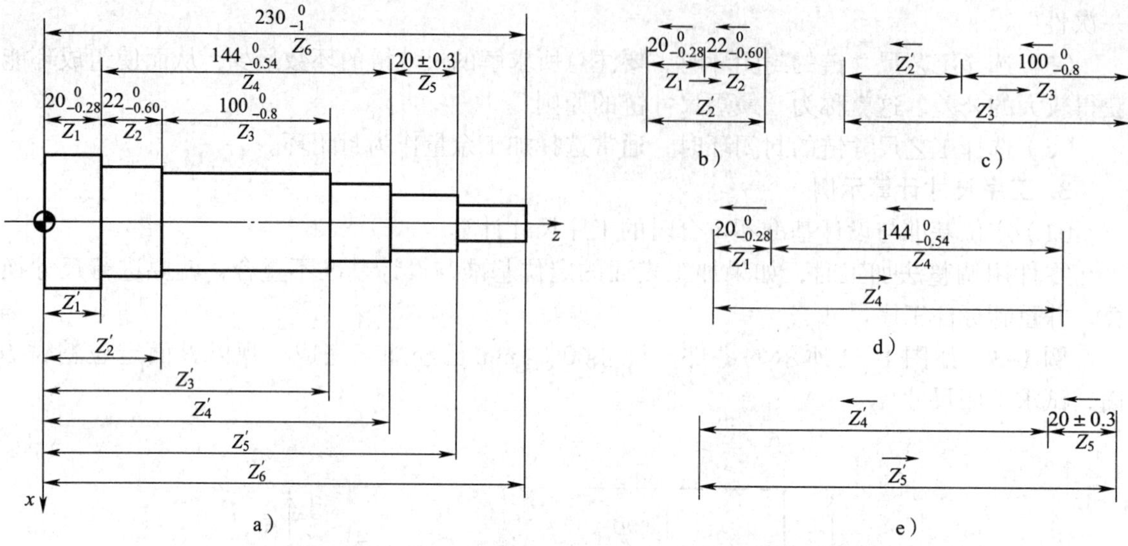

图 1-32　编程原点与设计基准不重合时的工序尺寸换算

1）计算 Z_2' 的工序尺寸及其公差

$$Z_2=Z_2'-20，即Z_2'=42\ \text{mm}$$

$$0=ES_{Z_2'}-(-0.28)，即ES_{Z_2'}=-0.28\ \text{mm}$$

$$-0.60=EI_{Z_2'}-0，即EI_{Z_2'}=-0.60\ \text{mm}$$

因此，得 Z_2' 的工序尺寸及其公差

$$Z_2'=42_{-0.60}^{-0.28}\ \text{mm}$$

2）计算 Z_3' 的工序尺寸及其公差

$$100=Z_3'-Z_2'=Z_3'-42，即Z_3'=142\ \text{mm}$$

$$0=ES_{Z_3'}-EI_{Z_2'}=ES_{Z_3'}-(-0.60)，即ES_{Z_3'}=-0.60\ \text{mm}$$

$$-0.8=EI_{Z_3'}-ES_{Z_2'}=EI_{Z_3'}-(-0.28)，即EI_{Z_3'}=-1.08\ \text{mm}$$

因此，得 Z_3' 的工序尺寸及其公差

$$Z_3'=142_{-1.08}^{-0.60}\ \text{mm}$$

3）计算 Z_4' 的工序尺寸及其公差

$$144=Z_4'-20，即Z_4'=164\ \text{mm}$$

$$0=ES_{Z_4'}-(-0.28)，即ES_{Z_4'}=-0.28\ \text{mm}$$

$$-0.54=EI_{Z_4'}-0，即EI_{Z_4'}=-0.54\ \text{mm}$$

因此，得 Z_4' 的工序尺寸及其公差

$$Z_4'=164_{-0.54}^{-0.28}\ \text{mm}$$

4）计算 Z_5' 的工序尺寸及其公差

$$20=Z_5'-Z_4'=Z_5'-164，即Z_5'=184\ \text{mm}$$

$$0.3=ES_{Z_5'}-EI_{Z_4'}=ES_{Z_5'}-(-0.54)，即ES_{Z_5'}=-0.24\ mm$$
$$-0.3=EI_{Z_5'}-ES_{Z_4'}=EI_{Z_5'}-(-0.28)，即EI_{Z_5'}=-0.58\ mm$$

因此，得 Z_5' 的工序尺寸及其公差

$$Z_5'=184_{-0.58}^{-0.24}\ mm$$

§1–6　制定机械加工工艺规程的实例

如图 1–33 所示为坐标镗床的变速箱壳体，现以制定小批量生产该零件的机械加工工艺规程为例，简要介绍制定机械加工工艺规程的方法和要点。

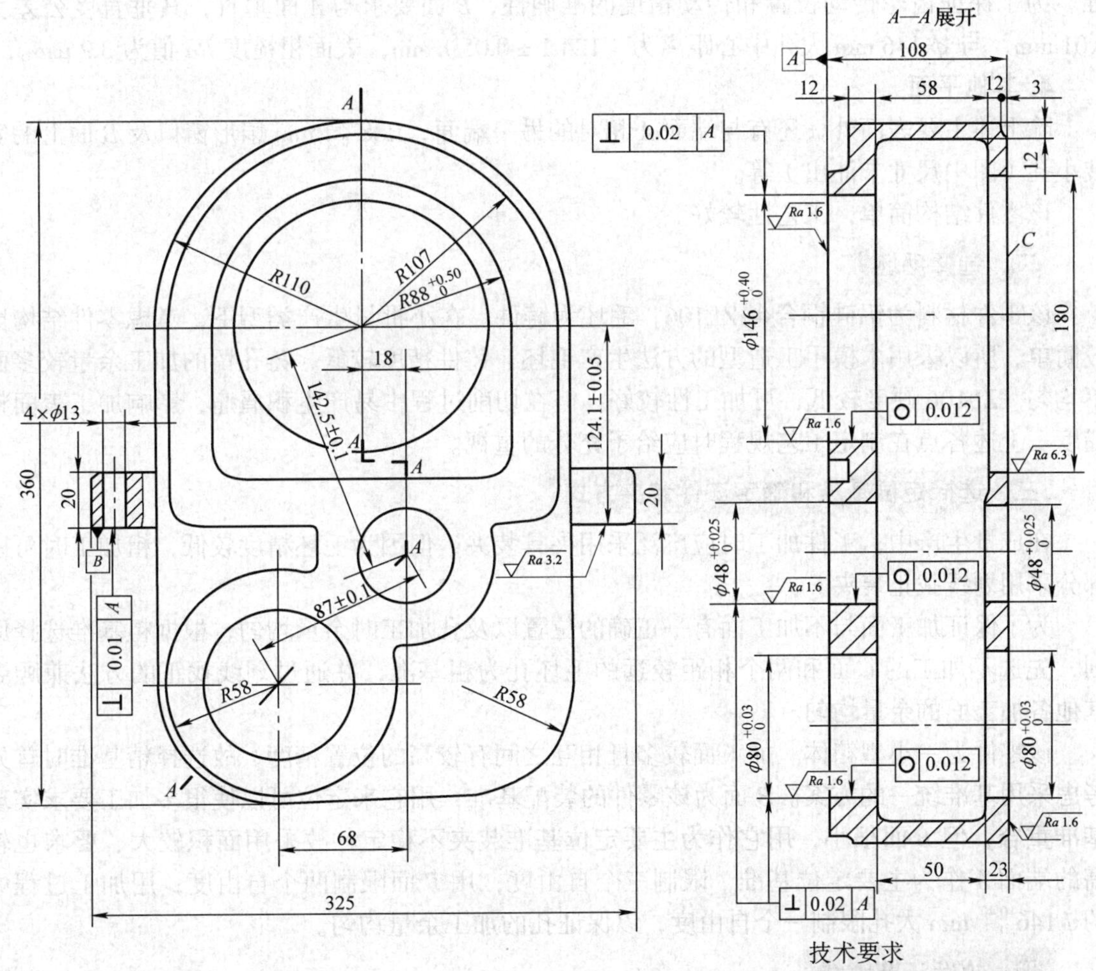

图 1–33　坐标镗床的变速箱壳体

一、分析零件的结构特点和技术要求，审查结构工艺性

该零件为某坐标镗床的变速箱壳体，其外形尺寸为 360 mm × 325 mm × 108 mm，属于小型箱体零件，内腔无加强肋，结构简单，孔多壁薄，刚度较低。其主要加工面和加工要求如下：

1. 三组平行孔

三组平行孔系用来安装轴承，因此都要求有较高的尺寸精度（IT7）和形状精度（圆度公差为 0.012 mm），表面粗糙度 *Ra* 值为 1.6 μm，彼此之间的孔距公差为 ±0.1 mm。

2. 端面 *A*

端面 *A* 是与其他相关部件连接的接合面，表面粗糙度 *Ra* 值为 1.6 μm，三组孔均要求与端面 *A* 垂直，垂直度公差为 0.02 mm。

3. 装配基准面 *B*

在变速箱壳体两侧中段分别有两块外伸面积不大的安装面 *B*，它是该零件的装配基准。为了保证齿轮传动位置和传动精度的准确性，*B* 面要求与 *A* 面垂直，其垂直度公差为 0.01 mm，与 ϕ146 mm 大孔中心距离为（124.1 ± 0.05）mm，表面粗糙度 *Ra* 值为 3.2 μm。

4. 其他平面

除上述主要表面外，还有与端面 *A* 相对的另一端面，$R88^{+0.50}_{0}$ mm 扇形窗口及 *B* 面上的安装小孔（图中尺寸未注出）等。

该零件结构简单，工艺性较好。

二、选择毛坯

该零件材料为铝硅铜合金 ZL106，毛坯为铸件。在小批量生产类型下，考虑零件结构比较简单，所以采用木模手工造型的方法生产毛坯。铸件精度较低，铸孔留的加工余量较多而不均匀。ZL106 硬度较低，可加工性较好。但在切削过程中易产生积屑瘤，影响加工表面粗糙度。上述各点在制定工艺规程时应给予充分的重视。

三、选择定位基准和确定工件装夹方式

在成批生产中，工件加工时应广泛采用夹具装夹，但因为毛坯精度较低，粗加工时可以部分采用划线找正装夹。

为了保证加工面与不加工面有一正确的位置以及孔加工时余量均匀，根据粗基准选择原则，先选不加工的 *C* 面和两个相距较远的毛坯孔为粗基准，并通过划线找正的方法兼顾到其他各加工面的余量均匀。

该零件为一小型箱体。加工面较多且相互之间有较高的位置精度，故选择精基准时首先考虑采用基准统一的方案。*B* 面为该零件的装配基准，用它来定位可以使很多加工要求实现基准重合，但 *B* 面很小，用它作为主要定位基准装夹不稳定，故采用面积较大、要求也较高的端面 *A* 作为主要定位基准，限制三个自由度；用 *B* 面限制两个自由度；用加工过程中的 $\phi146^{+0.40}_{0}$ mm 大孔限制一个自由度，以保证孔的加工余量均匀。

四、拟定工艺路线

1. 选择表面加工方法

工件材料为有色金属，孔的直径较大，要求较高，孔加工采用粗镗—半精镗—精镗的加

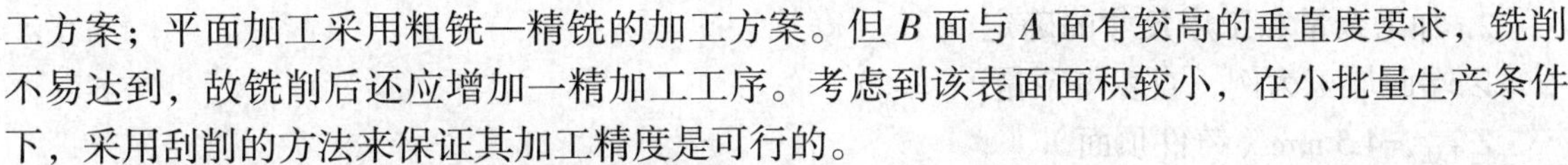

工方案；平面加工采用粗铣—精铣的加工方案。但 B 面与 A 面有较高的垂直度要求，铣削不易达到，故铣削后还应增加一精加工工序。考虑到该表面面积较小，在小批量生产条件下，采用刮削的方法来保证其加工精度是可行的。

2. 划分加工阶段和工序集中的程度

该零件加工质量要求较高（刚度较低），加工时应划分为粗加工、半精加工和精加工三个阶段。在粗加工和半精加工阶段，平面和孔交替反复加工，逐步提高精度。孔系位置精度要求高，三孔宜集中在一道工序一次装夹下加工出来，其他平面加工也应适当集中。

3. 工序顺序的安排

根据"基面先行"原则，在工艺过程中的开始先将上述定位基准面加工出来。根据"先面后孔"的原则，在每个加工阶段均先加工平面，再加工孔。因为平面加工时系统刚度较高，精加工阶段可以不再加工平面。最后适当安排次要表面（如小孔、扇形窗口等）的加工和热处理、检验等工序。最后拟定的工艺路线见表 1–12。

表 1–12　　变速箱壳体加工工艺路线

工序号	工序名称	工序内容	设备	工艺装备
1	铸	铸造毛坯		
2	划线	以 $\phi146^{+0.40}_{0}$ mm、$\phi80^{+0.03}_{0}$ mm 两孔为基准，适当兼顾轮廓，划出各平面和孔的轮廓线	钳台	
3	粗铣	按线找正，粗铣 A 面及其对面	X5032	面铣刀
4	粗铣	以 A 面定位，划线找正，粗铣安装面 B	X5032	盘形铣刀
5	划线	划三孔及 $R88^{+0.50}_{0}$ mm 半圆孔线	钳台	
6	粗镗	上垫铁装夹，以 A 面、B 面为定位基准，按线找正，粗镗三孔及 $R88^{+0.50}_{0}$ mm 半圆孔	T6111	镗刀
7	精铣	精铣 A 面及其对面	X5032	面铣刀
8	精铣	精铣安装面 B，留刮研余量 0.2 mm	X5032	盘形铣刀
9	钻	上钻模，钻壳体端盖螺钉孔及 B 面安装孔	Z5132A	钻模、麻花钻
10	刮	刮削 B 面，达 6 ~ 10 点 /25 mm × 25 mm，保证与 A 面垂直度 0.01 mm，四边修整、倒角	钳台	平板、刮刀、研具、检具
11	半精镗	上镗模，半精镗三对孔及 $R88^{+0.50}_{0}$ mm 半圆孔	T6111	镗模、镗刀
12	涂装	内腔涂黄色漆		
13	精镗	上镗模，精镗三对孔达图样要求	T6111	镗模、镗刀、内径量表
14	检验	按图样要求检验入库		

五、设计工序内容

1. 选择机床和工艺装备

根据小批量生产类型的工艺特征，选择通用机床和部分专用夹具来加工，尽量采用标准的刀具和量具。机床的型号和工艺装备的名称规格见表 1–12。

2. 加工余量和工序尺寸的确定

以端面加工为例，查表得余量

$Z_{毛坯A}$=4.5 mm（铸件顶面）

$Z_{毛坯C}$=3.5 mm（铸件底面）

$Z_{粗铣}$=2.5 mm

粗铣经济精度 IT12 级，$T_{粗铣}$=0.35 mm

精铣经济精度 IT10 级，$T_{精铣}$=0.14 mm

计算：毛坯尺寸 =108+4.5+3.5=116（mm）

第一次粗铣尺寸 =116−$Z_{粗铣}$=116−2.5=113.5（mm）

第二次粗铣尺寸 =113.5−2.5=111（mm）

A 面精铣余量 =4.5−2.5=2（mm）

C 面精铣余量 =3.5−2.5=1（mm）

第一次精铣尺寸 =111−2=109（mm）

第二次精铣尺寸等于工件设计尺寸 108 mm。

按入体原则标注公差，结果如图 1−34 所示。图中○表示定位基准，箭头指向加工面，○→ 表示工序尺寸。

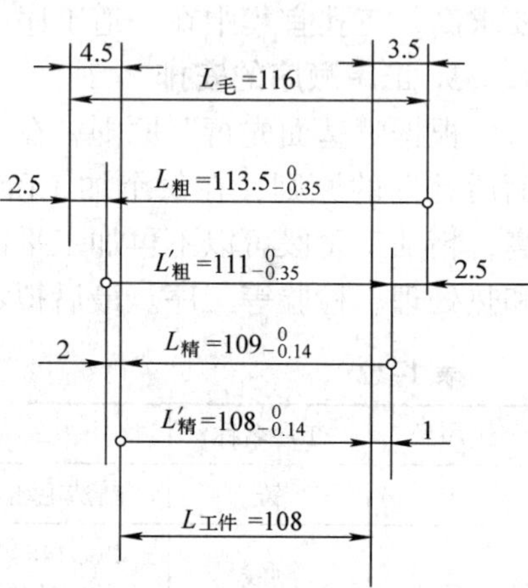

图 1−34　变速箱壳体铣削工序尺寸

3. 切削用量和时间定额的确定

可用查表法确定各工序切削用量和时间定额。

六、填写工艺文件

零件的机械加工工艺规程制定好后，必须将上述各项内容填写在工艺文件中，以便遵照执行。一般在单件、小批量生产中只编写简单的工艺过程卡片；在中批量生产中大多采用工艺卡片；在大批大量生产中则要求有详细、完整的全套工艺文件。

第二章　车削工艺与装备

§2–1　车削加工工艺装备

一、车削加工

车削加工是机械加工中应用最广泛的基本加工方法，主要用于旋转体零件的加工。在车床上可以车外圆、车端面、车槽、切断、车圆锥、车成形面、滚花、钻中心孔、钻孔、扩孔、铰孔、车孔、车各种螺纹及盘绕弹簧等。如果在车床上装上其他附件和夹具，还可以进行磨削、研磨、抛光以及加工各种形状复杂零件的外圆、内孔等，表 2–1 所列为车削的主要工作。

表 2–1　车削的主要工作

车削内容	车外圆	车端面
图例		
车削内容	钻中心孔	钻孔
图例		
车削内容	铰孔	车孔
图例		

续表

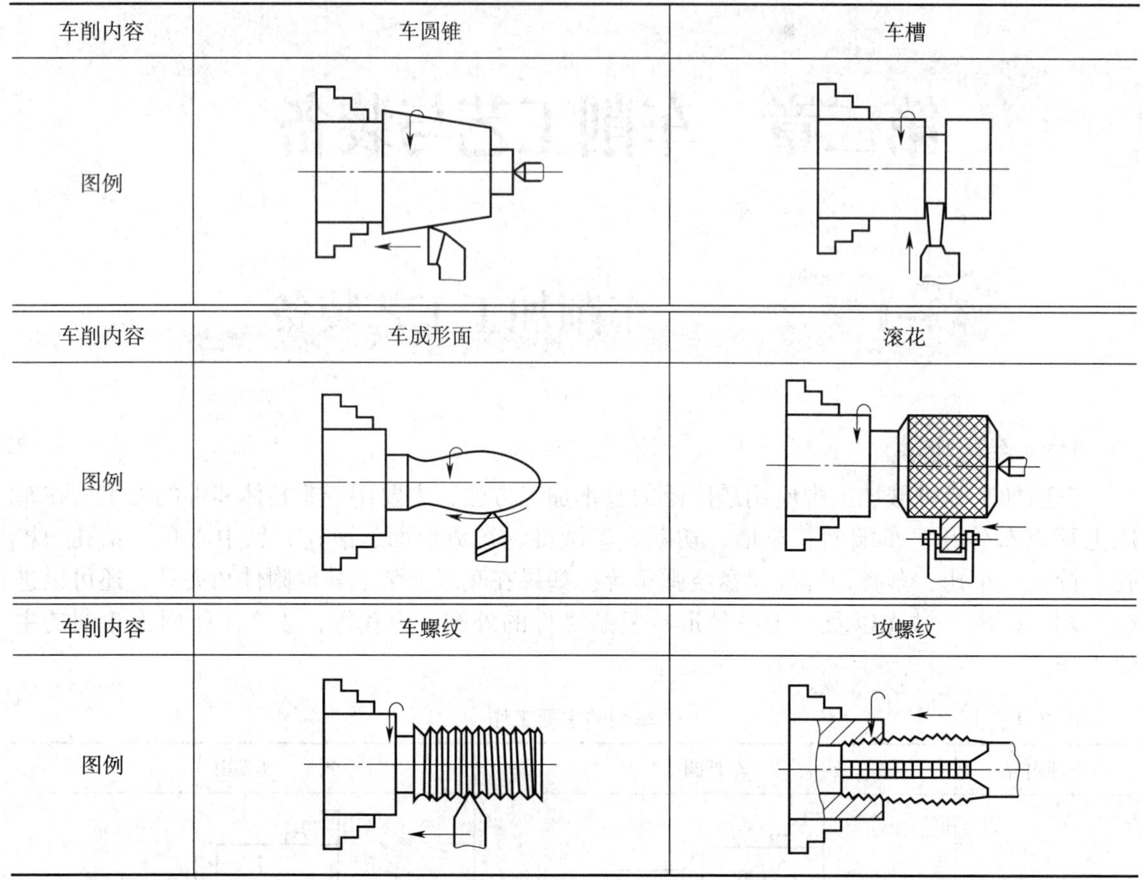

车削内容	车圆锥	车槽
图例		
车削内容	车成形面	滚花
图例		
车削内容	车螺纹	攻螺纹
图例		

二、车床

车床的种类很多，主要有仪表车床、单轴自动车床、多轴自动和半自动车床、回轮（轮塔）车床、立式车床、落地及卧式车床、仿形及多刀车床以及其他车床等，其中卧式车床应用最广泛。

1. CA6140 型卧式车床

（1）CA6140 型卧式车床外形

CA6140 型卧式车床外形如图 2–1 所示。

（2）CA6140 型卧式车床的主要部件及其功用

1）主轴箱。主轴箱固定在床身的左端，箱内装有主轴部件和主运动变速机构。通过操纵箱外变速手柄的位置，可以使主轴有不同的转速。主轴右端有外螺纹，用以安装卡盘等附件；内表面是莫氏锥孔，用以安装顶尖。电动机通过带传动，经主轴箱齿轮变速机构带动主轴转动。

2）交换齿轮箱。交换齿轮箱又称挂轮箱，它将主轴的回转运动传递给进给箱。更换箱内的齿轮，配合进给箱变速机构，可以车削各种导程的螺纹，并满足车削时对纵向进给和横向进给不同进给量的需求。

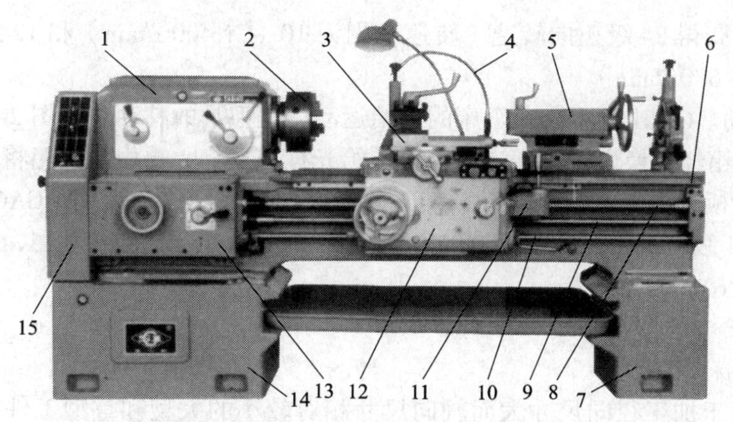

图 2–1　CA6140 型卧式车床外形

1—主轴箱　2—卡盘　3—刀架部分　4—切削液管　5—尾座　6—床身　7、14—床脚　8—丝杠　9—光杠
10—操纵杆　11—快移机构　12—溜板箱　13—进给箱　15—交换齿轮箱

3）进给箱。进给箱安装在床身的左前侧，是改变进给量、传递进给运动的变速机构。它把交换齿轮箱传递过来的运动经过变速后传递给丝杠或光杠。

4）溜板箱。溜板箱装在床鞍的下面，是纵向、横向进给运动的分配机构。通过溜板箱将光杠或丝杠的转动变为滑板的移动，溜板箱上装有各种操纵手柄及按钮，可以方便地选择纵向、横向机动进给运动，并使其接通、断开及变向。溜板箱内设有互锁装置，可限制光杠和丝杠只能单独运动。

5）刀架部分。由床鞍、中滑板、小滑板和刀架等组成。刀架用于装夹车刀并带动车刀做纵向与横向运动、斜向和曲线运动，从而使车刀完成工件各种表面的车削。

6）尾座。尾座安装在床身导轨右端，可沿导轨纵向移动。尾座可安装顶尖，以支撑较长的工件；也可安装钻头或铰刀进行孔加工。

7）床身。床身是车床的基础部件，主要用于支撑和连接车床的各部件，并保证各部件在工作时有准确的相对位置，如刀架和尾座可沿床身上的导轨移动。

8）照明、冷却及润滑装置。照明灯使用安全电流，为操作者提供充足的光线，保证操作环境明亮、清晰。切削液被切削液泵加压后，通过切削液管喷射到切削区域。

（3）车削运动

1）主运动。CA6140 型卧式车床的主运动就是工件的旋转运动。如图 2–2 所示，电动机的回转运动经带传动机构（V 带及带轮）传递到主轴箱，在主轴箱内经变速、变向机构再传

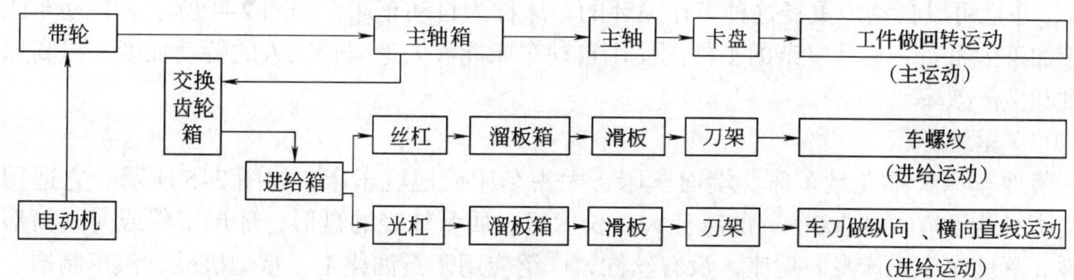

图 2–2　CA6140 型卧式车床传动路线框图

到主轴，使主轴获得 24 级正向转速（转速范围为 10 ~ 1 400 r/min）和 12 级反向转速（转速范围为 14 ~ 1 580 r/min）。

2）进给运动。CA6140 型卧式车床的进给运动就是刀具的移动。如图 2–2 所示，主轴的回转运动从主轴箱经交换齿轮箱、进给箱传递给光杠或丝杠，再由溜板箱将光杠或丝杠的回转运动转变为滑板、刀架的直线运动，使刀具做纵向或横向进给运动。CA6140 型车床的纵向进给速度共 64 级（进给量范围为 0.028 ~ 6.33 mm/r），横向进给速度共 64 级（进给量范围为 0.014 ~ 3.16 mm/r）。

2. 其他车床

（1）立式车床

立式车床用于加工径向尺寸大而轴向尺寸相对较小的大型和重型工件。立式车床的结构布局特点是主轴垂直布置，有一个水平布置的直径很大的圆形工作台，用于装夹工件。因此，对于笨重工件的装夹、找正比较方便。由于工作台和工件的质量由床身导轨、推力轴承支撑，极大地减轻了主轴轴承的负荷，因此可长期保持车床的加工精度。立式车床分单柱式和双柱式两种，如图 2–3 所示，前者加工零件的直径较小，后者加工零件的直径较大。

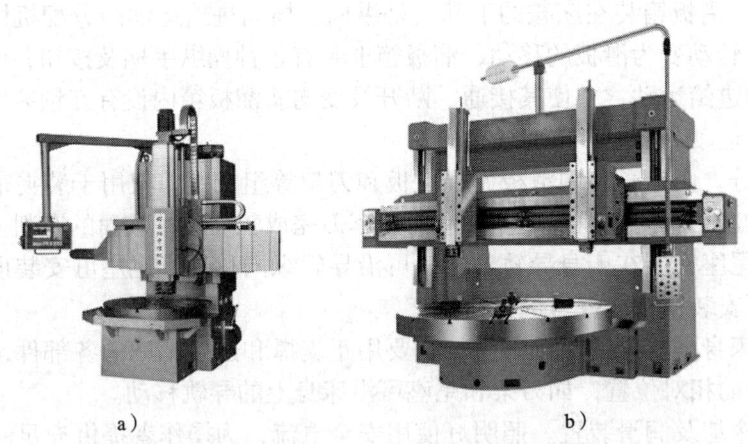

a） b）

图 2–3 立式车床

a）单柱立式车床 b）双柱立式车床

（2）自动车床

经调整后，不需工人操作便能自动地完成一定的切削加工循环（包括工作行程和空行程），并且可以自动地重复这种工作循环的车床称为自动车床，如图 2–4 所示。自动车床适用于加工大批量、形状复杂的工件。使用自动车床能大大地减轻工人的劳动强度，提高加工精度和生产效率。

（3）落地车床

落地车床又称花盘车床、端面车床、大头车床或地坑车床，如图 2–5 所示。它适用于车削直径为 800 ~ 4 000 mm 的直径大、长度短、质量较轻的盘形、环形工件或薄壁筒形等工件。落地车床无床身、尾座，没有丝杠，广泛应用于石油化工、重型机械、汽车制造、矿山铁路设备及航空部件的加工。

图 2–4　自动车床

图 2–5　落地车床

三、车削刀具

1. 车削刀具的种类

车削时，需根据不同的车削要求选用不同种类的车削刀具。根据车削刀具的形状及加工内容，常用车削刀具有外圆车刀、端面车刀、切断刀（或车槽刀）、内孔车刀、成形车刀和螺纹车刀等，其种类及应用见表 2–2。

表 2–2　车削刀具的种类及应用

车刀种类	焊接（整体）式车刀	机夹车刀	应用	车削示例
90° 车刀（偏刀）	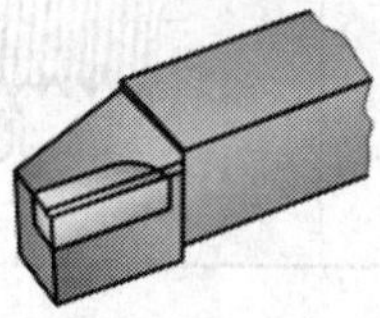		车削工件的外圆、台阶和端面	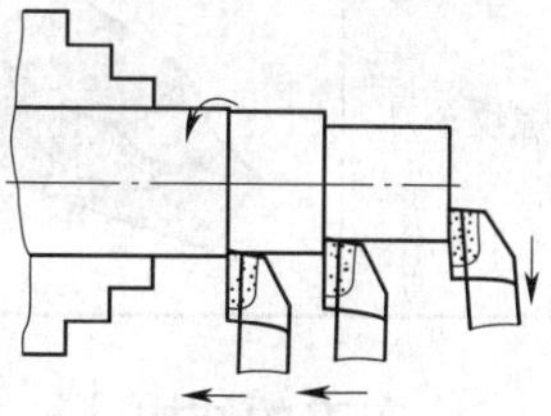
75° 车刀	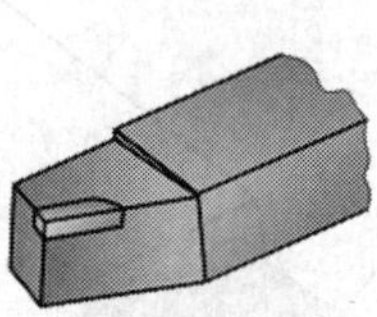		车削工件的外圆和端面	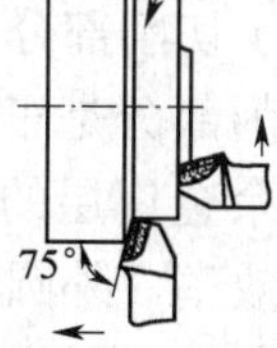
45° 车刀（弯头车刀）	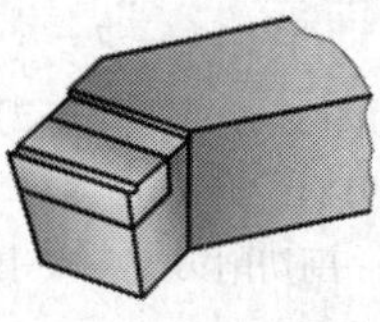		车削工件的外圆、端面或进行 45° 倒角	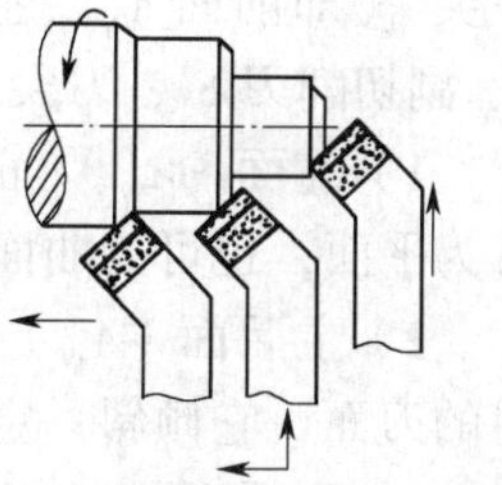

续表

车刀种类	焊接（整体）式车刀	机夹车刀	应用	车削示例
切断刀（或车槽刀）			切断或在工件上车槽	
内孔车刀			车削工件的内孔	
成形车刀			车削工件的圆弧面或成形面	
螺纹车刀			车削螺纹	

2. 车刀的结构

车刀一般由切削部分和夹持部分（刀体）等组成。

（1）切削部分

切削部分是车刀最重要的部分，它直接承担切除工件上多余金属层的任务，并且直接影响工件的加工质量和生产效率。外圆车刀的结构如图 2–6 所示。

从图 2–6 可以看出，车刀的切削部分由“三面两刃一尖”（即前面 A_γ、主后面 A_α、副后面 A'_α、主切削刃 S、副切削刃 S'、刀尖）组成。

1）前面（A_γ）。前面是指切屑流出时所流经的面。可为平面，也可为曲面，以使切屑顺利流出。

2）主后面（A_α）。主后面是指与工件上过渡表面相对的刀面。它倾斜一定角度，以减小与工件的摩擦。

3）副后面（A'_α）。副后面是指与工件上已加工表面

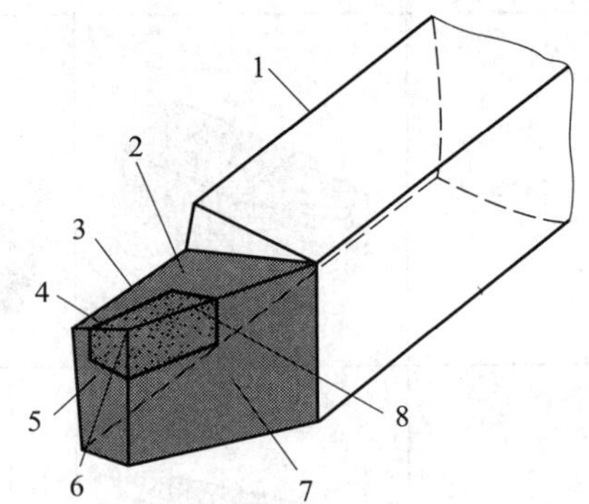

图 2–6　外圆车刀的结构

1—刀柄　2—前面 A_γ　3—切削部分　4—副切削刃 S'　5—副后面 A'_α　6—刀尖　7—主后面 A_α　8—主切削刃 S

相对的刀面。它倾斜一定角度，以免擦伤已加工表面。

4）主切削刃（S）。主切削刃是指前面与主后面相交的部位，担负主要切削工作。

5）副切削刃（S'）。副切削刃是指前面与副后面相交的部位，它协同主切削刃完成金属的切除工作，以最终形成工件的已加工表面。

6）刀尖。刀尖是主、副切削刃连接处的那一小部分切削刃。它并非绝对尖锐，一般都呈圆弧状，以保证刀尖有足够的强度和耐磨性。

（2）夹持部分（刀柄）

夹持部分用于把车刀装夹在刀架上，以便将机床的动力传递给刀具，完成切削工作。

3. 刀具角度

为使切削运动顺利进行，刀具切削部分必须具有适宜的几何形状，即组成刀具切削部分的各表面之间都应有正确的相对位置，这些位置是靠刀具角度来保证的。

（1）刀具静止参考系

参考系是用于定义和规定刀具角度的各基准坐标平面。用于定义刀具设计、制造、刃磨和测量时几何参数的参考系称为刀具静止参考系；规定刀具进行切削加工时几何参数的参考系称为刀具工作参考系。

刀具静止参考系的主要基准坐标平面（图 2–7）有基面 p_r、假定工作平面 p_f、主切削平面 p_s、副切削平面 p_s'、正交平面 p_o。

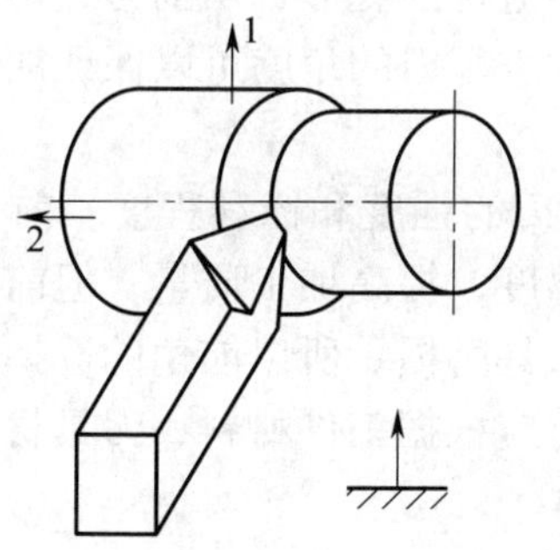

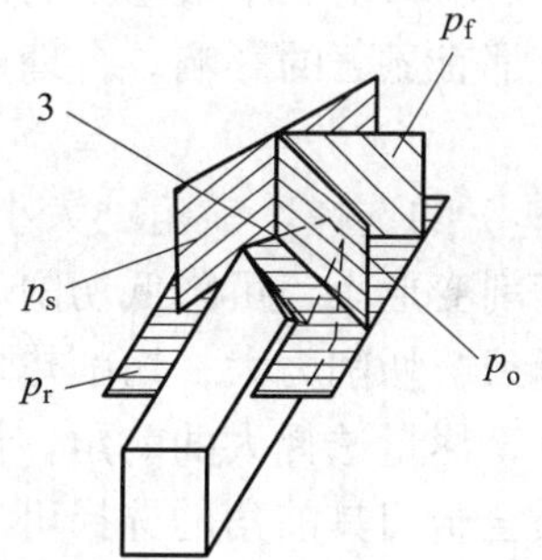

图 2–7　刀具静止参考系

1—假定主运动方向　2—假定进给运动方向　3—切削刃选定点

1）基面（p_r）。基面是指通过切削刃上某一选定点，垂直于该点主运动（切削速度 v）方向的平面。

2）假定工作平面（p_f）。假定工作平面是指通过切削刃上某一选定点，垂直于基面且平行于假定进给运动方向的平面。

3）主切削平面（p_s）。主切削平面是指通过主切削刃某一选定点，与主切削刃相切并垂直于基面的平面。

4）副切削平面（p_s'）。副切削平面是指通过副切削刃某一选定点，与副切削刃相切并垂直于基面的平面（图中未画出）。

5）正交平面（p_o）。正交平面是指通过切削刃某一选定点，并同时垂直于基面和切削平面的平面。

（2）刀具切削部分的主要角度

车刀的切削部分共有五个独立的基本角度，如图 2–8 所示。

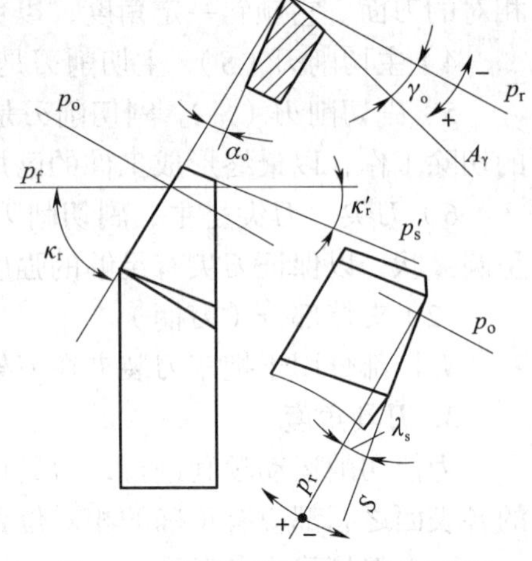

图 2–8 车刀切削部分的主要角度

1）前角（γ_o）。前角是指前面与基面的夹角，在正交平面中测量。前角表示刀具前面的倾斜程度，它可以是正值、负值或零。前角根据工件材料、刀具切削部分材料及加工要求选择。

2）后角（α_o）。后角是指后面与切削平面的夹角，在正交平面中测量。后角表示刀具后面倾斜的程度。

3）主偏角（κ_r）。主偏角是指主切削平面与假定工作平面间的夹角，在基面中测量。

4）副偏角（κ_r'）。副偏角是指副切削平面与假定工作平面间的夹角，在基面中测量。

5）刃倾角（λ_s）。刃倾角是指主切削刃与基面间的夹角，在主切削平面中测量。

（3）车刀几何角度对加工质量的影响

车刀的切削性能、锋利程度及强度主要取决于车刀的几何角度。其中前角、后角、主偏角和刃倾角是主切削刃上四个最基本的角度，它们对切削变形、切削力、切削温度、刀具的磨损及加工质量都有显著的影响。合理地选择和改进车刀的角度可以保证加工质量，提高生产效率。

1）前角（γ_o）的选择。前角的大小决定切削刃的强度和锋利程度。前角增大，刀尖锋利，易切削，切削变形小，可降低切削力和切削温度，提高加工质量；但前角过大，使刀尖强度降低，易崩刃，切削力大，切削热多，增大刀具磨损。所以前角的选择原则是在保证刀具寿命的条件下，尽量选择大的前角。具体选择时应根据工件材料、刀具材料和加工性质要求来确定。硬质合金刀具前角的选择可参考表 2–3。

表 2–3 硬质合金刀具前角选择参考值

工件材料	碳钢 R_m（GPa）				40Cr	调质 40Cr	不锈钢	高锰钢	钛和钛合金
	≤ 0.445	≤ 0.558	≤ 0.784	≤ 0.98					
前角	25° ~ 30°	15° ~ 20°	12° ~ 15°	10°	13° ~ 18°	10° ~ 15°	15° ~ 30°	3° ~ −3°	5° ~ 10°

工件材料	淬硬钢					灰铸铁		铜			铝及铝合金
	38 ~ 41 HRC	44 ~ 47 HRC	50 ~ 52 HRC	54 ~ 58 HRC	60 ~ 65 HRC	HBW ≤ 220	HBW >220	纯铜	黄铜	青铜	
前角	0°	−3°	−5°	−7°	−10°	12°	8°	25° ~ 30°	5° ~ 25°	5° ~ 15°	25° ~ 30°

2）后角（α_o）的选择。后角的作用是减小刀具后面与工件上过渡表面之间的摩擦，以提高工件的表面质量，延长刀具寿命。后角过小会引起刀具和过渡表面之间的剧烈摩擦，使

切削区的温度急剧升高，其现象是切屑颜色加深，工件因热膨胀使尺寸加大，甚至产生严重的加工硬化；反之，增大后角能明显改善上述情况，但后角过大时，将使楔角过小，切削刃强度削弱，散热条件变差，反而缩短了刀具寿命。

在保证刀具有足够的强度和散热体积的基础上，保证刀具锋利和减小后面与工件的摩擦，所以后角的选择应根据刀具、工件材料和加工条件而定。在粗加工时以确保刀具强度为主，应取较小的后角（α_o=4° ~ 6°）；在精加工时以保证加工表面质量为主，一般取 α_o=8° ~ 12°。工件材料硬度和强度高或者加工脆性材料时取较小后角；反之，后角可取大值。高速钢刀具的后角比同类型的硬质合金刀具稍大一些。当工艺系统刚度低时，为防止振动，取较小的后角。

3）主偏角（κ_r）和副偏角（κ_r'）的选择。主偏角和副偏角的大小除了影响加工表面的质量外，对切削分力的大小和比例、刀尖强度、散热条件、排屑与断屑等均有影响。

主偏角的选择原则是：粗加工时，为了减振，防崩刃，主偏角取较大值；为了减小表面粗糙度值，主偏角取较小值；加工强度高、硬度高的材料时，为延长刀具寿命，应选取较小主偏角；工艺系统刚度高时，主偏角取较小值，反之取较大值。

副偏角的选择原则是：在不引起振动的情况下，一般刀具的副偏角可选取较小的数值；精加工刀具的副偏角应取得更小些，必要时，可磨出一段 κ_r'=0° 的修光刃；加工高强度、高硬度材料或断续切削时，应取较小的副偏角，以提高刀尖强度；为了使切断刀刀头强度和重磨后刀头宽度变化较小，只能取较小的副偏角。

主偏角和副偏角的选择可参考表 2–4。

表 2–4　主偏角、副偏角参考值

适用范围 加工条件	加工系统刚度足够，加工淬硬钢、冷硬铸铁	加工系统刚度较高，可中间切入，加工外圆、端面、倒角	加工系统刚度较低，粗车、强力车削	加工系统刚度低，加工台阶轴、细长轴，多刀车削、仿形车削	切断、车槽
主偏角 κ_r	10° ~ 30°	45°	60° ~ 70°	75° ~ 93°	≥ 90°
副偏角 κ_r'	5° ~ 10°	45°	10° ~ 15°	6° ~ 10°	1° ~ 2°

4）刃倾角（λ_s）的选择。刃倾角的主要作用是控制排屑方向，其排出切屑情况、刀尖强度和冲击点先接触车刀的位置见表 2–5。

表 2–5　车刀刃倾角正负值的规定及使用情况一览表

刃倾角角度值	$\lambda_s>0°$	$\lambda_s=0°$	$\lambda_s<0°$
正负值的规定	p_r A_γ $\lambda_s>0°$	A_γ $\lambda_s=0°$ p_r	A_γ p_r $\lambda_s<0°$
	刀尖位于主切削刃的最高点	主切削刃与基面平行	刀尖位于主切削刃的最低点

续表

刃倾角角度值	$\lambda_s>0°$	$\lambda_s=0°$	$\lambda_s<0°$
排出切屑情况	切屑流向 $\lambda_s>0°$	切屑流向 $\lambda_s=0°$	切屑流向 $\lambda_s<0°$
	车削时，切屑排向工件的待加工表面方向，切屑不易擦毛已加工表面，车出的工件表面粗糙度值小	车削时，切屑基本上沿垂直于主切削刃方向排出	车削时，切屑排向工件的已加工表面方向，容易使已加工表面出现毛刺
刀尖强度和冲击点先接触车刀的位置	$\lambda_s>0°$ 刀尖 S	$\lambda_s=0°$ 刀尖 S	$\lambda_s<0°$ 刀尖 S
	刀尖强度较低，尤其是在车削不圆整的工件受冲击时，冲击点先接触刀尖，刀尖易损坏	刀尖强度一般，冲击点同时接触刀尖和切削刃	刀尖强度高，在车削有冲击的工件时，冲击点先接触远离刀尖的切削刃处，从而保护了刀尖
使用场合	精车时，为了避免切屑将已加工表面拉毛，应取正值 $\lambda_s=0°\sim8°$	工件圆整、余量均匀的一般车削时，应取 $\lambda_s=0°$	粗加工或断续切削时，为了增加刀头强度，取负值，$\lambda_s=-5°\sim-15°$

四、车床夹具

为了使工件表面能达到图样上规定的尺寸、几何精度要求，工件与刀具间必须有正确的运动和位置关系，这种关系是通过夹具来保证的。根据夹具的使用情况大致可分为两类：一类是通用夹具，其使用范围较广泛，如卡盘、顶尖、中心架、跟刀架、花盘等；另一类是专用夹具，是根据某种零件的加工特点而设计的，如花盘角铁式夹具、心轴类车床夹具等。

1. 通用夹具

（1）卡盘

卡盘是应用最多的车床夹具，它是利用其背面法兰盘上的螺纹直接装在车床主轴上的。卡盘分为三爪自定心卡盘和四爪单动卡盘，如图 2–9 和图 2–10 所示。

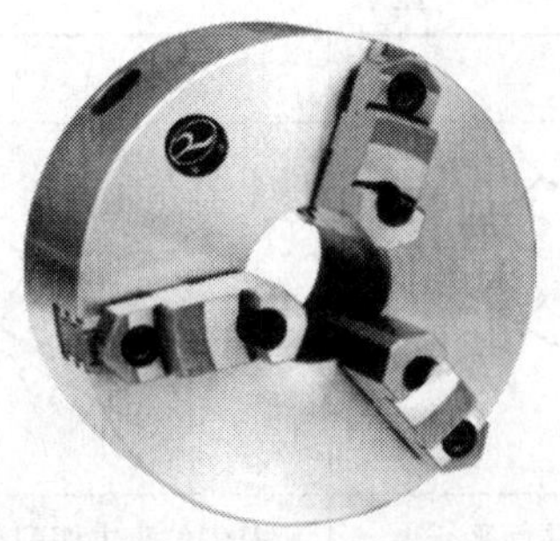

图 2–9　三爪自定心卡盘

图 2–10　四爪单动卡盘

三爪自定心卡盘的夹紧力较小，装夹工件方便、迅速，不需找正，具有较高的自动定心精度，特别适用于装夹轴类、盘类、套类等工件，但不适合装夹形状不规则的工件。

四爪单动卡盘有很大的夹紧力，其卡爪可以单独调整，因此，特别适合装夹形状不规则的工件。但装夹较慢，需要找正，而且找正的精度主要取决于操作人员的技术水平。

（2）花盘

对于一些形状不规则的工件，不能使用三爪自定心卡盘和四爪单动卡盘装夹时，可使用花盘进行装夹，如图 2–11 所示。

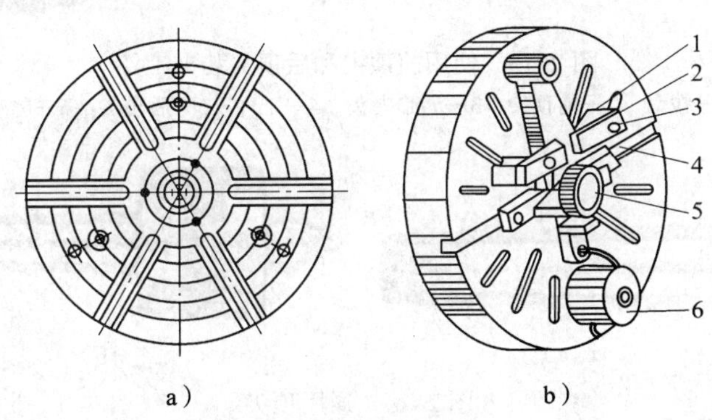

图 2–11　花盘及其应用

a）花盘　b）在花盘上装夹工件及其平衡

1—垫铁　2—压板　3—螺栓　4—螺栓槽　5—工件　6—平衡块

（3）顶尖、拨盘和鸡心夹头

对于细长的轴类工件，一般可以用两种方法进行装夹：其一是用车床主轴的卡盘和车床尾座上的后顶尖装夹工件，如图 2–12 所示；其二是工件的两端均用顶尖装夹定位，利用拨盘和鸡心夹头带动工件旋转，如图 2–13 所示。前一种方法仅适合一次性装夹，进行多次装夹时很难保证工件的定位精度；后一种方法可用于多次装夹，并且不会影响工件的定心精度。

通用顶尖按结构可分为固定顶尖和回转顶尖，如图 2–14 所示；按安装位置可分为前顶尖（安装在主轴锥孔内）和后顶尖（安装在尾座锥孔内）。前顶尖总是固定顶尖，后顶尖可以是固定顶尖，也可以是回转顶尖。

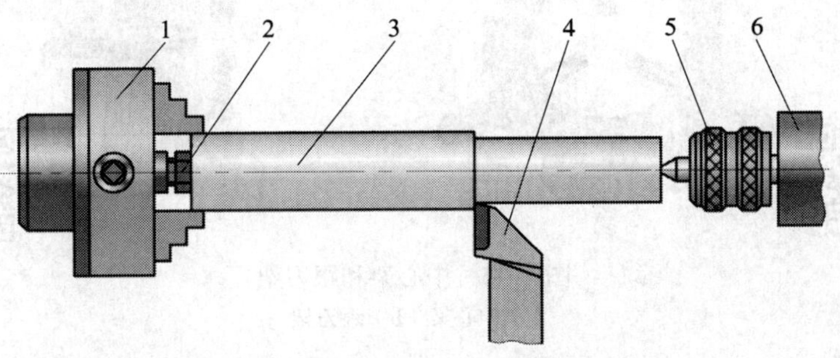

图 2–12　使用卡盘和后顶尖装夹工件

1—卡盘　2—限位支撑　3—工件　4—车刀　5—后顶尖　6—尾座

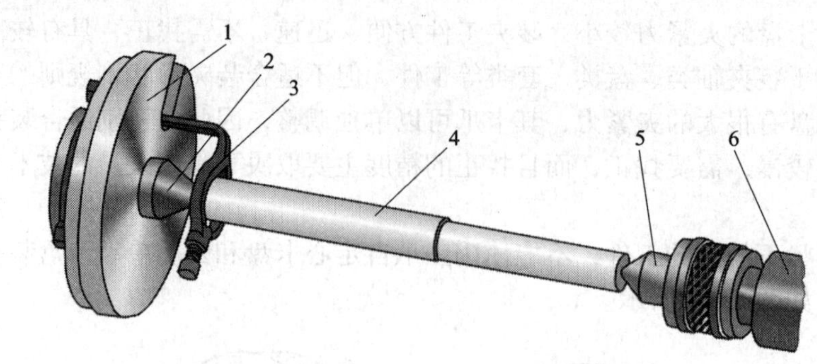

图 2-13　使用前顶尖和后顶尖装夹工件

1—拨盘　2—前顶尖　3—鸡心夹头　4—工件　5—后顶尖　6—尾座

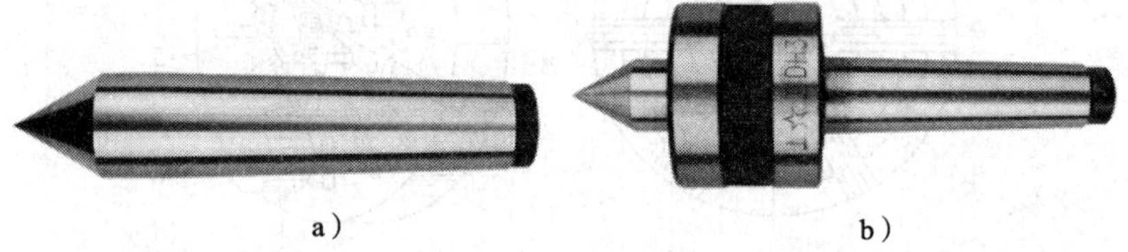

a）　b）

图 2-14　通用顶尖

a）固定顶尖　b）回转顶尖

拨盘与鸡心夹头的作用是当工件用两顶尖装夹时带动工件旋转，如图 2-13 所示。拨盘靠其上的螺纹装在车床的主轴上，带动鸡心夹头旋转。鸡心夹头则依靠其上的紧固螺钉拧紧在工件上，并带动工件一起旋转。

（4）中心架与跟刀架

在车削细长轴时，由于工件刚度低，在背向力及工件的自重作用下，工件会发生弯曲变形，产生振动，车削后会使工件形成两头细、中间粗的形状。为了防止发生这种现象，常使用中心架或跟刀架（图 2-15）作为辅助支撑，以提高工件的刚度。

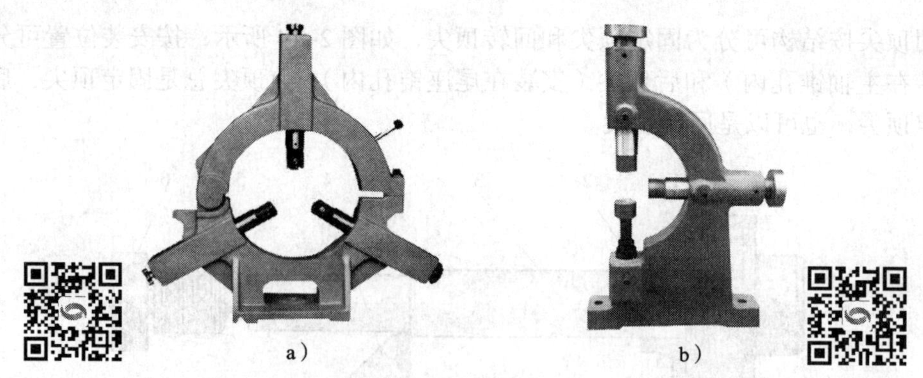

a）　b）

图 2-15　中心架和跟刀架

a）中心架　b）跟刀架

中心架固定在车床导轨上，由上、下两部分组成，如图 2-16 所示。上半部分可以翻转，以便放入工件。中心架内有三个可以调节的径向支爪，支爪一般都是铜质的。

跟刀架固定在床鞍上并随床鞍一起移动，如图 2–17 所示。跟刀架有两个（或三个）支爪，车刀装在这两个（或三个）支爪的对面稍微靠前的位置，并依靠背向力及工件的自重作用使工件紧靠在两个（或三个）支爪上。

图 2–16　使用中心架车削细长轴

图 2–17　使用跟刀架车削细长轴

2. 专用夹具

当工件定位面较复杂或有其他特殊要求时，例如，要求较高的定位精度或在大批量生产时有较高的生产效率，应选用专用车床夹具，下面举例说明。

图 2–18 所示为十字槽轮零件精车圆弧 $\phi 23^{+0.023}_{0}$ mm 的工序简图。本工序要求保证四处 $\phi 23^{+0.023}_{0}$ mm 圆弧；要求圆弧位置尺寸（18 ± 0.02）mm 及对 ϕ 5.5h6 轴线的对称度公差为 0.02 mm；$\phi 23^{+0.023}_{0}$ mm 轴线与 ϕ 5.5h6 轴线的平行度公差为 0.01 mm。

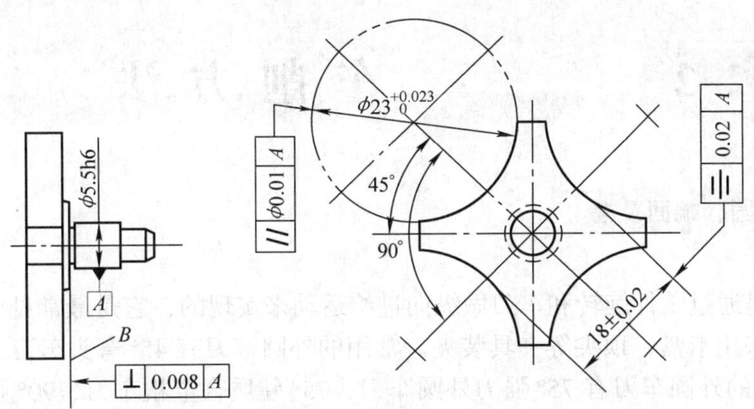

图 2–18　十字槽轮精车工序简图

图 2–19 所示为加工该工序的花盘式车床夹具，工件以 ϕ 5.5h6 外圆柱面与端面 B 半精车的 ϕ 22.5h8 圆弧面（精车第二个圆弧面时则用已经车好的 $\phi 23^{+0.023}_{0}$ mm 圆弧面）为定位基准。以夹具上定位套 1 的内孔表面与端面、定位销 2（定位销 2 有两套尺寸：其一用在对工件半精车的 ϕ 22.5h8 定位，精车 $\phi 23^{+0.023}_{0}$ mm；然后更换第二套定位销，用已加工好的 $\phi 23^{+0.023}_{0}$ mm 定位）的外圆表面为相应的限位表面。限制工件 6 个自由度，符合基准重合原则。同时加工三个零件，这样有利于测量尺寸。

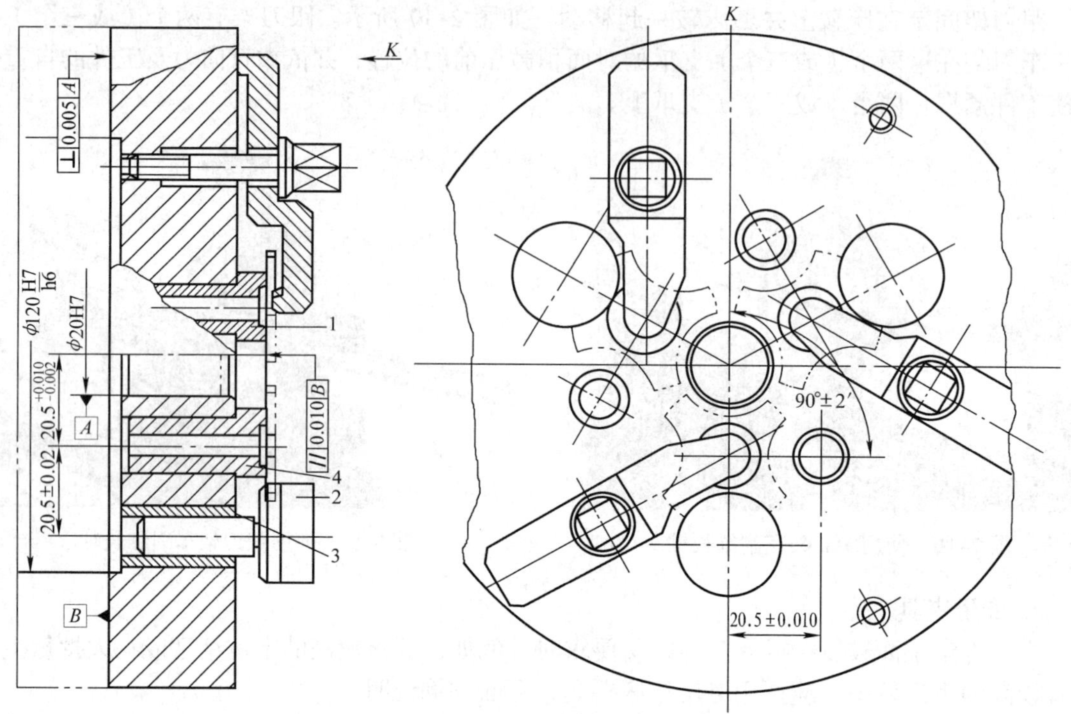

图 2–19　花盘式车床夹具

1、3、4—定位套　2—定位销

§2–2　车削方法

一、车外圆、端面及槽

1. 车外圆

外圆车削是通过工件旋转和车刀做纵向进给运动来实现的，它是最常见、最基本的车削方法。工件常采用卡盘、顶尖等夹具装夹。常用的外圆车刀有 45° 弯头车刀、75° 外圆车刀、90° 偏刀；典型的外圆车刀有 75° 强力外圆车刀、75° 硬质合金粗车刀、90° 硬质合金精车刀等，如图 2–20 所示。

根据车刀的几何形状、切削用量及精度要求，外圆车削可分为粗车、半精车、精车和精细车。外圆表面的切削步骤见表 2–6。

2. 车端面

车端面时，工件回转做主运动，车刀做垂直于工件轴线的横向进给运动。车端面常用的刀具有 90° 偏刀、75° 外圆车刀或 45° 弯头车刀。车端面时，刀尖必须保证与工件轴线等高，否则端面中心会留下凸起的剩余材料。为了防止床鞍因间隙或误操作发生纵向位移而影响端面的平面度，应锁定床鞍的位置。

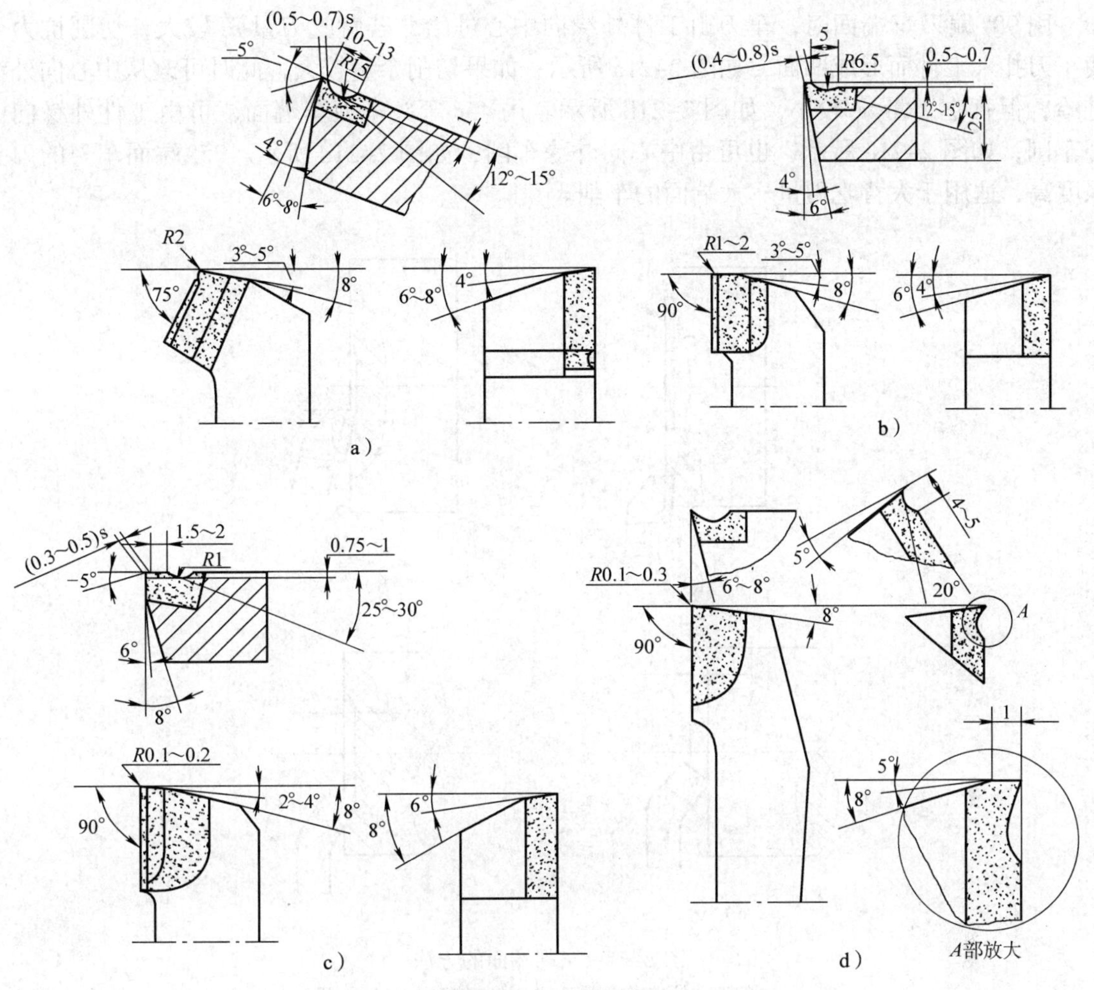

图 2–20　典型外圆车刀

a）75° 粗车刀　b）90° 粗车刀　c）90° 精车刀　d）高速精车刀

表 2–6　　外圆表面的切削步骤

步骤	目的	常用刀具	夹具	切削用量	精度
粗车	改变毛坯的不规则形状，提高生产效率	κ_r=75° 外圆粗车刀或 κ_r=90° 偏刀	卡盘、顶尖、拨盘、鸡心夹头等	切削速度 v_c 较低 a_p=2 ~ 5 mm f=0.3 ~ 0.6 mm/r	IT12 ~ IT10
半精车	提高粗车后的精度和表面质量	可选较大 γ_o、α_o 及 λ_s 为正的精车刀	卡盘、顶尖、拨盘、鸡心夹头等	为以后工序留 0.2 ~ 1 mm 的余量	IT10 ~ IT9
精车	保证尺寸和几何精度，尽量减少工艺系统变形	低速精车时选用高速钢宽刃精车刀；高速精车时选用硬质合金车刀（45° 弯头车刀和 90° 偏刀）	卡盘、顶尖、拨盘、鸡心夹头等	切削速度 v_c 高 a_p<0.15 mm f<0.1 mm/r	IT9 ~ IT8
精细车	进一步提高加工质量	金刚石刀具	卡盘、顶尖、拨盘、鸡心夹头等	切削速度 v_c 较高（可达 160 m/min），背吃刀量小，f<0.1 mm/r	IT6 ~ IT5

用 90° 偏刀车端面时，车刀由工件外缘向中心进给，若背吃刀量 a_p 较大，切削抗力会使车刀扎入工件而形成凹面，如图 2–21a 所示；如果切削余量较大，此时可改从中心向外缘进给，但背吃刀量 a_p 较小，如图 2–21b 所示。用 45° 弯头车刀车端面，可由工件外缘向中心车削，如图 2–21c 所示，也可由中心向外缘车削，如图 2–21d 所示。75° 端面车刀的刀头强度高，适用于大背吃刀量、大端面的车削。

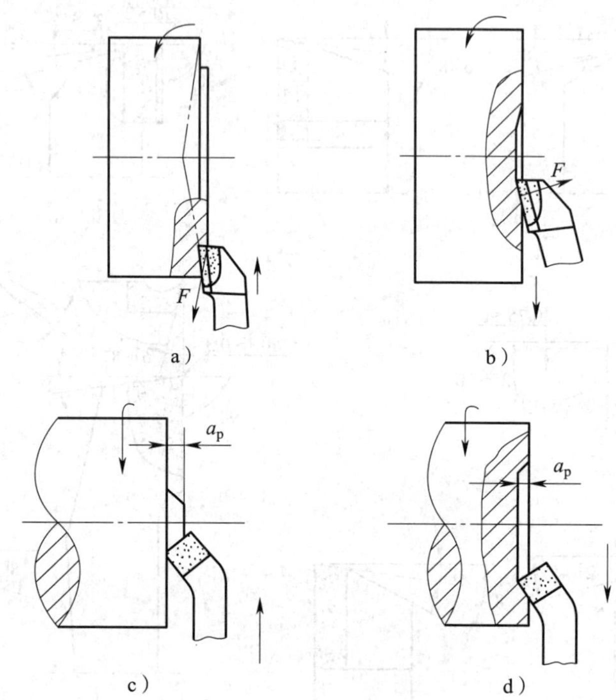

图 2–21　车削端面的方法

a）90° 偏刀由外向中心进刀　b）90° 偏刀由中心向外进刀

c）45° 弯头车刀由外向中心进刀　d）45° 弯头车刀由中心向外进刀

3. 车槽

在车床上可以车外槽、内槽和端面槽，其工作原理如图 2–22 所示。车槽时工件的装夹与车外圆相同。切削速度与车外圆相同，进给量根据切削刃宽度和工件刚度适当选择，以不产生振动为宜。车外圆沟槽的方法见表 2–7。

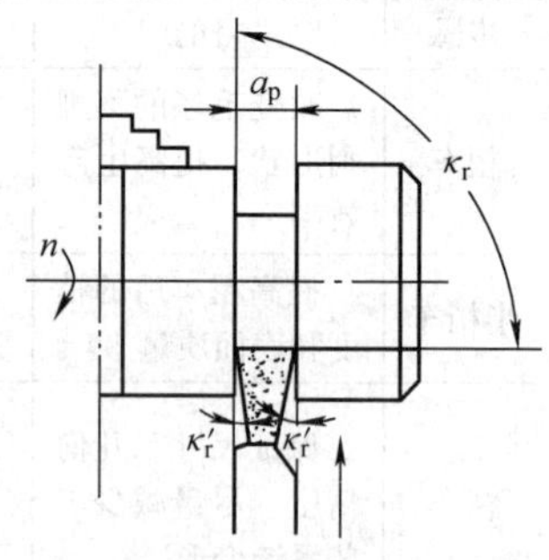

图 2–22　车槽工作原理

二、车圆锥面

圆锥表面是指由一段与轴线成一定角度且相交于轴线的直线段，绕该轴线旋转一周所形成的表面。圆锥面又可分为外圆锥面和内圆锥面。

1. 圆锥体的组成

圆锥体的组成如图 2–23 所示。D 为圆锥大端直径，d 为圆锥小端直径，L 为锥体部分长度（最大直径与最小直径间的垂直距离），α 为圆锥角（圆锥角是在通过圆锥轴线的截面内

表 2–7　　车外圆沟槽的方法

方法	图例	说明
直进法车矩形槽		车精度不高且宽度较窄的矩形槽时，可用刀宽等于槽宽的切断刀，采用直进法一次进给车出
宽矩形槽的车削		车削较宽的矩形槽时，可用多次直进法车削，并在槽壁两侧留有精车余量，然后根据槽深和槽宽精车至尺寸要求
圆弧形槽的车削		车削较小的圆弧形槽时一般以成形刀一次车出 较大的圆弧形槽可用双手联动车削，用样板检查及修整
V 形槽的车削	a）车直槽　b）用 V 形车刀左右切削	车削较小的 V 形槽时，一般用成形刀一次车削完成 较大的 V 形槽通常先车削成直槽，然后再用 V 形车刀左右切削成 V 形槽

两条素线的夹角），$\alpha/2$ 为圆锥半角，C 为锥度（圆锥大、小端直径之差与长度之比），锥度一般用比例或分数形式表示，如 1∶7 或 1/7，公式表达为：

$$C=\frac{D-d}{L}$$

2. 车外圆锥体的方法

车削圆锥必须满足的条件如下：刀尖与工件轴线必须等高；刀尖在进给运动中的轨迹是一直线，且该直线与工件轴线的夹角等于圆锥半角 $\alpha/2$。在车床上车削外圆锥的方法主要有以下四种：

（1）宽刃刀车削法

用宽刃刀车圆锥面，实质上属于成形法车削，即用成形刀对工件进行加工。它是在装夹车刀时，把主切削刃与主轴轴线的夹角调整到与工件的圆锥半角 $\alpha/2$ 相等后，采用横向进给的方法加工出外圆锥面，如图 2–24 所示。

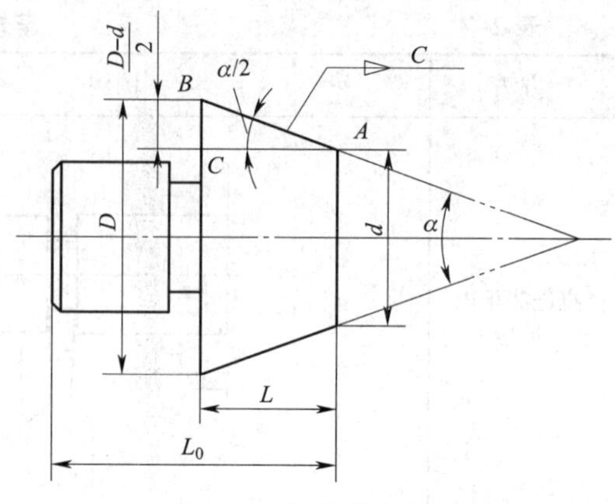

图 2–23　圆锥体的组成

用宽刃刀车外圆锥面时，切削刃必须平直，应取刃倾角 $\lambda_s=0°$，车床、刀具和工件等组成的工艺系统必须具有较高的刚度，而且背吃刀量应小于 0.1 mm，切削速度宜低些，否则容易引起振动。

宽刃刀车削法主要适用于较短圆锥面的精车工序。当工件的圆锥表面长度大于切削刃长度时，可以采用多次接刀的方法加工，但接刀处必须平直。

（2）转动小滑板法

将小滑板沿顺时针或逆时针方向偏转一个等于圆锥半角 $\alpha/2$ 的角度，使车刀沿小滑板导轨的运动轨迹与所需加工圆锥在水平轴平面内的素线平行，配合双手不间断地均匀转动小滑板手柄，车出圆锥，如图 2–25 所示。

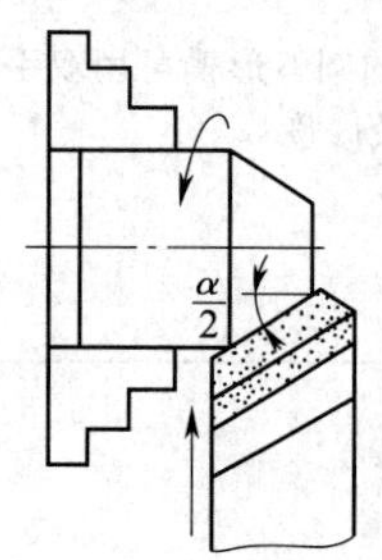

图 2–24　宽刃刀车圆锥

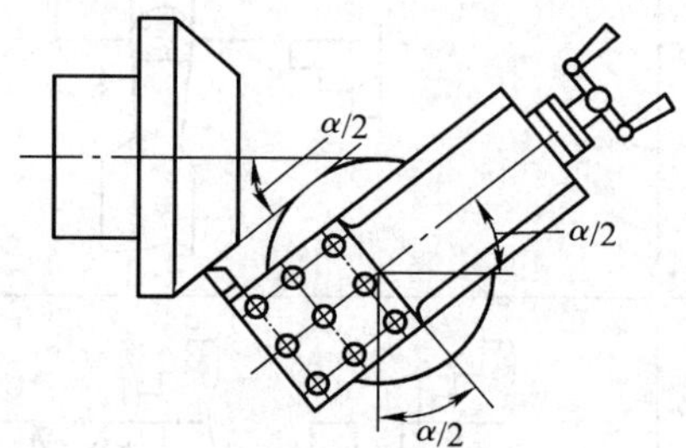

图 2–25　转动小滑板法车外圆锥

转动小滑板法车圆锥只适用于单件、小批量生产。

（3）偏移尾座法

将尾座上层滑板横向偏移一个距离 S，使前、后两顶尖连线与车床主轴轴线相交成一个等于圆锥半角 $\alpha/2$ 的角度，工件用两顶尖装夹，当床鞍带着车刀沿着平行于主轴轴线方向移动切削时，即可车出圆锥角为 α 的外圆锥，如图 2–26 所示。

尾座横向偏移的距离 S 按下式计算：

$$S\approx L_0\tan\frac{\alpha}{2}=L_0\times\frac{D-d}{2L}\quad 或\quad S=\frac{C}{2}L_0$$

式中　S——尾座偏移量，mm；

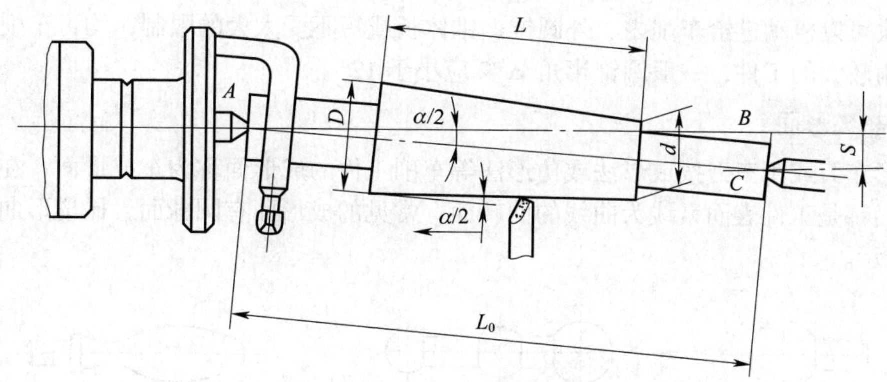

图 2–26　偏移尾座车外圆锥

L_0——工件全长（或两顶尖间距离），mm；

α——圆锥角，（°）；

D——最大圆锥直径，mm；

d——最小圆锥直径，mm；

L——圆锥长度，mm；

C——圆锥锥度。

偏移尾座法车圆锥适宜于加工锥度小、锥体较长、精度不高的外圆锥，受尾座偏移量的限制，不能加工锥度较大的圆锥。

（4）仿形（靠模）法

使用靠模装置，使车刀在纵向进给的同时相应做横向进给，由两个方向进给的合成运动使车刀刀尖的轨迹与工件轴线所成的夹角等于圆锥半角 $\alpha/2$，即可车出圆锥，如图 2–27 所示。

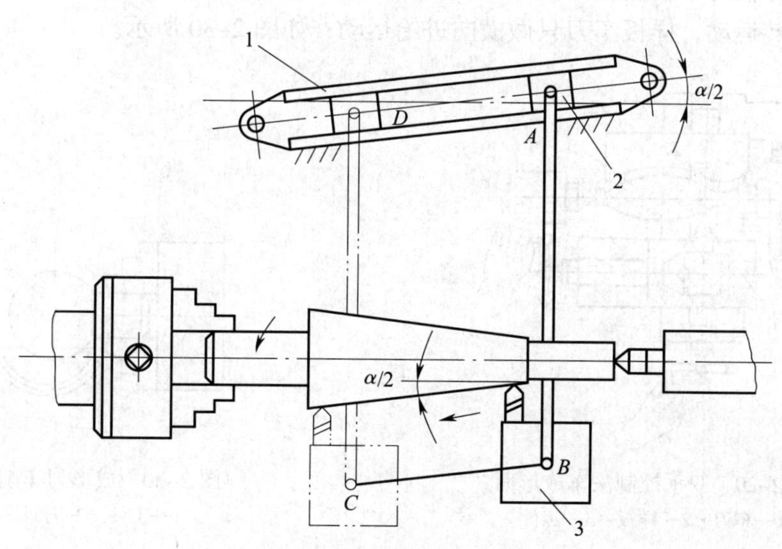

图 2–27　仿形（靠模）法车圆锥

1—基座　2—滑块　3—刀架

靠模法可以机动进给车削内、外圆锥，锥体长或短不受太大的限制，均可车削。但不能车削圆锥角较大的工件，一般圆锥半角 $\alpha/2$ 应小于 12°。

三、车成形面

用成形车刀或用车刀按成形法或仿形法等车削工件的成形面称为车成形面。在车床上加工的成形面都是工件表面素线为曲线的回转面。常见的成形面有圆球面、橄榄形曲面等，如图 2–28 所示。

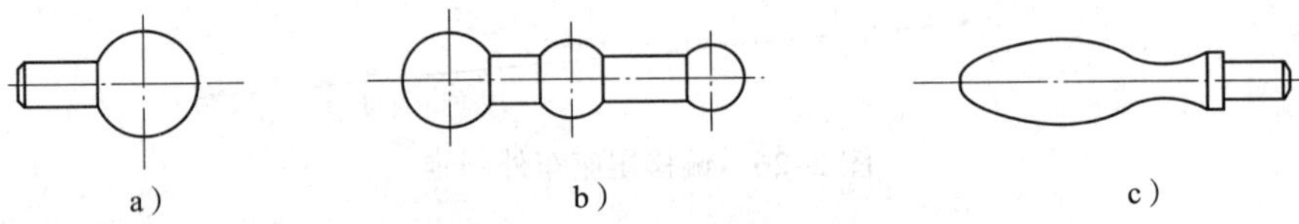

图 2–28　带有成形面的手柄

a）单球手柄　b）三球手柄　c）橄榄球手柄

成形面的车削方法主要有双手控制法、成形法和仿形法。

1. 双手控制法

使用普通车刀，用双手控制中滑板、小滑板或者控制中滑板与床鞍的合成运动，使刀尖的运动轨迹与工件表面素线形状相吻合，从而实现成形面的车削，如图 2–29 所示。车削过程中应随时用成形样板检验，并进行修整。

双手控制法车成形面的特点是灵活、方便，不需要其他辅助工具，但要求操作工人有较高的技术水平，生产效率低，加工精度不高，劳动强度大，只适用于单件或数量较少的、精度要求不高的成形面工件车削。

2. 成形法

成形法即样板刀车削法。样板车刀的切削刃形状与工件表面素线形状吻合，车削成形面时，工件做回转运动，样板车刀只做横向进给运动，如图 2–30 所示。

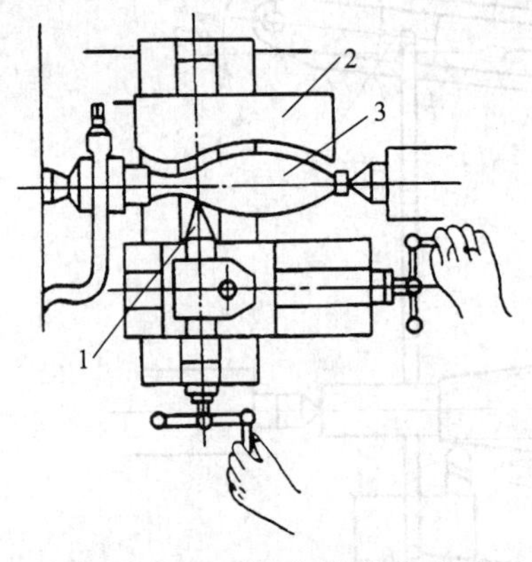

图 2–29　双手控制法车成形面

1—车刀　2—样板　3—工件

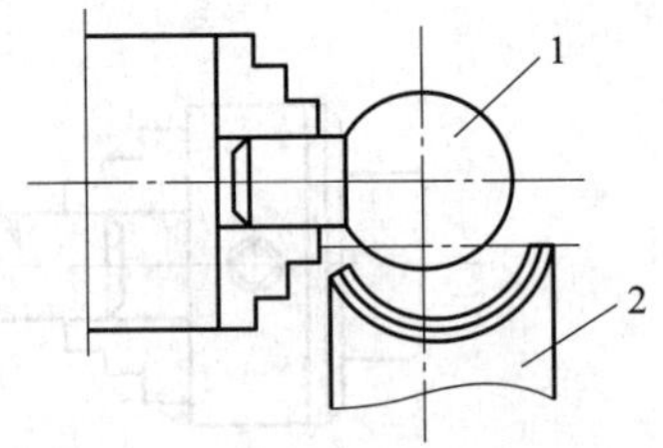

图 2–30　成形刀车削法

1—工件　2—刀具

用样板车刀车削，其切削刃与工件表面的接触线较长，切削时容易引起振动，因此工件转速应低，进给量应小。用样板车刀车削成形面，加工质量稳定，但样板车刀制造成本高，宜用于成批生产。

3. 仿形法

刀具按照仿形装置进给对工件进行加工的方法称为仿形法。仿形法车成形面是一种加工质量高、生产效率高的先进车削方法，特别适用于质量要求较高、批量较大的生产。下面介绍两种尾座靠模仿形法。

（1）靠模仿形法之一

车床上常用的简单靠模装置如图 2–31 所示。拆除中滑板丝杆，使小滑板转过 90°，以代替中滑板横向进给。靠模板由托脚固定在床身上，滚柱固定在中滑板的接长板上，并在弹簧力或重力作用下使滚柱始终紧贴在靠模板的曲面上，适当调整小滑板，控制刀尖到工件回转中心的距离，当床鞍做纵向移动时，在滚柱沿靠模板做曲线运动的同时，刀尖就车削出与靠模板轨迹完全相同的工件。此法适用于加工切削力不大的有色金属及精加工的成形面零件。

（2）靠模仿形法之二

这种靠模仿形法车成形面的方法与用靠模车圆锥面的方法大体相同。不同的是需用带有曲线槽的靠模代替锥度靠模板，并用滚柱代替滑块。与车圆锥面类似，需抽去中滑板丝杆并将小滑板转过 90°，以横向进刀，如图 2–32 所示。这种方法操作方便，生产效率高，质量稳定可靠，但只适合加工成形表面起伏较平稳的工件。

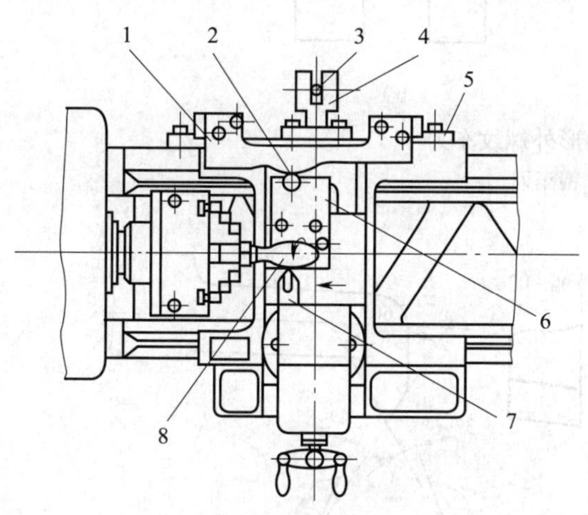

图 2–31　靠模仿形法（一）

1—靠模板　2—滚柱　3—吊重锤　4、5—托脚
6—中滑板接长板　7—车刀　8—手柄（工件）

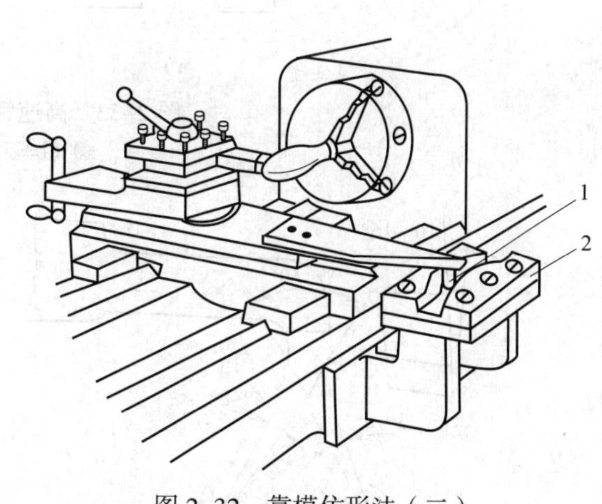

图 2–32　靠模仿形法（二）

1—滚柱　2—靠模板

四、车螺纹

在各种机械产品中，带有螺纹的零件应用广泛。螺纹种类较多，按其牙型特征可分为三角形螺纹、梯形螺纹、矩形螺纹、锯齿形螺纹等。加工螺纹时，必须保证正确的牙型、准确的螺距和中径。螺纹车刀切削部分的几何形状必须与被加工螺纹的牙型完全一样，以保证正确的牙型。螺纹的加工方法很多，其中用车削的方法加工螺纹是最常用的方法之一。下面以应用最普遍的牙型角 α 为 60° 的三角形螺纹为例，介绍螺纹车削的要点。

1. 螺纹车刀

螺纹车刀按其切削部分材质不同有高速钢螺纹车刀和硬质合金螺纹车刀两种。高速钢螺纹车刀刃磨方便，切削刃锋利，韧性好，车削时刀尖不易崩裂，车出螺纹的表面粗糙度值小。但其热硬性差，不宜高速车削，常用在低速车削中加工塑性材料的螺纹或作为螺纹精车刀。硬质合金螺纹车刀硬度高，耐磨性好，热硬性好，常用在高速切削中加工脆性材料螺纹，其缺点是抗冲击能力差。

图 2–33 和图 2–34 所示分别为高速钢外螺纹车刀和内螺纹车刀。图 2–35 和图 2–36 所示分别为硬质合金外螺纹车刀和内螺纹车刀。

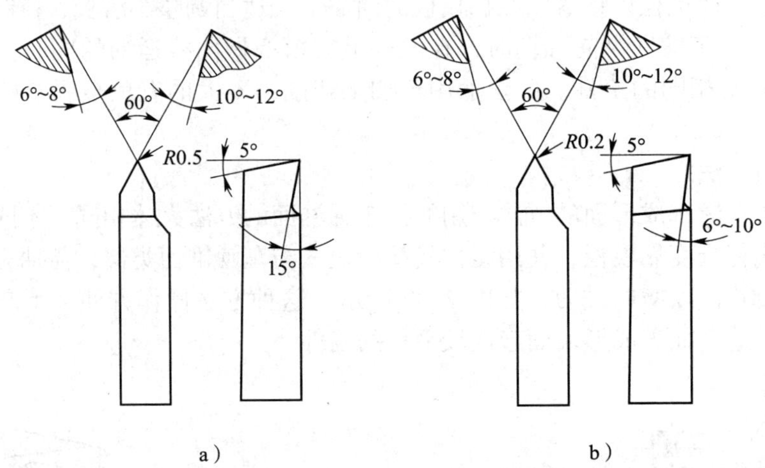

图 2–33　高速钢三角形外螺纹车刀

a）粗车刀　b）精车刀

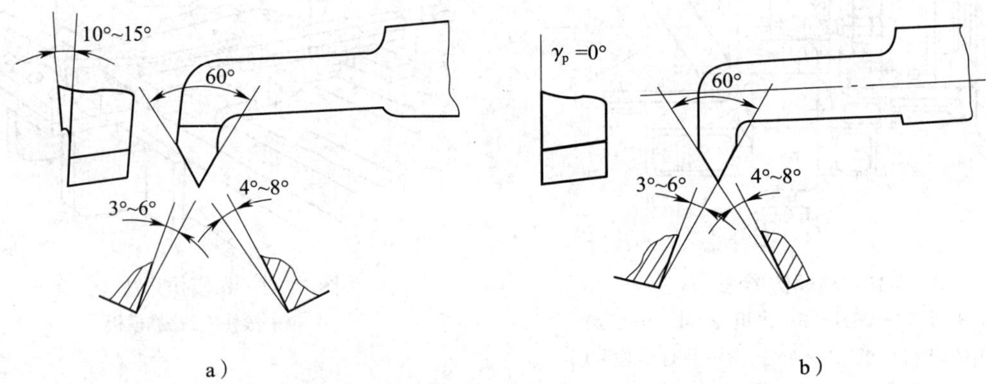

图 2–34　高速钢三角形内螺纹车刀

螺纹车刀的刀尖角 ε_r 等于牙型角 α，ε_r=60°。螺纹车刀的正前角 γ_p 一般为 0° ~ 15°，粗车时，为了切削顺利，正前角可取得大一些，γ_p=5° ~ 15°；精车时，为了减小对牙型角的影响，正前角应取得小一些，γ_p=0° ~ 5°。正前角 γ_p 对牙型角的影响较大，γ_p 越大，车刀前面上的刀尖角 ε_r' 就越小。当 γ_p=10° ~ 15° 时，ε_r' 约为 59°；当 γ_p=0° 时，ε_r' = ε_r=60°。

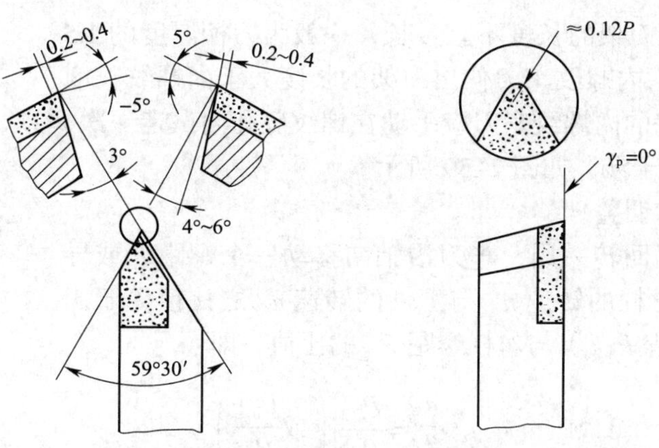

图 2–35　硬质合金三角形外螺纹车刀

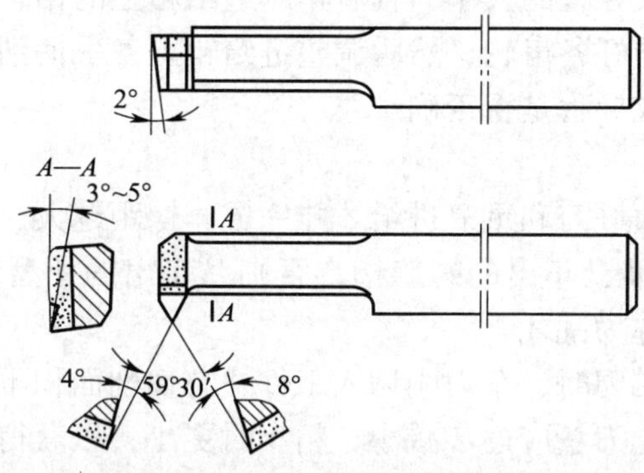

图 2–36　硬质合金三角形内螺纹车刀

2. 螺纹车刀的装夹

装夹螺纹车刀时，车刀刀尖应与车床主轴轴线等高，螺纹车刀两刀尖半角的对称中心线应与工件轴线垂直，装刀时可用螺纹对刀样板校正，如图 2–37 所示。如果对刀不准，将车刀装歪，会使车出的螺纹两牙型半角不相等，产生图 2–38 所示的歪斜牙型（俗称倒牙）。

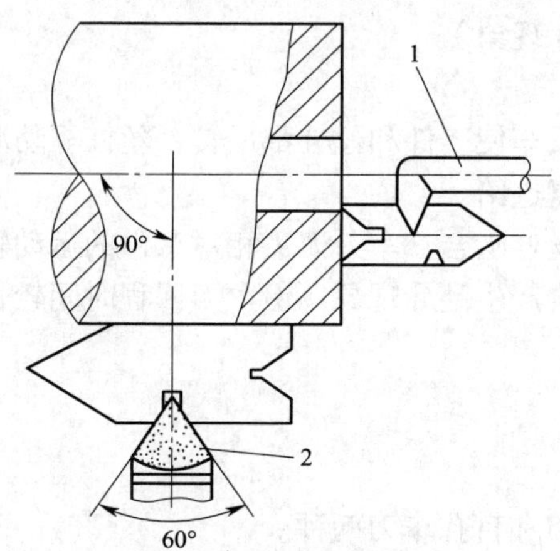

图 2–37　用样板安装螺纹车刀

1—内螺纹车刀　2—外螺纹车刀

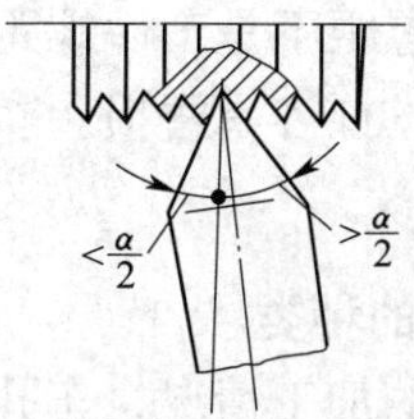

图 2–38　车刀装夹歪斜造成牙型歪斜

外螺纹车刀伸出刀架的长度不宜过长，一般为刀柄厚度的 1.5 倍，为 25 ~ 30 mm。内螺纹车刀伸出刀架的长度大于内螺纹长度 10 ~ 20 mm，装夹好的内螺纹车刀应手动在螺纹底孔内试走一次，检查刀柄是否与底孔干涉，如图 2-39 所示。

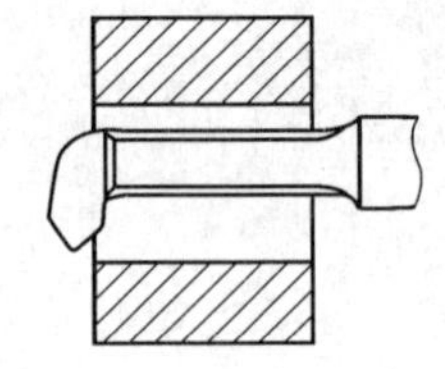

图 2-39　检查刀柄是否与底孔干涉

3. 螺距或导程的调整

为了保证工件每回转一周，车刀沿轴向移动一个螺距 P 或导程 P_h，必须使车床丝杠的转速 $n_{丝}$ 与工件的转速 $n_{工}$ 之比值等于工件的螺距 $P_{工}$（或导程 $P_{h工}$）与丝杠螺距 $P_{丝}$ 的比值，即：

$$\frac{n_{丝}}{n_{工}}=\frac{P_{工}}{P_{丝}}\left(或\frac{P_{h工}}{P_{丝}}\right)$$

调整时，应根据螺距或导程的大小，查看车床进给箱上的铭牌，确定交换齿轮箱内交换齿轮的齿数，并按此要求挂好各齿轮，然后调整进给箱上各手柄到规定位置。螺纹正式车削前应先试进给，检查螺距或导程是否正确。

4. 车削方法

螺纹车削需要经过多次进刀和重复进给才能完成。螺距越大，进刀次数越多。每次进给时，必须保证车刀刀尖对准已车出的螺旋槽；否则已车出的牙型就可能被切去而使螺纹损坏，工件报废，这种现象称为乱牙。

粗车螺纹第一刀、第二刀时，车刀刚切入工件，总切削面积不大，可以选择较大的背吃刀量，以后每次进给的背吃刀量应逐步减小，精车时更小，以获得较高的螺纹表面质量。常采用的螺纹的车削方法有提开合螺母法和开倒顺车法两种。

（1）提开合螺母法车螺纹

每次进给终了时，横向退刀，同时提起开合螺母，然后手动将溜板箱返回起始位置，调整好背吃刀量后，压下开合螺母再次进给车削螺纹，如此重复循环使总背吃刀量等于牙型深度，螺纹符合规定要求为止。车削过程中，每次提、压开合螺母应果断、有力。

这种方法车削螺纹可以节省车刀回程的辅助时间及减少丝杠的磨损，但只能用于车床丝杠螺距是工件螺纹螺距的整数倍时（不致产生乱牙现象）。

（2）开倒顺车法车螺纹

每次进给终了时，先快速横向退刀，随后开反车使工件和丝杠都反转，丝杠驱动溜板箱返回起始位置时，调整背吃刀量后，改为正车重复进给。

采用这种方法车削螺纹时，开合螺母始终与丝杠啮合，车刀刀尖相对工件的运动轨迹不变，即使丝杠螺距不是工件螺距的整数倍，也不会产生乱牙现象。但车刀回程时间较长，生产效率低，且丝杠容易磨损。

五、车孔

1. 车孔刀的种类

根据不同的加工情况，车孔刀可分为通孔车刀和盲孔车刀两种。

（1）通孔车刀

通孔车刀切削部分的几何形状基本上与外圆车刀相似，如图 2-40 所示。为减小径

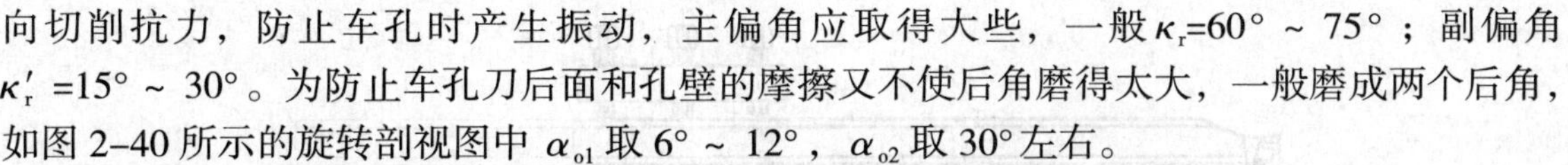

向切削抗力，防止车孔时产生振动，主偏角应取得大些，一般 κ_r=60° ~ 75°；副偏角 κ_r' =15° ~ 30°。为防止车孔刀后面和孔壁的摩擦又不使后角磨得太大，一般磨成两个后角，如图 2–40 所示的旋转剖视图中 α_{o1} 取 6° ~ 12°，α_{o2} 取 30° 左右。

（2）盲孔车刀

盲孔车刀用于车削盲孔或台阶孔，其切削部分的几何形状基本上与偏刀相似，如图 2–41 所示。盲孔车刀的主偏角大于 90°，一般 κ_r=92° ~ 95°。后角要求与通孔车刀相同。盲孔车刀刀尖到刀柄外侧的距离 a 应小于孔的半径 R；否则无法车平底孔的底面。

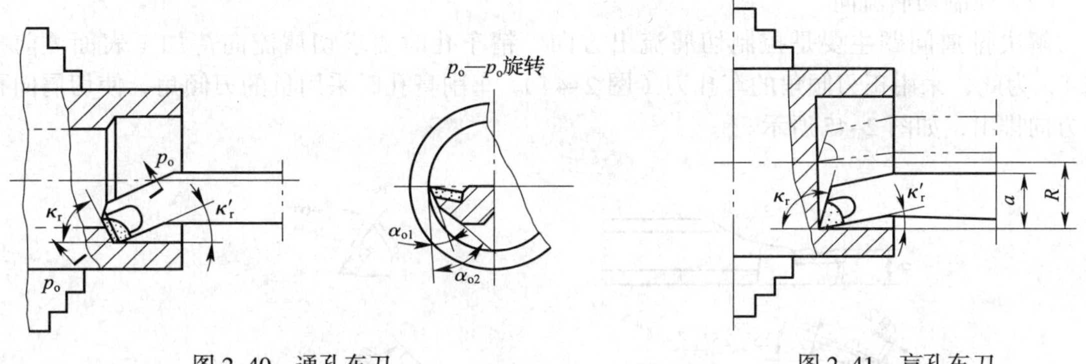

图 2–40　通孔车刀　　　　图 2–41　盲孔车刀

2. 车孔的关键技术

车孔的关键技术是解决车孔刀的刚度和排屑问题。

（1）提高车孔刀的刚度

1）尽可能增大刀柄的截面积。一般车孔刀的刀尖位于刀柄的上面，刀柄的截面积较小，仅有工件孔截面积的 1/4 左右（图 2–42a）。如果使车孔刀的刀尖位于刀柄的中心线上，这样刀柄的截面积可达到最大程度（图 2–42b）。内孔车刀的后面如果刃磨成一个大后角（图 2–42c），刀柄的截面积必然减小。如果刃磨成两个后角（图 2–42d），或将后面磨成圆弧状，则既可防止内孔车刀的后面与孔壁产生摩擦，又可使刀柄的截面积增大。

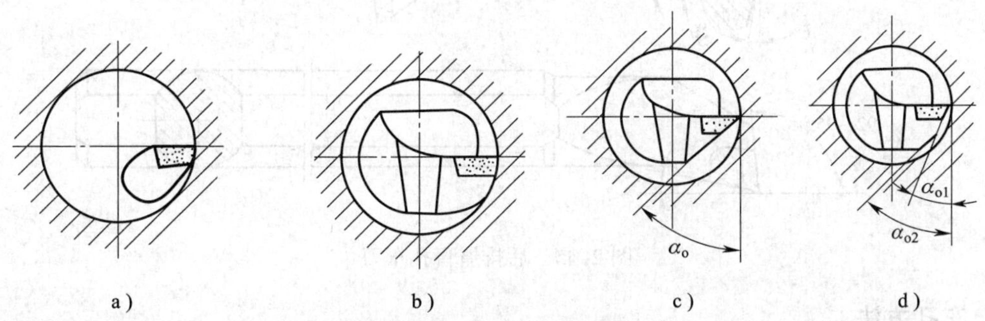

图 2–42　增大刀柄的截面积

a）刀尖位于刀柄的上面　b）刀尖位于刀柄的中心线上　c）一个大后角　d）两个后角

2）减小刀柄的伸出长度。刀柄伸出越长，车孔刀刚度越低，容易引起振动。刀柄伸出长度只要略大于孔深即可。图 2–43 所示为一种刀柄长度可调节的车孔刀。

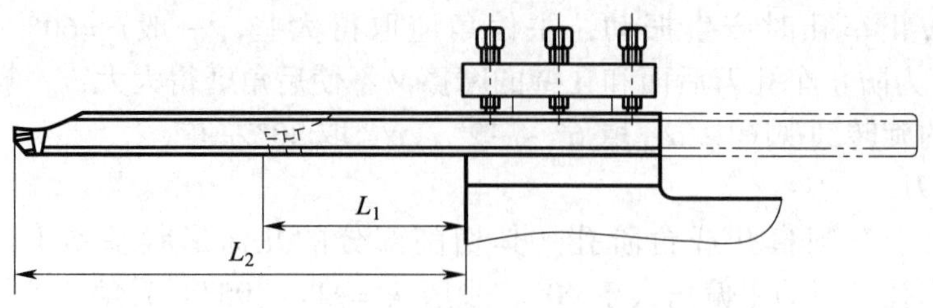

图 2–43　可调节的车孔刀

（2）控制切屑流向

解决排屑问题主要是控制切屑流出方向。精车孔时要求切屑流向待加工表面（前排屑），为此，采用正刃倾角的车孔刀（图 2–44）。车削盲孔时采用负的刃倾角，使切屑向孔口方向排出，如图 2–45 所示。

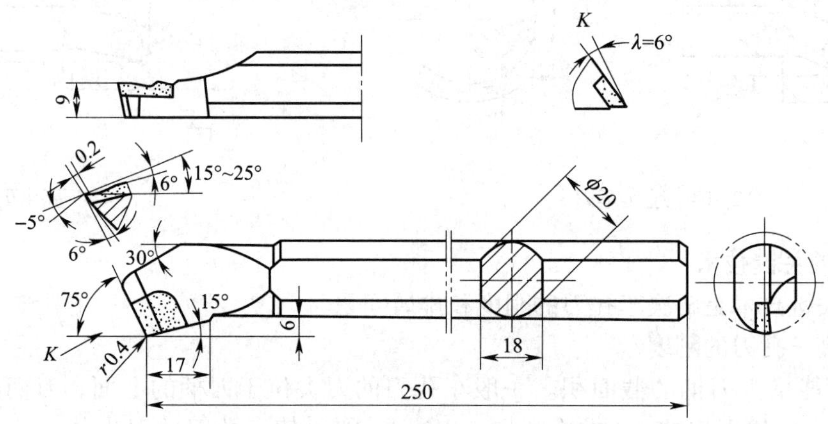

图 2–44　前排屑通孔车刀

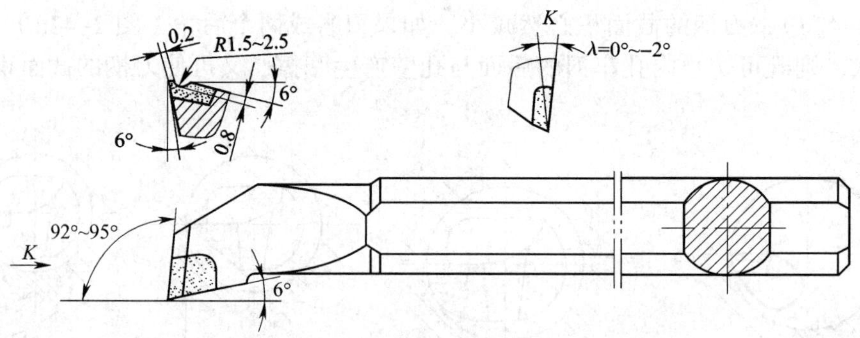

图 2–45　后排屑盲孔车刀

3. 车孔方法

装夹车孔刀时应使车孔刀刀柄与工件轴线基本平行；否则在车削到一定深度时刀柄的后半部分容易碰到工件孔口。车通孔和台阶孔时，车孔刀的刀尖应与工件中心等高或稍高，如果刀尖低于工件中心，车削时在切削抗力作用下，容易将刀柄压低而产生扎刀现象，并可造成孔径扩大。车削平底盲孔时，车刀刀尖必须对准工件中心，且必须满足盲孔车刀刀尖到

刀柄外侧的距离 a 小于孔的半径 R 的条件，否则无法车完孔底平面。车孔刀伸出刀架的长度一般比被加工孔长 5 ~ 10 mm，不宜过长。车孔刀装夹好后，在车孔前应先在孔内试走一遍，检查有无碰撞现象，以确保安全。

车孔方法基本上与车外圆方法相同，只是进刀与退刀的方向相反。此外，车孔时的切削用量应比车外圆时小些，特别是车小（直径）孔或深孔时，其切削用量应更小。

§2–3 车削加工实例分析

一、选择车削步骤的原则

1. 根据零件数量和精度要求的不同、机床条件的差异，可以有两种不同的加工原则，即工序集中和工序分散原则。一般而言，当零件批量较小、只有几个时，加工表面及相互几何精度要求较高，或是重型零件，且车床的精度和通用性较高时，应采用工序集中原则；反之，则采用工序分散原则。

2. 车削零件时，一般分为粗车、半精车和精车三个阶段。即首先对零件各表面进行粗车，全部表面粗车完毕，才进行半精车或精车。

3. 对于精度要求高的零件，为了消除内应力，改善零件的力学性能，在粗车后还要经过调质处理或正火，所以粗车后应留 1.5 ~ 2.5 mm 余量。

4. 在车削短小零件时，一般先车端面，这样便于决定长度上的尺寸。由于铸铁表皮硬，并有型砂，容易磨损刀具，因此先倒角。

5. 在两顶尖间车削轴类零件时，一般至少要三次安装，即粗车一端，掉头再粗车和精车另一端，最后精车原来一端。

6. 如果零件还要经过磨削加工，那么在粗车、半精车后不需精车。但是，在半精车后必须留有磨削余量。

7. 车削台阶轴时，一般是先车直径较大的一端，这样可保证车削过程中轴的刚度。

8. 在轴上车槽时，一般是在粗车和半精车以后、精车之前，但要注意槽的深度。例如，槽的深度是 2 mm，精车之前的余量为 0.6 mm，那么在精车之前车槽时，槽的深度为 2+0.6/2=2.3 mm。

9. 轴上的螺纹一般放在半精车以后车削，只有在螺纹车好后，再精车各级外圆。由于车螺纹会使轴弯曲，因此对于同轴度要求不高的各级轴或刚度不高的轴，螺纹要放在最后车削。

二、加工实例分析

下面以图 2–46 所示减速器的齿轮轴为例，介绍车削轴类工件的基本工艺方法。

1. 分析图样

图 2–46 所示减速器的齿轮轴是典型的轴类工件，由外圆、端面、台阶、倒角和中心孔等结构要素构成。车削轴类工件时，除了保证图样上标注的尺寸精度和表面粗糙度等要求外，一般还应达到一定的形状、方向、位置、跳动等几何公差要求。图样分析如下：

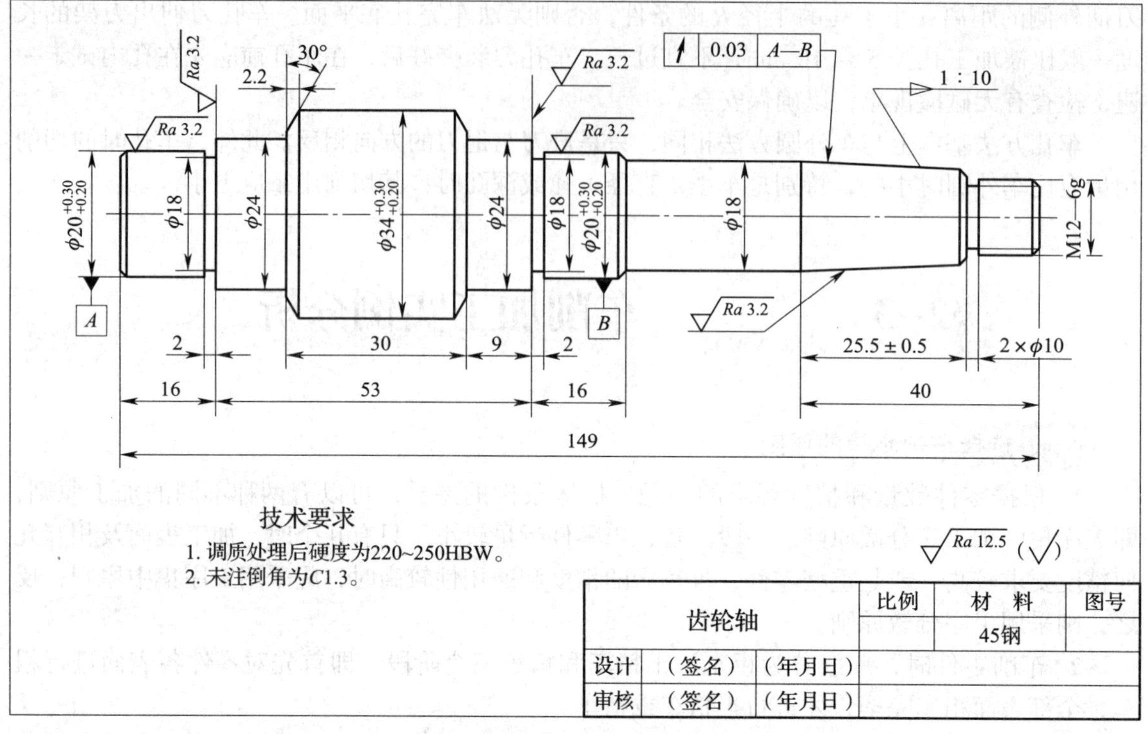

图 2–46 齿轮轴

（1）齿轮轴的材料为 45 钢，毛坯材料应为热轧圆钢。

（2）重要尺寸的表面粗糙度：左端 $\phi 20^{+0.30}_{+0.20}$ mm 外圆和中间 $\phi 20^{+0.30}_{+0.20}$ mm 外圆的表面粗糙度 Ra 值为 3.2 μm；两处 ϕ 24 mm 外圆左右端面的表面粗糙度 Ra 值为 3.2 μm；锥度为 1∶10 的外圆锥表面粗糙度 Ra 值也为 3.2 μm。

（3）基准：左端 $\phi 20^{+0.30}_{+0.20}$ mm 外圆轴线 A 和中间 $\phi 20^{+0.30}_{+0.20}$ mm 外圆轴线 B 建立起公共基准 A—B。

（4）圆锥表面对公共基准 A—B 的斜向圆跳动公差为 0.03 mm。

2. 制定加工工艺

齿轮轴加工顺序为下料—热处理—车端面—车总长—粗车齿轮轴左端—粗车齿轮轴右端—掉头，精车齿轮轴左端—精车齿轮轴右端。

3. 齿轮轴的车削准备

齿轮轴车削前的准备工作见表 2–8。

表 2–8　　齿轮轴的车削准备

步骤	准备内容
1. 准备毛坯	（1）下料：材料为 45 钢，规格为 ϕ 40 mm × 153 mm
	（2）材料要进行预备热处理：调质处理
2. 选用工艺装备	三爪自定心卡盘，呆扳手，前、后顶尖，鸡心夹头，0.02 mm/（0 ~ 150）mm 的游标卡尺，0 ~ 25 mm、25 ~ 50 mm 的千分尺，百分表，磁力表座
3. 选用设备	选用 CA6140 型车床

4. 齿轮轴的车削过程

齿轮轴的车削过程见表 2–9。

表 2–9　　齿轮轴的车削过程

工序号	工序名称	工序图	工序内容
1	下料	 153; $\phi40$	下料 ϕ40 mm × 153 mm
2	热处理		调质处理后硬度为 220 ～ 250HBW
3	车	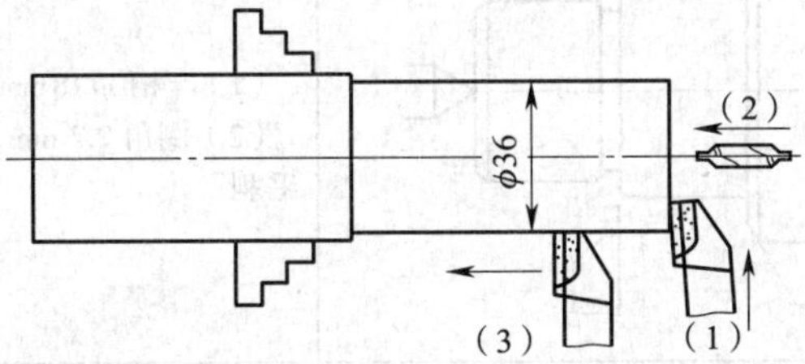 $\phi36$; (1); (2); (3)	采用三爪自定心卡盘装夹 （1）车端面，车平为止 （2）钻中心孔 （3）车外圆尺寸至 ϕ36 mm
4	车	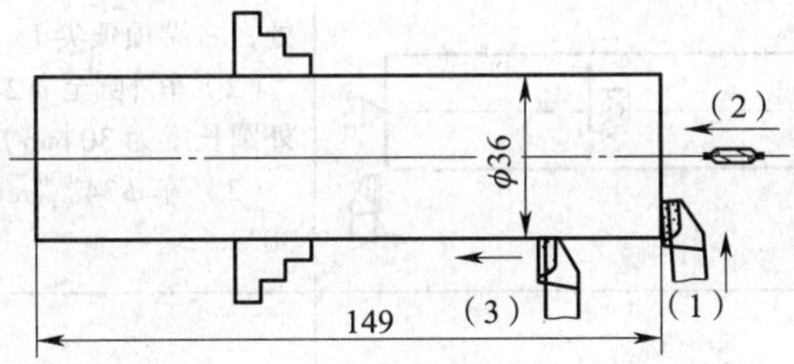 $\phi36$; 149; (1); (2); (3)	掉头装夹 （1）车端面，控制总长至 149 mm （2）钻中心孔 （3）车外圆尺寸至 ϕ36 mm
5	车	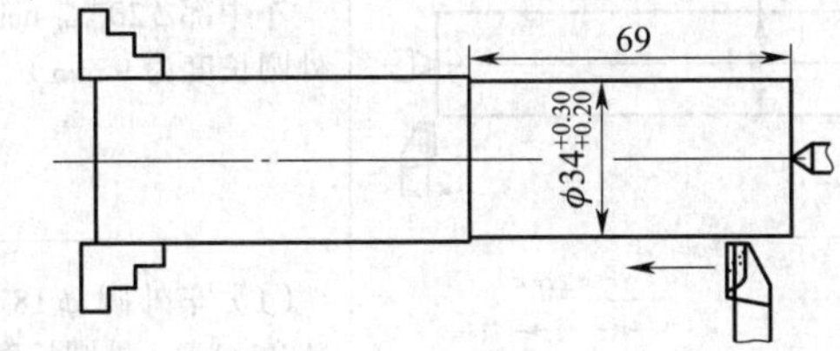 69; $\phi34^{+0.30}_{+0.20}$	（1）一夹一顶（夹右端，左端顶顶尖） （2）车 $\phi34^{+0.30}_{+0.20}$ mm 外圆，长度大于 69 mm
		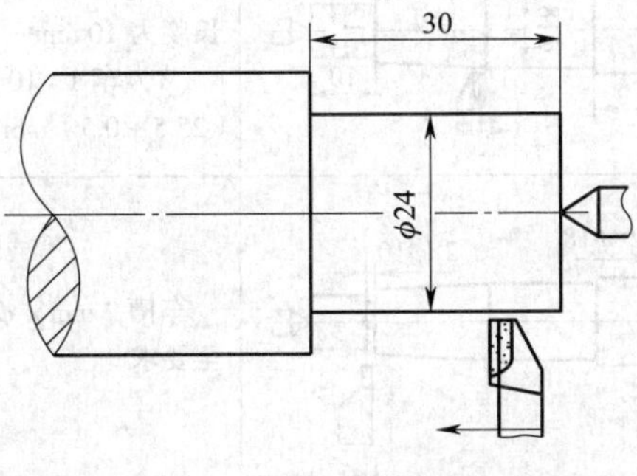 30; $\phi24$	车左端 ϕ24 mm 至图样要求，倒钝锐边

续表

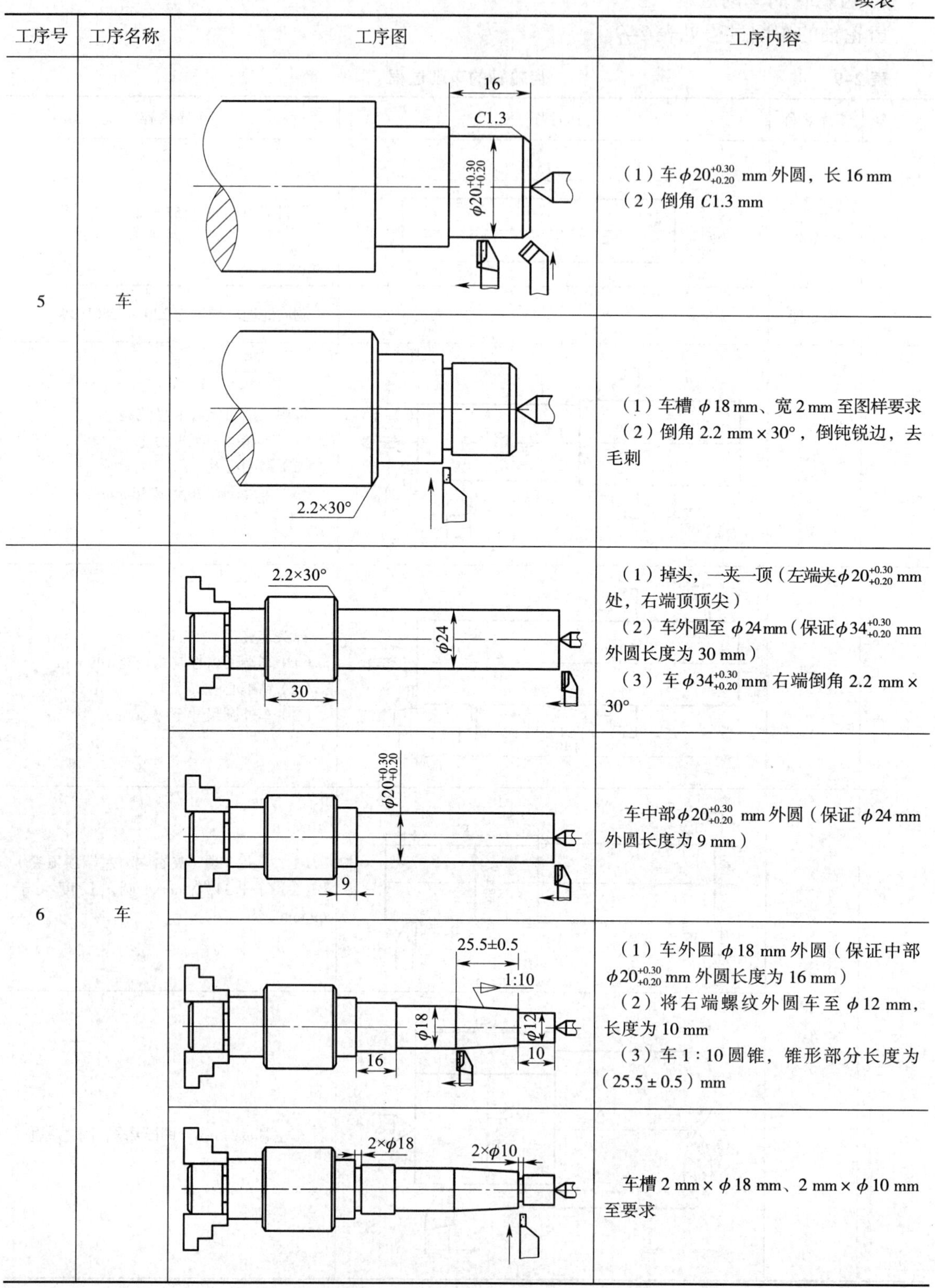

工序号	工序名称	工序图	工序内容
5	车		（1）车 $\phi 20^{+0.30}_{+0.20}$ mm 外圆，长 16 mm （2）倒角 C1.3 mm
			（1）车槽 ϕ 18 mm、宽 2 mm 至图样要求 （2）倒角 2.2 mm × 30°，倒钝锐边，去毛刺
6	车		（1）掉头，一夹一顶（左端夹 $\phi 20^{+0.30}_{+0.20}$ mm 处，右端顶顶尖） （2）车外圆至 ϕ 24 mm（保证 $\phi 34^{+0.30}_{+0.20}$ mm 外圆长度为 30 mm） （3）车 $\phi 34^{+0.30}_{+0.20}$ mm 右端倒角 2.2 mm × 30°
			车中部 $\phi 20^{+0.30}_{+0.20}$ mm 外圆（保证 ϕ 24 mm 外圆长度为 9 mm）
			（1）车外圆 ϕ 18 mm 外圆（保证中部 $\phi 20^{+0.30}_{+0.20}$ mm 外圆长度为 16 mm） （2）将右端螺纹外圆车至 ϕ 12 mm，长度为 10 mm （3）车 1 : 10 圆锥，锥形部分长度为（25.5 ± 0.5）mm
			车槽 2 mm × ϕ 18 mm、2 mm × ϕ 10 mm 至要求

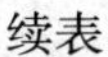

续表

工序号	工序名称	工序图	工序内容
6	车		车中部 $\phi 20^{+0.30}_{+0.20}$ mm 外圆、圆锥、M12 螺纹右端 3 处倒角 $C1.3$ mm
			车外螺纹 M12—6 g 至要求

第三章　钻削和镗削工艺与装备

§3-1　钻削加工工艺装备

一、钻削加工方法

钻削加工是在钻床上利用钻孔刀具进行切削的一种方法，如图 3-1 所示。钻削加工时，工件固定不动，刀具随主轴旋转完成主运动，同时沿轴线移动做进给运动。

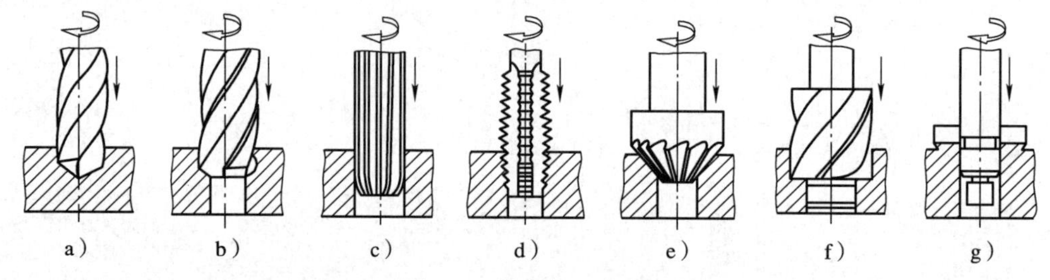

a） b） c） d） e） f） g）

图 3-1　钻削加工方法

a）钻孔　b）扩孔　c）铰孔　d）攻螺纹　e）锪锥形沉孔　f）锪圆柱形沉孔　g）锪凸台平面

二、钻床

钻床是孔加工机床，用以加工工件上的单个或多个孔。常用的钻床有台式钻床、立式钻床和摇臂钻床等。

1. 台式钻床

台式钻床是一种小型钻床，它具有结构简单、操作方便、生产效率高、灵活性强、易于维修等特点，适用于在小型工件上钻、扩直径在 12 mm 以下的孔。

如图 3-2 所示为台式钻床的外形，它主要由底座、立柱、工作台、机头、主轴、主轴变速机构、进给机构、电气控制部分以及电动机等组成。

2. 立式钻床

立式钻床简称立钻，是钻床中较为普通的一种中型钻床，具有操作方便、使用范围广、性能齐全等特点，适用于单件、小批量生产的中、小型工件孔加工。

如图 3-3 所示为立式钻床的外形，它主要由底座、立柱、工作台、主轴、主轴变速机构、进给机构、冷却系统、照明和电气控制部分等组成。

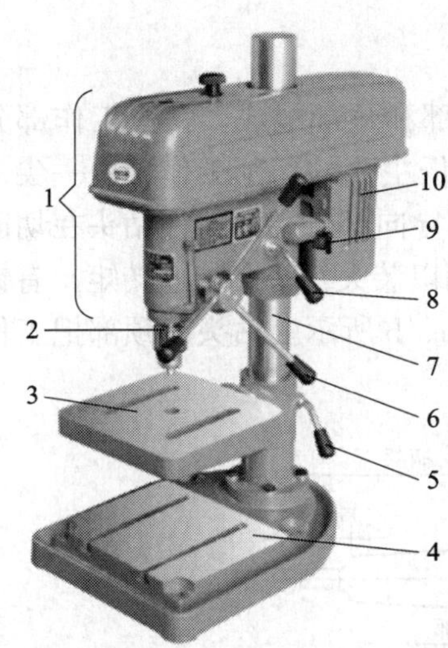

图 3–2　台式钻床

1—机头部分　2—主轴　3—工作台　4—底座
5—工作台锁紧手柄　6—三星手动进给手柄
7—立柱　8—机头锁紧手柄
9—传动带调整及锁紧手柄
10—电动机

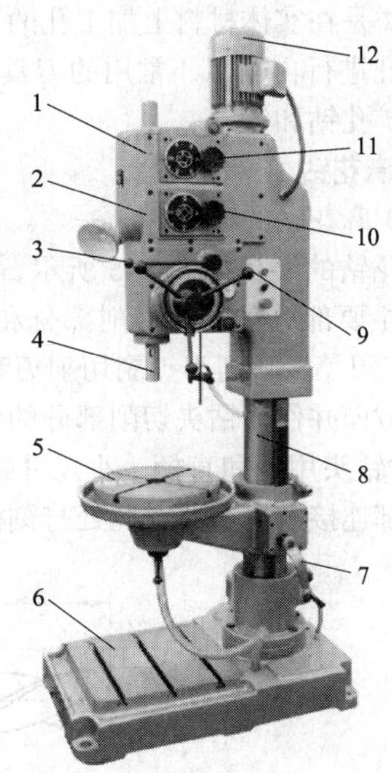

图 3–3　立式钻床

1—主轴箱　2—进给箱　3—自动进给手柄
4—主轴　5—工作台　6—底座　7—工作台升降手柄
8—立柱　9—三星手动进给手柄
10—进给量调节手轮　11—主轴变速手轮
12—主电动机

3. 摇臂钻床

摇臂钻床又称摇臂钻。摇臂钻按机床夹紧结构可分为液压摇臂钻床和机械摇臂钻床两类，是一种较为大型的孔加工设备，具有通用化程度高、安全保护装置可靠、使用范围广等特点，适用于在中、大型工件上进行钻孔、扩孔、锪平面及攻螺纹等工作，在具有工艺装备的条件下可以进行镗孔，是具有广泛用途的万能型机床。

如图 3–4 所示为液压摇臂钻床的外形，它主要由底座、立柱、工作台、主轴箱和摇臂等组成。

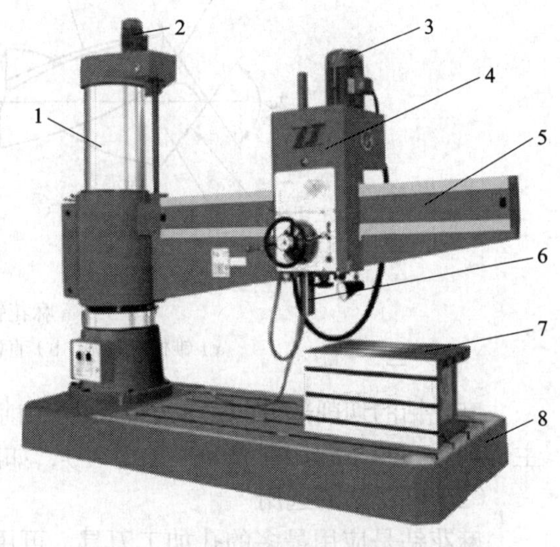

图 3–4　液压摇臂钻床

1—立柱　2—升降电动机　3—主电动机　4—主轴箱
5—摇臂　6—主轴　7—工作台　8—底座

三、钻削刀具

钻削刀具又称孔加工刀具。根据所加工孔的形状、规格、精度等要求，孔加工刀具分为许多类型，根据加工对象的不同常分为两大类：一类是在实体材料上加工孔的刀具，包括中心钻、麻花钻、深孔钻和扁钻等；另一类是对已有孔进行再加工，常用的刀具有扩孔钻、铰刀、镗刀和锪钻等。下面主要介绍麻花钻、群钻、扩孔钻和铰刀。

1. 麻花钻

（1）麻花钻的结构

麻花钻的结构如图 3–5 所示，它主要由工作部分、柄部和颈部组成。钻头工作部分是刀具的主要部分，包括切削部分和导向部分。切削部分担任主要的切削工作，由一尖（钻尖）、三刃（主切削刃、副切削刃和横刃）参与切削工作；导向部分用以保证钻头在切削过程中的方向并作为钻头切削部分的备磨部分。钻头的柄部用以装夹钻头和传递转矩，有锥柄（大尺寸钻头用）和直柄（小尺寸钻头用）两类，如图 3–5a、b 所示。钻头的颈部把工作部分和柄部连接起来，并在此处打刻标记。

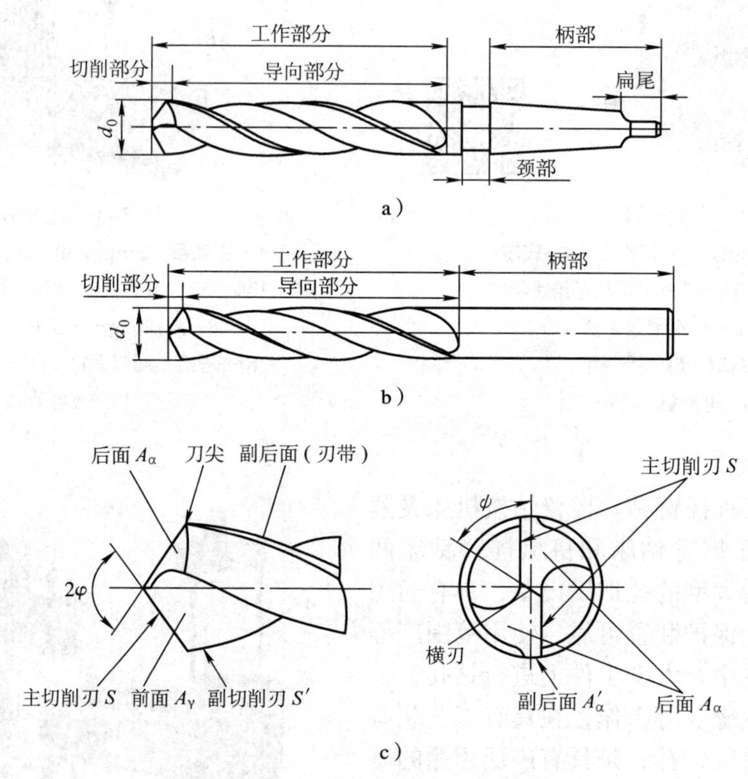

图 3–5　麻花钻的组成与几何参数

a）锥柄麻花钻　b）直柄麻花钻　c）麻花钻几何参数

麻花钻的切削部分包含六个面（两个前面、两个主后面和两个副后面）和五个刃（两条主切削刃、两条副切削刃和一条横刃），如图 3–5c 所示。

（2）麻花钻的选用

麻花钻是应用最多的孔加工刀具，可用来在实体材料上钻孔或在已有孔的基础上扩孔，加工范围较广泛，从 ϕ0.1 mm 的小孔到 ϕ80 mm 的大孔，均可用麻花钻来加工，但最多的是用来加工 ϕ2 ~ 30 mm 的较小孔。

2. 群钻

群钻是综合麻花钻的各种修磨方法，结合实践经验，对麻花钻进行合理修磨得到的一种性能优良的先进钻孔刀具。其基本刃形如图 3–6a 所示。修磨方法如下：首先磨出两条外刃（*AB*），然后在两个后面上对称地磨出月牙槽（*BC*），最后修磨横刃，使其变短、变尖、变低，以便形成两条内直刃（*CD*）并留下一条窄横刃 b_ψ；同时在外刃后面还要磨出分屑槽。图 3–6b 所示为群钻切削部分的几何参数。群钻的特征和优点如下：

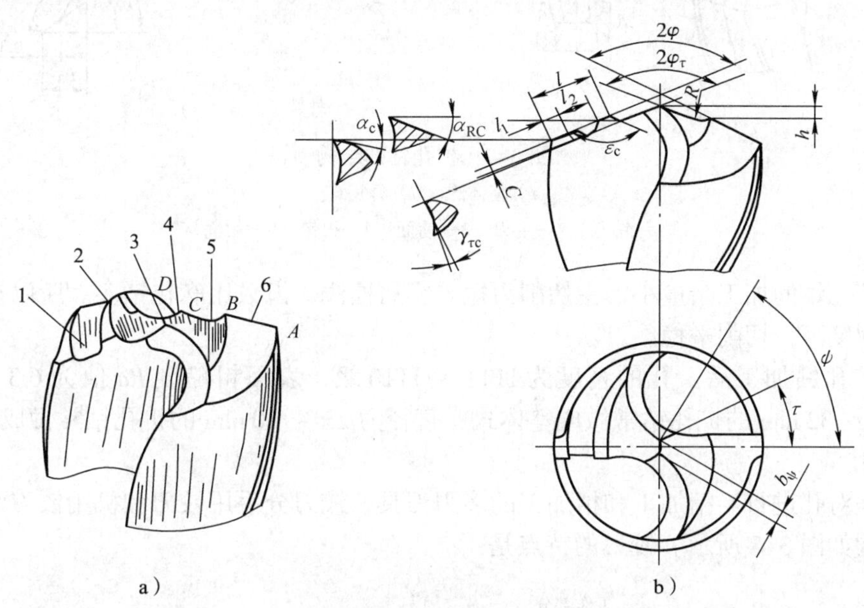

图 3–6　群钻

a）基本刃形　b）切削部分的几何参数

1—分屑槽　2—月牙槽　3—横刃　4—内直刃　5—圆弧刃　6—外直刃

（1）磨出月牙形圆弧槽，前面形成了凹形弧刃（*BC*），从而使 *BC* 段的前角平均增大 10°；修磨横刃，使内刃处的前角平均增大 23°，并且使横刃高度降低（h 约为 $0.04d_0$）为原来的 1/6 ~ 1/3，从而大大改善了切削条件，其轴向力降低 30% ~ 33%，使用寿命可延长 2 ~ 3 倍。

（2）磨出月牙槽，形成了三个呈“W”状的刀尖，中间的刀尖略高于两边（这种结构有利于定心，钻头不易偏摆，提高了钻孔精度）。另外，月牙槽还形成了七条横刃（*AB* 两段、*BC* 两段、*CD* 两段和一条窄横刃 b_ψ）。

（3）在圆弧刃的 *B* 点刀尖处刃形转折，切断了内、外切屑的连接，从而使圆弧刃流出的切屑呈扇形屑，断屑可靠。对于直径大于 13 mm 的群钻，外刃又磨出分屑槽，从而改善了排屑与断屑性能，使切削液易于流入切削区域。

（4）群钻的圆弧刃、外直刃与横刃的后角不但可以分别控制，而且比标准麻花钻的后角大（为 10° ~ 12°），从而减小了与工件的摩擦，使群钻的进给量加大。

3. 扩孔钻

扩孔钻是用来扩大孔径、提高孔的加工精度的刀具。它的外形与麻花钻类似，图 3–7 所示为扩孔钻的结构，扩孔钻的特点如下：

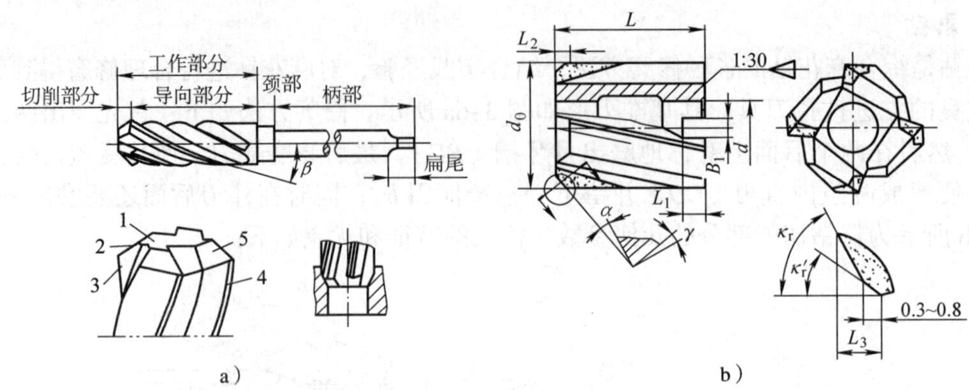

图 3–7　扩孔钻的结构

a）整体式　b）套装式

1—钻心　2—主刃　3—前面　4—刃带　5—后面

（1）扩孔钻的加工余量小，主切削刃短，容屑槽浅，齿数比麻花钻多。所以扩孔钻的导向性好，刚度高，切削平稳。

（2）扩孔钻加工后，孔的精度为 IT11 ~ IT10 级，表面粗糙度 Ra 值为 6.3 ~ 3.2 μm。直径为 10 ~ 32 mm 的扩孔钻常做成整体式；直径为 23 ~ 80 mm 的扩孔钻常做成套装式。

4. 铰刀

铰刀是对孔进行半精加工和精加工的多刃刀具，铰刀分手用铰刀和机用铰刀两种。机用铰刀的结构如图 3–8 所示。铰刀的特点是：

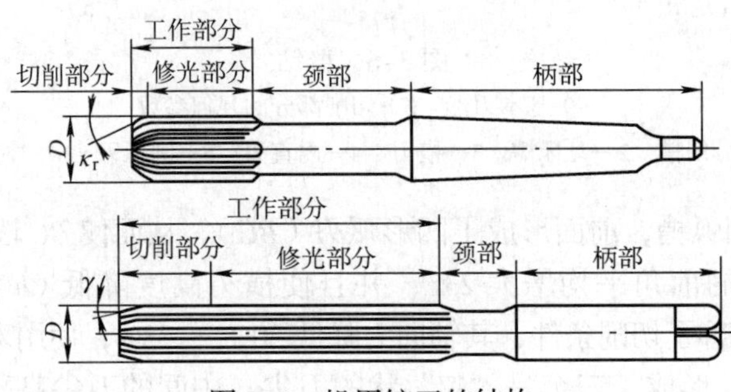

图 3–8　机用铰刀的结构

（1）铰刀齿数多，导向性好，容屑槽浅，刚度好。

（2）铰刀有较宽的刃带（对孔壁的挤压作用大），所以铰孔的加工精度一般为 IT8 ~ IT6 级，表面粗糙度 Ra 值为 1.6 ~ 0.4 μm。

常用的铰刀有手用整体圆柱铰刀、机用整体圆柱铰刀、手用可调节铰刀、手用螺旋槽铰刀、锥铰刀等，铰刀的类型、特点及应用见表 3–1。

四、典型钻床夹具分析

如图 3–9 所示为杠杆臂工序图。$\phi 22_{0}^{+0.28}$ mm 孔及上、下端面均已加工好。本工序在立式钻床上加工 $\phi 10_{0}^{+0.10}$ mm、$\phi 13$ mm 孔。要求两孔轴线相互垂直，且与 $\phi 22_{0}^{+0.28}$ mm 孔轴线的距离分别为（78 ± 0.5）mm 及（15 ± 0.5）mm。

表 3-1　铰刀的类型、特点及应用

类型	图示	特点及应用
手用整体圆柱铰刀		手用整体圆柱铰刀的切削锥和校准部分较长，刀齿做成不均匀分布形式，铰孔时定心好，轴向力小，具有操作方便等特点，应用较为广泛
机用整体圆柱铰刀		机用整体圆柱铰刀的切削锥角较大，切削锥和校准部分较短，刀齿做成均匀分布形式，其柄部分为直柄和莫氏锥柄两种，以便于在机床上装夹
手用可调节铰刀		调节两端螺母可使刀条沿刀体中的斜槽做轴向移动，以改变铰刀的直径。它适用于修配、单件生产以及特殊尺寸（非标）情况下铰削通孔
手用螺旋槽铰刀		手用螺旋槽铰刀的切削刃沿螺旋线分布，铰孔时切削平稳，铰出的孔壁光滑。铰刀的螺旋槽方向一般是左旋，以避免铰削时因铰刀顺时针转动而产生自动旋进现象。常用于铰削带有键槽的孔，可防止铰孔时键槽钩住切削刃
锥铰刀		用以铰削圆锥孔。按锥度分为 1 : 10 锥铰刀、1 : 30 锥铰刀、1 : 50 锥铰刀和莫氏锥铰刀。由于锥铰刀的切削刃全部参加切削，其负荷较重，铰削费力。因此，对于锥度比较大的铰刀一套有多支，其中粗铰刀的切削刃上开有螺旋形分布的分屑槽，以减轻铰削负荷

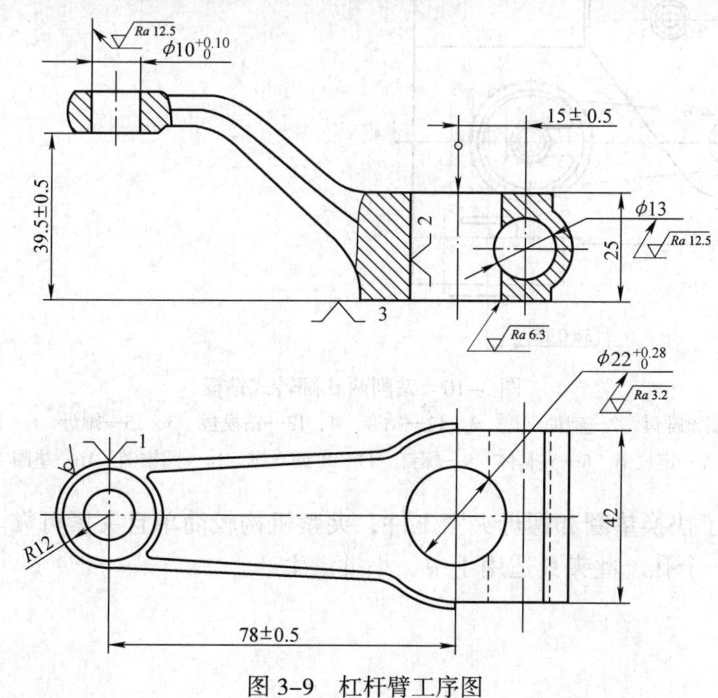

图 3-9　杠杆臂工序图

图 3–10 所示为钻削杠杆臂两孔的翻转式钻模。工件以 $\phi 22_{0}^{+0.28}$ mm 孔及其端面、R12 mm 圆弧面作为定位基准，分别在台肩定位销 7、可调支撑 11 上定位，限制工件的全部自由度。钻 $\phi 10_{0}^{+0.10}$ mm 孔时工件呈悬臂状，为了提高工件的刚度，避免工件加工时的变形，该处采用了螺旋辅助支撑 2，当工件定位夹紧后，旋转辅助支撑 2 与工件接触，用锁紧螺母锁紧。

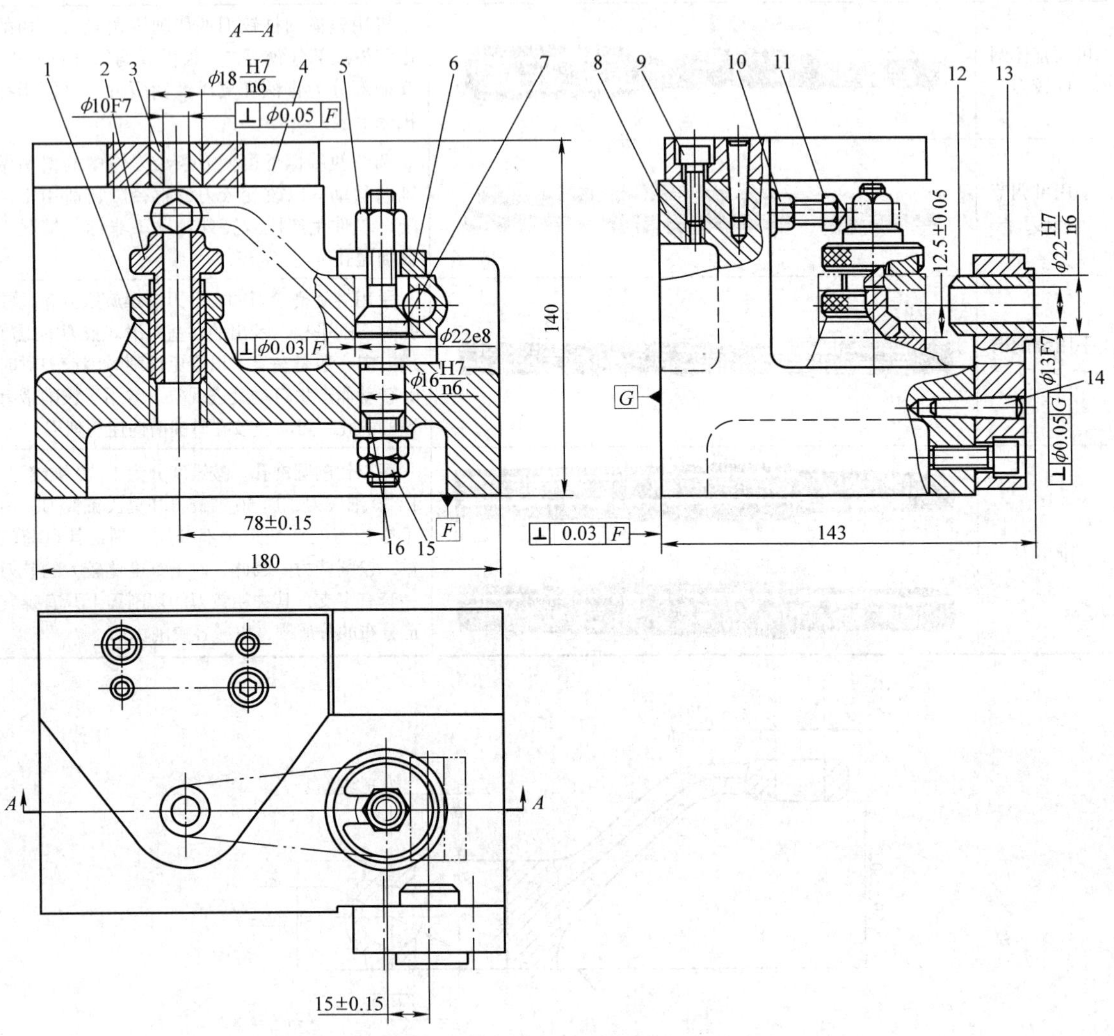

图 3–10　钻削两孔翻转式钻模

1、10—锁紧螺母　2—辅助支撑　3、12—钻套　4、13—钻模板　5、15—螺母　6—快换垫圈
7—定位销　8—夹具体　9—螺钉　11—可调支撑　14—圆锥销　16—垫圈

该夹具采用了快换垫圈和螺母夹紧工件，夹紧机构较简单且夹紧可靠。钻完一个孔后，翻转 90° 再钻另一个孔。此夹具适用于中、小批量生产。

§3-2　钻 削 方 法

一、钻孔

1. 钻削用量的选择

（1）背吃刀量 a_p

钻实心孔时，背吃刀量 a_p 是钻头直径 d_0 的一半，如图 3-11 所示，即 $a_p=d_0/2$。钻孔属于粗加工，所以尽可能选择较大的背吃刀量，即根据孔的直径，选择直径尺寸足够大的钻头，一次钻出所需孔径。

（2）进给量 f

进给量是指钻头旋转一周，沿进给方向移动的距离，单位为 mm/r。因为钻头有两条主切削刃，每条切削刃的进给量 $f_1=f/2$，如图 3-11 所示。进给量的确定可考虑工件材料、钻头情况和所钻孔径大小及孔的深度，根据经验而定。当用 ϕ 10 mm 以下的麻花钻钻削普通钢料时，$f<0.3$ mm/r；采用直径较大的钻头时，$f=0.3\sim0.73$ mm/r。

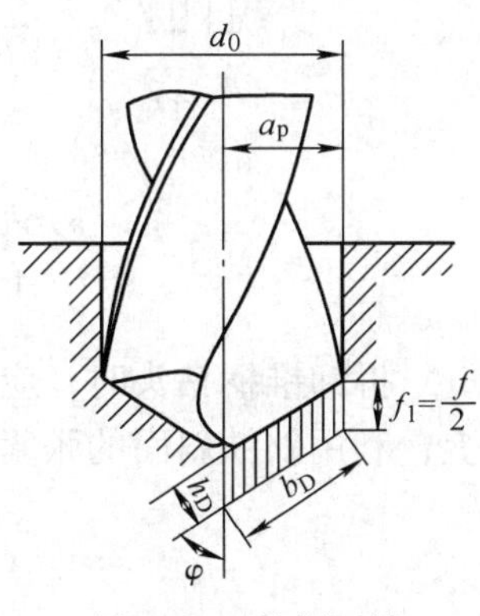

图 3-11　钻削用量

（3）钻削速度 v

钻削速度为钻头主切削刃外缘处的线速度，其计算公式为：

$$v=\frac{\pi d_0 n}{1\,000\times60}$$

式中　v——钻削速度，m/s；

n——钻头或工件的转速，r/min；

d_0——钻头直径，mm。

钻削用量选择的基本原则如下：在允许范围内，尽量选择较大的进给量 f，当 f 受到表面粗糙度和钻头刚度的限制时，再考虑选择较大的切削速度。

2. 钻头的装夹

钻头的柄部有圆柱柄和锥柄两种，圆柱柄钻头一般用钻夹头夹紧，如图 3-12 所示；锥柄钻头用柄部的莫氏锥体直接与钻床主轴连接。连接时，应使钻头矩形舌部的长方向与钻床主轴上的腰形孔中心线方向一致，用加速冲力一次装接；当钻头锥柄小于主轴锥孔时，可加过渡锥套连接，如图 3-13 所示。

3. 钻头的拆卸

直柄钻头用钻夹头夹持，拆卸时，用图 3-12d 所示的钻夹头钥匙旋转钻夹头外套，使环形螺母带动三个夹爪移动，松开钻头。

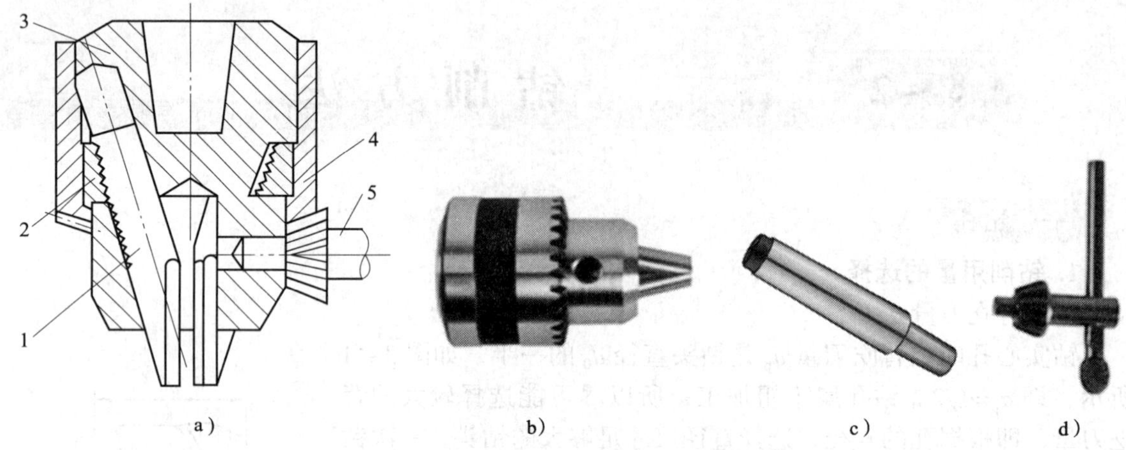

图 3-12　钻夹头及其实物

a）钻夹头结构　b）钻夹头实物　c）钻夹头接杆　d）钻夹头钥匙

1—夹爪　2—内螺纹圈　3—夹头体　4—夹头套　5—钥匙

拆卸锥柄钻头时，应把斜铁敲入过渡锥套或钻床主轴的腰形孔内，斜铁带圆弧的一边朝上，利用斜铁斜面的张紧分力，使钻头与过渡锥套或钻床主轴分离，如图 3-14 所示。

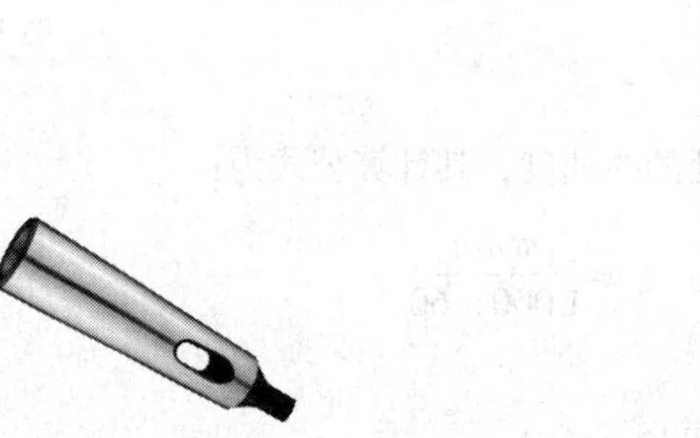

图 3-13　过渡锥套　　图 3-14　锥柄钻头的拆卸

4. 钻削的特点

（1）精度较低

钻孔属于孔的粗加工，精度较低，一般加工后的尺寸精度为 IT13 ~ IT11 级，表面粗糙度 *Ra* 值一般为 50 ~ 12.5 μm。钻孔还存在孔线偏斜、孔径扩大、孔不圆等问题。

（2）钻头磨损较快

因为钻削所产生的热量大部分都被钻头和工件吸收，使钻头温度上升，磨损加快；而且钻头细而长，钻孔易产生振动。

（3）排屑不畅

标准麻花钻在钻削时，切屑从螺旋容屑槽排出，由于排屑空间有限，切屑较宽，因此排屑不畅，切屑易与孔壁发生摩擦，擦伤已加工表面，影响加工质量。有时切屑还会堵塞在容屑槽里，卡死或折断钻头。

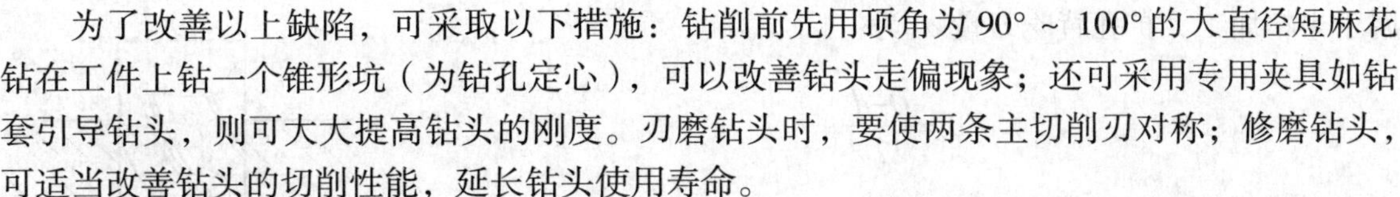

为了改善以上缺陷，可采取以下措施：钻削前先用顶角为 90° ~ 100° 的大直径短麻花钻在工件上钻一个锥形坑（为钻孔定心），可以改善钻头走偏现象；还可采用专用夹具如钻套引导钻头，则可大大提高钻头的刚度。刃磨钻头时，要使两条主切削刃对称；修磨钻头，可适当改善钻头的切削性能，延长钻头使用寿命。

5. 钻孔的方法

在平面上钻孔常采用划线的方法，划线使两线交叉点在钻孔几何中心处，然后将钻头的钻尖对准划线孔中心冲眼，将钻头钻入工件。当钻头钻尖约钻入 1/4 孔深时，退出钻头，观察锥坑是否与划线中心同心，如稍有偏斜，可在钻头再次切入工件时用力将工件向偏斜的反方向推移，从而达到纠正位置的目的；若偏得太多，可在修正方向上錾出几条槽，将钻偏的位置纠正。

（1）钻通孔

在孔将要被钻透时，进给量要减小，可将自动进给变为手动进给，以避免钻头在钻穿的瞬间抖动，出现“啃刀”现象，影响加工质量，损坏钻头，甚至发生事故。

（2）钻盲孔

钻盲孔时，要注意掌握钻孔深度，以免将孔钻深出现质量问题。控制钻孔深度的方法有调整好钻床上深度标尺挡块、安置控制长度的量具或用划痕做标记。

（3）钻深孔

当钻孔深度超过孔径的 3 倍时，即为深孔。钻深孔时要经常退出钻头及时排屑和冷却；否则容易造成切屑堵塞或使钻头切削部分过热，导致钻头加快磨损甚至折断，影响孔的加工质量。

（4）钻大孔

直径超过 30 mm 的孔应分两次钻削，即第一次用（0.5 ~ 0.77）D 的钻头先钻，然后再用所需直径的钻头将孔扩大到所要求的直径。分两次钻削，既有利于钻头的使用（负荷分担），也有利于提高钻孔质量。

（5）在圆柱形工件上钻孔

可用定心工具或直角尺找正后钻孔。

（6）在斜面上钻孔

可先在斜面钻孔处铣一小平面或用錾子錾一小平面，然后再钻孔，也可用圆弧刃多能钻钻出。

（7）在薄板上钻孔

钻头必须按薄板群钻的几何角度和形状进行刃磨。当孔快钻穿时，要及时停止进给，用锤子将未切掉部分敲打下来。

钻孔时应加切削液，以降低切削温度，提高切削精度。钻削钢件时一般使用机油作切削液，但为提高生产效率，则更多地使用乳化液；钻削铝件时，多用乳化液、煤油；钻削铸铁件则用煤油。

二、扩孔

一般在加工直径较大的孔时，先用小钻头钻孔，然后再用规定尺寸的扩孔钻（或用大钻头）扩孔，如图 3–15 所示。这样虽然经两道工序，却可以提高生产效率和加工精度。扩孔属于半精加工，扩孔背吃刀量 a_p 为：

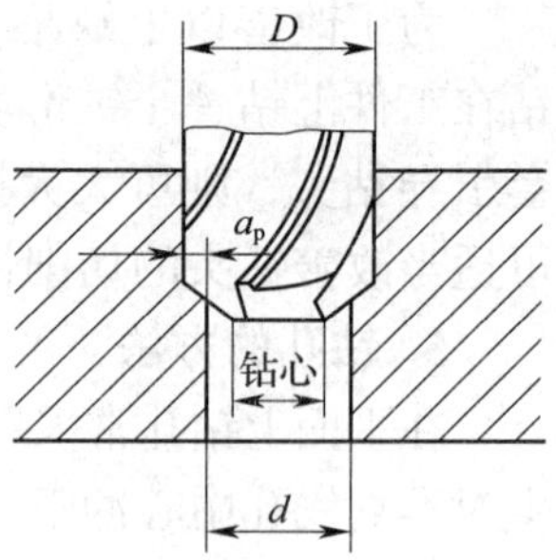

$$a_p=\frac{D-d}{2}$$

式中 a_p——扩孔背吃刀量，mm；

d——已钻孔直径，mm；

D——扩孔钻直径，mm。

图 3-15 扩孔

1. 扩孔的特点

（1）扩孔钻因中心不切削，无横刃，切削刃只做成靠边缘的一段，避免了横刃切削所引起的不良影响。

（2）因扩孔产生的切屑体积小，不需大容屑槽，扩孔钻可加粗钻心，以提高刚度，使切削平稳。

（3）由于容屑槽较小，扩孔钻可做出较多刀齿，增强了导向作用，一般整体式扩孔钻有 3 ~ 4 条主切削刃。

（4）扩孔时，背吃刀量较小，切屑易排出，切削阻力小。

（5）由于扩孔时的切削条件优于钻孔，因此，扩孔精度可达 IT10 ~ IT9 级，表面粗糙度 Ra 值为 12.5 ~ 3.2 μm，常作为孔的半精加工及铰孔前的预加工。

2. 扩孔方法

（1）扩孔时先钻出比图样要求小的底孔，然后再用扩孔钻将孔径扩大至要求。

（2）用扩孔钻扩孔时，底孔直径为要求直径的 0.5 ~ 0.77 倍，进给量为钻孔时的 1.5 ~ 2 倍，切削速度为钻孔时的 1/2。当采用手动进给时，进给量要均匀一致。

（3）在实际生产中，也常用麻花钻代替扩孔钻，一般用麻花钻扩孔时，底孔直径约为要求直径的 0.9 倍。

（4）用麻花钻扩孔时，应适当减小麻花钻的前角，以防止扩孔时扎刀。

三、铰孔

用铰刀从工件孔壁上切除微量金属层，以获得较高的尺寸精度和较小的表面粗糙度值，这种对孔精加工的方法称为铰孔。

1. 铰削用量的选择

（1）铰削余量

铰削余量是指由上道工序（钻孔或扩孔）留下来在直径方向的待加工量。铰削余量是否合适，对铰出孔的表面粗糙度和精度影响很大。如铰孔余量太大，每个刀齿切削负荷增大，变形增大，切削热增加，铰刀直径胀大，被加工表面呈撕裂状态，尺寸精度降低，表面粗糙度值增大，而且加剧了铰刀的磨损。铰孔余量太小，则不能去掉上道工序留下的刀痕，达不到要求的表面粗糙度。

选择铰削余量时，应考虑孔径大小、材料软硬、尺寸精度、表面粗糙度要求及铰刀的类型等各因素的综合影响。在一般情况下，对 IT9、IT8 级孔可一次铰出；对 IT7 级孔，应分粗铰和精铰；对于孔径大于 20 mm 的孔，可先钻孔，再扩孔，然后进行铰孔。铰削余量具体数值见表 3-2。

表 3–2　　铰削余量

铰刀直径（mm）	铰削余量（mm）
≤ 6	0.05 ~ 0.1
>6 ~ 18	一次铰：0.1 ~ 0.2　二次精铰：0.1 ~ 0.15
>18 ~ 30	一次铰：0.2 ~ 0.3　二次精铰：0.1 ~ 0.15
>30 ~ 50	一次铰：0.3 ~ 0.4　二次精铰：0.15 ~ 0.25

（2）机铰时切削速度 v 的选择

机铰时为了获得较小的表面粗糙度值，必须避免产生积屑瘤，减少切削热及变形，应取较低的切削速度。用高速钢铰刀铰钢件时，v =4 ~ 8 m/min；铰铸铁件时，v =6 ~ 8 m/min；铰铜件时，v =8 ~ 12 m/min。

（3）机铰时进给量 f 的选择

铰钢件及铸铁件时可取 f=0.5 ~ 1 mm/r；铰铜、铝件时可取 f=1 ~ 1.2 mm/r。进给量过大时，铰刀容易磨损，同时还影响加工质量。进给量过小时，则很难切下金属材料，形成对材料的挤压，使其产生塑性变形和表面硬化，切削刃撕去大片切屑，使孔壁粗糙，并加快铰刀的磨损。

2. 铰孔切削液的选用

铰削时的切屑一般都很细碎，容易黏附在切削刃上，甚至夹在孔壁与铰刀之间，将已加工表面刮毛，使孔径扩大。切削过程中产生的热量积累过多，容易引起工件和铰刀变形，从而降低铰刀的使用寿命，增加产生积屑瘤的机会。因此，在铰削过程中必须采用适当的切削液，借以冲掉切屑和带走热量。铰孔时切削液的选用见表 3–3。

表 3–3　　铰孔时切削液的选用

加工材料	切削液的选用
钢	（1）10% ~ 20% 的乳化液 （2）铰孔要求较高时，用 30% 的菜籽油加 70% 的肥皂水 （3）铰孔要求更高时，用菜籽油、柴油、猪油
铸铁	（1）不用 （2）煤油（会引起孔径缩小，最大收缩量为 0.02 ~ 0.04 mm） （3）低浓度乳化液
铝	煤油
铜	乳化液

3. 铰孔的注意事项

（1）在手铰起铰时，可用右手通过铰刀轴线施加进刀压力，左手转动铰杠。正常铰削时，两手用力均匀、平稳地旋转，铰刀不得摇摆，不得有侧向压力。同时适当加压，使铰刀均匀地进给，以保证铰刀正确引进，避免孔口呈喇叭形或将孔径扩大。

（2）铰刀铰孔或退出铰刀时，铰刀均不反转，以防止切屑嵌入刀具后面与孔壁间，将孔壁划伤。

（3）铰刀排屑性能很差，需经常取出清屑，以免铰刀被卡住。

（4）机铰时，应使工件一次装夹进行钻、铰工作，以保证铰刀中心线与底孔中心线一致。铰孔完毕，需铰刀退出后再停机，以防在孔壁拉出痕迹。

（5）铰尺寸较小的圆锥孔时，可先按小端直径并参照圆柱孔精铰余量标准留取余量钻出圆柱孔，然后用锥铰刀铰削即可。对直径和深度较大的锥孔，为减小铰削余量，铰孔前可先钻出台阶孔，然后再用铰刀铰削。在铰削的最后阶段，要注意用相配的锥销来试配，以防将孔铰大。试配之前要将铰好的孔擦洗干净。锥销放进孔内用手按紧时，其头部应高于工件平面 3 ~ 5 mm，然后用铜锤轻轻敲紧。

（6）对薄壁零件的夹紧力不要过大，以免将孔夹扁，在铰削后呈椭圆形。

（7）铰刀是精加工刀具，要保护好切削刃，避免碰撞，切削刃上如有毛刺或切屑黏附，可用油石小心地磨去。使用完毕要擦拭干净，涂上机油，放置时要保护好切削刃，以防与硬物碰撞而受损伤。

§3–3 镗削加工工艺装备

一、镗削加工

镗削是指保持工件不动，通过切削刀具的旋转产生切削能量，使单刃切削刀具旋转，完成主要切削过程，形成不同大小、尺寸的孔。镗刀旋转做主运动，工件或镗刀的移动做进给运动，如图 3–16 所示。镗削时，工件被装夹在工作台上，镗刀用镗刀杆或刀盘装夹，由主轴带动回转做主运动，主轴在回转的同时做轴向移动，以实现进给运动。

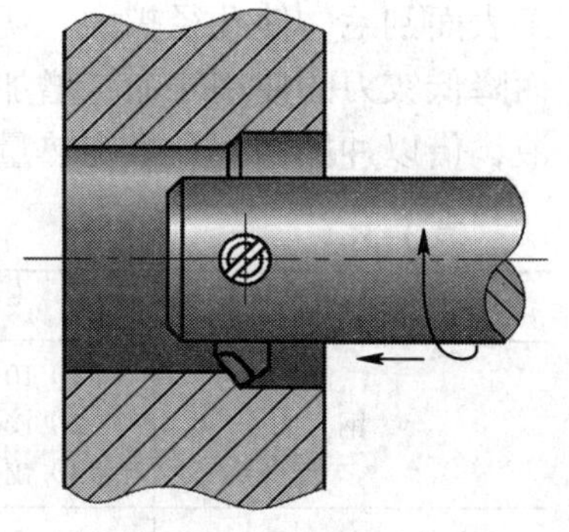

图 3–16　镗削

二、镗床的分类和用途

镗床可分为深孔镗床、坐标镗床、立式镗床、卧式铣镗床和精镗床等。下面主要介绍坐标镗床和卧式铣镗床。

1. 坐标镗床

坐标镗床是一种高精度机床，主要用于对尺寸精度及位置精度要求很高的孔系进行加工。它的特点是具有测量坐标位置的精密测量装置，可以实现主轴或工作台的精密定位，并可在不使用任何刀具引导装置的前提下保证所加工孔与基准孔（或基面）间很高的位置精度。由于该机床主要零部件的制造和装配精度高，并具有良好的刚度和抗振性，因此，它所加工的孔精度很高（一般为 IT3 级以上），并可得到很高的位置精度（定位精度为 0.002 ~ 0.01 mm）。坐标镗床的工艺范围很广，除镗孔、钻孔、扩孔、铰孔、精铣平面、加工沟槽外，还可进行精密划线、刻线及孔距和直线尺寸的精密测量等工作。坐标镗床不仅可用于单件精密生产（如生产模具、夹具等），还用于成批加工带有精密孔系的零件（如在飞机、汽车等制造业中加工箱体类零件）。

坐标镗床的类型很多，按其布局形式分为单柱、双柱和卧式三种类型。图 3–17 所示为立式单柱坐标镗床，图 3–18 所示为立式双柱坐标镗床，图 3–19 所示为卧式坐标镗床。

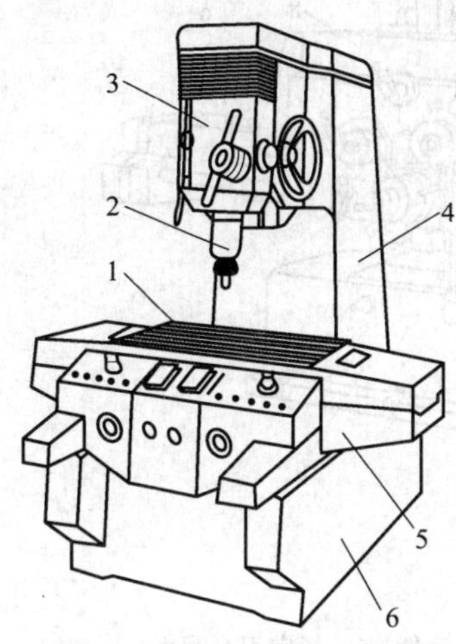

图 3–17　立式单柱坐标镗床
1—工作台　2—主轴　3—主轴箱
4—立柱　5—床鞍　6—床身

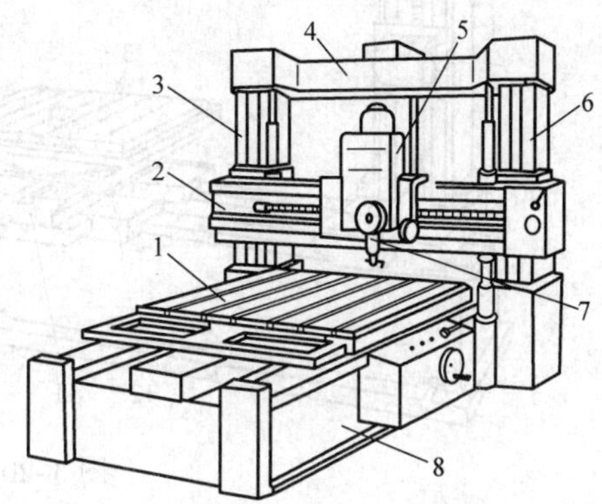

图 3–18　立式双柱坐标镗床
1—工作台　2—横梁　3、6—立柱　4—顶梁
5、7—主轴箱　8—床身

2. 卧式铣镗床

镗轴水平布置并可轴向进给，主轴箱沿前立柱导轨垂向移动，能进行铣削的镗床称为卧式铣镗床。卧式铣镗床是镗床中应用最广泛的一种，具有刚度高、加工精度及加工效率高、稳定性好、横向行程长、承载量大、强力切削等特点，特别适用于对较大平面的镗削、铣削以及对较大箱体类零件孔系的精加工。

卧式铣镗床（图 3–20）为通用机床，可进行钻孔、扩孔、镗孔、铰孔、锪平面及铣削等工作，同时机床带有固定的平旋盘，平旋盘中的滑块可做径向进给，因此，能镗削较大尺寸的孔以及车外圆、平面、切槽等。

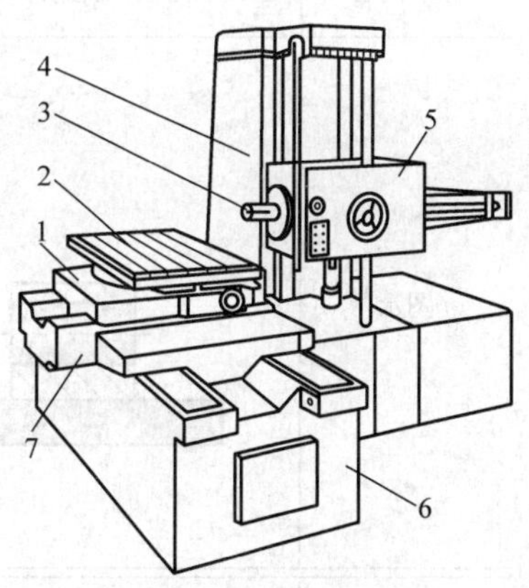

图 3–19　卧式坐标镗床
1—上滑座　2—回转工作台　3—主轴
4—立柱　5—主轴箱　6—床身
7—下滑座

三、镗削的加工范围

镗削主要用于加工箱体、支架和机座等工件上的圆柱孔、螺纹孔、孔内沟槽和端面，当采用特殊附件时，也可加工内、外球面和锥孔等。镗削常见加工内容见表 3–4。

四、镗刀

镗刀的种类很多，按切削刃数量可分为单刃镗刀与双刃镗刀两大类。

1. 单刃镗刀

如图 3–21 和图 3–22 所示为单刃镗刀。这种刀的特点是只有一条主切削刃，刚度较低。但它的结构简单，制造方便，通用性强，一般适用于加工通孔和盲孔，对于加工孔内环形槽或空刀槽更具有优势。

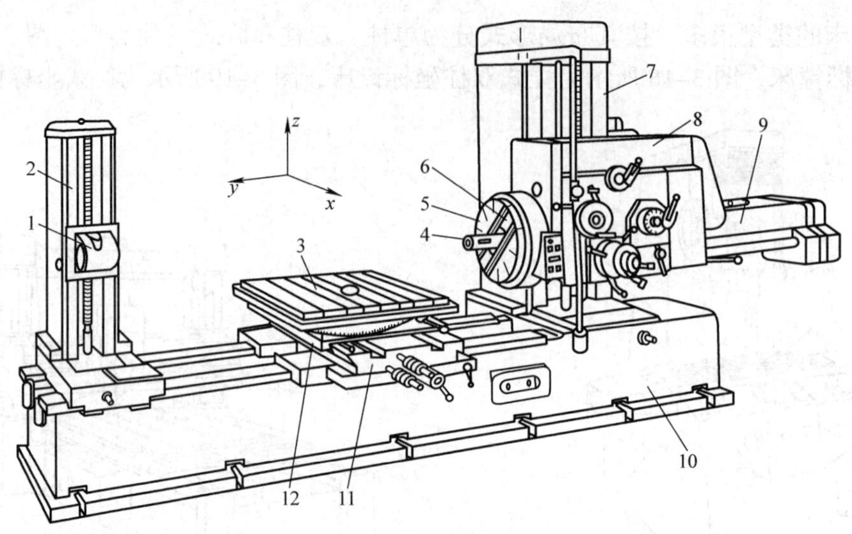

图 3–20　卧式铣镗床

1—后支撑架　2—后立柱　3—工作台　4—镗轴　5—平旋盘　6—径向刀具溜板
7—前立柱　8—主轴箱　9—后尾筒　10—床身　11—下滑座　12—上滑座

表 3–4　　镗削常见加工内容

镗削内容	1. 镗轴上装悬伸刀杆镗孔	2. 用平旋盘上的悬伸刀杆镗大直径孔
图示		
镗削内容	3. 用平旋盘径向刀架上的镗刀镗端面	4. 钻孔
图示		

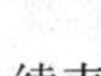

续表

镗削内容	5. 镗轴上装端铣刀铣平面	6. 用后支撑架支撑长刀杆镗两同轴孔
图示		
镗削内容	7. 用平旋盘径向刀架上的镗刀镗内螺纹	8. 用装在镗杆上的刀具镗内螺纹
图示		

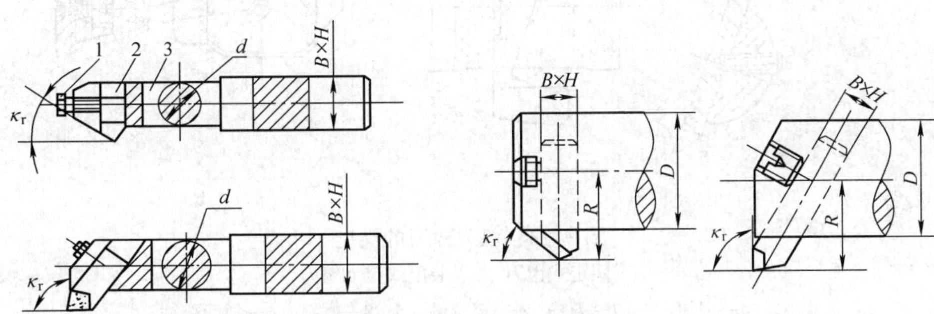

图 3–21　普通单刃镗刀

1—紧定螺钉　2—刀块　3—刀杆

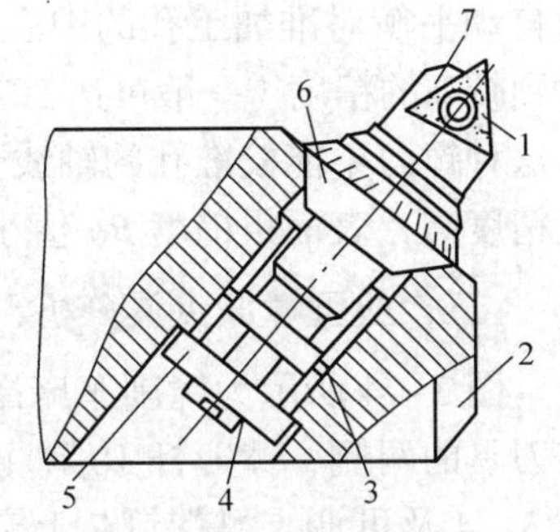

图 3–22　单刃微调镗刀

1—刀片　2—镗杆　3—导向键　4—紧定螺钉　5—拉紧垫圈　6—调整螺母　7—刀块

单刃镗刀可分为普通单刃镗刀和单刃微调镗刀两种。普通单刃镗刀如图 3–21 所示，由于尺寸调节不便，因此效率较低，加工精度难以控制。单刃微调镗刀如图 3–22 所示，其中 7 为刀块，刀块上带有螺纹，用来旋紧锥形调整螺母 6，刀块 7 和调整螺母 6 可一起通过固定在刀块上的导向键 3，沿镗杆 2 上的键槽装入，并用紧定螺钉 4 拉紧，使镗杆得到固定。刀片 1 装在刀块 7 上，当转动调整螺母 6 时，刀片可调整到合适的位置。这种刀的加工孔径范围为 20 ~ 180 mm，广泛应用于数控机床、组合机床和自动生产线。

由于单刃镗刀的刚度低，为了减小切削力，刀具通常选用主偏角 κ_r=60° ~ 90°；粗镗钢件孔时可选 κ_r=60° ~ 73°；粗镗铸铁件孔或精镗时可选用 κ_r=90°。

2. 双刃镗刀

图 3–23 所示为双刃镗刀。其特点是具有两条对称分布的切削刃，工作时可以消除径向误差，从而提高镗孔精度。双刃镗刀结构较为复杂，制造比较困难，一般适用于生产批量较大的、精度较高的孔的加工。双刃镗刀可分为固定式镗刀和浮动镗刀两类。固定式镗刀（图 3–23a）可采用较大的进给量，切削效率较高，所以常用来粗镗直径在 40 mm 以上的孔，特别适用于同轴孔系或较深单孔的加工。

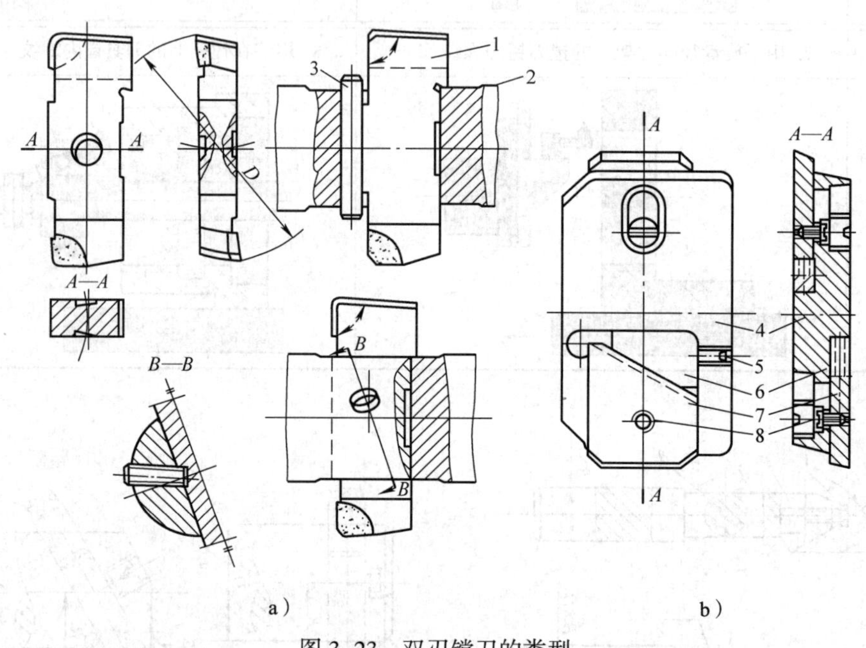

图 3–23　双刃镗刀的类型

a）固定式镗刀　b）装配式浮动镗刀

1、4—刀块　2、7—刀杆　3—定位销　5、8—螺钉　6—斜面垫铁

图 3–23b 所示为装配式浮动镗刀，其特点是刀块 4 可以在刀杆方孔中浮动，由径向切削力自动平衡对准加工孔的中心，以补偿由镗刀片的安装误差或径向圆跳动引起的加工误差，得到较高的精度（一般可达 IT7 ~ IT6 级）和较小的表面粗糙度值（一般为 *Ra*0.8 ~ 0.4 μm）。但这种镗刀不能校准孔的轴线歪斜和位置偏差，因此，对已加工孔的精度有一定要求（直线度精度高，表面粗糙度 *Ra* 值小于 3.2 μm）。

五、典型镗床夹具分析

图 3–24 所示为镗削车床尾座孔的镗模。镗模上有两个引导镗刀杆的支撑，并分别设置在刀具的两侧，镗刀杆 10 和主轴之间通过浮动接头 11 连接。工件以底面、槽及侧面在定位板 3、4 及可调支撑螺钉 7 上定位，限制工件的全部自由度。采用联动夹紧机构，拧紧夹紧螺钉 6，压板 5、8 便同时将工件夹紧。镗模支架 1 上装有滚动回转镗模 2，用以支撑和引导镗杆。镗模以底面 *A* 安装在机床工作台上，其位置用 *B* 面找正。

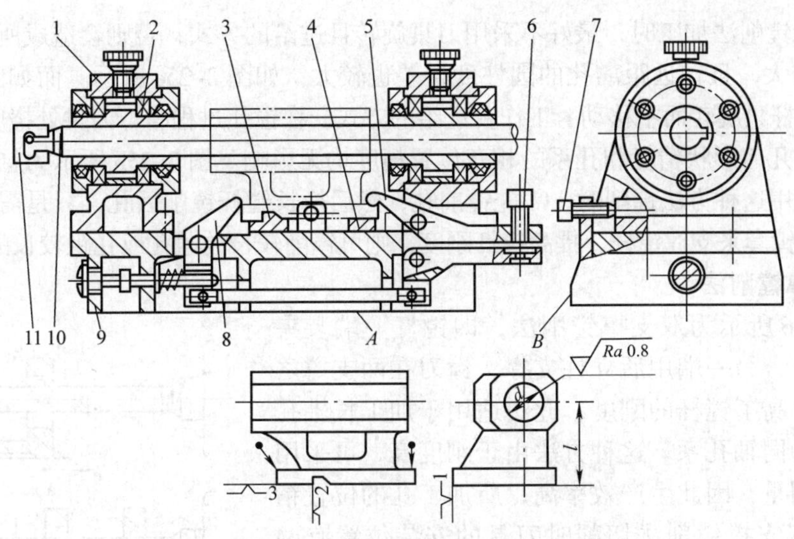

图 3-24　镗削车床尾座孔的镗模

1—支架　2—滚动回转镗模　3、4—定位板　5、8—压板　6—夹紧螺钉　7—可调支撑螺钉　9—镗模底座　10—镗刀杆　11—浮动接头

§3-4　镗削加工

一、镗削加工方法

按照镗杆上切削力作用点的位置不同，镗削加工方法分为悬臂镗削法和双支撑镗削法。

1. 悬臂镗削法

图 3-25a 所示为悬臂镗削法（镗刀位于支撑点一侧），只有一个支撑点，镗杆处于悬臂状态，镗削时镗杆随主轴转动，工件移动。处于这种受力状态的镗杆刚度不足，所以只适用于加工不太长的单孔或距离较近的同轴孔。

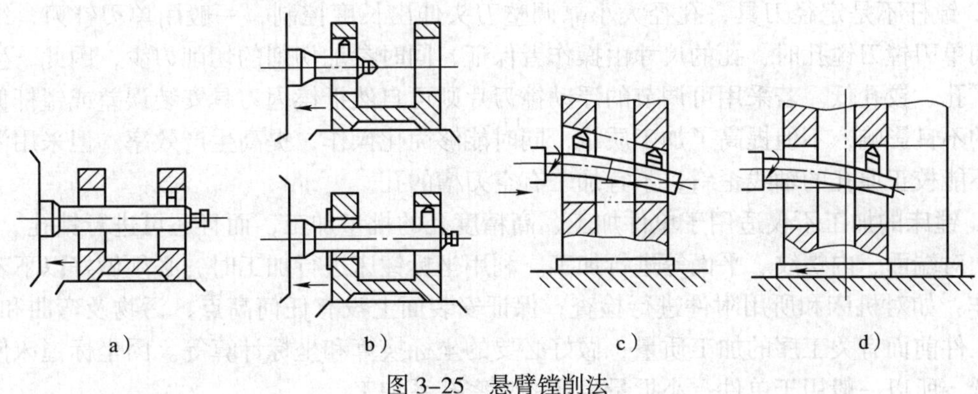

图 3-25　悬臂镗削法

采用悬臂镗削法加工时，最好不采用刀具旋转且进给的方式，否则会造成所加工同轴孔的同轴度误差较大，且较远距离孔的圆柱度误差也较大，如图 3–25c 所示。而如图 3–25d 所示，则是采用了镗杆只旋转而不移动、工作台进给的方式。在镗孔过程中，刀尖处挠度不变，因此，对被加工孔的几何形状精度和孔系的相互位置精度均无影响。图 3–25b 所示为悬臂镗削法的另一种形式，采用这种方法镗削时，需先镗前孔，然后换长镗杆镗削后孔，只是需在先加工好的前孔中装入一镗套来支撑镗杆，提高镗杆刚度，则可镗削较长的通孔或孔距较长的同轴孔。

2. 双支撑镗削法

如图 3–26 所示为双支撑镗削法，即镗杆一端装夹在机床主轴上，另一端用后立柱支撑，镗刀在两支撑之间，则大大提高了镗杆的刚度，此法适用于加工长轴孔或孔距较长的同轴孔系。这种方法由于刚度高，可采用较大的切削用量，因此生产效率高，所加工孔的位置精度也较高。双支撑镗削法切削时刀具的安装位置有两种，一种是刀具在两支撑的中点，如图 3–26a 所示，此安装方法虽然镗杆较长，但两孔的同轴度可得到很好的保证；另一种安装方法是刀具不在两支撑点的中间，如图 3–26b 所示，此安装方法使镗杆在镗削两孔时因受力而弯曲的挠度不同，则加工出两孔的同轴度较差。

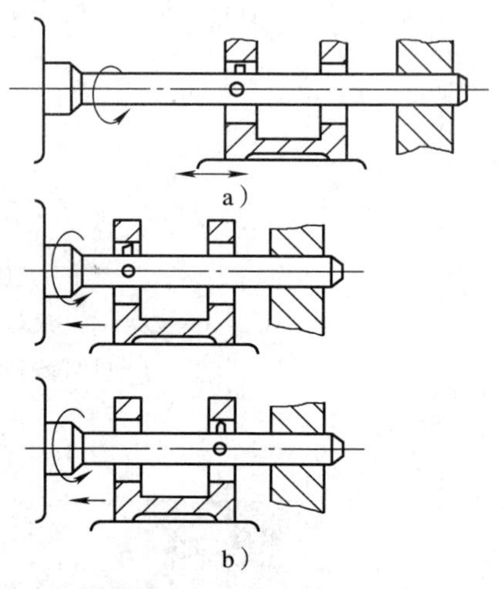

图 3–26　双支撑镗削法

双支撑镗削法加工时工艺系统刚度较悬臂镗削法高，效率高，但调整刀具困难，操作及观察较为不便。

二、镗削加工的特点

1. 镗削主要是镗孔，镗孔的范围很广，可加工各种类型尺寸的孔。对于直径较大的孔、内成形表面及孔内的环形槽等，用其他孔加工方法不能加工时，镗孔是唯一的方法。

2. 镗孔可在镗床上进行，也可在车床、铣床上进行。镗孔的几何精度主要取决于机床精度，一般镗孔常在镗床或车床上进行。在镗床上加工复杂工件（如箱体、支架等）上的若干相互间有同轴度、平行度及垂直度等位置精度要求的孔系时，可以保证孔系的形状和位置精度，这是其他类型的孔加工方法难以实现的。

3. 镗杆不是定径刀具，孔径大小靠调整刀头伸出长度控制，一般用单刃镗刀，结构简单。用单刃镗刀镗孔时，孔的尺寸由操作者保证，同时参加切削的切削刃少，因此，生产效率比扩孔、铰孔低。若采用可调节的浮动镗刀片则可自然抵偿因刀具安装误差或镗杆偏摆所引起的不良影响，不但提高了加工质量，同时能够简化操作，提高生产效率。但采用浮动镗刀片不能校正原孔的轴线歪斜，不宜加工有空刀槽的孔。

4. 镗床的加工不仅适用于单件加工、高精度孔的批量加工，而且还可进行钻孔、扩孔、铰孔，对端面、内螺纹、平面等进行加工。利用坐标镗床进行加工时，必须做好以下若干准备工作：如对机床和所用附件进行检查；保证安装面上没有任何高点、污物及弯曲和变形；检查工件前面有关工序的加工质量；做好必要的坐标换算和坐标计算等。因坐标镗床使用效率较低，所以一般用于单件、小批量生产的精密孔系加工。

第四章　铣削工艺与装备

§4–1　铣削加工工艺装备

一、铣削加工概述

铣削加工是在铣床上利用多刃铣刀进行切削的一种方法。在铣床上可以加工平面（水平面、垂直面）、沟槽（键槽、T 形槽和燕尾槽）、多齿零件上的齿槽（如齿轮、链轮、棘轮、花键轴等）、螺旋形表面（螺纹和螺旋槽）及各种曲面。此外，还可以加工回转体表面及内孔，并进行切断等工作，见表 4–1。

表 4–1　　铣削加工的典型内容

铣削内容	周铣平面	端铣平面	铣直角沟槽
图例			
铣削内容	铣键槽	铣直角沟槽	切断
图例			

续表

铣削内容	铣 T 形槽	铣 V 形槽	铣齿轮
图例			

二、铣床

铣床种类很多，常用的有卧式升降台铣床、立式升降台铣床、工具铣床和龙门铣床等。下面介绍几种常用铣床的特点及其应用。

1. 卧式升降台铣床

如图 4–1 所示为卧式升降台铣床，其主轴位置是水平布置的，习惯上称为卧铣。床身 1 固定在底座 8 上，用于安装和支撑机床各部件。床身内装有主运动变速传动机构、主轴部件及操纵结构等。床身 1 顶部的导轨上装有悬梁 2，可沿主轴轴线方向调整其前后位置，悬梁上装有挂架，用于支撑刀杆的悬伸端。升降台 7 安装在床身 1 的垂直导轨上，可垂直上下移动，升降台内装有进给运动变速传动机构及操纵机构等。升降台水平导轨上的滑座可沿平行于主轴轴线方向（横向）移动。工作台 5 可沿垂直于主轴轴线方向（纵向）移动。

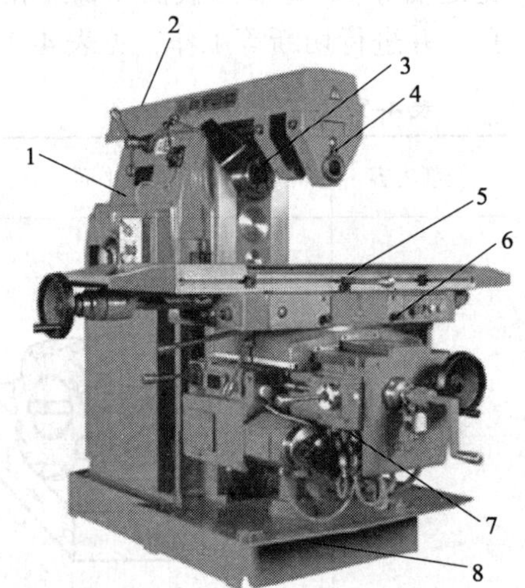

图 4–1　卧式升降台铣床

1—床身　2—悬梁　3—主轴　4—挂架　5—工作台　6—滑座　7—升降台　8—底座

卧式升降台铣床主要用于加工平面、沟槽和成形面，适用于单件和成批生产。

万能升降台铣床的结构与一般卧式升降台铣床基本相同，只是在工作台 5 与滑座 6 之间增加了一层转台。转台可相对于滑座在水平面内调整一定的角度（通常允许回转范围是 ±45°），使工作台的运动轨迹与主轴成一定角度，以便加工螺旋槽等表面。

2. 立式升降台铣床

立式升降台铣床与卧式升降台铣床的主要区别在于它的主轴是垂直安装的，可用立铣头代替卧式升降台铣床的水平主轴、悬梁、刀杆及其支撑部分，其他部分与卧式升降台铣床相似。图 4–2 所示为立式升降台铣床的外形。

立式升降台铣床可用于加工平面、沟槽、台阶，旋转立铣头可铣削斜面，若机床上采用分度头或圆形工作台，还可以铣削齿轮、凸轮以及铰刀和钻头等的螺旋面，在模具加工中，立式铣床最适宜加工模具型腔和凸模成形面。

3. 龙门铣床

龙门铣床的外形如图 4–3 所示。龙门铣床有一个龙门式的框架，在机床的横梁 5 和立柱 4 上安装了铣削头，通用的龙门铣床一般有 3 ~ 4 个铣头。每个铣头都是一个独立的运动部件，铣刀旋转为主运动。工作台 7 在铣削时沿床身上的导轨做直线进给。工作时，调整工作台侧面 T 形槽内的撞块，可使工作台运动实现自动循环。

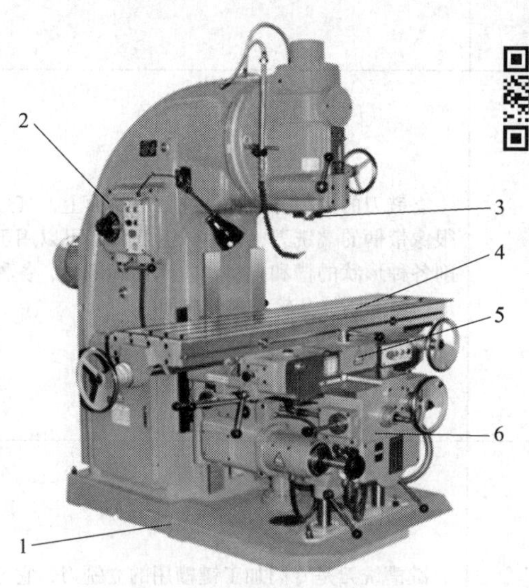

图 4–2 立式升降台铣床

1—底座 2—床身 3—主轴 4—工作台 5—滑座 6—升降台

图 4–3 龙门铣床

1—床身 2—侧铣头 3—立铣头 4—立柱 5—横梁 6—操纵箱 7—工作台

铣削头可沿自身轴线轴向移动。龙门铣床上可以用多把铣刀同时加工工件的几个平面，可对工件进行粗铣、半精铣及精铣，所以其生产效率较高，适用于对大、中型工件平面、沟槽的成批和大量生产。

三、铣刀

铣刀是多刃回转刀具，其每一个刀齿都相当于一把车刀的刀齿固定在铣刀体的回转面上，铣刀刀齿的几何角度和切削过程与车刀基本相同。

铣刀的种类很多，按用途可分为加工平面铣刀（如圆柱铣刀、端铣刀）、加工沟槽铣刀（如盘形铣刀、锯片铣刀、立铣刀、键槽铣刀等）、加工型面铣刀（如成形铣刀、模具铣刀）等。表 4–2 所列为常用铣刀的结构与用途。

表 4–2 常用铣刀的结构与用途

名称	图示	结构与用途
圆柱铣刀		圆柱铣刀的刀齿分布在刀体圆柱表面上，常用于卧式铣床上加工窄而长的平面

续表

名称	图示	结构与用途
端铣刀		端铣刀的圆周表面和端面上分布有切削刃，常用于立式铣床上加工平面
立铣刀		立铣刀的刀齿分布在圆柱面和端面上，其形式很像带柄的端铣刀，用途较为广泛，可以用于铣削各种形状的槽和孔、台阶平面和侧面、各种盘形凸轮与圆柱凸轮、内外曲面等
键槽铣刀	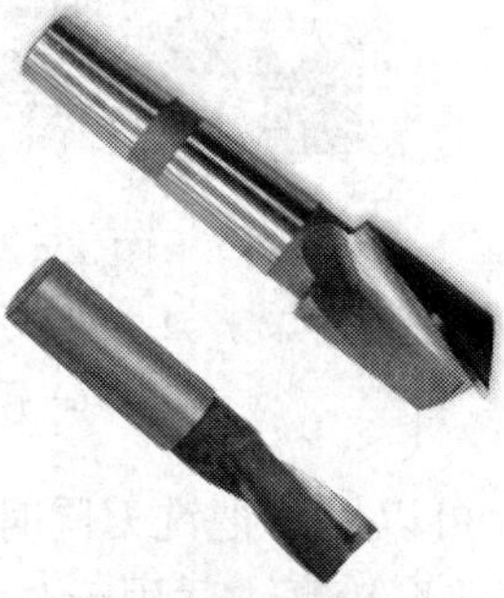	键槽铣刀是专门加工键槽用的立铣刀，它与一般立铣刀的不同之处在于只有两个刀齿，以保证刀齿有足够的强度和较大的容屑空间。键槽铣刀主要用于铣削键槽
三面刃铣刀		三面刃铣刀的切削刃分布在两侧端面，有直齿、错齿和镶齿等，适用于铣削各种槽、台阶平面、工件的侧面及凸台平面
锯片铣刀		锯片铣刀既是锯片也是铣刀。锯片铣刀大多由W6Mo5Cr4V2或同等性能的高速钢、硬质合金等材料制作。锯片铣刀用于铣削各种窄槽以及切断板料或型材

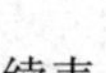

续表

名称	图示	结构与用途
齿轮铣刀		齿轮铣刀用于铣削齿轮及齿条

四、铣床夹具

铣床夹具主要用于加工零件上的平面、凹槽、键槽、花键、缺口及各种成形面。由于铣削加工通常是夹具随工作台一起做进给运动，按进给方式不同，铣床夹具可分为直线进给式铣床夹具、圆周进给式铣床夹具和靠模铣床夹具三种类型。

1. 直线进给式铣床夹具

直线进给式铣床夹具用得最多。夹具安装在铣床工作台上，加工中随工作台按直线进给方式运动。

为了提高生产效率，根据工件加工质量、结构及生产批量，常将夹具设计成单件多点、多件平行和多件连续依次夹紧等多种方式，有时还要采用分度机构。

如图 4–4 所示为带装料框的铣床夹具。夹具由两部分组成：一部分固定在机床工作台上，如图 4–4a 所示；另一部分是可装卸的装料框，如图 4–4b 所示。前者有夹紧装置、夹具体等，后者为定位元件。一副夹具应配备两个以上装料框，操作者利用切削基本时间事先

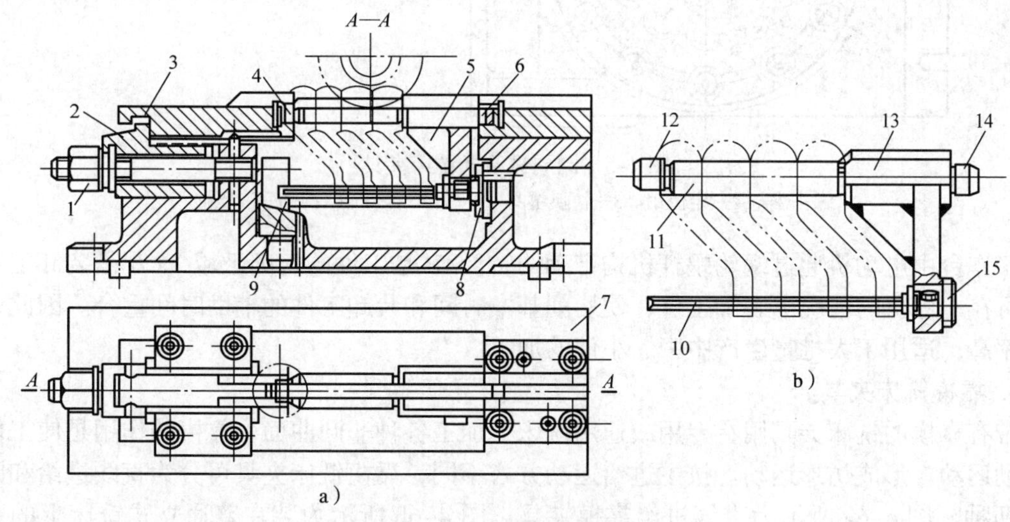

图 4–4　带装料框的铣床夹具

a）夹具本体　b）可装卸的装料框

1—螺母　2、3—压板　4、6—定位孔　5—装料框　7—夹具体　8、9—定位槽口

10、15—削边销　11、12、14—圆柱销　13—支撑

装好工件，与装料框一起装到夹具体中，再由夹具体上的夹紧机构夹紧。这种夹具可使装卸工件的部分辅助时间与切削基本时间重合，从而提高了生产效率。

2. 圆周进给式铣床夹具

圆周进给铣削方式是在不停机的情况下装卸工件，圆周进给式铣床夹具一般在多工位、有回转工作台的铣床上使用。这种夹具结构紧凑，操作方便，机动时间与辅助时间重叠，属于高效铣床夹具，适用于大批量生产。

如图 4–5 所示为采用圆周进给铣削拨叉上、下两端面的铣床夹具。工件以圆孔、端面及侧面在定位销 2 和挡销 4 上定位，由液压缸 6 驱动拉杆 1 通过快换垫圈 3 将工件夹紧。夹具上可以同时装夹 12 个工件。

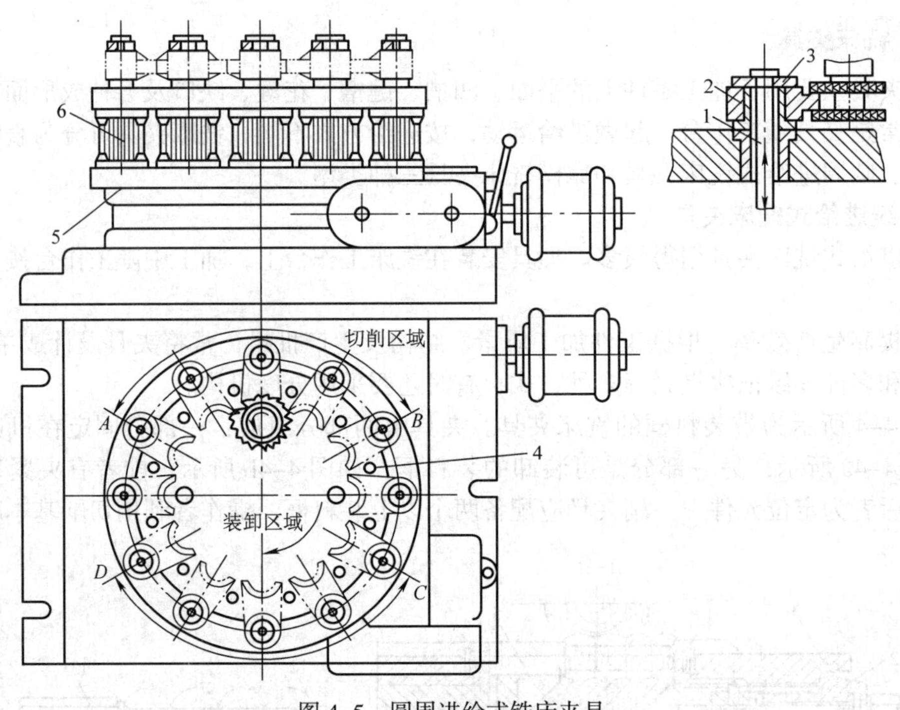

图 4–5　圆周进给式铣床夹具

1—拉杆　2—定位销　3—快换垫圈　4—挡销　5—转台　6—液压缸

工作台由电动机通过蜗轮蜗杆机构带动回转。*AB* 是工件的切削区域，*CD* 是装卸工件区域，可在不停机的情况下装卸工件，使切削基本时间和装卸工件的辅助时间重合。因此，生产效率高，适用于大批量生产中中、小件的加工。

3. 靠模铣床夹具

带有靠模的铣床夹具用在专用或通用铣床上加工各种非圆曲面。靠模的作用是使工件获得辅助运动，形成仿形运动。按主进给运动方式不同，靠模铣床夹具可分为直线进给和圆周进给两种。图 4–6a 所示为直线进给靠模夹具，图 4–6b 所示为装在普通立式铣床上的圆周进给靠模夹具。靠模板 2 和工件 4 装在回转台 7 上，转台由蜗轮蜗杆机构带动做等速圆周运动。在强力弹簧的作用下，滑座 8 带动工件沿导轨相对于刀具做辅助运动，从而加工出与靠模外形相仿的成形面。

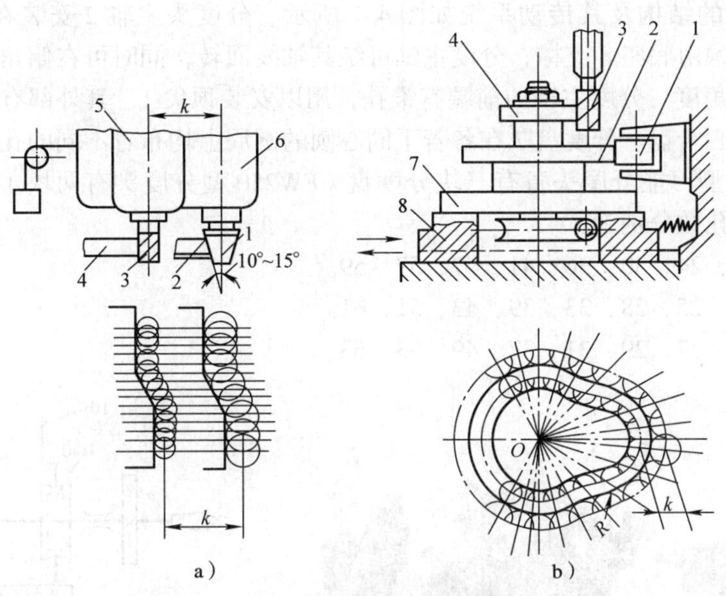

图 4-6 靠模铣床夹具
a）直线进给靠模夹具 b）圆周进给靠模夹具
1—滚柱 2—靠模板 3—铣刀 4—工件 5—铣刀滑座 6—滑柱滑座 7—回转台 8—滑座

§4-2 铣削方法

一、分度方法

1. 分度概述

在铣六边形工件、花键和齿轮时，工件每铣过一面或一个槽之后，便需转过一个角度，再铣第二个面或槽，这种转角度的工作就称为分度。分度是由分度头实现的，工作时分度头固定在铣床的工作台上，工件安装在分度头主轴顶尖与尾座顶尖之间，或直接夹持在分度头的卡盘上，具体进行以下工作：

（1）可使工件绕自身轴线转过所需角度，进行分度工作。如加工四边形和六边形工件、齿轮、花键以及刀具的等分或不等分齿面。

（2）与工作台的纵向进给运动相配合，通过配换交换齿轮，能使工件连续转动，用来加工螺旋槽、斜齿轮及凸轮等。

（3）利用分度头主轴上的卡盘夹持工件，使工件轴线相对于铣床工作台倾斜一所需角度，用来加工各种位置上的沟槽、平面等。

2. 分度头的结构和原理

常用的万能分度头有 FW125、FW200、FW250、FW300 等型号。FW125 分度头型号的含义：F 表示分度头，W 表示万能型，125 表示夹持工件的最大直径为 125 mm。

万能分度头的结构及其传动系统如图 4–7 所示。分度头主轴 2 安装在鼓形壳体 4 内，壳体 4 两侧的轴颈由底座 8 支撑，分度主轴可绕其轴线回转，同时可在俯角 6° 和仰角 95° 范围内调整所需角度。分度主轴的前端有锥孔，用以安装顶尖 1，其外部有一定位锥体，用以安装三爪自定心卡盘。分度盘 7 在各若干同心圆的圆周上均布着不同的孔数，每一圆周称为孔圈。FW125 型万能分度头备有三块分度盘（FW250 型分度头有两块），每一块分度盘上有 8 个孔圈，孔数分别为：

第一块：16、24、30、36、41、47、57、59。

第二块：23、25、28、33、39、43、51、61。

第三块：22、27、29、31、37、49、53、63。

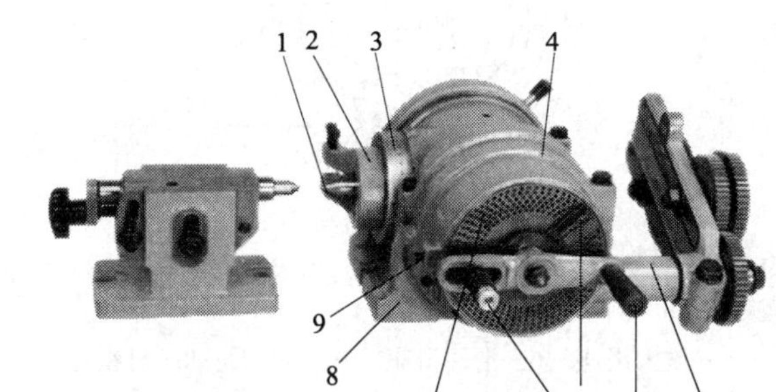

a）

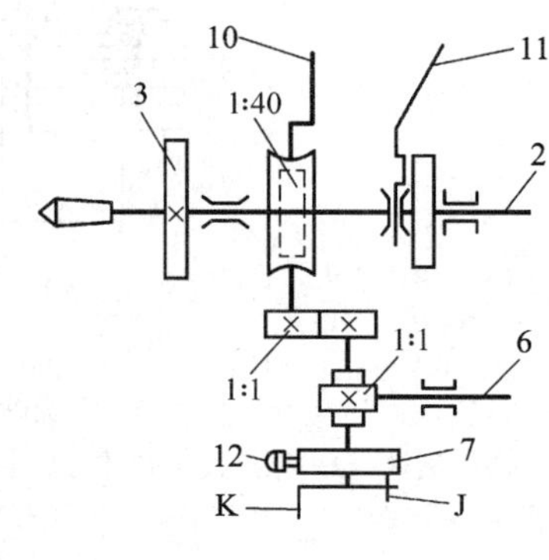

b）

图 4–7　万能分度头的结构及其传动系统

a）万能分度头结构　b）万能分度头传动系统

1—顶尖　2—主轴　3—刻度盘　4—壳体　5—分度叉　6—分度头侧轴　7—分度盘

8—底座　9—锁紧螺钉　10—蜗杆脱落手柄　11—主轴锁紧手柄　12—分度盘固定销

J—插销　K—分度手柄

插销 J 可在分度手柄 K 的长槽中沿分度盘径向调整位置，以使插销能插入不同孔数的孔圈内。

万能分度头的传动系统如图 4–7b 所示。当手柄转一圈时，通过一对 1∶1 的直齿圆柱齿轮和蜗杆、蜗轮使主轴转动。因为蜗轮的齿数为 40，所以当蜗杆转一圈时，蜗轮带动主轴转过 1/40 圈。若工件需要分度的数目 z 已知，每分一个齿就要求分度头主轴转 $1/z$ 圈，如果分度头手柄要转的圈数以 n_k 表示，由比例关系可知：

$$1:40=\frac{1}{z}:n_k$$

$$n_k=\frac{40}{z}$$

式中　n_k——手柄的转数；

Z——被加工工件的等分数（如多边形的边数、齿轮的齿数等）。

3. 分度方法

按照分度数的多少及 40（通常称为分度头定数）与 z 是否能约简，分度方法可分为简

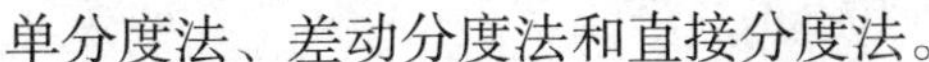

单分度法、差动分度法和直接分度法。

（1）简单分度法

分度盘固定，通过转动分度手柄进行分度的方法称为简单分度法。根据分度头传动关系，分度手柄 K 应转过的转数 n_k 为：

$$n_k=\frac{40}{z}=a+\frac{p}{q}$$

式中　a——40 与 z 相除所得的整数（分度手柄 K 转过的整数转）；

p/q——余数，可采用分子和分母同乘一数的方法，使 p 值为 q 个孔的孔圈上应转过的孔距数。

例 4–1　在铣床上利用 FW125 型万能分度头分度加工 z 为 35 的直齿圆柱齿轮，试选用分度孔圈并确定分度手柄的转数。

解： 由 $n_k=\frac{40}{z}=a+\frac{p}{q}$，得 $n_k=\frac{40}{35}=1+\frac{5}{35}$

由于没有 35 孔的孔圈，因此先将上式中分式化简为最简单分数，然后将其分子、分母乘以同一个整数，使分母为分度盘上孔圈的孔数，即：

$$n_k=\frac{40}{35}=1+\frac{5}{35}=1+\frac{1}{7}=1+\frac{4}{28}=1+\frac{7}{49}=1+\frac{9}{63}$$

在分度头附件中，第二块分度盘有 28 孔的孔圈，第三块有 49 孔和 63 孔的孔圈，所以选第二块和第三块分度盘均可。现选用 28 孔的孔圈，即选第二块分度盘，手柄应转 1 整圈，再转 4 个孔距。

分度前，要用锁紧螺钉 9 将分度盘 7 固定，径向调节插销 J 对准 28 孔的孔圈，调节分度叉 5 的夹角，使其左右两叉在 28 个孔的孔圈上包含 4+1 个孔（4 个孔距）。分度时顺时针转动分度叉 5，使其左叉靠紧插销 J，分度手柄 K 转动一周，再在 28 孔的孔圈上转过 4+1 个孔，则分度头主轴转到所需分度位置，即将插销 J 插入紧靠分度叉 5 右叉的孔中，为下次分度做准备。

（2）差动分度法

1）差动分度的工作原理。由于分度盘的孔圈有限，一些分度数（如 73、83 和 113 等）不能与 40 约简，故只能采用差动分度法进行分度。

差动分度的工作原理：选择与工件的分度数 z 相近的可以与 40 有公约数的齿数值 z_0，若分度时手柄 K 转过 $40/z_0$ 转，则与实际需要转动的值相差（$40/z-40/z_0$）转，如图 4–8b 所示 B 点与 C 点之差。为了补偿这一差值，需使 B 点的小孔转至 C 点以供插销定位，为此可采用交换齿轮（图 4–8a 中 a、b、c、d 为交换齿轮），使分度头主轴通过交换齿轮带动锥齿轮驱动分度盘转动一个角度。在分度过程中，当插销自 A 点转 $40/z_0$ 转至 B 点时，分度盘也转过（$40/z-40/z_0$）转，使孔恰好与插销对准。这时，手柄与分度盘之间的运动关系为：

手柄转 $40/z$ 转时，分度盘转（$40/z-40/z_0$）转，则运动平衡方程式为：

$$\frac{1}{1}\times\frac{c}{d}\times\frac{a}{b}\times\frac{1}{40}\times\frac{1}{1}\times\frac{40}{z}=\frac{40}{z}-\frac{40}{z_0}$$

将上式化简得：

$$\frac{c}{d}\times\frac{a}{b}=40\frac{z_0-z}{z_0}$$

式中 z——所要求的分度数；

z_0——选定的分度数。

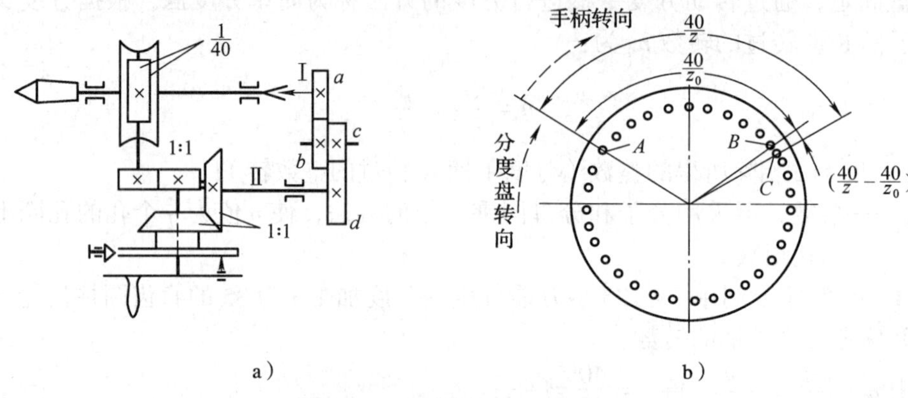

a） b）

图 4-8 差动分度的工作原理

a）传动原理 b）分度盘

2）分度盘的旋转方向。当选取 $z_0>z$ 时，手柄与分度盘旋转方向相同，交换齿轮传动比为正值。当选取 $z_0<z$ 时，手柄与分度盘旋转方向相反，交换齿轮传动比为负值，这时需要在交换齿轮中加一介轮。

例 4-2 在卧式铣床上，用 FW125 型万能分度头分度，加工齿数 z=67 的链轮。试进行调整和计算。

解：因 z=67 不能与 40 化简，且选不到孔圈数，故采用差动分度法进行分度。选取 z_0=70，则：

$$n_k=\frac{40}{z_0}=\frac{40}{70}=\frac{4}{7}=\frac{16}{28}$$

即选用第二块分度盘（有 28 个孔的孔圈），每次分度手柄 K 应转过 16 个孔距。

选择配换齿轮

$$\frac{c}{d}\times\frac{a}{b}=40\frac{z_0-z}{z_0}=40\times\frac{70-67}{70}=\frac{12}{7}=\frac{2\times 6}{1\times 7}=\frac{80}{40}\times\frac{48}{56}$$

即交换齿轮的齿数：a=80，b=40，c=48，d=56。由于 $z_0>z$ 时，手柄与分度盘旋转方向相同，交换齿轮传动比为正值。

差动分度时应松开锁紧螺钉 9，使分度盘能被锥齿轮带动回转，并在分度头主轴后端锥孔内装上传动轴Ⅰ，经交换齿轮 a、b、c、d 与轴Ⅱ连接。

FW125 型万能分度头备有模数为 1.75 mm 的交换齿轮 15 个，其齿数分别为 24（两个）、28、32、40、44、48、56、64、72、80、84、86、96、100。

（3）直接分度法

使用直接分度法进行分度时，需松开主轴锁紧机构，脱开蜗轮与蜗杆的啮合，直接利用主轴刻度环上的刻度进行分度。分度完毕，需通过锁紧机构将主轴锁紧，以免加工时转动。这种方法适宜分度数要求比较少（如等分数为 2、3、4、6）且分度精度要求不高的工件。

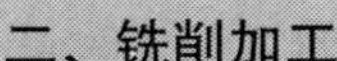

二、铣削加工

1. 铣削用量与选择

铣削时，合理地选择切削用量，从而保证零件的加工精度与表面质量，提高生产效率，延长铣刀的使用寿命，降低生产成本。

（1）铣削用量

铣削用量的要素包括铣削速度 v_c、进给量 f、背吃刀量 a_p 和铣削宽度 a_e。如图 4–9 所示为用圆柱形铣刀进行周铣及用端铣刀进行端铣时的铣削用量。铣削用量的定义、单位及说明见表 4–3。

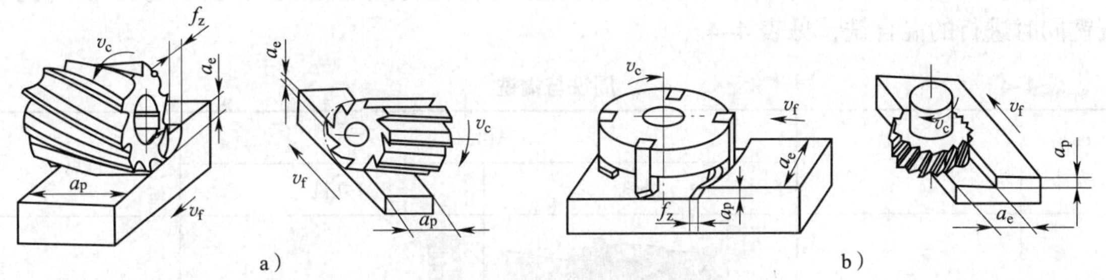

图 4–9　铣削用量

a）周铣　b）端铣

表 4–3　　铣削用量的定义、单位及说明

铣削用量	定义	单位	说明
铣削速度 v_c	铣削时铣刀切削刃上选定点相对于工件主运动的瞬时速度称为铣削速度	m/min	铣削速度为： $v_c=\frac{\pi dn}{1\,000}$ 式中　v_c——铣削速度，m/min； d——铣刀直径，mm； n——铣刀或铣床主轴转速，r/min
进给量 f	铣刀每回转一周，在进给运动方向上相对于工件的位移量，又称每转进给量 f	mm/r	三种进给量的关系为： $v_f=fn=f_z zn$ 式中　v_f——进给速度，又称每分钟进给量，mm/min； f——每转进给量，mm/r； n——铣刀或铣床主轴转速，r/min； f_z——每齿进给量，mm/z； z——铣刀齿数
背吃刀量 a_p	是指在平行于铣刀轴线方向上测得的切削层尺寸	mm	铣削时，由于采用的铣削方法和选用的铣刀不同，背吃刀量 a_p 和铣削宽度 a_e 的表示也不同
铣削宽度 a_e	是指在垂直于铣刀轴线方向、工件进给方向上测得的切削层尺寸	mm	

（2）铣削用量的选择原则

在保证加工质量、降低加工成本和提高生产效率的前提下，选择铣削用量的原则是铣削

宽度 a_e（或背吃刀量 a_p）、进给量 f、铣削速度 v_c 的乘积最大，这时工序的切削工时最少。

在机床动力和工艺系统刚度允许并具有合理的刀具寿命的条件下，粗铣时按铣削宽度 a_e（或背吃刀量 a_p）、进给量 f、铣削速度 v_c 的次序选择和确定铣削用量，以尽快地去除工件的加工余量。在确定铣削用量时，应尽可能地选择较大的铣削宽度 a_e（或背吃刀量 a_p），然后按工艺装备和技术条件的允许选择较大的每齿进给量 f_z，最后根据铣刀使用寿命选择允许的铣削速度 v_c。

2. 铣削方式

（1）周铣与端铣

根据铣刀在切削时切削刃与工件接触的位置不同，铣削方法分为周铣、端铣以及周铣与端铣同时进行的混合铣，见表 4–4。

表 4–4　周铣与端铣

铣削方法	概念	图例		特点
		卧铣	立铣	
周铣	用分布在铣刀圆周面上的切削刃铣削并形成已加工表面	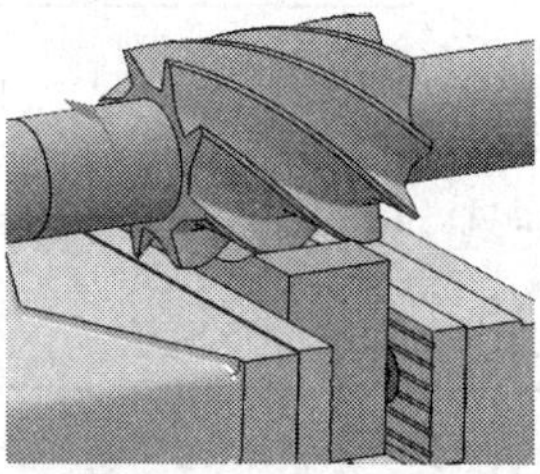	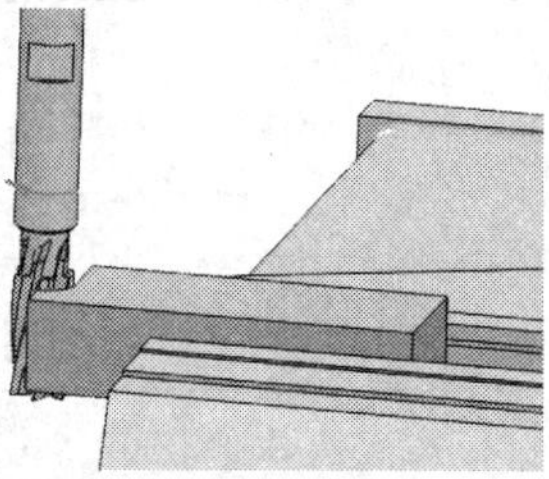	铣刀的旋转轴线与工件被加工表面平行
端铣	用分布在铣刀端面上的切削刃铣削并形成已加工表面	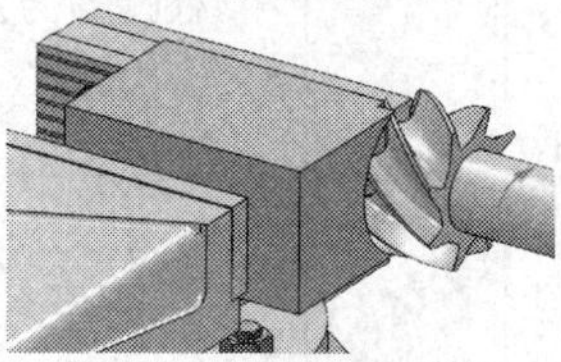	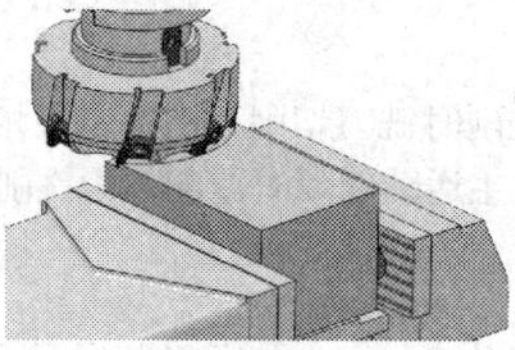	铣刀的旋转轴线与工件被加工表面垂直
混合铣	铣削时，铣刀的圆周刃与端面刃同时参与切削			工件上会同时形成两个或两个以上的已加工表面

与周铣相比，端铣有以下优点：

1）端铣刀的副切削刃对已加工表面有修光作用，能使表面粗糙度值降低，周铣的工件表面则有波纹状残留面积。

2）同时参加切削的端铣刀齿数较多，切削力的变化程度较小，因此工作时振动比周铣更小。

3）端铣刀的主切削刃刚接触工件时，切削厚度不等于零，使切削刃不易磨损。

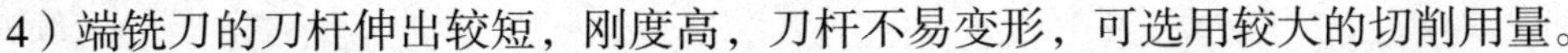

4）端铣刀的刀杆伸出较短，刚度高，刀杆不易变形，可选用较大的切削用量。

由此可见，端铣的加工质量和生产效率较高，所以铣削平面大多采用端铣。但是，周铣对加工各种型面的适应性较广泛，而有些型面（如成形面等）则不能用端铣。

（2）顺铣和逆铣

根据铣刀切削部位产生的切削力与进给方向间的关系，周铣有顺铣和逆铣两种方式，其特点与应用见表 4–5。

表 4–5　　周铣的特点与应用

铣削方式	图示	概念	特点
顺铣	v_c v_f	在铣刀与工件已加工面的切点处，铣刀旋转切削刃的运动方向与工件进给方向相同的铣削称为顺铣	每个刀齿的切削厚度由最大减小到零，同时铣削力将工件压向工作台，减少了工件振动的可能性，尤其铣削薄而长的工件更为有利。顺铣有利于提高刀具使用寿命和工件表面质量，以及增加工件夹持的稳定性，但容易引起工作台向前窜动，造成进给量突然增大，甚至引起打刀
逆铣	v_c v_f	在铣刀与工件已加工面的切点处，铣刀旋转切削刃的运动方向与工件进给方向相反的铣削称为逆铣	水平分力与进给方向相反，不会引起工作台的窜动而造成打刀事故，故在生产中多采用逆铣方式。但是逆铣时刀齿与工件之间的摩擦力大，加速了刀具磨损，同时也使表面质量下降。逆铣时，铣削力会上抬工件，造成工件夹持不稳
逆铣与顺铣的应用	当工件表面无硬皮，机床进给机构无间隙时，应选用顺铣，按照顺铣安排进给路线。因为采用顺铣加工后，零件已加工表面质量高，刀齿磨损小。精铣时，尤其是零件材料为铝镁合金、钛合金或耐热合金时，应尽量采用顺铣。当工件表面有硬皮，机床进给机构有间隙时，应选用逆铣，按照逆铣安排进给路线。因为逆铣时刀齿从已加工表面切入，不会崩刃；机床进给机构的间隙不会引起振动和爬行		

（3）对称铣削和不对称铣削

端铣有对称铣削、不对称顺铣、不对称逆铣三种方式，其特点见表 4–6。

表 4–6　　端铣的特点

铣削方式	图示	特点
对称铣削	$a_{切入}$ $a_{最大}=v_{齿}$ n B $\frac{B}{2}$ ϕ_1 ϕ_2 ϕ v_f $a_{切出}$	对称铣削时切入角等于切出角，一半是逆铣削，一半是顺铣削。 工件相对于铣刀回转中心处位于对称位置，具有最大的平均切削厚度，可避免铣刀切入时对工件表面的挤压、滑行，铣刀使用寿命长。在精铣机床导轨面时，可保证刀齿在加工表面冷硬层下铣削，能获得较高的表面质量

续表

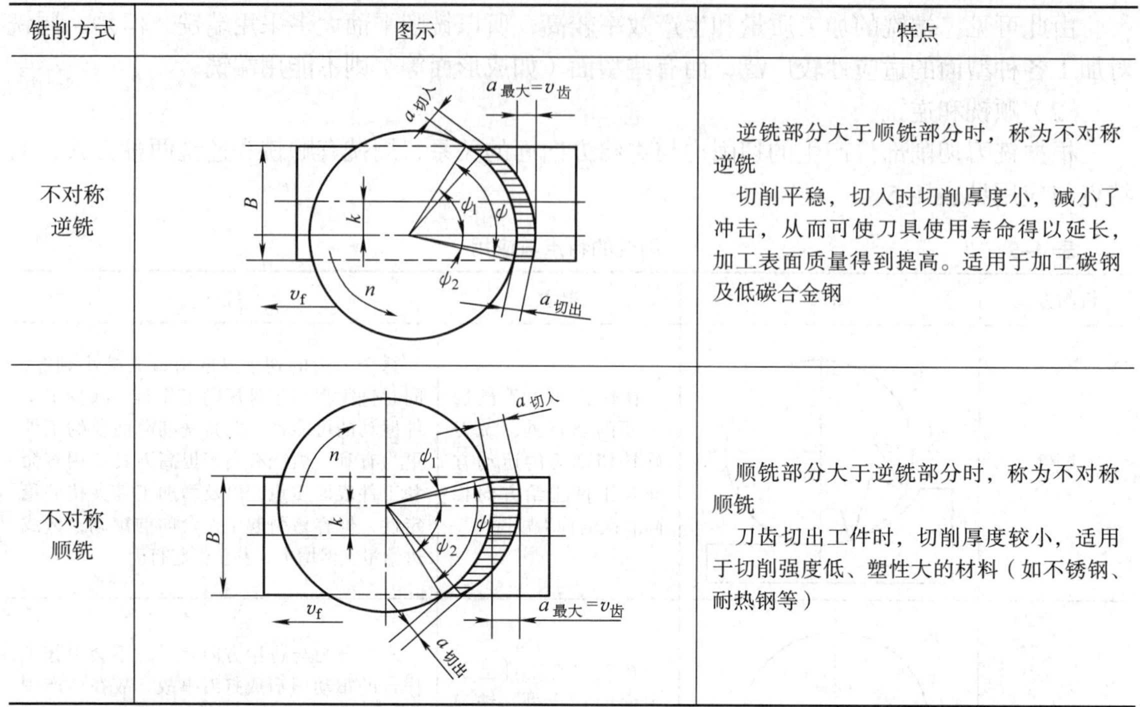

铣削方式	图示	特点
不对称逆铣		逆铣部分大于顺铣部分时，称为不对称逆铣 切削平稳，切入时切削厚度小，减小了冲击，从而可使刀具使用寿命得以延长，加工表面质量得到提高。适用于加工碳钢及低碳合金钢
不对称顺铣		顺铣部分大于逆铣部分时，称为不对称顺铣 刀齿切出工件时，切削厚度较小，适用于切削强度低、塑性大的材料（如不锈钢、耐热钢等）

3. 铣削加工方法

（1）铣平面

铣水平面时可在卧式铣床上用圆柱铣刀来铣削，如图 4-10a 所示，也可在立式铣床上用端铣刀来铣削，如图 4-10b 所示。

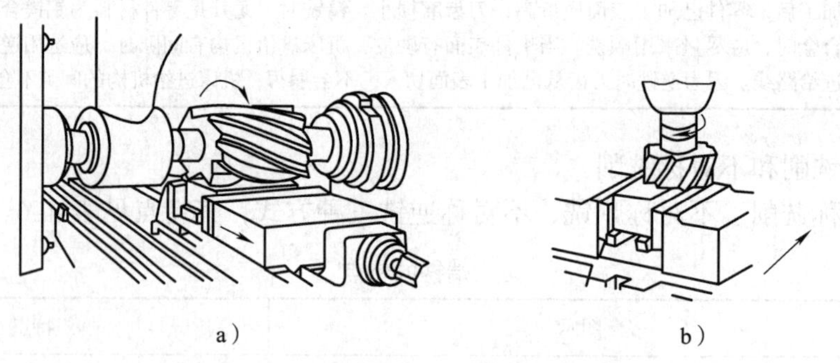

a）　　b）

图 4-10　铣水平面

a）在卧式铣床上用圆柱铣刀铣水平面　b）在立式铣床上用端铣刀铣水平面

在立式铣床上用端铣刀铣水平面时，铣削比较平稳，可提高表面质量，因此，最好在立式铣床上用端铣刀铣水平面。

（2）铣垂直面

可用卧式铣床和立式铣床加工垂直面，如图 4-11 和图 4-12 所示。在立式铣床上铣垂直面时是用立铣刀的圆周刀齿进行的，如图 4-12 所示。

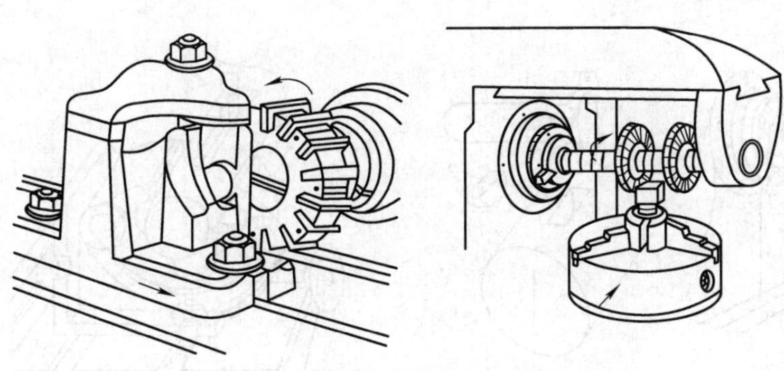
图 4–11　在卧式铣床上加工垂直面

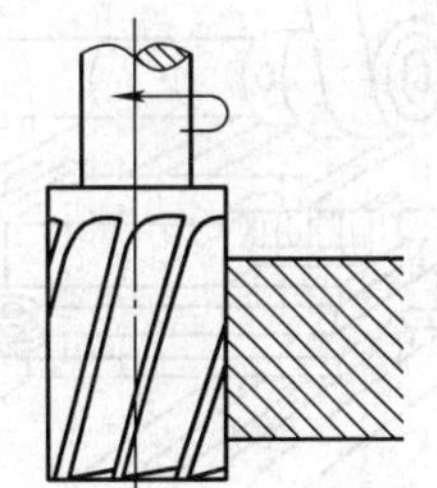
图 4–12　用立铣刀铣垂直面

（3）铣倾斜面

先对工件需加工的斜面划线，然后在机床上用平口虎钳或在工作台上按划线调整工件，将斜面转到水平位置，将工件夹紧后进行铣削加工，也可以利用回转平口虎钳或分度头将工件安装成倾斜角度后铣斜面；还可在卧式铣床上用单角度铣刀或双角度铣刀铣倾斜面，如图 4–13 所示；或者在立式铣床上把主轴转动一个角度铣斜面，如图 4–14 所示。

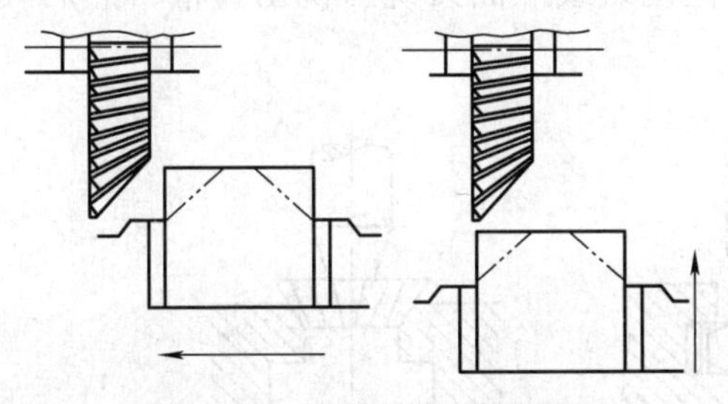
图 4–13　用角度铣刀铣斜面

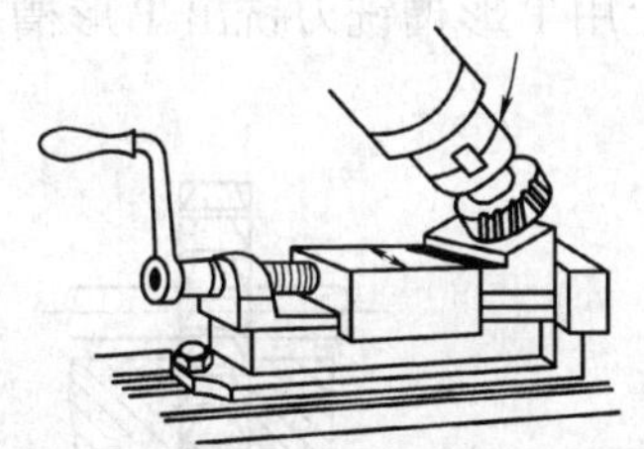
图 4–14　主轴转动角度铣斜面

（4）组合铣削

铣削由水平面、垂直面或倾斜面所组成的表面时，大型工件可在龙门铣床上加工，小型工件则用组合铣刀或成形铣刀在卧式铣床上加工，如图 4–15 所示。

（5）铣槽

1）切断。一般用锯片铣刀在卧式铣床上切断工件，如图 4–16 所示。

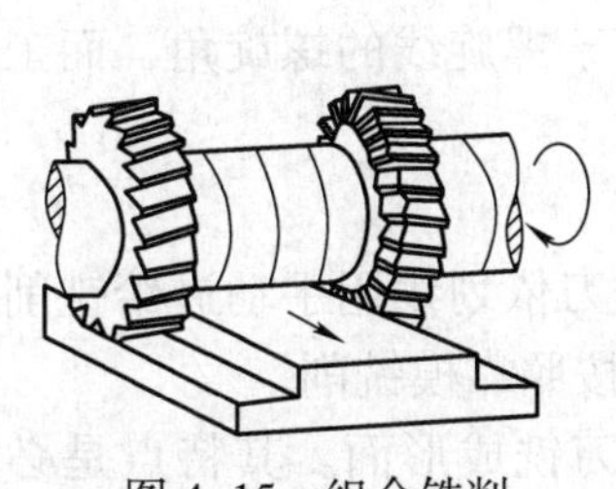
图 4–15　组合铣削

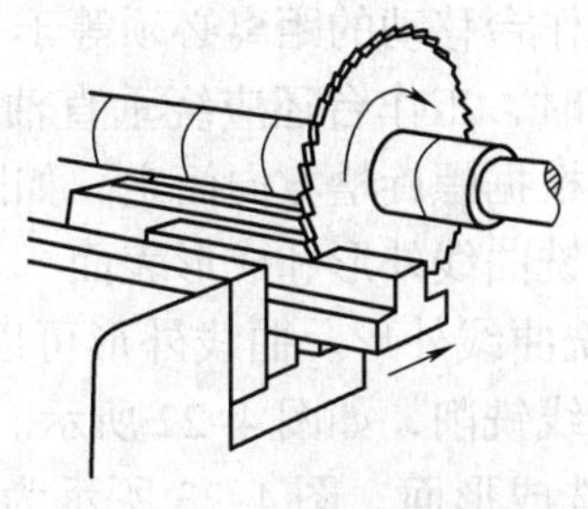
图 4–16　切断

2）铣直槽。可在卧式铣床上用盘形铣刀铣直槽，如图 4–17a 所示，也可在立式铣床上用立铣刀铣直槽，如图 4–18 所示。

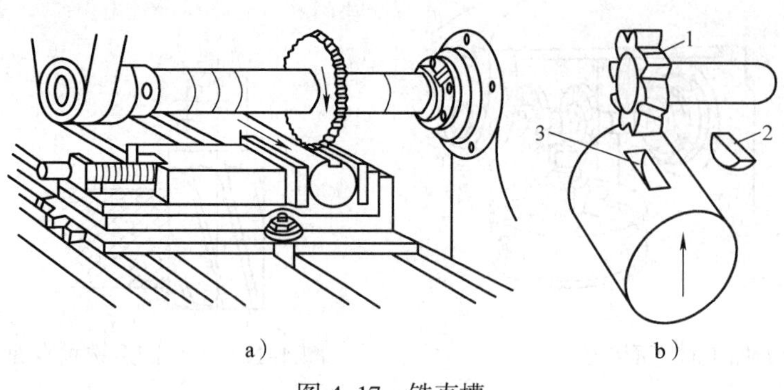

图 4–17　铣直槽

a）用盘形铣刀铣直槽　b）用专用铣刀铣半圆形键槽

1—半圆键槽铣刀　2—半圆键　3—半圆键槽

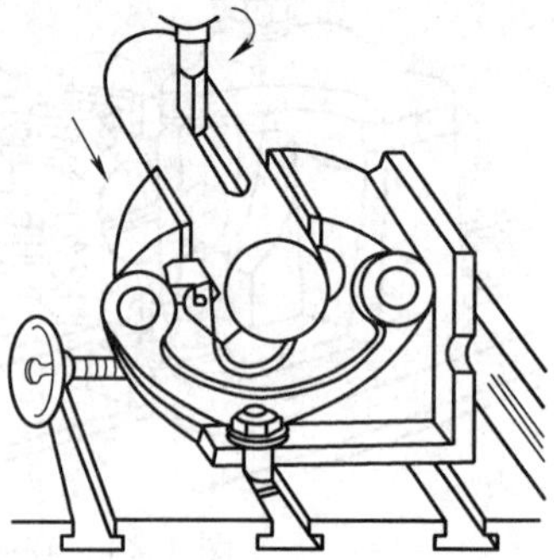

图 4–18　铣普通键槽

3）铣半圆形键槽。可采用与键槽同直径、同厚度的专用铣刀铣削半圆形键槽，如图 4–17b 所示。

4）铣 T 形槽。如图 4–19 所示，必须先用立铣刀或三面刃铣刀铣出直槽，然后在立式铣床上用 T 形槽铣刀铣出 T 形槽。

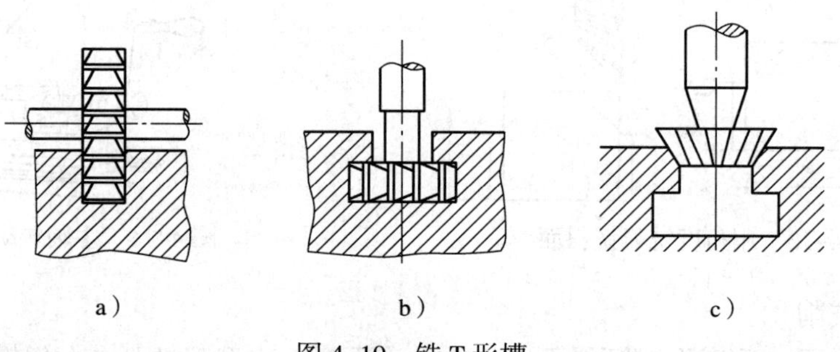

图 4–19　铣 T 形槽

a）铣直槽　b）铣 T 形槽　c）倒角

5）铣螺旋槽。对于螺杆、螺旋齿轮等具有螺旋槽的零件，铣螺旋槽时需在卧式铣床上利用万能分度头进行铣削。螺旋运动是由工件旋转和工作台进给运动合成的，当工件旋转一周时，工作台移动的距离必须等于一个导程，如图 4–20 所示。

加工时，工作台还应绕垂直轴转动 β 角，此角应等于螺旋线的螺旋角，而工作台转动的方向可根据螺旋槽方向而定，如图 4–21 所示。

（6）铣曲线外形和成形表面

1）铣曲线外形。曲线外形可以在立式铣床上用立铣刀依划线用手动进给铣削，也可用转台依划线铣削，如图 4–22 所示。还可以在立式铣床上按照靠模铣削。

2）铣成形面。图 4–23 所示为用形状相似的成形铣刀铣成形面。其特点是必须制造专用的成形铣刀，因成本高，故只适用于批量生产。

（7）铣齿轮

在本教材第六章中讨论。

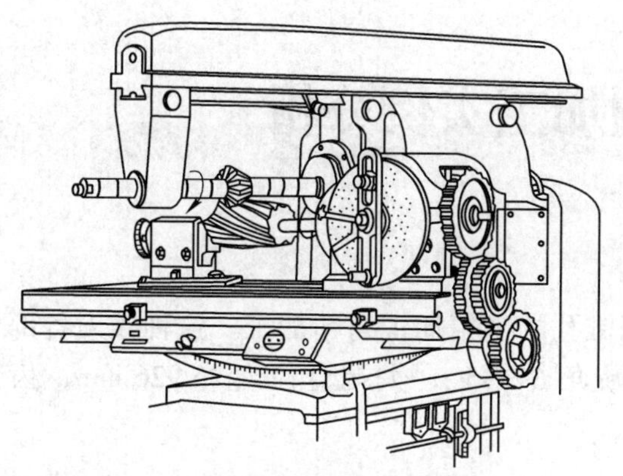

图 4-20　铣螺旋槽

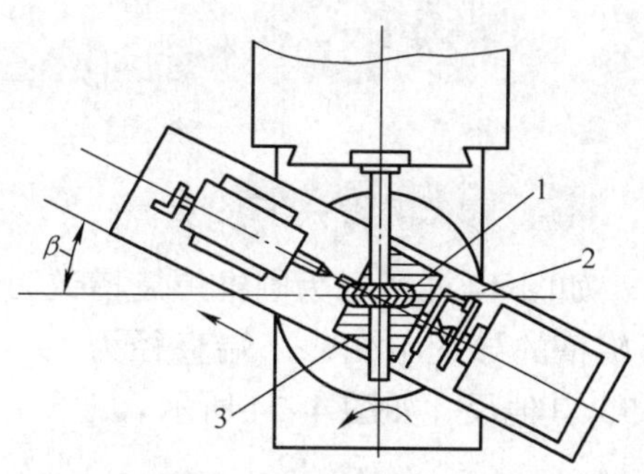

图 4-21　铣螺旋槽时工作台的转动
1—铣刀　2—工作台　3—工件

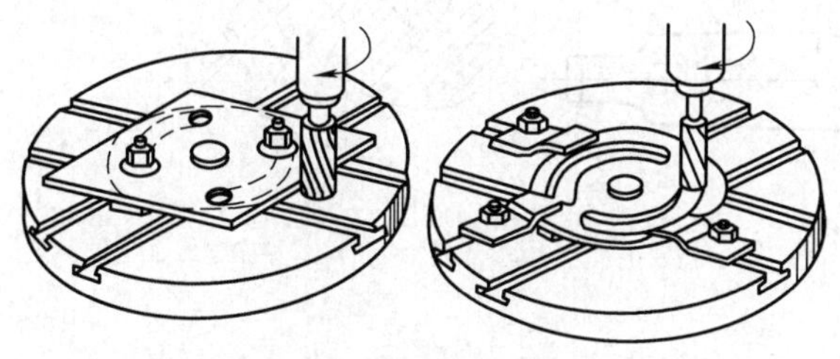

图 4-22　用转台依划线铣曲线外形

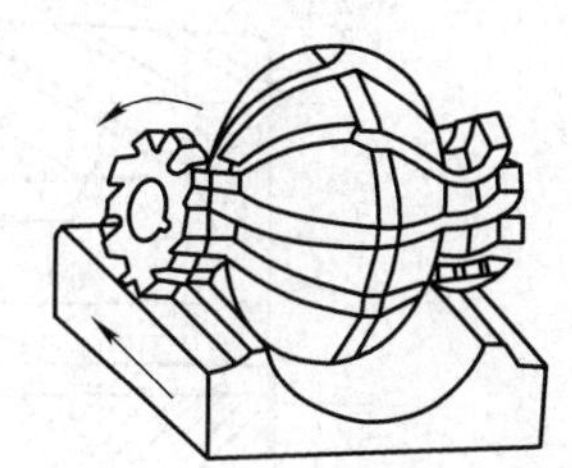

图 4-23　用成形铣刀铣成形面

4. 铣削的工艺特点

（1）铣削生产效率较高

铣削以加工平面和沟槽为主；铣刀属于多刃旋转刀具，无空行程，加工表面连续形成；切削速度高，加工平面时生产效率高，特别是镶装硬质合金刀头的端铣刀适用于高速铣削。大批量生产时的箱体类平面多采用端铣加工。

（2）铣削加工范围宽

由于铣刀类型多，铣床附件多，给铣削加工带来了极大的灵活性、适应性和广泛性。尤其是万能铣头和分度头的使用，更扩大了铣削加工的范围，例如，立铣刀可加工内凹平面、圆弧形沟槽；盘形铣刀可加工花键、齿轮、离合器、螺纹槽等，这是车削无法实现的。

铣削加工应用广泛，还因为铣刀齿依次参加切削，冷却、润滑充分，有利于采用大的铣削用量和延长刀具寿命。因此，铣削既适用于单件、小批量生产，也适用于大批量生产。

（3）铣削过程平稳性差

铣削时刀齿反复切入、切出工件，切削面积变化引起切削力的大小和方向交替变化，导致铣削过程产生冲击和振动。铣削过程的不平稳性限制了铣削速度的进一步提高，也影响了工件表面的加工质量。

§4-3 铣削加工实例分析

一、零件图样分析

如图 4-24 所示为圆锥螺旋槽铰刀，用于圆锥孔的半精加工与精加工。这种铰刀各部位螺旋槽的导程不变，小端直径为 19.4 mm，螺旋角 β_1=35°，大端直径为 25.926 mm，齿数 z=5，其他尺寸如图 4-24 所示。

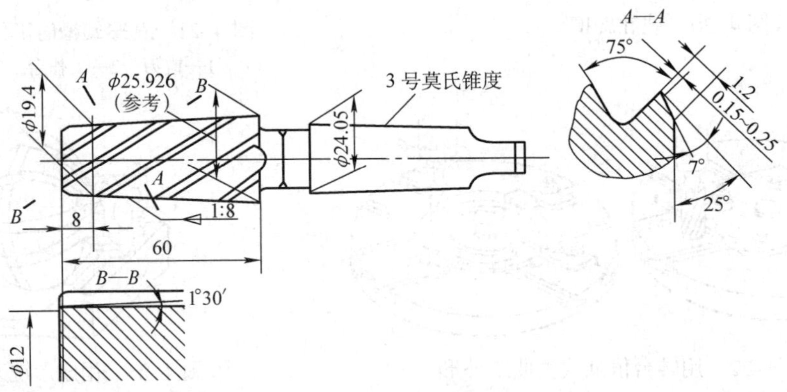

图 4-24　圆锥螺旋槽铰刀

二、加工方法分析

为了保证铰刀从大端到小端的锥度，切齿时采用修正螺旋角靠模法铣削，即铣削时，工作台在纵向移动的同时使靠模缓慢地转动，改变与铣床主轴的夹角，以满足工件上螺旋角由大至小或由小至大的变化。这种铣削方法主要解决以下两个问题：

1. 消除由于采用一次交换齿轮（导程不变）对铰刀铣齿时引起的铰刀前面干涉。
2. 减小由于铰刀直径变化而引起的铰刀齿刃前角的变化。

三、加工步骤

1. 加工前的有关计算

（1）按工件小端直径计算螺旋槽导程 T

$$T=\frac{\pi d_1}{\tan\beta_1}=\frac{\pi\times 19.4}{\tan 35°}\approx 87.04\ \text{mm}$$

（2）计算工件大端处螺旋角 β_2（根据螺旋槽导程不变）

$$\beta_2=\arctan\frac{\pi\times 25.926}{87.04}\approx 43.099°$$

（3）计算靠模板斜角 α

$$\alpha=\beta_2-\beta_1=43.099°-35°=8.099°$$

（4）由于所加工螺旋槽的导程比较大，因此采用侧轴交换齿轮法，计算分度头侧轴与纵向工作台丝杠间的交换齿轮为：

$$\frac{T}{40T_{丝}}=\frac{z_2z_4}{z_1z_3}$$

式中 $T_{丝}$——工作台丝杠的导程，mm；

z_1、z_2、z_3、z_4——分度头外伸轴与工作台丝杠之间的交换齿轮齿数，如图 4–25 所示。

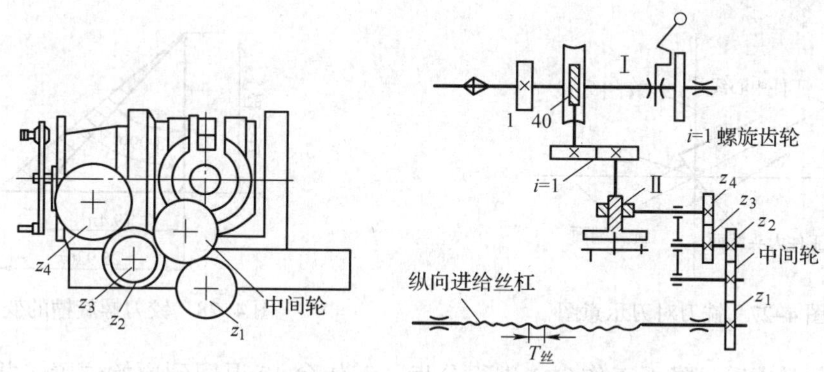

图 4–25 分度头的传动系统及交换齿轮的配置

即：

$$\frac{z_2z_4}{z_1z_3}=\frac{T}{40T_{丝}}=\frac{87}{40\times6}=\frac{87\times20}{80\times60}$$

2. 加工前机床、工件与辅具的调整

（1）按计算结果安装交换齿轮，因为加工左旋螺旋槽铰刀，需加一个中间轮，如图 4–25 所示。

（2）按图样要求，将分度头扳起 1° 30′ 仰角，后顶尖抬高，使铰刀槽底与工作台面平行。

（3）将两块燕尾槽形滚轮支架 5 用螺钉 2 和螺母 3 初步紧固在机床垂直导轨 1 上，如图 4–26 所示，待其他部分安装及调整完毕，再移到适当位置；加工右旋螺旋槽铰刀时，将两块燕尾槽形滚轮支架 5 左右对调位置。

（4）将靠模板 16 安装到工作台的适当位置，按计算所得斜角（α=8.099°），用百分表和游标万能角度尺找正后，紧固在工作台上。

（5）将工作台 12 顺时针旋转 43°（β_1=43.099°）。工作台横向移动，通过调整使靠模板 16 与滚轮 4 接触，并使工件大头端面过 O 点，如图 4–27 所示。

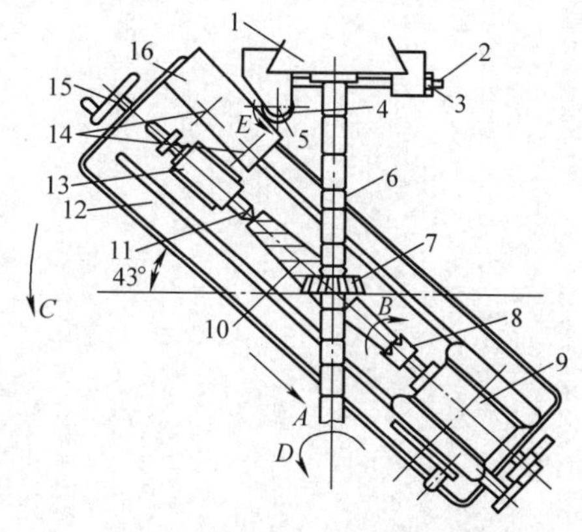

图 4–26 机床、工件调整图

1—垂直导轨 2—螺钉 3—螺母 4—滚轮 5—燕尾槽形滚轮支架 6—铣刀杆 7—单角铣刀 8—梅花顶尖 9—分度头 10—工件 11—顶尖 12—工作台 13—尾座 14—螺钉和螺母 15—手轮 16—靠模板

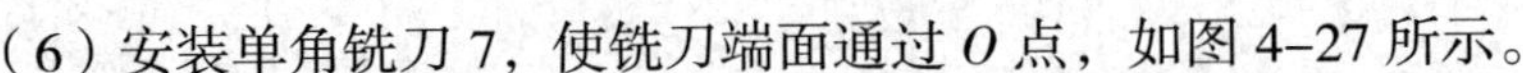

（6）安装单角铣刀 7，使铣刀端面通过 O 点，如图 4–27 所示。

3. 铣削过程

旋转手轮 15，使工作台带动工件一起沿 A 向移动一段距离，至图 4–26 所示位置，使铣刀切入起点与图样要求相符。启动主电动机，铣刀按 D 向旋转，工作台上升，铣刀切入工件 1/4 ~ 1/3 齿槽深度后，工作台沿 A 向机动进给，工件则按 B 向旋转。在滚轮对靠模板 16 的作用下，工作台 12 沿 C 向缓慢旋转，从而使螺旋角产生变化，如图 4–28 所示。工作台进给行程结束后（铣刀轴线超越工件小端面 5 ~ 10 mm），停机检查工件前角。若不符合要求，可横向移动工作台，改变铣刀端面对工件轴线的偏距，以及提升工作台，至工件得到符合要求的前角及刀槽深度为止。

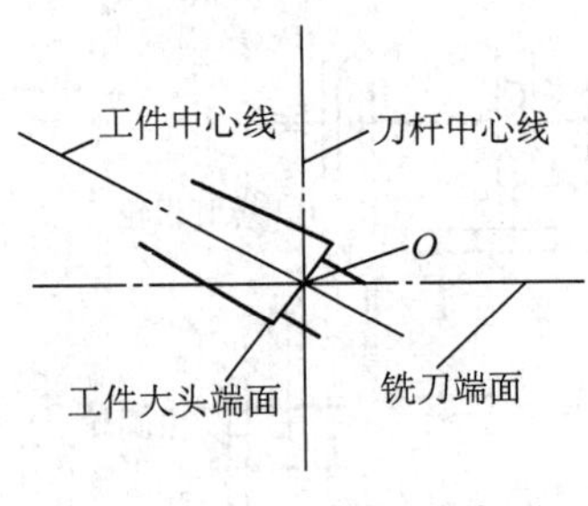

图 4–27　铣刀对刀示意图

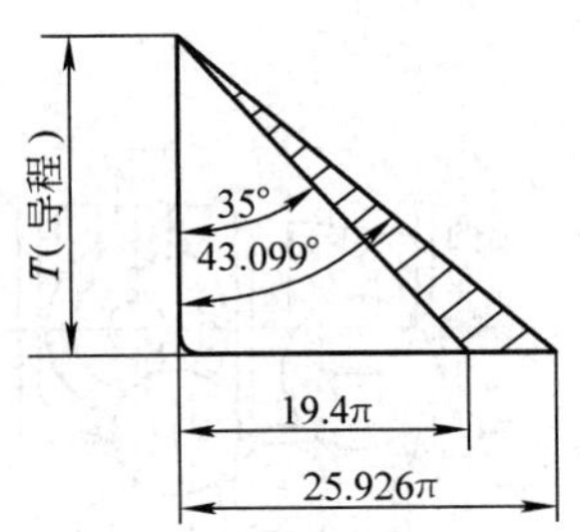

图 4–28　铰刀螺旋槽的变化

铣完一个刀槽后，降下工作台，进行分齿，工作台 12 退回到原始位置，并反向旋转至靠模板 16 与滚轮 4 保持紧密接触，进行第二个刀槽的铣削。

铣削时，在箭头 C 的反向加一力（可安装一根拉簧），以使靠模板 16 与滚轮 4 紧密接触。

第五章　磨削工艺与装备

§5–1　磨削加工工艺装备

一、磨削加工概述

磨削加工是以砂轮的高速旋转为主运动，与工件的低速旋转和直线运动（或磨头的移动）作为进给运动相配合，切去工件上多余金属层的一种加工方法。它是一种多刀多刃高速切削方法。磨削常作为金属加工的最后一道精加工工序，尤其适用于淬硬钢件、高硬度特殊材料及非金属材料（如陶瓷等）的精加工。磨削主要用于磨削各种内外回转表面、平面、成形面等，见表 5–1。

表 5–1　磨床的主要功用

功用	磨外圆	磨孔	磨平面
图例		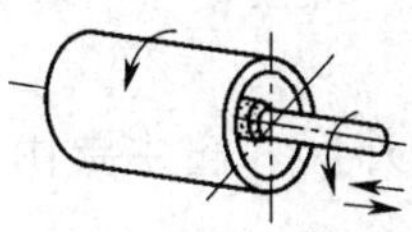	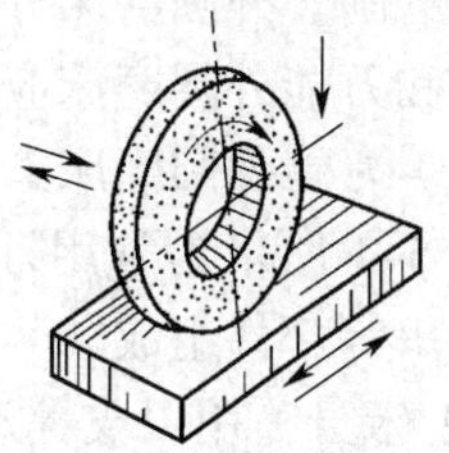
功用	无心磨削	磨成形面	磨螺纹
图例	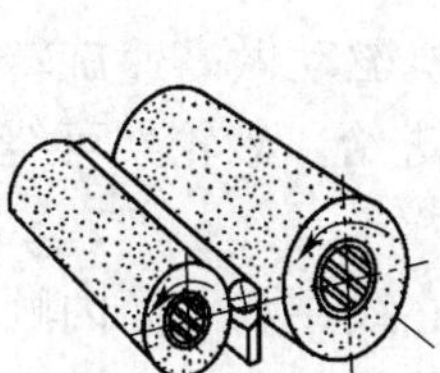	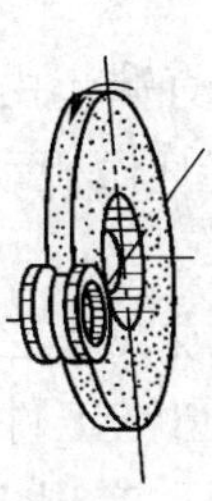	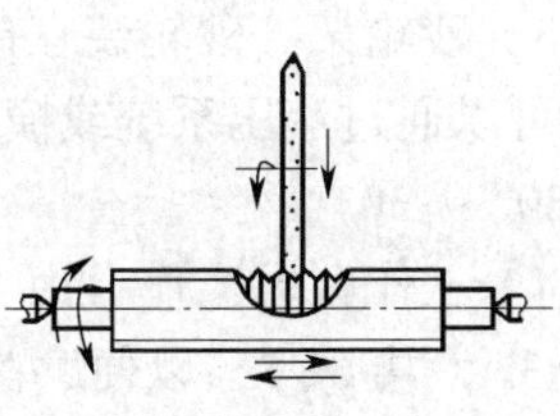

续表

功用	磨齿轮	磨花键	磨导轨
图例	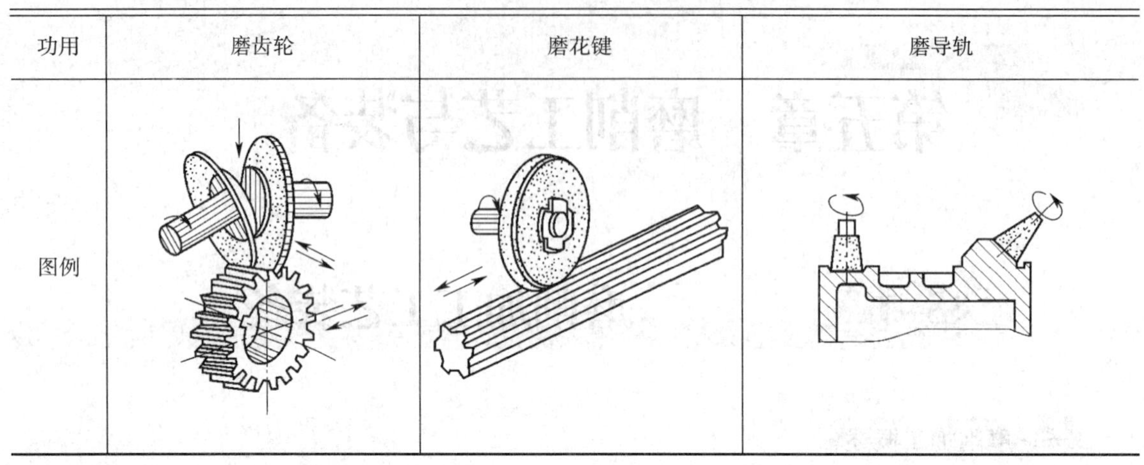		

二、磨床

磨床是用磨具或磨料加工工件各种表面的机床。它是机器零件精密加工的主要设备，可以加工其他机床不能加工或难加工的高硬度材料。磨床的种类很多，目前生产中应用最多的是外圆磨床、内圆磨床、平面磨床、无心磨床和工具磨床等。以上均为使用砂轮作为切削刀具的磨床，此外，还有使用柔性砂带为切削刀具的砂带磨床，用油石和研磨剂的精磨磨床等。

1. 外圆磨床

外圆磨床是主要用于磨削圆柱形和圆锥形外表面的磨床。一般工件装夹在头架和尾座之间进行磨削。外圆磨床分为普通外圆磨床、万能外圆磨床、无心外圆磨床等，其中以普通外圆磨床和万能外圆磨床应用最广泛。下面主要介绍万能外圆磨床和无心外圆磨床。

（1）万能外圆磨床

图 5–1 所示为常用万能外圆磨床外形。它主要由床身、头架、砂轮架、工作台、尾座、内圆磨头等部件组成。

1）床身。用以支撑磨床其他部件。床身上面有纵向导轨和横向导轨，分别为磨床工作台和砂轮架的移动导轨。

2）头架。头架主轴可与卡盘连接或安装顶尖，用以装夹工件。头架主轴由头架上的电动机经带传动、头架内的变速机构带动回转，实现工件的圆周进给。头架可绕垂直轴线逆时针回转 0° ~ 90°。

3）砂轮架。砂轮装在砂轮架主轴的前端，由单独的电动机驱动做高速旋转主运动。砂轮架可以通过液压系统或横向进给手轮使其做机动或手动横向进给。砂轮架可绕垂直轴线回转 –30° ~ 30°。

4）工作台。工作台由上、下两层组成，上层可绕下层中心线在水平面内顺（逆）时针回转 3°（共 6°），以便磨削小锥角的长圆锥工件。工作台上层用以安装头架和尾座，工作台下层连同上层一起沿床身纵向导轨移动，实现工件的纵向进给。纵向进给可通过手轮手动调节。工作台由液压传动系统带动沿床身导轨做纵向往复直线运动。

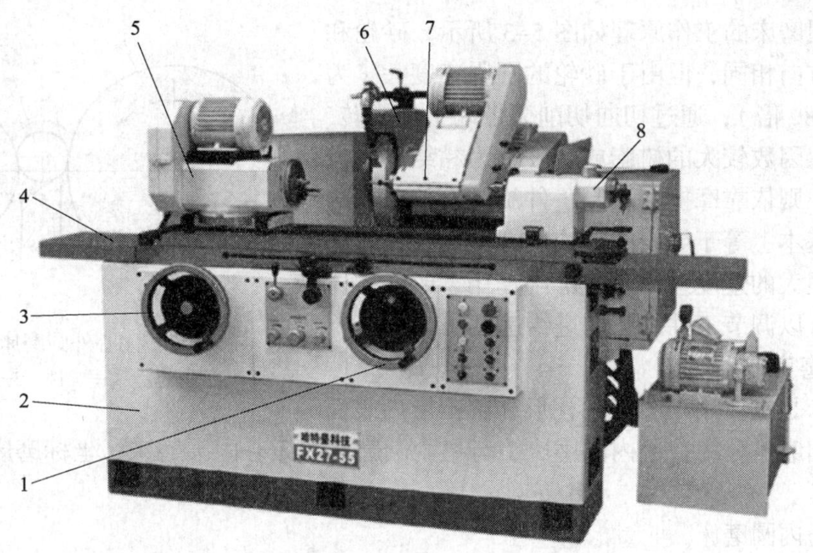

图 5-1　万能外圆磨床外形
1—横向进给手轮　2—床身　3—纵向进给手轮　4—工作台　5—头架　6—砂轮架　7—内圆磨头　8—尾座

5）尾座。尾座套筒内安装后顶尖，用以支撑工件的另一端。后端装有弹簧，利用可调节的弹簧力顶紧工件，也可以在长工件受磨削热影响而伸长或弯曲变形的情况下，为工件的装卸提供方便。装卸工件时，可采用手动或液动方式使尾座套筒缩回。

6）内圆磨头。其上装有内圆磨具，用来磨削内圆。它由专门的电动机经平带带动其主轴高速回转，实现内圆磨削的主运动。不用时，内圆磨头翻转到砂轮架上方，磨削内圆时将其翻下使用。

（2）无心外圆磨床

无心外圆磨削是外圆磨削的一种特殊形式，是工件不定回转中心的磨削，是一种生产效率很高的精加工方法。磨削时，工件置于砂轮和导轮之间，靠托板支撑，工件被磨削的外圆面作为定位面。由于不用顶尖支撑，因此称无心磨削。图 5-2 所示为无心外圆磨床。

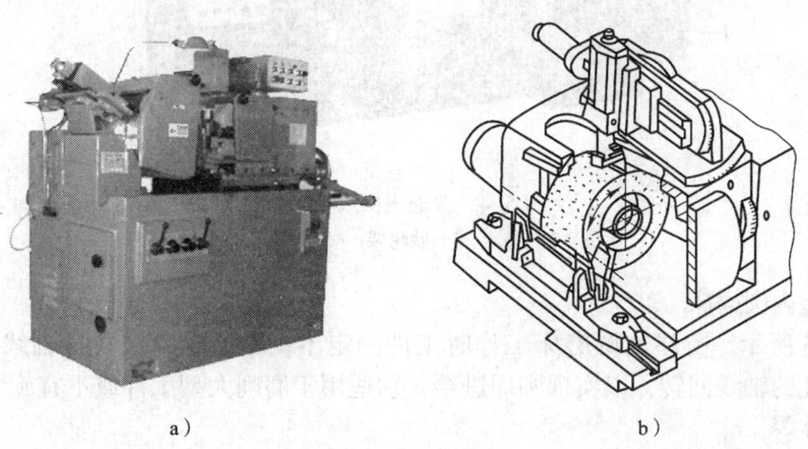
a）　　b）

图 5-2　无心外圆磨床
a）外形　b）导轮架结构

无心外圆磨床的工作原理如图 5–3 所示，砂轮和导轮的旋转方向相同，但由于砂轮的圆周速度大（为导轮的 70 ~ 80 倍），通过切向切削力带动工件旋转，导轮（用摩擦因数较大的树脂或橡胶作为黏结剂制成的刚玉砂轮）则依靠摩擦力限制工件旋转，使工件的圆周线速度基本上等于导轮的线速度，从而在砂轮和工件间形成很大的速度差而产生磨削作用。改变导轮的转速，便可以调节工件的圆周进给速度。

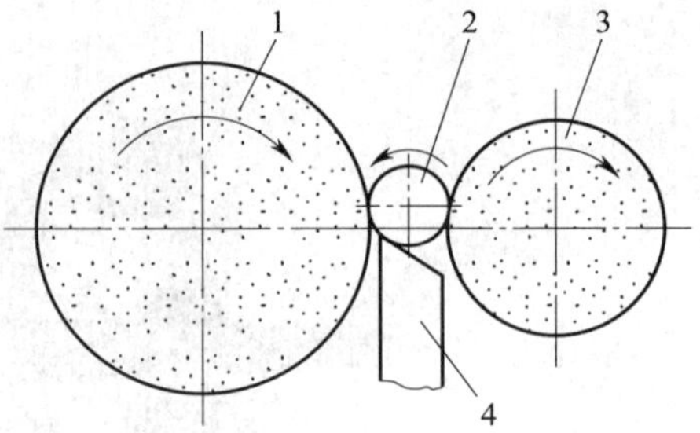

图 5–3　无心外圆磨床的工作原理

1—磨削砂轮　2—工件　3—导轮　4—托板

2. 内圆磨床

内圆磨床是主要用于磨削圆柱形和圆锥形内表面的磨床。内圆磨床分为普通内圆磨床、行星内圆磨床、无心内圆磨床、坐标磨床和专门用途的内圆磨床等。

（1）普通内圆磨床

普通内圆磨床主要由头架、砂轮架、工作台、滑鞍和内圆磨头、床身等部件组成，如图 5–4 所示。头架固定在床身上，工件装夹在头架主圆轴前端的卡盘中，由头架主轴带动做圆周进给运动。砂轮安装在砂轮架中的内圆磨头主轴上，由单独电动机直接驱动做高速旋转主运动。砂轮架安装在滑鞍上，当工作台由液压传动系统带动做一次往复直线运动后，砂轮架作横向进给。头架还可绕竖直轴转至一定角度，以磨削锥孔。

图 5–4　普通内圆磨床外形

1—床身　2—头架　3—砂轮架　4—滑鞍　5—工作台

（2）行星内圆磨床

如图 5–5 所示，行星内圆磨床工作时工件固定不动，砂轮除绕自身轴线高速旋转外，还绕被加工孔的轴线回转，以实现圆周进给，它适用于磨削大型工件或不宜旋转的工件，如内燃机气缸体等。

（3）无心内圆磨床

如图 5–6 所示，工件支撑在滚轮和导轮上，压紧轮使工件紧靠导轮，并由导轮带动旋转，实现圆周进给运动，磨削轮除完成旋转主运动外，还做纵向进给运动和周期性横向进给运动。加工循环结束时，压紧轮沿箭头方向摆开，以便装卸工件。无心内圆磨床适用于加工那些不宜用卡盘夹紧的薄壁工件、内外圆同轴度要求较高且外圆表面已经精加工的工件，如轴承环类型的零件等。

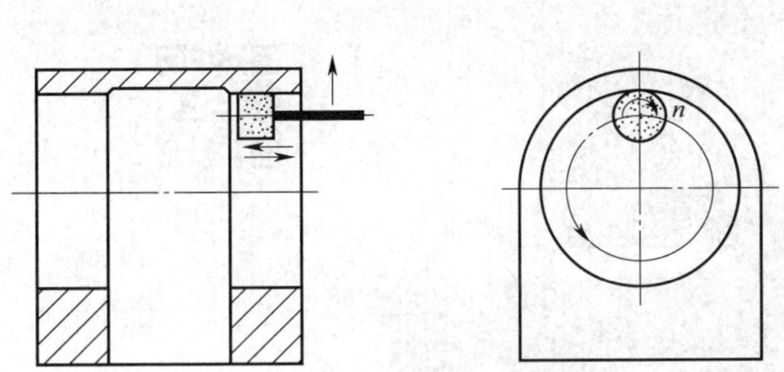

图 5–5　行星内圆磨床工作原理

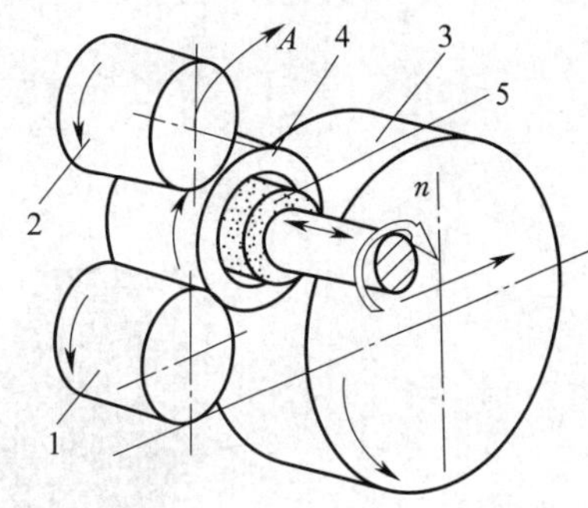

图 5–6　无心内圆磨床工作原理

1—滚轮　2—压紧轮　3—导轮　4—工件　5—磨削轮

3. 平面磨床

平面磨床是主要用于磨削工件平面的磨床。常用的平面磨床按其砂轮轴线位置和工作台的结构特点，可分为卧轴矩台平面磨床、立轴矩台平面磨床、卧轴圆台平面磨床、立轴圆台平面磨床等几种类型，如图 5–7 所示。其中，卧轴矩台平面磨床应用最广泛。

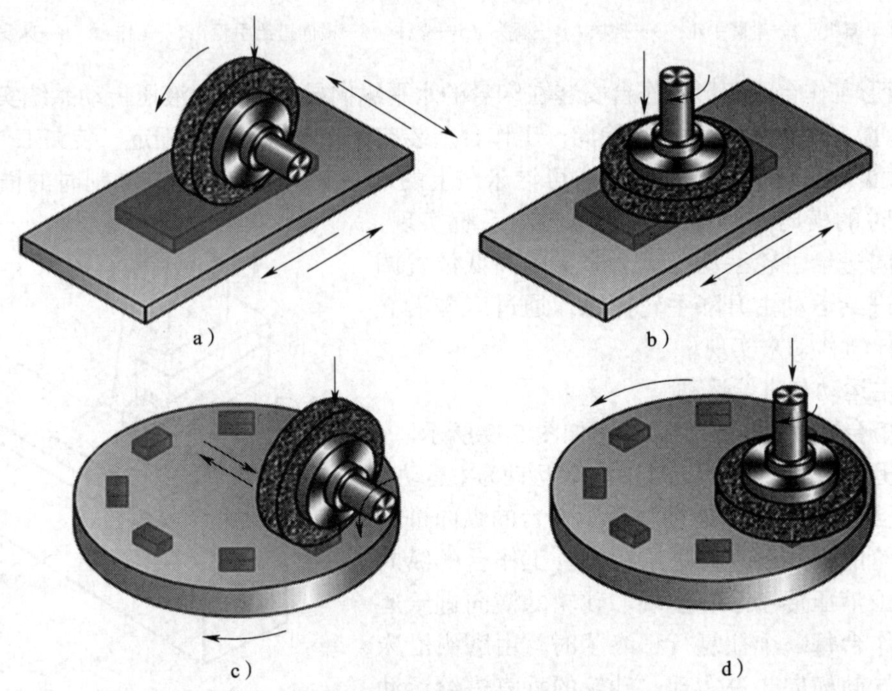

图 5–7　平面磨床的几种类型及其磨削运动

a）卧轴矩台平面磨床　b）立轴矩台平面磨床　c）卧轴圆台平面磨床　d）立轴圆台平面磨床

（1）卧轴矩台平面磨床组成

如图 5-8 所示为一种常用的卧轴矩台平面磨床，它由床身、立柱、工作台和磨头等主要部件组成。平面磨床的主要部件及其功用如下：

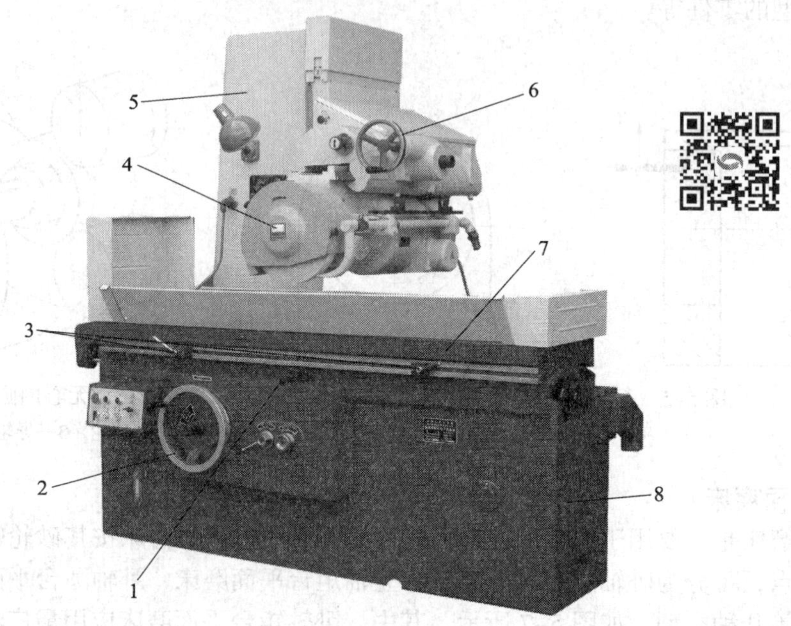

图 5-8 平面磨床

1—撞块 2—升降手轮 3—挡块 4—磨头 5—立柱 6—横向进给手轮 7—工作台 8—床身

1）矩形工作台。矩形工作台安装在床身的水平纵向导轨上，由液压传动系统实现纵向往复直线移动，利用撞块自动控制换向。工作台上装有电磁吸盘，用于固定、装夹工件或夹具。

2）磨头。装有砂轮主轴的磨头可沿床鞍上的水平燕尾导轨移动，磨削时的横向步进进给和调整时的横向连续移动由液压传动系统实现，也可用横向进给手轮手动操纵。磨头的高低位置调整或垂直进给运动由升降手轮操纵，通过床鞍沿立柱的垂直导轨移动来实现。

（2）主运动与进给运动

卧轴矩台平面磨床运动示意图如图 5-9 所示。

1）主运动。磨头主轴上砂轮的回转运动为主运动。

2）进给运动。进给运动包括工作台的纵向进给运动、砂轮的横向和垂直进给运动。工作台的纵向进给运动由液压传动系统实现。砂轮的横向进给运动，在工作台每一个往复行程终了时，由磨头沿床鞍的水平导轨横向步进实现。砂轮的垂直进给运动通过手动使床鞍沿立柱垂直导轨上下移动实现，用以调整磨头的高低位置及控制背吃刀量。

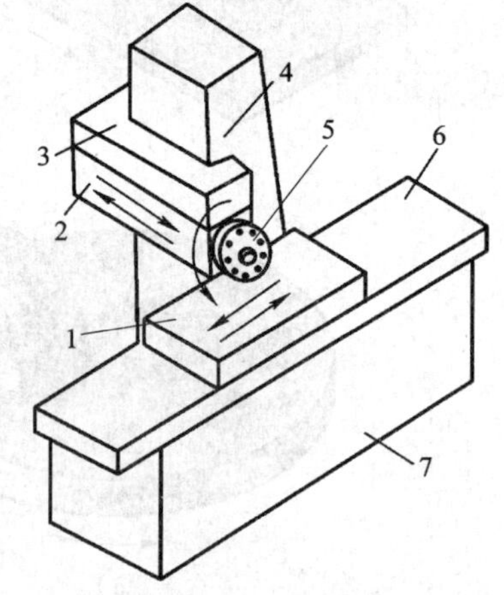

图 5-9 卧轴矩台平面磨床运动示意图

1—工件 2—磨头 3—床鞍 4—立柱 5—砂轮 6—工作台 7—床身

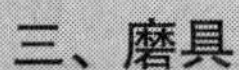

三、磨具

以磨料为主制造而成的切削工具称为磨具。磨具分为固结磨具和涂覆磨具两类。其中砂轮应用最为广泛。

1. 砂轮的组成和特性

（1）砂轮的组成

砂轮是用各种类型的结合剂把磨料结合起来，经压坯、干燥、烧制及车整而成的磨削工具，因此，砂轮由磨料、结合剂和气孔三要素组成，如图 5–10 所示。

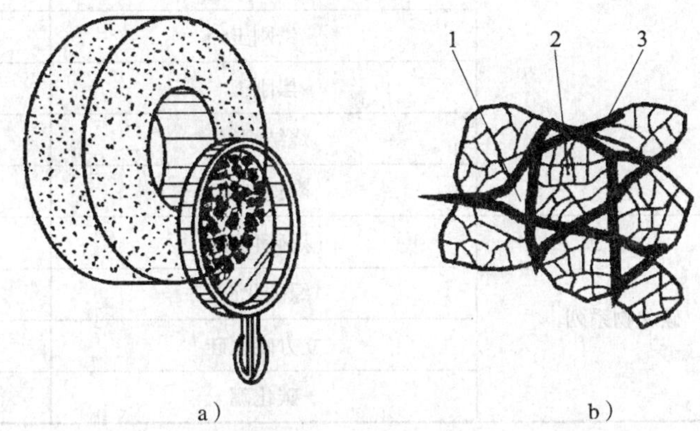

图 5–10　砂轮的组成
a）砂轮　b）组成三要素
1—气孔　2—磨料　3—结合剂

（2）砂轮的特性

砂轮的特性由磨料、粒度、硬度、组织、结合剂、形状和尺寸、强度（最高工作速度）七个要素来衡量。各种不同特性的砂轮均有一定的适用范围，因此，应按照实际的磨削要求合理地选择和使用砂轮。

1）磨料。磨具（砂轮）中磨粒的材料称为磨料。它是砂轮的主要成分，是砂轮产生切削作用的根本要素。由于磨削时要承受强烈的挤压、摩擦和高温的作用，因此，磨料应具有极高的硬度、耐磨性、耐热性以及相当的韧性和化学稳定性。制造砂轮的磨料，按成分一般分为氧化物（刚玉）、碳化物和天然超硬材料三类。普通磨料的类别和代号应符合国家标准《普通磨料　代号》（GB/T 2476—2016）的规定，见表 5–2。

表 5–2　　常用磨料的类别和代号

类别	名称	代号
天然类	天然刚玉	NC
	金刚砂	E
	石榴石	G

续表

类别		名称	代号
人造类	刚玉系列	棕刚玉	A
		白刚玉	WA
		单晶刚玉	SA
		微晶刚玉	MA
		铬刚玉	PA
		锆刚玉	ZA
		黑刚玉	BA
		烧结刚玉	AS
		陶瓷刚玉	CA
	碳化物系列	黑碳化硅	C
		绿碳化硅	GC
		立方碳化硅	SC
		碳化硼	BC

2）粒度。表示磨料颗粒尺寸大小的参数称为粒度。磨料粒度影响磨削的质量和生产效率。粒度主要根据加工的表面粗糙度要求和加工材料的力学性能选择，见表 5–3。

表 5–3　　粒度及选用

粒度	粗磨粒 F4 ～ F220			微粉 F230 ～ F1200
	粗粒度	中粒度	细粒度	极细粒度
粒度值	4	30	70	230
	5	36	80	240
	6	40	90	280
	7	46	100	320
	8	54	120	360
	10	60	150	400
	12	—	180	500
	14	—	220	600
	16	—	—	800
	20	—	—	1000
	22	—	—	1200
	24	—	—	—
选用	粗磨或磨削质软、塑性大的材料	半精磨	精磨或磨削质硬、脆性的材料	超精磨

3）硬度。砂轮的硬度是指结合剂黏结磨料颗粒的牢固程度，它表示砂轮在外力（磨削抗力）作用下磨料颗粒从砂轮表面脱落的难易程度。磨粒容易脱落的砂轮硬度低，称为软砂轮；磨粒不容易脱落的砂轮硬度高，称为硬砂轮。砂轮的硬度对磨削的加工精度和生产效率有很大的影响。通常磨削硬度高的材料应选用软砂轮，以保证磨钝的磨粒能及时脱落；磨削硬度低的材料应选用硬砂轮，以充分发挥磨粒的切削作用。砂轮的硬度等级代号见表 5–4。

表 5–4　砂轮的硬度等级代号

砂轮的硬度等级代号				砂轮的硬度
A	B	C	D	极软
E	F	G	—	很软
H	—	J	K	软
L	M	N	—	中级
P	Q	R	S	硬
T	—	—	—	很硬
—	Y	—	—	极硬

砂轮的硬度由软至硬共分 19 级。必须注意，砂轮的硬度与磨料的硬度是两个不同的概念，不能混淆。

4）组织。砂轮的组织是指砂轮内部结构的疏密程度。根据磨粒在整个砂轮中所占体积的比例不同，砂轮组织分成三大类共 15 级，可用数字标记，通常为 0 ~ 14；数字越大，表示组织越疏松。砂轮的组织、代号及其选用见表 5–5。

表 5–5　砂轮的组织、代号及其选用

砂轮组织的代号	0 ~ 4	5 ~ 8	9 ~ 14
砂轮的组织	紧密	中等	疏松
选用	精密磨削、成形磨削	一般磨削	磨削硬度低、韧性大的工件，或砂轮与工件接触面积大的场合，或粗磨

5）结合剂。结合剂是用来将分散的磨料颗粒黏结成具有一定形状和足够强度的磨具的材料。结合剂的种类和性质会影响砂轮的硬度、强度、耐腐蚀性、耐热性及抗冲击性等。结合剂的种类及代号见表 5–6。

表 5–6　结合剂的种类及代号

代号	结合剂	代号	结合剂
V	陶瓷结合剂（常用）	B	树脂或其他热固性有机结合剂（常用）
R	橡胶结合剂（常用）	BF	纤维增强树脂结合剂
RF	增强橡胶结合剂	Mg	菱苦土结合剂
PL	塑料结合剂		

6）形状和尺寸。根据磨床的结构及磨削的加工需要，砂轮有各种形状和不同的尺寸规格。表 5–7 所列为常用砂轮的型号、名称、尺寸参数及基本用途。

表 5–7　常用砂轮的型号、名称、尺寸参数及基本用途

型号	名称	示意图	基本用途
1	平形砂轮	T　H　D	用于外圆磨削、内圆磨削、平面磨削、无心磨削、刀具刃磨和螺纹磨削
2	筒形砂轮	T　W　D	用于立式平面磨床上磨平面
3	单斜边砂轮	U　T　H　J　D	用于工具磨削，如刃磨铣刀、铰刀、插齿刀等
4	双斜边砂轮	∠1∶16　α　U　T　H	用于磨削齿轮齿面和单线螺纹等
6	杯形砂轮	W　T　E　H　D	主要用于刃磨铣刀、铰刀、拉刀等，也可用于磨平面和内圆

续表

型号	名称	示意图	基本用途
7	双面凹一号砂轮	P F T H P G D	主要用于外圆磨削和刃磨刀具，还可作为无心磨削的导轮或磨削轮
11	碗形砂轮	D K W T E H J	应用范围广泛，主要用于刃磨铣刀、铰刀、拉刀、盘形车刀等，也可用于磨削机床导轨
12a	碟形一号砂轮	D K R≤3 W U T H E J	用于刃磨铣刀、铰刀、拉刀和其他刀具，大尺寸的一般用于磨削齿轮齿面

注：1. ⬇表示磨具磨削面的符号。

2. D—磨具的外径；E—杯形、碟形、钹形砂轮孔处的厚度；F—第一凹面的深度；G—第二凹面的深度；H—磨具的孔径；J—碗形、碟形、斜边形和凸形砂轮的最小直径；K—碗形、碟形砂轮的内底径；P—凹槽直径；T—磨具的总厚度；U—斜边形、凸形和钹形砂轮的最小厚度；W—磨具的工作环端面宽度。

7）强度。砂轮的强度是指在惯性力作用下砂轮抵抗破碎的能力。砂轮回转时产生的惯性力与砂轮圆周速度的平方成正比。因此，砂轮的强度通常用最高工作速度表示。砂轮应按下列范围的最高工作速度系列设计和选用：<16、16 ~ 20、25 ~ 30、32 ~ 35、40 ~ 50、60 ~ 63、70 ~ 80、100 ~ 125、140 ~ 160，其单位为 m/s。

2. 砂轮标记

（1）砂轮标记的内容

磨具（砂轮）的标记由磨具名称、标准号、形状型号、尺寸以及砂轮特性标记组成。其中，砂轮特性标记符号的内容及示例见表 5–8。

表 5–8　　砂轮特性标记符号的内容及示例

特性顺序	0	1	2	3	4	5	6	7
	磨料牌号 *	磨料种类	粒度	硬度等级	组织	结合剂种类	结合剂牌号 *	最高工作速度（m/s）
示例	51	A	36	L	5	V	23	50

注：* 表示可选性的，符号内容由生产企业自行决定，其余参照国家标准《固结磨具　一般要求》（GB/T 2484—2018）。

（2）砂轮标记示例

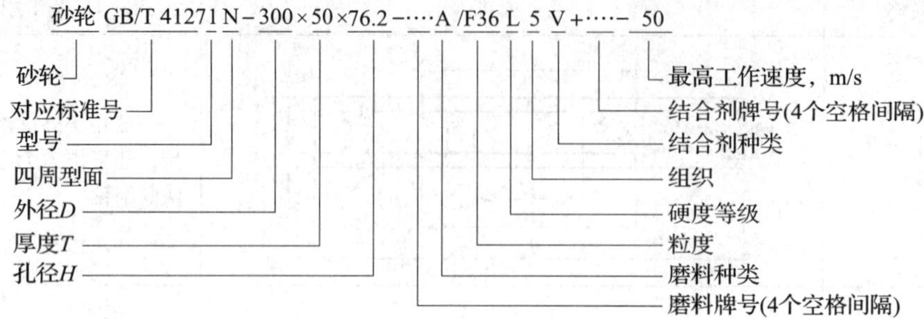

3. 砂轮的修整

根据工件加工要求的不同，可采用不同的修整工具和修整方法。常用的修整工具有天然金刚石笔、人造金刚石笔、滚轮、金刚石车刀、滚轮式割刀等，如图 5–11 所示。

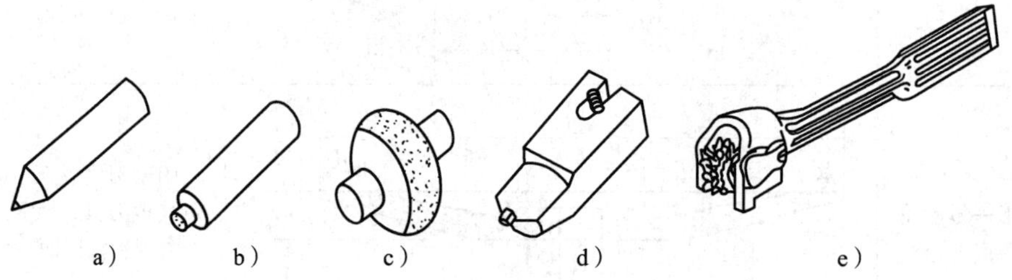

图 5–11　常用的砂轮修整工具

a）天然金刚石笔　b）人造金刚石笔　c）滚轮　d）金刚石车刀　e）滚轮式割刀

（1）车削修整法

车削修整法是目前应用最广泛的一种修整方法，它是以天然金刚石笔或人造金刚石笔为工具，用车削形式修整砂轮的方法。天然金刚石笔是将大颗粒的金刚石镶焊在特制刀杆上的一种修整工具，尖端研成 70° ~ 80° 的锥角。人造金刚石笔是由颗粒较小的碎金刚石或金刚石粉，用结合力很强的合金结合起来，压入特制的金属刀杆上制成的，有层状笔头、链状笔头和粉状笔头三种结构，如图 5–12 所示。修整时，砂轮磨粒受到修整工具坚硬的尖端挤压而碎裂或脱落，露出新的微刃。

修整时进给速度越低，砂轮表面修得越平整、光滑，磨粒的微刃等高性能就越好。

精修整时，一般吃刀次数为 2 ~ 3 次，然后在无吃刀的情况下做一次进给。修整时应充分冷却，不允许间断地供应切削液，以免使修整工具损坏。

（2）其他修整方法

滚轮式割刀是由几片渗碳淬火钢或白口铸铁的金属圆盘装在修整刀杆上制成的。金属盘的形状为尖角形，修整时金属盘随砂轮高速滚动，并将砂轮工作面的表层“打”去。这种工具常用于粗磨砂轮的修整和大型砂轮的整形修整。

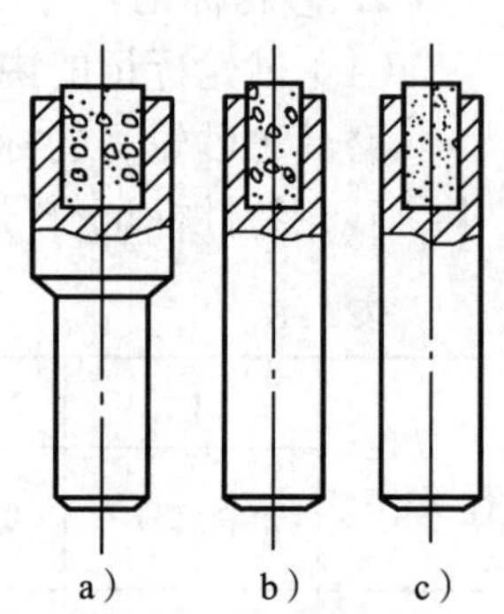

图 5–12　人造金刚石笔

a）层状　b）链状　c）粉状

随着磨床自动化程度的提高，用金刚石滚轮修整砂轮日益增多，如图 5–13 所示，把经金刚石滚轮修整成的成形砂轮用切入法磨出工件的圆弧面。金刚石滚轮一般用电镀法、粉末冶金法制成。

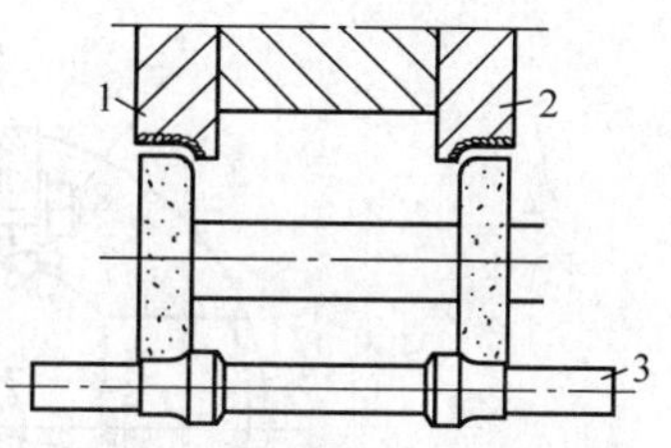

图 5–13 金刚石滚轮的应用

1、2—金刚石滚轮 3—工件

四、磨床典型专用夹具

1. 端面夹紧心轴

如图 5–14 所示为磨削薄壁套筒的端面夹紧心轴，工件用左右两锥套 4、6 定位，由圆柱形滑套 2、8 轴向夹紧。心轴两端使用球面垫圈 1、9，以防止工件或螺母端面不垂直而引起变形。弹簧 3、7 可保证锥面始终接触工件，使之正确定位。这种心轴因轴向夹紧，可减少工件变形，适用于磨削各种薄壁套筒。

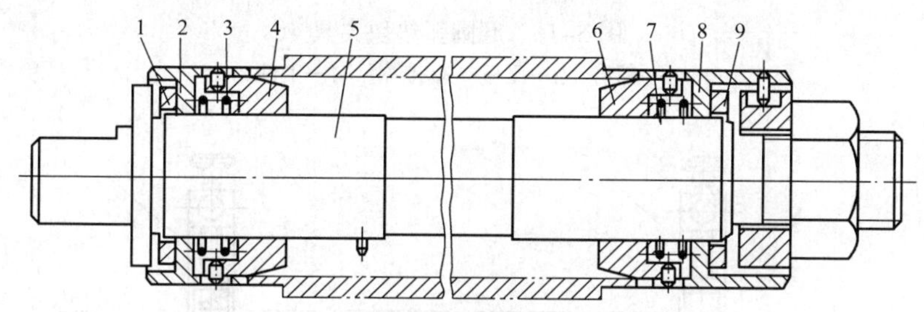

图 5–14 磨削薄壁套筒的端面夹紧心轴

1、9—球面垫圈 2、8—滑套 3、7—弹簧 4、6—锥套 5—心轴

2. 磨圆弧垫块夹具

如图 5–15 所示为圆弧垫块，工件的其他表面都已精加工完毕，现需要磨削 $\phi 50_{-0.05}^{\ 0}$ mm 圆弧。

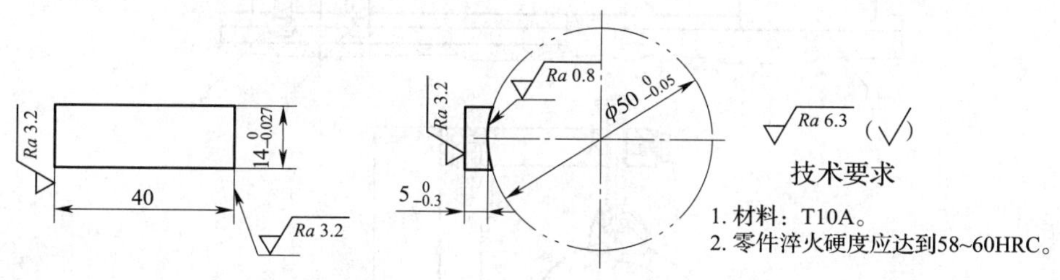

图 5–15 圆弧垫块

磨圆弧垫块夹具如图 5–16 所示，工件 4 以底面和侧面定位，轴向用圆销 3 定位，这样即构成六点定位。工件用螺钉 1 和压板 2 夹紧。此夹具结构简单，装夹方便，并可以同时磨削四件。

3. 磨主轴内孔 V 形成组夹具

成组夹具是按工件的形状、尺寸和工艺的共性分析，再为每组工件设计组内通用的专用夹具。

磨主轴内孔 V 形成组夹具如图 5–17 所示，工件装夹在前、后 V 形架 1 和 2 中。为了减小磨损，V 形架的支撑部分用硬质合金 P10 制成。V 形架下面有垫块 5（可根据工件的直径调换），外圆定位尺寸为 $\phi 25$ ~ 130 mm。前、后 V 形架支撑可按工件长度在夹具体的 T 形槽内移动，并用螺钉 6、7 固定。工件轴向由止推块 4 定位，工件由卡盘经万向接头 3 带动旋转。此夹具可适用于磨削各种机床主轴、尾座套筒、气缸套筒等成组工件。

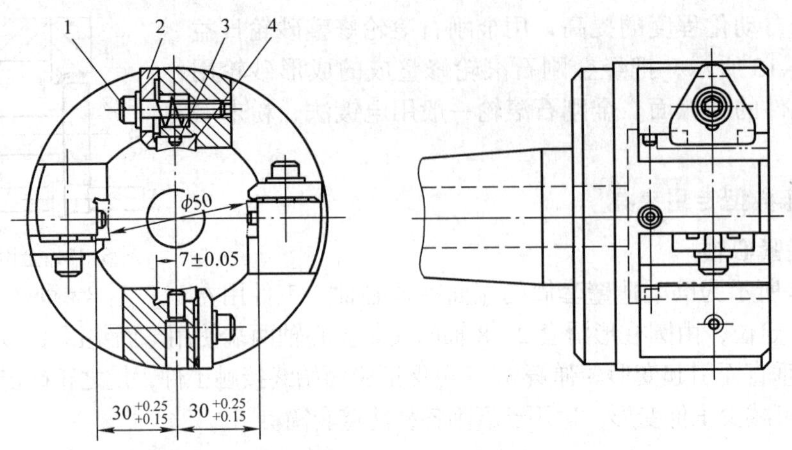

图 5-16　磨圆弧垫块夹具

1—螺钉　2—压板　3—圆销　4—工件

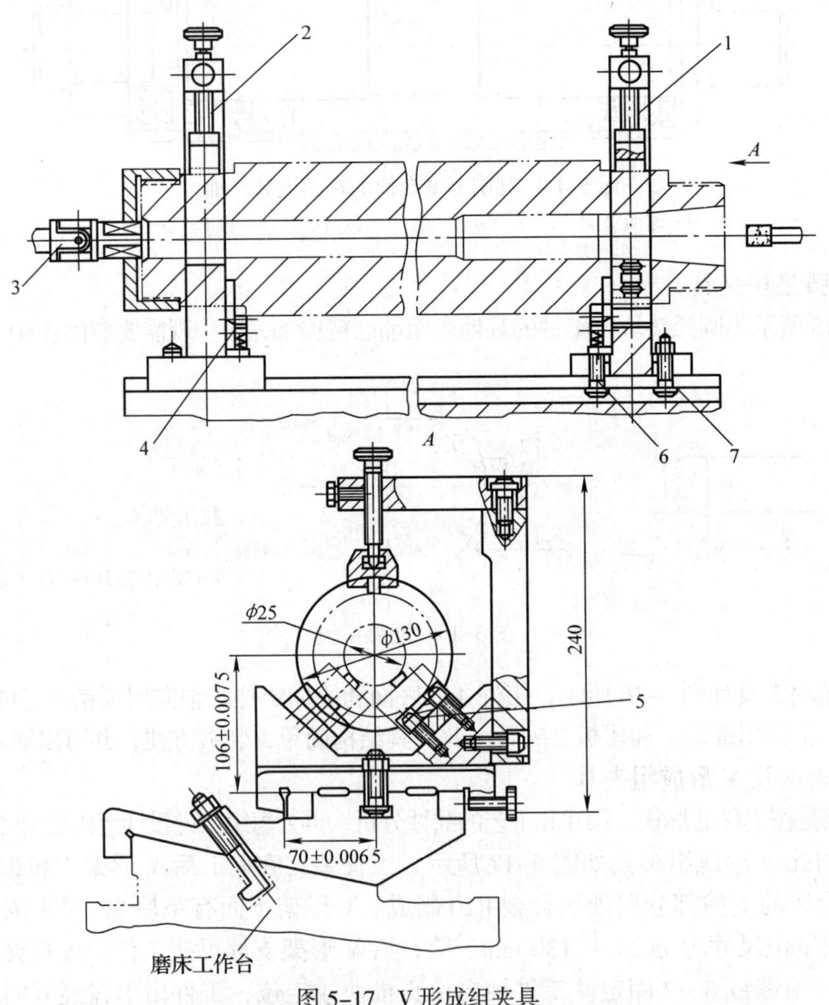

图 5-17　V 形成组夹具

1、2—V 形架　3—万向接头　4—止推块　5—垫块　6、7—螺钉

§5–2　磨削方法

一、磨削的工艺特点

1. 磨削速度高

磨削时，砂轮高速回转，具有很高的切削速度。目前，一般磨削的砂轮切削速度为 35 m/s，高速磨削时为 50 ~ 85 m/s。

2. 磨削温度高

磨削时，砂轮对工件表面除有切削作用外，还有强烈的摩擦作用，会产生大量热量。而砂轮的导热性差，热量不易散发，导致磨削区域温度急剧升高（400 ~ 1 000℃），容易引起工件表面退火或烧伤。

3. 能获得很高的加工质量

磨削可获得很高的加工精度，其经济加工精度为 IT7 ~ IT6 级；磨削可获得很小的表面粗糙度值（*Ra* 0.8 ~ 0.2 μm），因此，磨削被广泛用于工件的精加工。

4. 磨削范围广

砂轮可以磨削硬度很高的材料，如淬硬钢、高速钢、钛合金、硬质合金以及非金属材料（如玻璃）等。许多精密铸造成型的铸件、精密锻造成型的锻件和重要配合面也要经过磨削才能达到精度要求。

5. 少切屑

磨削是一种少切屑的加工方法，一般背吃刀量较小，在一次行程中所能切除的材料层较薄，因此，金属切除效率较低。

6. 砂轮在磨削中具有自锐作用

磨削时，部分磨钝的磨粒在一定条件下能自动脱落或崩碎，从而露出新的磨粒，使砂轮能保持良好的磨削性能，这一现象称为“自锐作用”。

二、在外圆磨床上磨外圆

1. 工件的装夹

磨外圆时常用的工件装夹方法有两顶尖装夹、三爪自定心卡盘装夹（没有中心孔的圆柱形工件）和四爪单动卡盘装夹（外形不规则的工件）三种。

两顶尖装夹工件的方法如图 5–18a 所示。工件由头架的拨盘和拨杆带动的鸡心夹头（图 5–18b）带动旋转。由于磨床所用的前、后顶尖都是固定不动的（即固定顶尖），尾座顶尖又依靠弹簧顶紧工件，使工件与顶尖始终保持适当的松紧程度，故可避免磨削时因顶尖摆动而影响工件的精度。因此，采用两顶尖装夹工件的方法定位精度高，装夹工件方便，应用最为普遍。

2. 磨削方法

外圆磨削方法主要有纵向磨削法、横向磨削法、综合磨削法和深度磨削法，其过程、特点及应用见表 5–9。

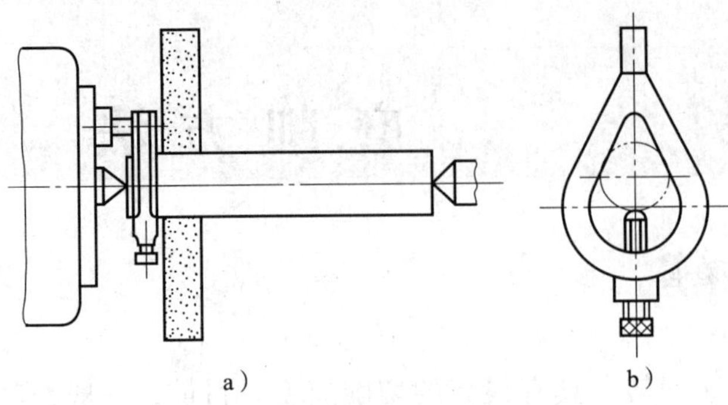

图 5–18　两顶尖装夹工件

a）用两顶尖装夹工件　b）鸡心夹头

表 5–9　　外圆磨削方法的过程、特点及应用

方法	图示	磨削过程	特点及应用
纵向磨削法	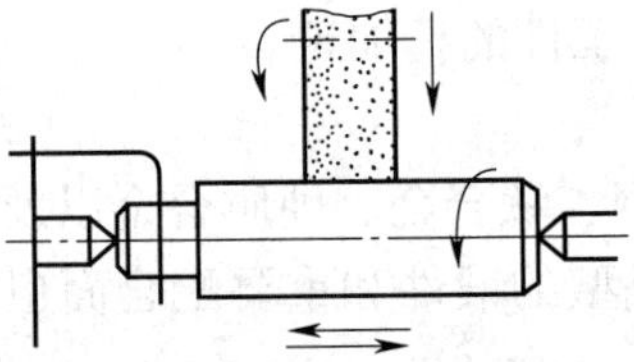	砂轮高速回转做主运动，工件低速回转做圆周进给运动，工作台做纵向往复进给运动，实现对工件整个外圆表面的磨削 每当一次纵向往复行程终了时，砂轮做周期性的横向进给运动，直至达到所需的背吃刀量	砂轮上处于纵向进给方向一侧的磨粒担负主要切削工作，周边上其余磨粒只起修光作用，减小表面粗糙度值 砂轮的每次背吃刀量很小，生产效率低，但可获得较高的加工精度和较小的表面粗糙度值，在生产中应用最广泛
横向磨削法（又称切入磨削法）	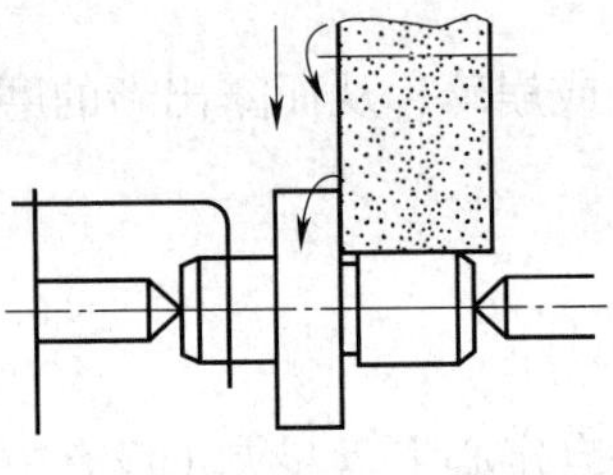	磨削时，由于砂轮厚度大于工件被磨削外圆的长度，工件无纵向进给运动 砂轮高速回转做主运动，工件低速回转做圆周进给运动，同时砂轮以很慢的速度连续或间断地向工件横向进给切入磨削，直至磨去全部余量	砂轮与工件接触长度内的磨粒的工作情况相同，均起切削作用，因此，生产效率较高，但磨削力和磨削热大，工件容易产生变形，甚至发生烧伤现象，加工精度降低，表面粗糙度值增大 受砂轮厚度的限制，只适用于磨削长度较短的外圆及不能进行纵向进给的场合
综合（分段）磨削法	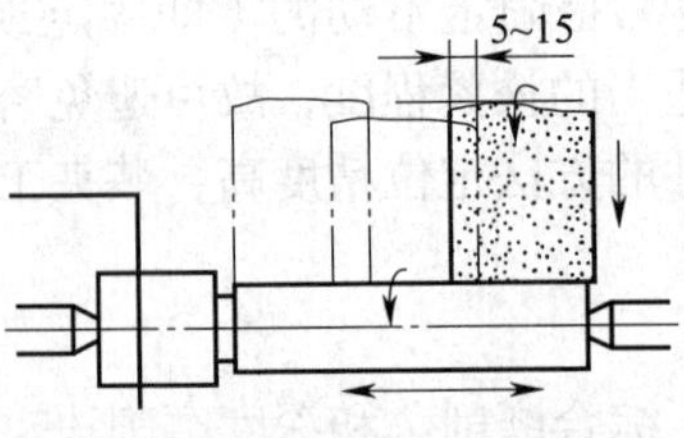 5~15	磨削时，先采用横向磨削法分段粗磨外圆，并留精磨余量，然后再用纵向磨削法精磨到规定的尺寸	在一次纵向进给运动中，将工件磨削余量全部切除而达到规定的尺寸要求

续表

方法	图示	磨削过程	特点及应用
深度磨削法	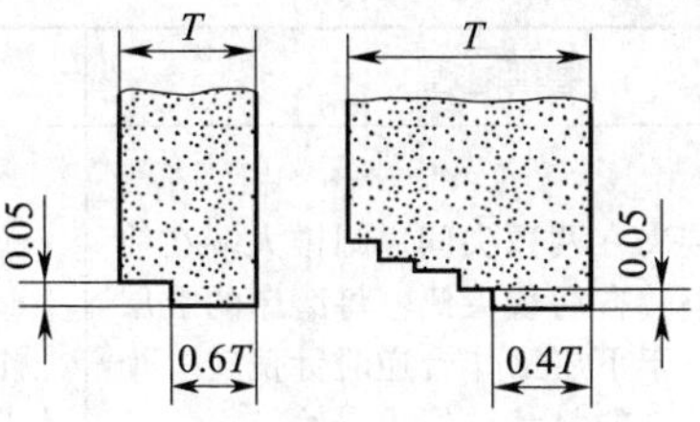 T T 0.05 0.05 0.6T 0.4T 双台阶砂轮 五台阶砂轮	在一次纵向进给运动中，将工件磨削余量全部切除而达到规定的尺寸要求，磨削方法与纵向磨削法相同，但砂轮需修成台阶形 磨削时，砂轮各台阶的前端担负主要切削工作，各台阶的后部起精磨、修光作用，前面的各台阶完成初磨，最后一个台阶完成精磨	台阶的数量及深度按磨削余量的大小和工件的长度确定 适用于磨削余量较大、刚度较高的工件的批量生产，应选用刚度和功率大的机床，使用较小的纵向进给速度，并注意充分冷却

三、在外圆磨床上磨内圆

1. 内圆磨削的方法

内圆磨削是常用的内孔精加工方法，可以加工工件上的通孔、盲孔、台阶孔及端面等。在万能外圆磨床上磨内圆的方法见表 5–10。

表 5–10 磨内圆的方法

方法	图示	磨削过程
纵向磨削法	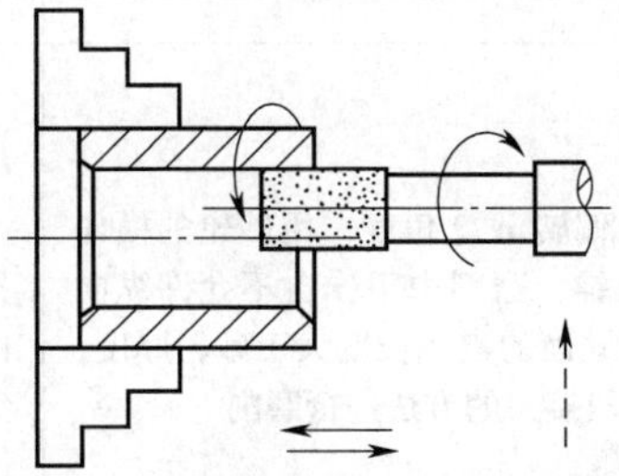	与外圆的纵向磨削法相同，砂轮高速回转做主运动，工件以与砂轮回转方向相反的低速回转完成圆周进给运动，工作台沿被加工孔的轴线方向做往复移动完成工件的纵向进给运动，在每一次往复行程终了时，砂轮沿工件径向做周期性的横向进给
横向磨削法	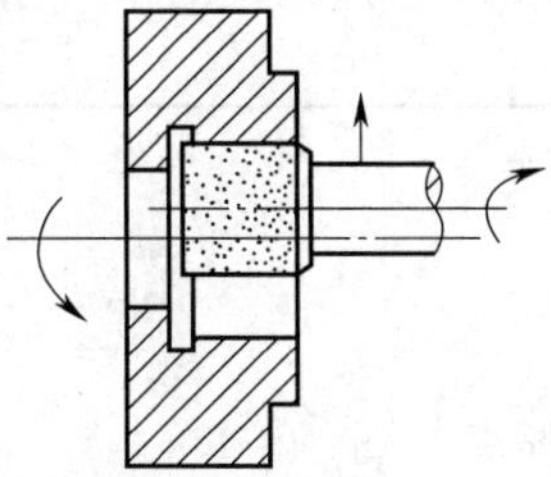	磨削时，工件只做圆周进给运动，砂轮的高速回转为主运动，同时以很慢的速度连续或断续地向工件做横向进给运动，直至孔径磨到规定尺寸

2. 内圆磨削的特点

与磨外圆相比，磨内圆有以下特点：

（1）砂轮与砂轮接长轴的直径都受到工件孔径的限制，因此，一方面磨削速度难以提高；另一方面磨具刚度较低，容易产生振动，使加工质量和生产效率受到影响。

（2）砂轮容易堵塞、磨钝，磨削时不易观察，冷却条件差。

（3）在万能外圆磨床上用内圆磨头磨削内圆主要用于单件、小批量生产，在大批量生产中则宜使用内圆磨床磨削。

四、在外圆磨床上磨外圆锥

在外圆磨床上磨外圆锥的方法、过程及适用场合见表 5–11。

表 5–11　　在外圆磨床上磨外圆锥的方法、过程及适用场合

方法	图示	磨削过程	适用场合
转动工作台法	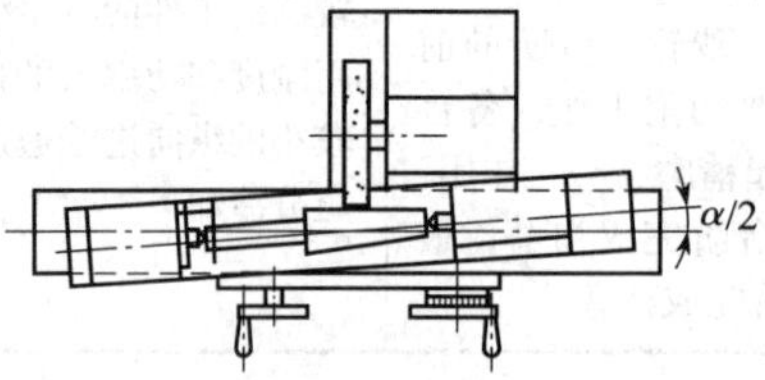 α/2	将工件装夹在两顶尖间，圆锥大端在前顶尖侧、小端在后顶尖侧，将磨床的上层工作台相对于下层工作台逆时针偏转一个圆锥半角 α/2 的角度 磨削时，用纵向磨削法或综合磨削法，从圆锥小端开始试磨	锥度不大的长圆锥工件
转动头架法	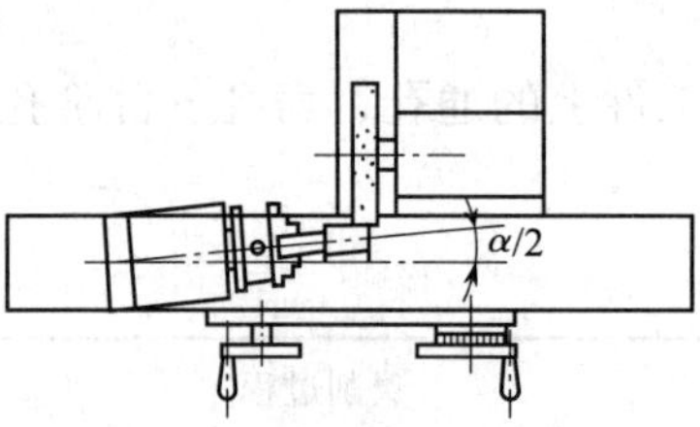 α/2	将工件装夹在头架的卡盘中，头架逆时针转动 α/2 角度，磨削方法与转动工作台法相同	锥度较大而长度较短的工件
转动砂轮架法	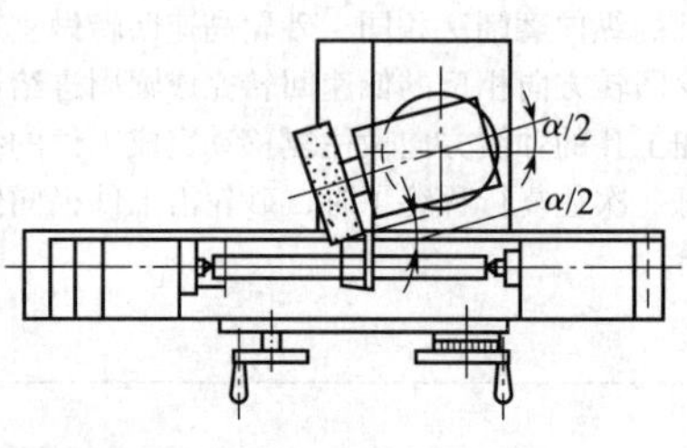 α/2 α/2	将砂轮架偏转 α/2 角度，用砂轮的横向进给磨削圆锥，磨削中工作台不允许纵向进给，如果锥面的素线长度大于砂轮厚度，则需要用分段接刀的方法进行磨削	锥度较大且长度较长的工件，需用两顶尖装夹

五、在平面磨床上磨平面

1. 平面磨削的方式与应用特点（表 5–12）

表 5–12　　平面磨削的方式与应用特点

磨削方式	图示	说明	应用特点
周边磨削	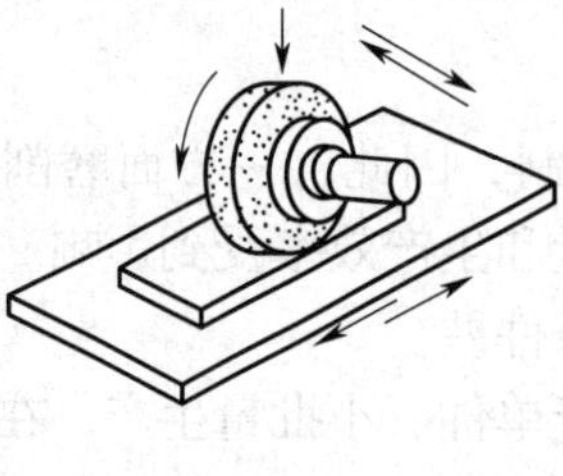	又称圆周磨削，是用砂轮圆周面进行的磨削	1. 冷却和排屑较好 2. 砂轮与工件接触面积小，磨削力和磨削热小 3. 适用于精磨各种工件的平面 4. 磨削时是间断进给运动，生产效率低

续表

磨削方式	图示	说明	应用特点
端面磨削	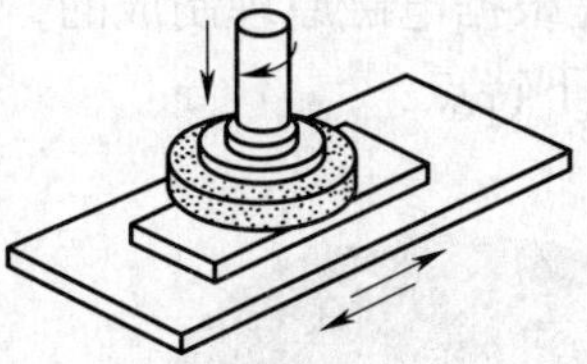	用砂轮的端面进行磨削	1. 砂轮主要承受轴向力，变形较小 2. 砂轮与工件接触面积大，生产效率高，但切削热较大 3. 冷却和排屑不方便 4. 适用于磨削精度要求不高且形状简单的工件
周边 + 端面磨削	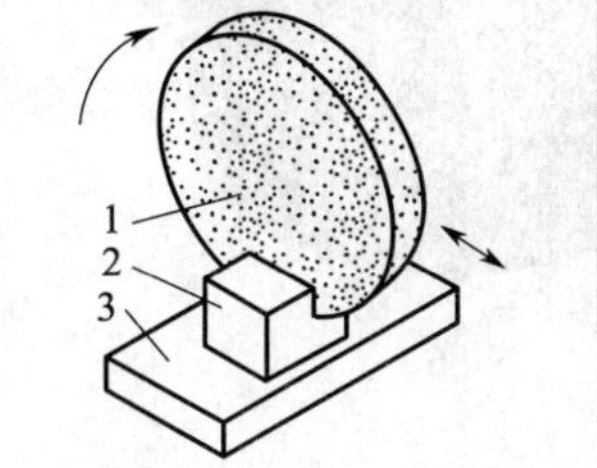 1—砂轮 2—工件 3—电磁吸盘	同时用砂轮的圆周面和端面对工件进行磨削	1. 砂轮圆周与端面同时与工件表面接触，磨削条件差，磨削热较大 2. 砂轮磨削进给量不宜过大，生产效率不高 3. 适用于磨削台阶深度不大的工件

2. 平面磨削方法

平面磨削方法主要由横向磨削法、深度磨削法及台阶磨削法三种，其过程、特点及应用见表 5–13。

表 5–13　平面磨削的方法、过程、特点及应用

分类	图示	磨削过程	特点及应用
横向磨削法	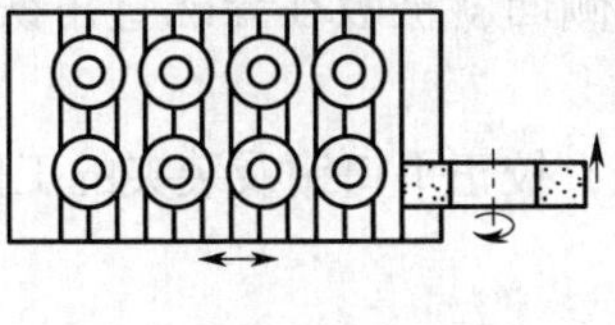	每当工作台纵向行程终了时，砂轮主轴做一次横向进给，待工件表面上第一层金属被磨去后，砂轮再按预选的背吃刀量做一次垂直进给，以后按上述过程逐层磨削，直至切除全部磨削余量	适用于磨削长而宽的平面，也适用于相同小件按顺序排列、集合磨削
深度磨削法	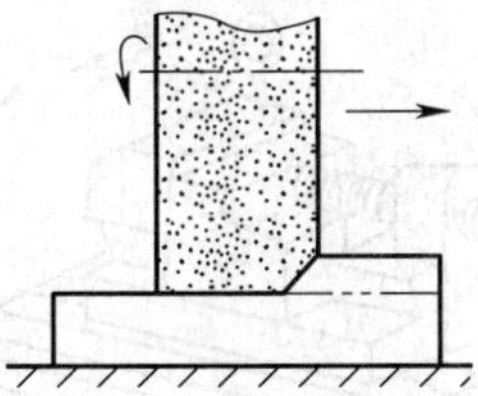	先粗磨（将余量一次磨去，留精磨余量），粗磨时的纵向移动速度很慢，而横向进给量很大，为（3/4 ~ 4/5）T（T 为砂轮厚度），然后再用横向磨削法精磨	垂直进给次数少，生产效率高，但磨削抗力大，仅适用于在刚度高、动力大的磨床上磨削平面尺寸较大的工件
台阶磨削法	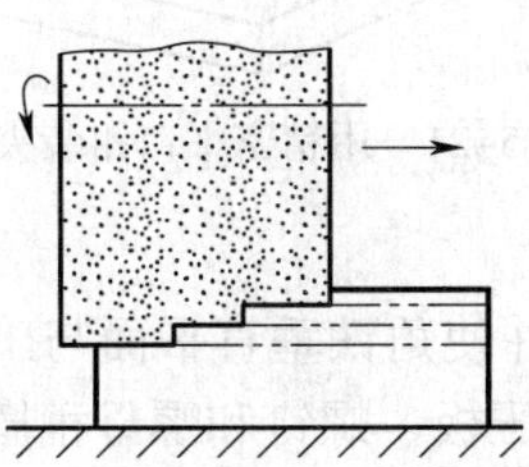	将砂轮厚度的前一半修成几个台阶，粗磨余量由这些台阶分别磨除，砂轮厚度的后一半用于精磨	适用于磨削位置精度要求高的平面，生产效率高，但磨削时横向进给量不能过大，砂轮修整较麻烦，其应用受到一定限制

3. 工件的装夹

（1）平面磨削时工件的装夹

平面磨削时一般采用电磁吸盘紧固工件。电磁吸盘是根据电磁原理制成的，它有矩形和圆形两种，如图 5–19 所示。使用电磁吸盘装夹工件有以下特点：

图 5–19　电磁吸盘
a）矩形电磁吸盘　b）圆形电磁吸盘

1）工件装夹方便、迅速。

2）工件装夹稳固、牢靠。

3）能同时装夹多个工件。

4）工件的定位基准面被均匀地吸紧在电磁吸盘台面上，减小了工件的平行度误差。

（2）垂直面磨削时工件的装夹

垂直面是指夹角为 90° 的相邻两平面。装夹工件时要保证两平面的垂直度要求。

1）用导磁直角铁装夹。当电磁吸盘通电后，工件的侧面就被吸在导磁直角铁的侧面上，如图 5–20 所示。这种方法适用于装夹比较狭长的工件。

2）用精密平口钳装夹。把平口钳放在电磁吸盘台面上，校正平口钳及装夹的工件后进行磨削，如图 5–21 所示。

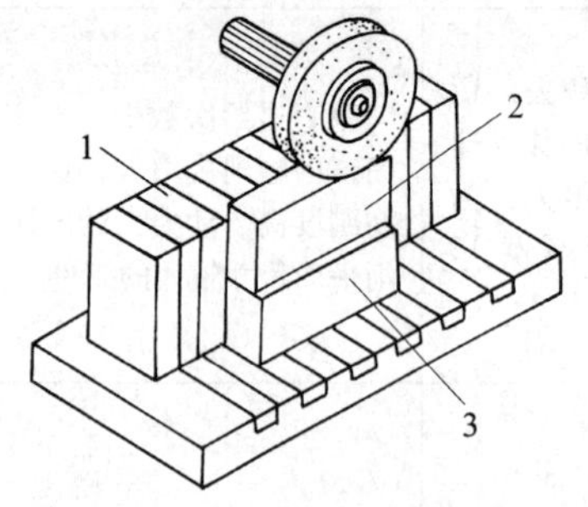

图 5–20　用导磁直角铁装夹工件
1—导磁直角铁　2—工件　3—平行垫铁

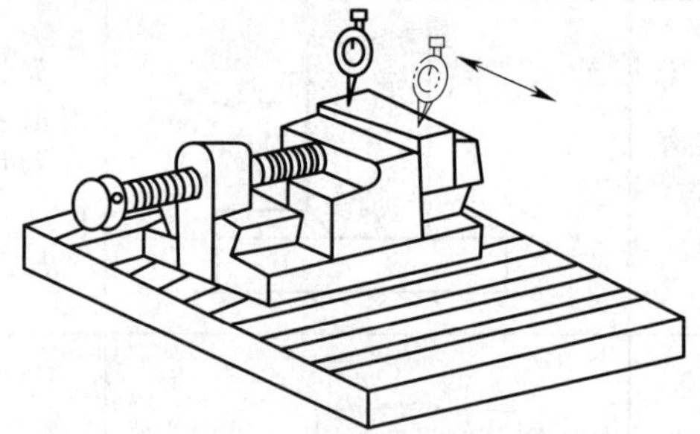

图 5–21　用精密平口钳装夹和找正

3）用精密角铁装夹。把精密角铁放在电磁吸盘上，并使角铁垂直平面与工作台运动方向平行；把工件的已加工表面紧贴在角铁的垂直面上，用压板、螺钉和螺母稍微压紧，待校正后再紧固工件，如图 5–22 所示。

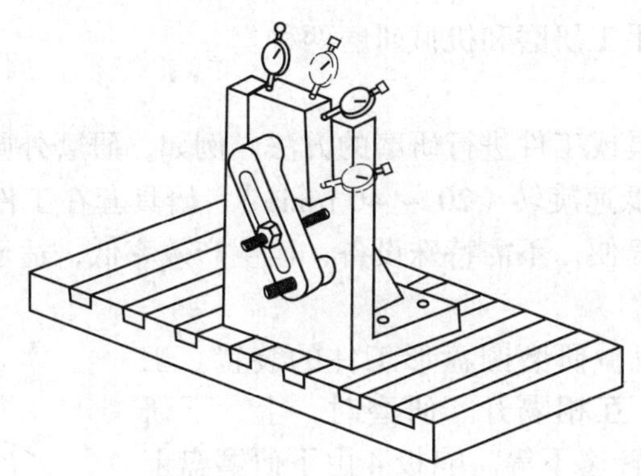

图 5-22　用精密角铁装夹与找正

（3）注意事项

1）工件装夹完成后，应用手拉动，以检查工件是否牢固。

2）应保持电磁吸盘台面平整、光洁。

3）磨削结束后，应先将开关转至退磁位置，去掉工件和电磁吸盘剩磁，以便取下工件。

4）磨削结束后应将电磁吸盘台面擦净，并用盖板遮盖。

§5-3　光整加工

光整加工是指精加工后从工件上不切除加工余量或仅切除极薄的金属层，进一步提高加工精度和减小表面粗糙度值的加工方法。常用的方法有研磨、珩磨、超精加工及抛光等。

一、研磨

研磨是在研具和工件间置以研磨剂，对工件表面进行光整加工的方法。研磨时，研磨剂受到工件或研具的压力做复杂的相对运动，部分磨粒被不规则地嵌入研具和工件表面。通过研磨剂的机械和化学作用，即可从工件表面切去一层极薄的金属，从而获得很高的精度和很小的表面粗糙度值。

研具的材料应比工件材料软，以使磨粒嵌入研具表面，对加工面进行挤压、切削。为使研具磨损均匀和保持形状准确，研具材料的组织要均匀，要有耐磨性，常用的研具材料为铸铁和青铜。研磨前要求对工件进行良好的精加工，研磨余量为 0.003 ～ 0.005 mm；研磨压力为 0.1 ～ 0.3 MPa；粗研速度为 40 ～ 50 m/min，精研速度为 10 ～ 15 m/min。

研磨剂是指用磨料、分散剂（又称研磨液）和辅助材料制成的混合剂。常用的磨料有刚玉、碳化硅、碳化硼等，主要起切削作用。分散剂使磨料均匀分散在研磨剂中，并起稀释、润滑和冷却等作用，常用的有煤油、机油、动物油、甘油、酒精和水等。辅助材料主要是混合脂，常由硬脂酸、脂肪酸、环氧乙烷、三乙醇胺、石蜡、油酸和十六醇等中的几种材料配成，在研磨过程中起乳化、润滑和吸附作用，并促使工件表面产生化学变化，生成易脱落的氧化膜或硫化膜，借以提高加工效率。此外，辅助材料中还有着色剂、防腐剂和芳香剂等。

常用的研磨方法有手工研磨和机械研磨两种。

1. 手工研磨

手工研磨是手持研具或工件进行研磨的方法。例如，研磨外圆时，工件装在车床卡盘或顶尖上，由主轴带动做低速旋转（20 ~ 40 r/min），研具套在工件上，手动使研具做往复直线运动。手工研磨方法简便，不需特殊设备，但生产效率低，适于单件、小批量生产。

2. 机械研磨

如图 5–23 所示为机械研磨圆盘形工件的装置。工件置于隔板上的槽内，互相隔开。研磨时，上、下研磨盘的转动方向相反，转速不等。隔板 4 由下研磨盘上的偏心销 5 带动转动，从而使置于隔板槽内的工件既转动又沿着图中 *N* 方向做径向往复滑动，使磨粒的研磨轨迹不重复，从而保证了工件表面研磨均匀。研磨时的压力通过作用于法兰 6 上力 *F* 的大小来调节，一般为（0.1 ~ 3）$\times 10^5$ Pa。研磨后的工件尺寸公差等级为 IT6 ~ IT4 级，圆度公差为 0.001 ~ 0.003 mm，表面粗糙度 *Ra* 值为 0.1 ~ 0.08 μm。

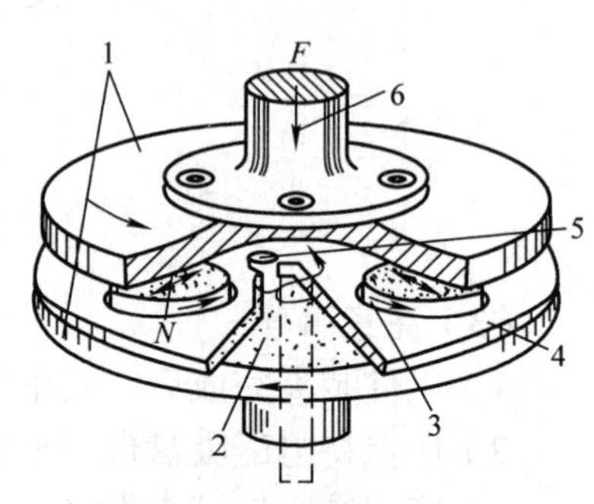

图 5–23　研磨工作面

1—研磨盘　2—研磨剂　3—工件

4—隔板　5—偏心销　6—法兰

研磨的应用范围较广泛，可加工各种钢、铸铁、铜、铝、硬质合金、半导体、玻璃、陶瓷以及塑料等。研磨可加工各种形状的表面，包括内外圆柱面、圆锥面、凸凹球面、螺纹、齿轮及其他成形面。

二、珩磨

1. 珩磨方法

珩磨是用磨粒极细的几根磨条组成珩磨头，以低速旋转，对工件内孔进行光整加工的方法。图 5–24a 所示为珩磨加工示意图。珩磨时，珩磨头上的磨条以一定的压力压在被加工表面上，由机床主轴带动珩磨头旋转并沿轴向做往复运动，而工件固定不动。在相对运动过程中，磨条从工件表面切除一层极薄的金属。

磨条在工件表面的切削轨迹是交叉不重复的网纹，如图 5–24b 所示。实践证明，交叉角 *a* 是影响表面粗糙度和生产效率的主要因素，*a* 越大，生产效率越高，表面粗糙度值越大。一般粗珩磨 *a* 取 40° ~ 60°，精珩磨 *a* 取 20° ~ 40°。珩磨余量为 0.015 ~ 0.02 mm。

为了排出破碎的磨粒和切屑，降低切削温度和提高加工质量，珩磨铸铁和钢时，可使用煤油或煤油中加少量的机油作切削液；珩磨青铜时，可用水作切削液或不用切削液。为了提高工件的形状精度，珩磨头与机床主轴采用浮动连接。

2. 珩磨头的结构

图 5–25 所示为机械调压式珩磨头。本体 5 与机床主轴浮动连接，油石 7 用黏结剂与垫块固连在一起并装入珩磨头本体 5 的圆周等分槽中，用弹簧卡箍 8 将垫块 6 上下两端紧固，防止其脱落。转动螺母 1 可使锥体 3 向下移动，推动顶销 4 可使油石向外均匀胀开，对工件孔壁增大压力。由于这种调压机构操作烦琐，压力难以控制，只适用于单件、小批量生产。在批量生产中常采用液压自动调节方式，工作时油石能自动胀开，工作压力稳定、可靠。

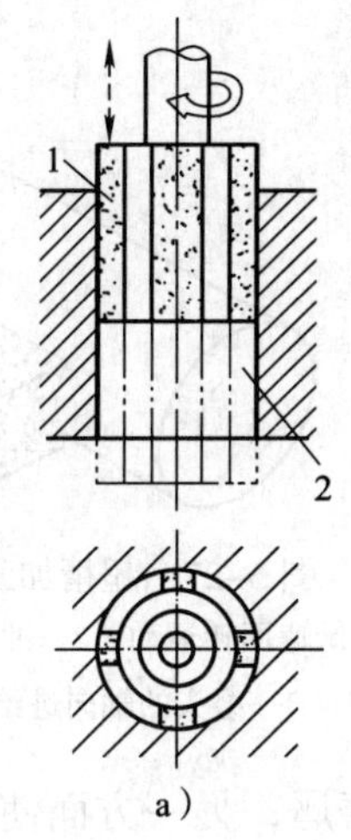

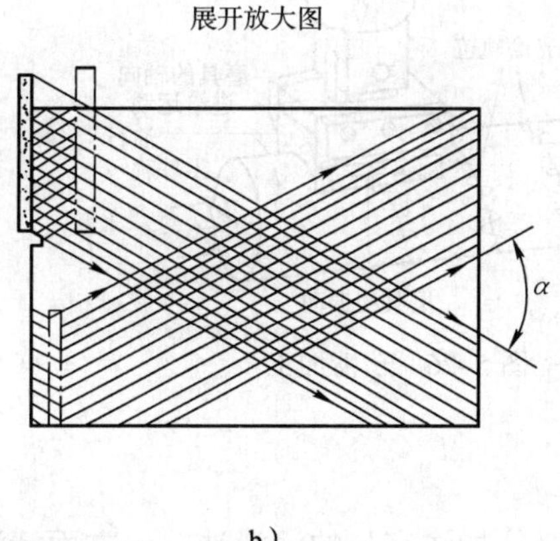

图 5-24　珩磨方法

a）珩磨加工示意图　b）螺旋线轨迹

1—珩磨头　2—工件

3. 珩磨的应用

珩磨加工能获得 IT5 ~ IT4 级精度，表面粗糙度 *Ra* 值为 0.2 ~ 0.1 μm，但不能提高孔的位置精度。由于油石磨条与孔的接触面积大，往复运动速度高，因而有较高的生产效率，适用于批量生产精密孔系的终加工工序。加工孔径范围一般为 5 ~ 500 mm 或更大，孔的深径比可达 10 甚至以上，例如，适用于发动机的气缸孔和液压缸孔的精加工，但不适用于软而韧的有色金属材料的孔或带有键槽的孔以及花键孔等断续表面的加工。

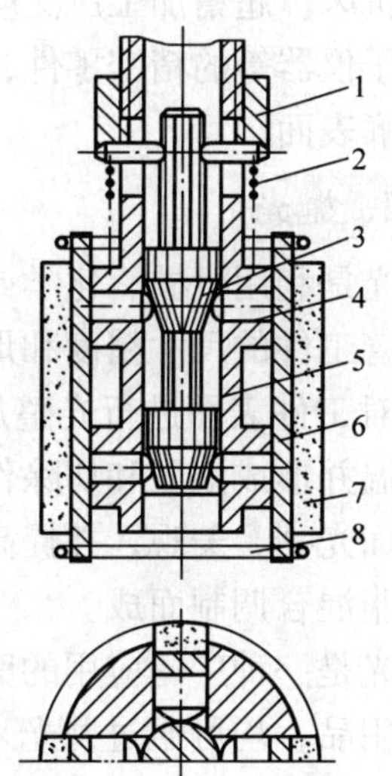

图 5-25　机械调压式珩磨头

1—螺母　2—弹簧　3—锥体　4—顶销

5—本体　6—垫块　7—油石　8—弹簧卡箍

三、超精加工

超精加工是用细粒度的磨具对工件施加很小的压力，并做往复振动和慢速纵向进给运动，以实现微量磨削的一种光整加工方法，如图 5-26 所示。

超精加工主要适用于轴类零件外圆表面的光整加工。可以获得表面粗糙度 *Ra* 值为 0.1 ~ 0.01 μm 的表面，但不能提高工件的形状和位置精度。超精加工只能切去工件表面微观不平的凸峰，加工余量很小，只有 0.005 ~ 0.01 mm。由于切削速度低，油石压力小，加工时发热少，不会使工件表面烧伤或产生残余拉应力。

超精加工的磨具为油石，选用细粒度，以较低的压力和切削速度对工件表面进行加工，加工时有三种运动（图 5-27），即工件的低速回转运动、磨具的轴向进给运动和油石的高速往复振动。油石振动的频率为 10 ~ 25 Hz，振幅为 1 ~ 5 mm，油石对工件表面的压力 $p=15\times10^4$ Pa。

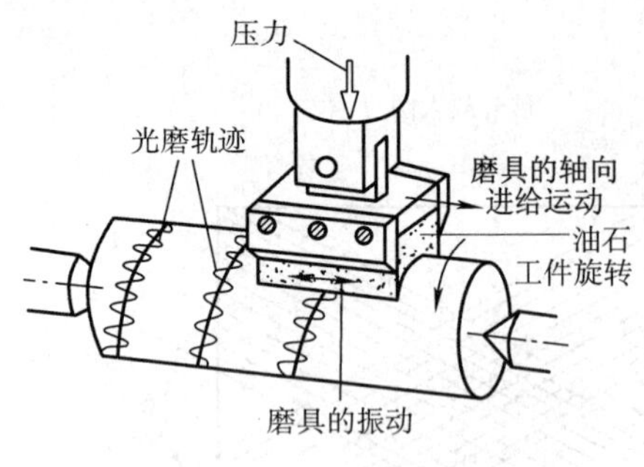

图 5-26　超精加工

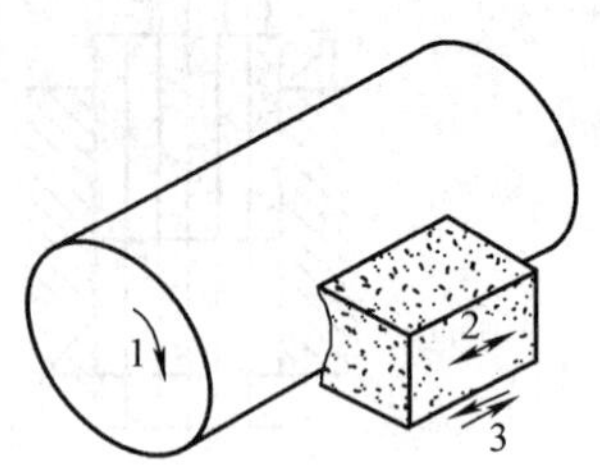

图 5-27　超精加工运动

1—工件的低速回转运动　2—油石的高速往复振动

3—磨头的轴向进给运动

超精加工必须加注充分的润滑油，一方面清洗极细的磨屑；另一方面使被加工表面形成一层很薄的油膜，在工件表面的凸峰被磨去后，油石被油膜所阻隔，自动停止切削作用，超精加工完成。

超精加工可以在普通车床、外圆磨床上增加专用磨具进行。成批生产时可采用专门的超精加工机床。超精加工广泛应用于加工内燃机的曲轴、凸轮轴、轧辊、轴承、刀具、精密仪表及电子仪器等的精密零件，能对不同的材料进行加工。除外圆外，还能加工内圆、平面及特殊轮廓表面。

四、抛光

抛光是利用机械、化学或电化学的作用，使工件获得光亮、平整表面的加工方法。抛光不能改善工件的尺寸精度和形状精度。抛光利用高速回转（30 ~ 40 m/s）、涂有抛光膏的弹性磨轮对工件表面进行光整加工。抛光时，带有磨粒的弹性磨轮与工件表面产生剧烈摩擦，导致高温并形成滚压和切除作用，用以去除前工序的加工痕迹，减小工件表面粗糙度值，使工件表面光亮、美观，并提高工件的抗疲劳和耐腐蚀性能。抛光膏通常由氧化铬、氧化铁磨料与油脂混合调制而成。

抛光是一种广泛应用的磨料加工方法，从金属到非金属材料制品，从精密机电产品到日常生活用品，均可通过抛光来提高其表面质量。

§5-4　磨削加工实例分析

一、磨削步骤

磨削步骤的制定过程实质是磨削工艺过程的具体化，它包括以下五个方面：

1. 零件图的分析。
2. 定位基准的选择。
3. 磨削顺序的安排。

4. 磨床、夹具和砂轮的选择。

5. 磨削余量和工序尺寸的确定。

二、螺纹磨床主轴的工艺分析

1. 分析零件图

螺纹磨床主轴生产规模为小批量生产，图 5–28 所示为其零件图，工件材料为 38CrMoAlA。其主要技术要求如下：

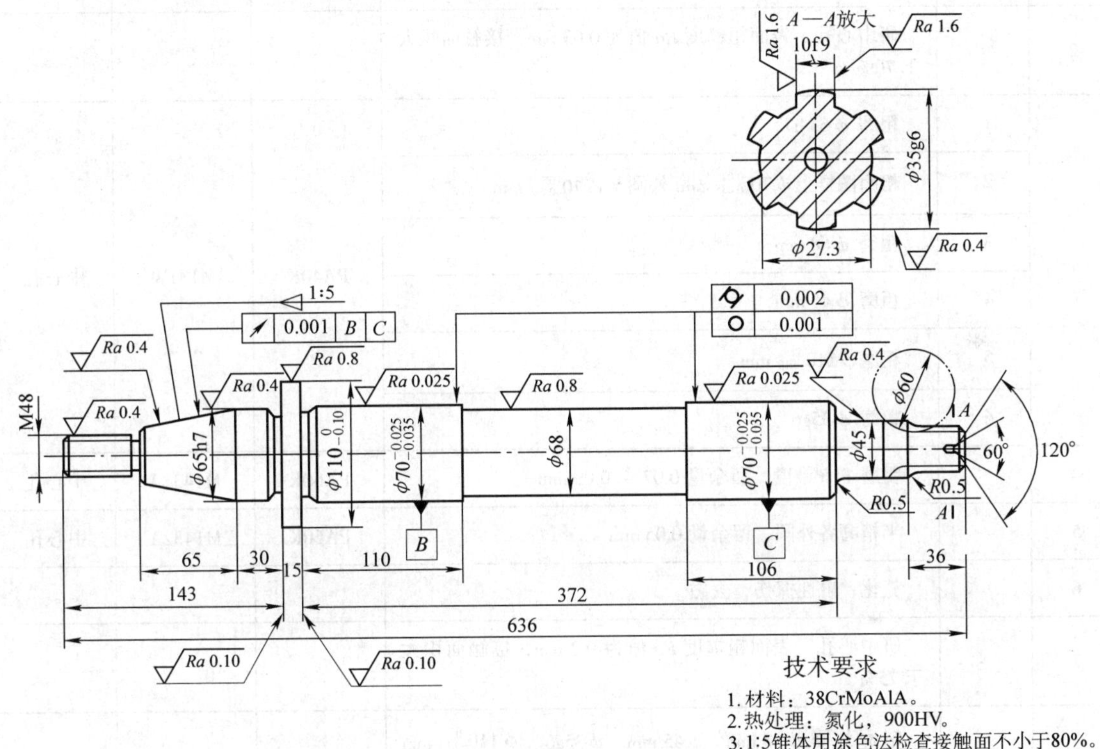

图 5–28　螺纹磨床主轴

（1）$\phi 70_{-0.035}^{-0.025}$ mm 外圆的圆柱度公差为 0.002 mm，圆度公差为 0.001 mm。

（2）1∶5 锥体用涂色法检查，其接触面积不小于 80%。

（3）1∶5 锥体对 $\phi 70_{-0.035}^{-0.025}$ mm 外圆的斜向圆跳动公差为 0.001 mm。

（4）氮化硬度为 900HV。

螺纹磨床主轴用于安装砂轮，并使砂轮以 35 m/s 的圆周速度旋转，因此，要求主轴有极高的旋转精度。磨床主轴轴承为滑动油膜轴承，其中 $\phi 70_{-0.035}^{-0.025}$ mm 外圆为轴承的支撑轴颈，因此，有很高的圆度和圆柱度要求，轴颈的表面粗糙度值也极小，以保证在轴承处形成润滑油膜层。主轴 1∶5 锥度用于安装砂轮法兰，有严格的位置精度要求。其次，$\phi 110$ mm 外圆的轴肩有较高的垂直度要求。

2. 定位基准的选择

工件主要是外圆面的磨削，且有较高的刚度，根据基准选择的原则可采用中心孔为统一基准定位。

3. 磨削顺序的安排

螺纹磨床主轴的磨削工艺见表 5–14，其工艺过程有以下特点：

表 5–14　　　　螺纹磨床主轴的磨削工艺

工序	工步	内容	砂轮	机床	基准
1		消除应力			
2		研中心孔，表面粗糙度 *Ra* 值为 0.63 μm，接触面积大于 70%			
3	1	粗磨 ϕ65 h7	PA40K	M131W	中心孔
	2	粗磨图样上 $\phi 70^{-0.025}_{-0.035}$ mm 外圆至 $\phi 70^{+0.145}_{+0.080}$ mm			
	3	粗磨 ϕ68 mm			
	4	粗磨 ϕ45 mm			
	5	粗磨 $\phi 110^{0}_{-0.10}$ mm			
	6	粗磨 ϕ35g6			
4		粗磨 1∶5 锥度，留余量 0.07 ~ 0.09 mm	PA60K	M1432A	中心孔
5		半精磨各外圆，留余量 0.05 mm	PA60K	M1432A	中心孔
6		氮化，磁性探伤，去磁			
7		研中心孔，表面粗糙度 *Ra* 值为 0.2 μm，接触面积大于 75%			
8		精磨外圆 ϕ68 mm、ϕ45 mm、ϕ35g6、$\phi 110^{0}_{-0.10}$ mm 至尺寸。ϕ65 h7 和 $\phi 70^{-0.025}_{-0.035}$ mm 留余量 0.025 ~ 0.04 mm	PA100L	M1432A	中心孔
9		磨花键至尺寸	WA80L	M8612A	中心孔
10		磨螺纹至尺寸	WA100L	S7332	中心孔
11		研中心孔，表面粗糙度 *Ra* 值为 0.1 μm，接触面积大于 90%			
12		精密磨 1∶5 锥度至尺寸	WA100K	MMB1420	中心孔
13	1	精密磨图样上 $\phi 70^{-0.025}_{-0.035}$ mm 外圆至 $\phi 70^{-0.015}_{-0.030}$ mm	WA100K	MMB1420	中心孔
	2	抛光出 $\phi 110^{0}_{-0.10}$ mm 台阶面			
14		超精磨 $\phi 70^{-0.025}_{-0.035}$ mm 外圆至尺寸，表面粗糙度 *Ra* 值为 0.025 μm	WA240L	MG1432A	中心孔

（1）主要表面的加工划分得较细，如$\phi 70_{-0.035}^{-0.025}$ mm外圆采用粗磨、半精磨、精磨、精密磨和超精磨五个工序，逐步提高加工精度，减小表面粗糙度值。

（2）各次要外圆表面和花键、螺纹的磨削均安排在精磨之后。

（3）精密磨削阶段的主要加工表面为$\phi 70_{-0.035}^{-0.025}$ mm外圆和1∶5锥度两部分，在此阶段1∶5锥度应磨至尺寸（一般磨至上限尺寸，以备修磨）。

（4）采用三次研磨中心孔的方法，并逐步提高中心孔的精度。最后一次研磨工序要保证中心孔有极高的圆度并与磨床顶尖的接触面积大于90%。

（5）磨削工序之前安排一次消除应力的热处理工序。氮化工序安排在半精加工之后，一方面可控制氮化层深度；另一方面氮化引起的变形极小。

（6）磨床、夹具和砂轮的选择

在批量生产中需将粗磨、精密磨、超精磨分三台磨床完成。精密磨床和超精磨床的顶尖除有较高的精度外，还需有较高的耐磨性，一般以硬质合金顶尖为理想定位元件。

根据夹具的选择原则，中、小批量生产中应优先考虑选用通用夹具，其次考虑选用组合夹具。砂轮的选择可参见本章节有关内容。

（7）磨削余量和工序尺寸的确定

以$\phi 70_{-0.035}^{-0.025}$ mm外圆尺寸为例，由表5-14可知磨削的总余量为0.45 ~ 0.65 mm，各磨削工序余量如下：超精磨为0.005 ~ 0.010 mm，精密磨为0.020 ~ 0.030 mm，精磨为0.020 ~ 0.040 mm，半精磨为0.070 ~ 0.090 mm，粗磨为0.340 ~ 0.480 mm。

按工序余量所计算的工序尺寸如下：超精磨为$\phi 70_{-0.035}^{-0.025}$ mm，精密磨为$\phi 70_{-0.030}^{-0.015}$ mm，精磨为$\phi 70_{-0.010}^{+0.015}$ mm，半精磨为$\phi 70_{+0.010}^{+0.055}$ mm，粗磨为$\phi 70_{+0.080}^{+0.145}$ mm。

第六章　齿轮加工工艺与装备

§6–1　齿轮加工工艺装备

一、齿轮加工概述

齿轮是传递运动和动力的重要零件，它具有传动比准确、传动力大、效率高、结构紧凑及可靠耐用等优点，因此得到广泛的应用。常见的齿轮有直齿圆柱齿轮、斜齿圆柱齿轮、直齿锥齿轮、人字齿圆柱齿轮等，如图 6–1 所示。随着科学技术的发展，对齿轮的传动精度和圆周速度等要求日益提高，使齿轮加工机床成为机械制造业中一种重要的加工设备。

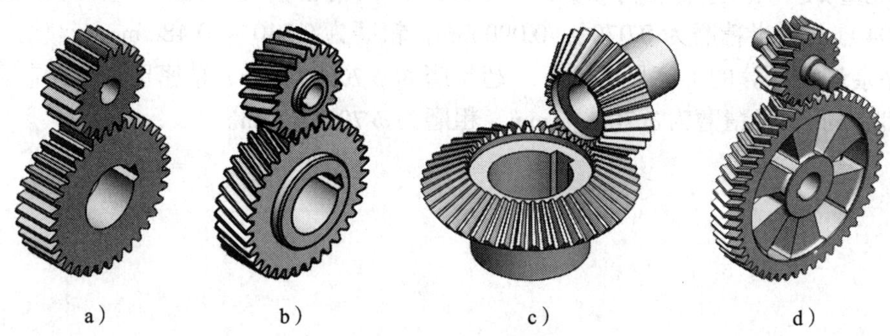

图 6–1　常见齿轮

a）直齿圆柱齿轮　b）斜齿圆柱齿轮　c）直齿锥齿轮　d）人字齿圆柱齿轮

二、齿轮加工机床

齿轮加工机床的类型很多，按照被加工齿轮种类的不同，可分为圆柱齿轮加工机床和锥齿轮加工机床两大类。圆柱齿轮加工机床有滚齿机、插齿机、剃齿机、磨齿机、珩齿机等，其中的滚齿机和插齿机应用最广泛；锥齿轮加工机床有直齿锥齿轮铣齿机、直齿锥齿轮刨齿机、直齿锥齿轮磨齿机、直齿锥齿轮拉齿机、弧齿锥齿轮铣齿机、弧齿锥齿轮拉齿机等。

1. 滚齿机

（1）滚齿机的应用及其主要部件

Y3150E 型滚齿机是一种中型通用滚齿机，主要用于加工直齿和斜齿圆柱齿轮，也可以滚切花键轴或用手动径向进给法滚切蜗轮。加工范围如下：螺旋角可至 60°；主轴转速有 9 级（40 ~ 250 r/min）；最大可加工直径为 500 mm、宽度为 250 mm、模数为 8 mm 的齿轮；

加工最少齿数为 $z=5k$（k 为滚刀头数）的圆柱齿轮。图 6–2 所示为 Y3150 E 型滚齿机。立柱 2 固定在床身 1 上，刀架溜板 3 可沿立柱导轨上下移动。刀架体 5 安装在刀架溜板 3 上，可绕自身的水平轴线转位。滚刀安装在刀杆 4 上，做旋转运动。工件安装在工作台 9 的心轴 7 上，随工作台一起转动。后立柱 8 和工作台 9 安装在床鞍 10 上，可沿机床水平导轨移动，用于调整工件的径向位置或做径向进给运动。

（2）滚齿机的运动

在滚齿机上加工齿轮时需要以下几种运动：

1）主运动。主运动是滚刀的旋转运动 $v_{刀}$，如图 6–3 所示。$v_{切}$表示被切齿轮的速度。

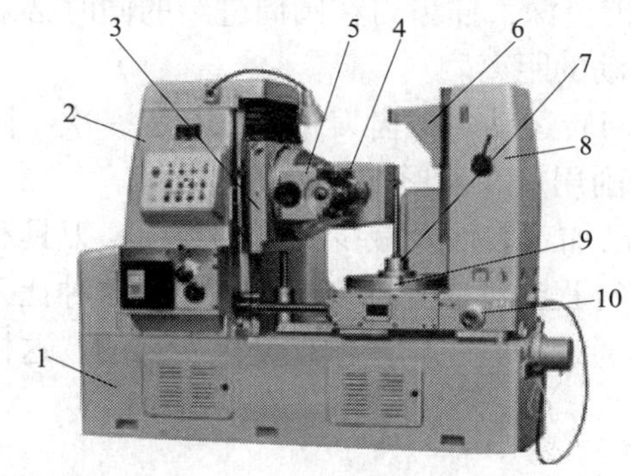

图 6–2　Y3150E 型滚齿机

1—床身　2—立柱　3—刀架溜板　4—刀杆　5—刀架体

6—支架　7—心轴　8—后立柱　9—工作台　10—床鞍

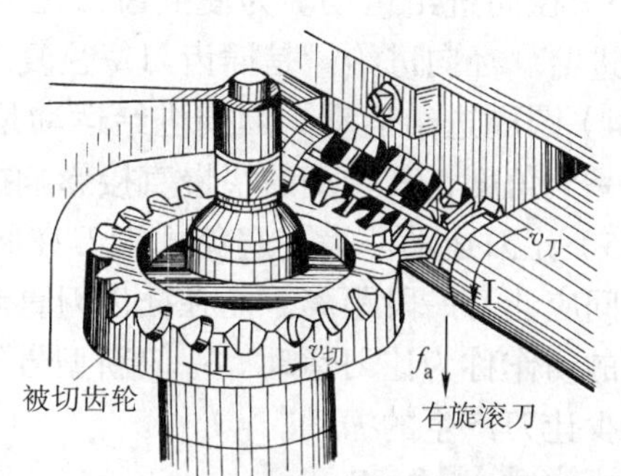

图 6–3　滚齿的运动及其原理

2）展成运动。展成运动是滚刀和工件的啮合运动。为了得到所需的齿廓和齿轮齿数，两者需按严格的传动比关系进行啮合。即刀具每转一转时，工件相应地转过 k/z 转。k 为滚刀的头数，z 为工件的齿数。

3）垂直进给运动。为了切出工件整个齿宽上的齿形，滚刀沿工件的轴线方向做进给运动，垂直进给量为 f_a（mm/r），即工件每转一转，滚刀沿工件轴向方向的进给量，如图 6–3 所示。

4）附加运动。在加工斜齿圆柱齿轮时，为了形成螺旋线齿槽，当滚刀垂直进给时，工件应做附加的回转运动，简称附加运动。

2. 插齿机

（1）插齿机的外形及应用

插齿机的外形如图 6–4 所示。立柱固定在床身 5 上，插齿刀 2 装在主轴 1 上做上下往复运动和旋转运动，工件 3 装在工作台 4 上做旋转运动，并可随工作台沿导轨做径向切入运动。插齿机主要用于加工多联齿轮和内齿轮，加附件后还可加工齿条。在插齿机上使用专门刀具还能加工非圆齿轮、不完全齿轮和内外成形表面，如方孔、六角孔、带键轴（键与轴联成一体）等。

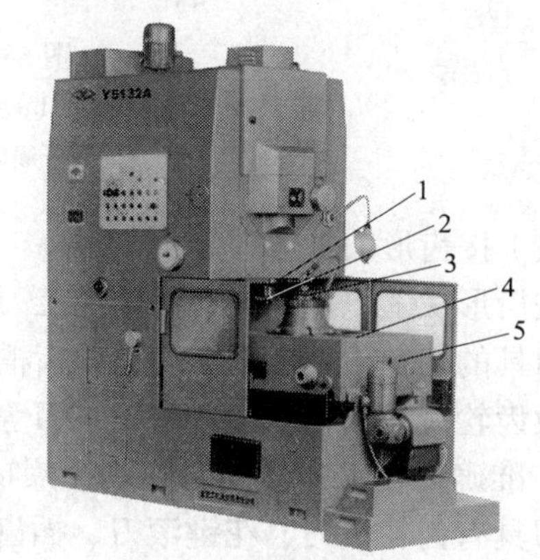

图 6–4　插齿机的外形

1—主轴　2—插齿刀　3—工件　4—工作台　5—床身

（2）插齿机的运动

插齿加工时机床必须具备以下运动：

1）主运动。插齿刀做上下往复运动，向下为切削运动，向上返回为退刀运动。切削速度的单位为 m/min。当切削速度和往复运动的行程长度 L 确定后，可用公式 $n_0 = 1\,000\ v_c/2L$ 算出插齿刀每分钟的往复行程数 n_0。

2）展成运动。在加工过程中，要求插齿刀和工件保持一对齿轮的啮合关系，即刀齿转过一个齿，工件应准确地转过一个齿，即 $n_w/n_0 = z_0/z_w$（z_0、z_w 分别为刀具和工件的齿数）。刀具和工件的运动组成复合运动——展成运动。

3）径向进给运动。为使插齿刀逐渐切至工件齿全深，插齿刀在圆周进给的同时必须做径向进给。径向进给量是插齿刀每往复一次径向移动的距离。

4）圆周进给运动。圆周进给运动是插齿刀的回转运动。插齿刀每往复行程一次，同时回转一个角度，其转动的快慢直接影响插齿刀的切削用量和齿形参与包络的数量。

5）让刀运动。为了避免插齿刀在回程时擦伤已加工表面及减少刀具的磨损，刀具和工件之间应让开一段距离，而在插齿刀重新向下工作行程时，应立即恢复到原位，这种让刀和恢复的动作称为让刀运动。一般新型号的插齿机是通过刀具主轴座的摆动来实现的，这样可以减少让刀产生的振动。

三、齿轮加工刀具

1. 齿轮加工刀具分类

由于齿轮的加工要求各不相同，因此齿轮加工的刀具种类很多，如图 6–5 所示。

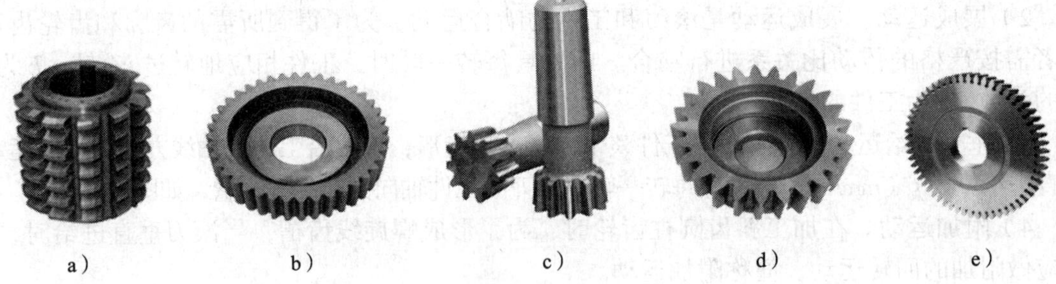

图 6–5　常用齿轮加工刀具

a）齿轮滚刀　b）盘形直齿插齿刀　c）锥柄直齿插齿刀

d）渐开线内花键插齿刀　e）盘形剃齿刀

（1）按齿形加工原理分类

按齿形加工原理不同，齿轮加工刀具可分为成型齿轮刀具和展成齿轮刀具两大类。成型齿轮刀具的切削刃廓形与被切齿轮齿槽的形状完全相同，可直接切出齿轮齿槽的形状，如盘形模数齿轮铣刀和指状模数齿轮铣刀等。展成齿轮刀具齿形和工件齿形不同，切齿时刀具和工件按准确的传动比做啮合运动（展成运动），工件齿形是刀具齿形运动轨迹包络而成的，这类刀具有齿轮滚刀、花键滚刀、插齿刀和剃齿刀等。

（2）按被加工齿轮的类型分类

按被加工齿轮的类型来分，齿轮加工刀具可分为以下几种：

1）加工渐开线圆柱齿轮的刀具。包括齿轮滚刀、插齿刀、剃齿刀、齿轮拉刀、齿条刀等。

2）加工锥齿轮刀具。包括加工直齿锥齿轮铣刀、刨刀、双铣刀盘，加工弧齿和摆线齿锥齿轮的铣刀盘等。

3）加工蜗轮的刀具。包括蜗轮滚刀、飞刀和蜗轮剃齿刀等。

4）加工非渐开线齿轮的刀具。包括花键滚刀、花键插齿刀、棘轮滚刀、圆弧齿轮滚刀、链轮滚刀和摆线齿轮滚刀等。

2. 常用齿轮加工刀具

（1）齿轮滚刀

齿轮滚刀是根据螺旋齿轮啮合原理，用展成法加工齿轮的刀具。齿轮滚刀相当于一个齿数很少（1 ~ 3 个齿）、螺旋角很大（近似于 90°）、螺旋升角很小、齿形能绕滚刀分度圆柱许多圈的螺旋齿轮（蜗杆）。齿轮滚刀的齿数相当于蜗杆的头数，其外形如图 6–6 所示。因此，齿轮滚刀本质上是一个斜齿圆柱齿轮。

为了形成切削刃，在滚刀上沿轴线开出容屑槽，形成前面和前角，经铲齿铲磨，形成后面和后角，其结构如图 6–7 所示。

图 6–6 齿轮滚刀

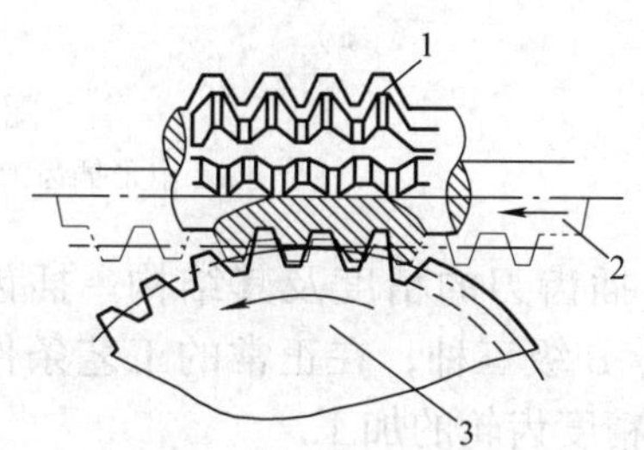

图 6–7 滚刀的结构

1—齿轮滚刀 2—假想与工件啮合的蜗杆 3—工件

1）滚刀的结构和基本尺寸。滚刀的结构分为整体式、镶片式和可转位式等类型。目前中、小模数滚刀都做成整体式结构；模数较大的滚刀，为节省材料和便于热处理，一般都做成镶片式和可转位式。常用的滚刀材料为高速钢和硬质合金。

滚刀的基本尺寸参数有外圆直径 D、内圆直径 d、长度 L 及容屑槽数。滚刀的精度等级有 AAA、AA、A、B、C 级。表 6–1 列出了滚刀精度等级与被加工齿轮精度等级的关系。

表 6–1 滚刀精度等级与被加工齿轮精度等级的关系

滚刀精度等级	AAA	AA	A	B	C
被加工齿轮精度等级	6	7 ~ 8	8 ~ 9	9	10

2）齿轮滚刀的选择。齿轮滚刀的选择与被加工齿轮的齿数无关，只要求刀具的法向模数和法向齿形角与被加工齿轮的相应参数相同。标准齿轮滚刀的基本尺寸可查相关手册，滚刀的头数可做以下选择：精加工时选用单头滚刀，以保证加工质量；粗加工时选用多头滚刀，以提高生产效率。但加工精度较低时，滚刀头数应与被加工齿轮的齿数互为质数，以免

产生大小齿。

（2）插齿刀

1）插齿刀的主要类型及应用

①盘形插齿刀。如图 6–8a 所示，这种形式的插齿刀以内孔和支撑端面定位，用螺母紧固在机床主轴上，主要用于加工直齿及大直径的内、外啮合的齿轮。

②碗形插齿刀。如图 6–8b 所示，它以内孔定位，夹紧螺母可容纳在刀体内，主要用于加工多联齿轮和带有凸肩的齿轮。

③锥柄插齿刀。如图 6–8c 所示，这种插齿刀为带锥柄（莫氏短锥柄）的整体结构，用带有内锥孔的机床主轴连接，主要用于加工内齿轮。

图 6–8　插齿刀的类型

a）盘形插齿刀　b）碗形插齿刀　c）锥柄插齿刀

2）插齿刀的精度及其结构。插齿刀的精度等级有 AA、A、B 级三种，在正常的工艺条件下，分别用于 6、7、8 级精度齿轮的加工。

无论何种类型和精度等级的插齿刀，其几何表面和切削参数的形成都是相同的。图 6–9 所示为直齿插齿刀的一个刀齿。每个刀齿上有一条呈圆弧形的顶切削刃，两条呈渐开线（前角为 0° 时）或近似于渐开线（前角不等于 0° 时）的侧切削刃，一个呈平面（前角为 0° 时）或呈圆锥面（前角不等于 0° 时）的前面，以及两个呈左右渐开螺旋面的侧后面。

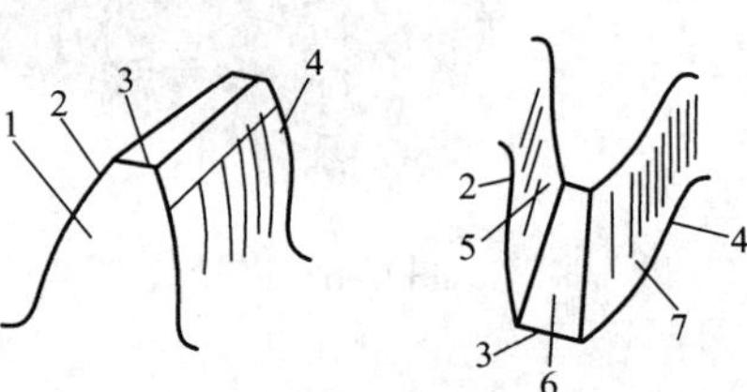

图 6–9　直齿插齿刀的刀齿

1—前面　2、4—侧切削刃　3—顶切削刃

5、7—侧后面　6—顶后面

3）插齿刀的选择。插齿刀可用于加工直齿、斜齿、人字齿等圆柱齿轮，特点是能加工内齿轮、齿条、多联齿轮和无空刀槽的人字齿轮等。插齿刀的选用较复杂，下面仅介绍直齿外插齿刀加工齿轮时的选用方法。

①选用已有的或标准的插齿刀，要求插齿刀的模数 m、齿形角 α 和齿高系数 h 与被加工齿轮的相应参数相同。

②测出插齿刀前端面的公法线长度，再计算出插齿刀的变位系数，以满足被加工齿轮的要求（关于计算公式可查有关手册或教材）。

另外，插齿刀选定后还需进行插齿啮合检验，最终确定所选的插齿刀是否适用于待加工齿轮的要求，检验内容和有关方法可查有关资料。

四、滚刀的安装

为了加工出正确的齿形，滚齿时滚刀的轴线必须相对于工件的端面倾斜一个角度，即滚刀的安装角 δ，它是滚刀轴线与被加工工件端面的夹角。加工直齿圆柱齿轮时，刀具的安装角方向和工件的旋转方向如图 6–10 所示。如图 6–10a 所示为右旋刀具加工齿轮，此时滚刀顺时针旋转到安装角 $\delta=\lambda$（λ 为滚刀的螺旋升角）；当刀具为左旋时，则滚刀刀架逆时针旋转到安装角 $\delta=\lambda$，此时，工件顺时针旋转，如图 6–10b 所示的 n_2 方向。加工斜齿圆柱齿轮时，滚刀的安装角 $\delta=\beta\pm\lambda$，其中 β 为螺旋角，如图 6–11 所示。

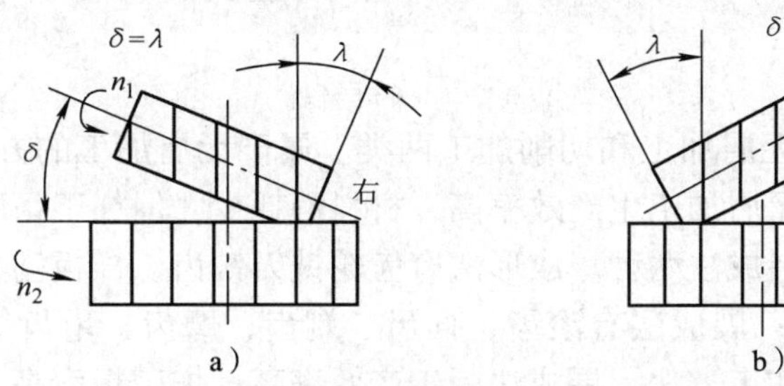

图 6–10 加工直齿圆柱齿轮时滚刀的安装角

a）用右旋滚齿刀加工齿轮 b）用左旋滚齿刀加工齿轮

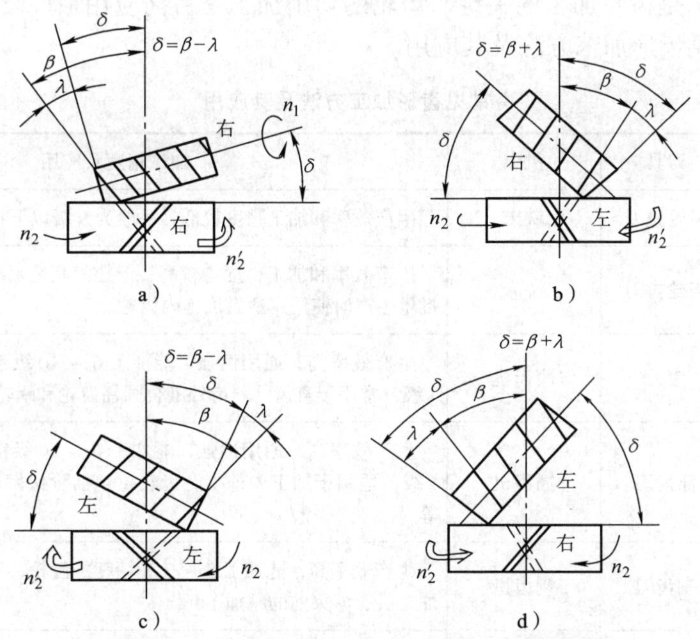

图 6–11 加工斜齿圆柱齿轮时滚刀的安装角

a、c）刀具与工件的旋向一致 b、d）刀具与工件的旋向相反

1. 当刀具与工件的旋向一致时，$\delta=\beta-\lambda$，如图 6–11a、c 所示；而当旋向相反时，$\delta=\beta+\lambda$，如图 6–11b、d 所示。所以应尽量选用与工件同样旋向的滚刀，这样可以使安装角小一些，从而减小刀架扳动角度，提高加工质量。

2. 刀具的安装方向取决于工件的螺旋线方向，工件为右旋时，滚刀逆时针方向旋转；工件为左旋时，滚刀顺时针方向旋转。

3. 工件的展成运动旋转方向取决于滚刀的旋向。当滚刀为右旋时，工件逆时针旋转；当滚刀为左旋时，工件顺时针旋转。如图 6–11 中的 n_2' 为附加运动旋转方向，取决于工件的螺旋线方向。

§6–2 齿轮加工方法

齿轮加工的主要方法有无屑加工和切削加工两类。属于无屑加工的方法有冷轧、热轧、压铸、冷挤、粉末冶金等。无屑加工生产效率高，材料消耗少，但加工精度不高。切削加工按加工原理可分为成形法和展成法两种。成形法有齿轮铣刀铣齿、样板刨刀刨齿、成形砂轮磨齿、齿轮拉刀拉齿等方法；展成法有滚齿、插齿、剃齿、磨齿、珩齿等方法，其中，剃齿、磨齿、珩齿是齿轮的精加工方法。展成法因生产效率高、加工精度高、刀具通用性好而得到广泛应用。

齿轮的加工包括齿坯加工和齿形加工两大部分，齿坯属于盘形件，主要以车削、磨削加工为主。齿形加工是齿轮加工的关键。齿轮的切削加工是目前应用最广泛的齿形加工方法。表 6–2 所列为常见齿形加工方法及其应用。

表 6–2　　常见齿形加工方法及其应用

齿形加工方法		刀具	机床	加工精度及应用
成形法	成形铣齿	齿轮铣刀	铣床	生产效率和加工精度较低，一般为 9 级以下精度
	拉齿	齿轮拉刀	拉床	生产效率和加工精度均较高，但拉刀制造困难，价格高，故只在大批量生产时使用，适宜加工内齿轮
展成法	滚齿	滚刀	滚齿机	生产效率高，通用性强，能加工 6 ~ 10 级精度的齿轮，最高可达 4 级，常用于直齿、斜齿外啮合圆柱齿轮和蜗轮的加工
	插齿	插齿刀	插齿机	生产效率高，通用性强，能加工 6 ~ 10 级精度的齿轮，最高可达 6 级，适用于加工内外啮合齿轮（包括阶梯齿轮）、扇形齿轮、齿条等
	剃齿	剃齿刀	剃齿机	生产效率高，能加工 5 ~ 7 级精度的齿轮，主要用于滚齿和插齿预加工后、淬火前的精加工
	珩齿	珩磨轮	珩齿机或剃齿机	能加工 6 ~ 7 级精度的齿轮，主要用于经过剃齿后高频淬火的齿形精加工
	磨齿	砂轮	磨齿机	生产效率较低，加工成本高，多用于齿形淬硬后的精密加工
	冷挤齿轮	挤轮	挤齿机	生产效率比剃齿高，成本低，能加工 6 ~ 8 级精度的齿轮，多用于齿形淬硬后的精密加工

一、成形法铣齿

1. 铣齿的工作原理

在普通或万能铣床上利用成形铣刀和分度头，在齿坯上加工出齿面的方法称为铣齿，如图 6–12 所示。铣削直齿圆柱齿轮时，工件安装在分度头上，铣刀旋转对工件进行切削加工，工作台做直线进给运动，加工完一个齿槽，由分度头将工件转过一个齿，再加工另一个齿槽，依次加工出所有的齿槽。铣削斜齿圆柱齿轮时必须在万能铣床上进行，铣削时工作台偏转一个角度 β，使其等于齿轮的螺旋角，工件随工作台进给的同时，由分度头带动做附加转动形成螺旋运动。

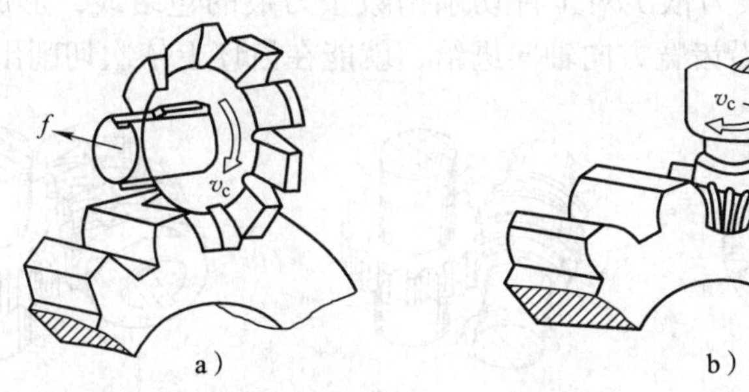

图 6–12 成形法铣齿原理

a）盘形齿轮铣刀铣齿 b）指状齿轮铣刀铣齿

2. 齿轮铣刀的选择

常用的成形铣刀有盘形齿轮铣刀和指状齿轮铣刀，后者适用于加工大模数（m=8 ~ 40 mm）的直齿、斜齿齿轮，特别是人字齿齿轮。采用成形法加工齿轮时，轮齿分布是否均匀取决于分度装置，齿形是否精确取决于刀具形状。齿轮齿廓的形状取决于齿轮的齿数，齿数不同，齿廓的形状也不同，采用的成形齿轮刀具也不同。选择齿轮刀具时应根据被加工齿轮的齿数选择。在实际生产中是将同一模数齿轮齿数分成 8 组或 15 组，每一组内不同齿数的齿轮都用同一把铣刀加工。模数和径节铣刀刀号及加工齿数范围见表 6–3。

表 6–3 模数和径节铣刀刀号及加工齿数范围

铣刀刀号	模数铣刀	1	2	3	4	5	6	7	8
	径节铣刀	8	7	6	5	4	3	2	1
加工齿数范围		12 ~ 13	14 ~ 16	17 ~ 20	21 ~ 25	26 ~ 34	35 ~ 54	55 ~ 134	135 ~ 齿条

3. 铣齿加工的特点

（1）铣齿的加工精度低。由于齿轮铣刀存在原理性齿形误差和工件、刀具的安装及分齿误差，铣齿的精度较低。

（2）铣齿的生产效率低，因为铣齿的切削过程是间断性进行的。

（3）铣齿加工不会出现根切现象，所以适用于加工齿数少于 14 的齿轮。

（4）设备费用低，在普通铣床上即可完成，并能加工齿条。

（5）适用于单件、小批量生产和修配加工精度不高的齿轮。

二、展成法滚齿

1. 滚齿的工作原理

滚齿是利用一对轴线互相交叉的螺旋圆柱齿轮相啮合的原理进行加工的。图 6-13 所示为滚齿工作原理。它基于螺旋齿轮啮合原理，如图 6-13a 所示，将其中一个看成滚刀。它的特点是螺旋角很大，齿数 z 很少，类似于蜗杆，如图 6-13b 所示，开槽和铲削齿背后就形成滚刀，如图 6-13c 所示。所以滚齿的实质相当于蜗杆蜗轮的啮合过程，当滚刀以一定的切削速度做回转运动时，相当于一排刀齿由上而下进行切削。同时，要求工件根据齿数的要求按一定的传动比关系（$i_{刀坯}=n_{刀}/n_{坯}=z_{坯}/z_{刀}$）做相应的啮合回转运动（展成运动），随着这种复合运动的进行，滚刀依次对工件切削出数条刀痕的包络线，形成工件的齿形，如图 6-14 所示。另外，刀具沿齿宽方向轴向进给，就能在齿坯上依次切削出齿槽。

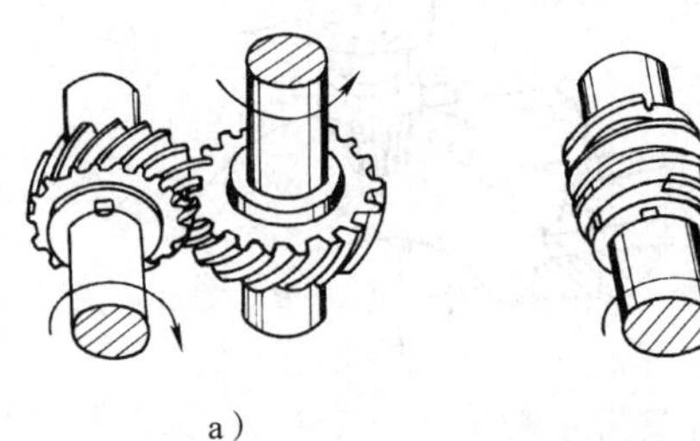
a）

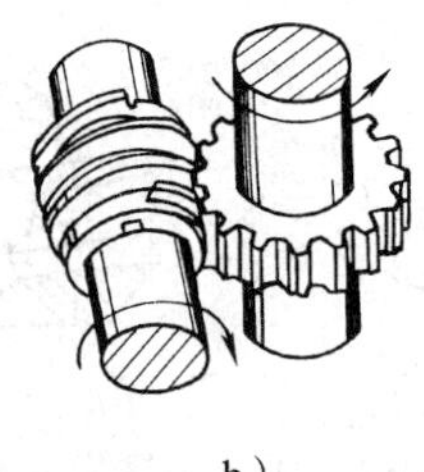
b）

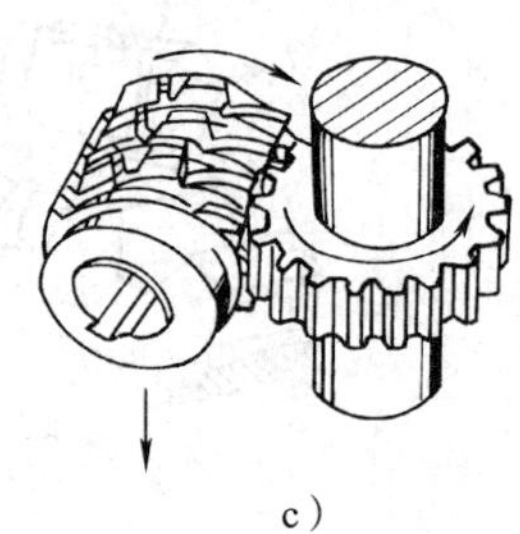
c）

图 6-13　滚齿工作原理

a）螺旋齿轮啮合　b）蜗杆蜗轮啮合　c）滚刀滚齿

2. 滚齿加工的特点

（1）由于滚齿采用展成法加工，因此一把滚刀可以加工与其模数、齿形角相同的不同齿数的齿轮，适应性好，大大扩大了齿轮的加工范围。

（2）由于滚齿是连续切削，无空行程损失，并可采用多线滚刀提高粗滚齿的效率，使生产效率得到提高。

（3）滚齿时，一般都使用滚刀一周多点的刀齿参与切削，工件上所有的齿槽都是由这些刀齿切出来的，因而被切齿轮的齿距偏差小。

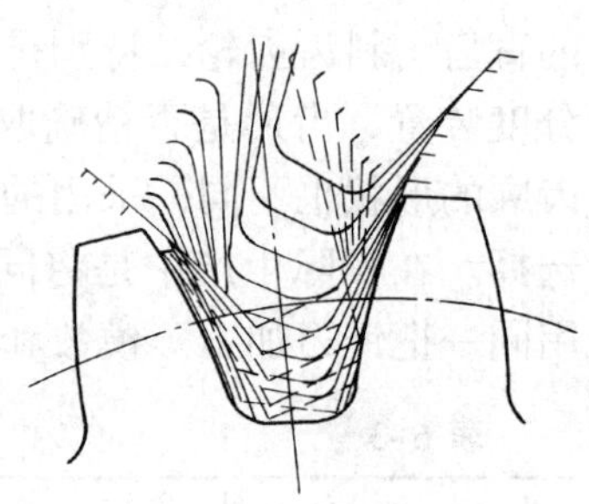

图 6-14　齿廓的展成过程

（4）滚齿加工出来的齿廓表面质量比插齿加工差一些。

（5）滚齿加工主要用于直齿、斜齿圆柱齿轮或蜗轮的加工，不能加工内齿轮和多联齿轮。

三、展成法插齿

1. 插齿的工作原理

插齿是利用一对圆柱齿轮的啮合关系原理进行加工的。如图 6-15a 所示，其中一个为插齿刀，它具有切削刃和切削时所必需的前角和后角。插齿时，插齿刀以其内孔和锥柄紧固在插齿机的主轴上，并做上下往复的切削运动，同时使插齿刀和齿轮坯之间按一对圆柱齿轮的啮合关系运动，插齿刀在每往复行程中切去一定的金属，并在与工件做强制的无间隙啮合运动（展成运动）过程中形成工件的齿形，这个齿形就是插齿刀的齿廓相对于工件运动轨迹的包络线，如图 6–15b 所示。切削内齿轮时其原理也是如此，只是刀具与工件的转向不同。

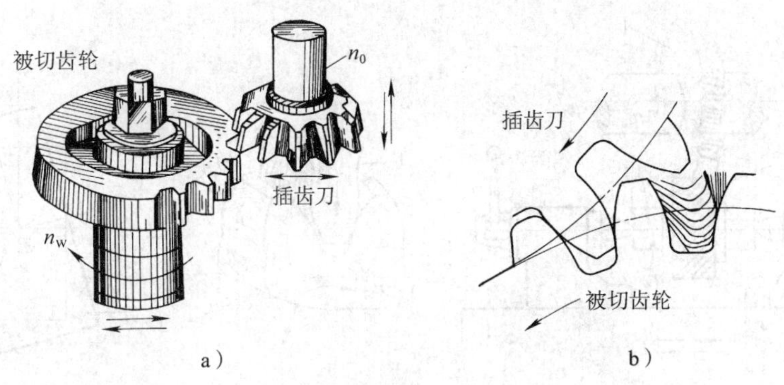

图 6–15　插齿的工作原理

a）插齿加工　b）齿形的形成

2. 插齿加工的特点

（1）齿形精度比滚齿高。这是由于插齿刀在设计时没有滚刀那种近似齿形误差，同时在制造时可通过高精度磨齿机获得精确的渐开线齿形。插削齿轮时，齿面精度主要取决于圆周进给量的大小。

（2）齿面的表面粗糙度值小。这主要是由于插齿过程中参与包络的切削刃数量比滚齿时多。

（3）运动精度低于滚齿。由于插齿时插齿刀上各刀齿顺次切削工件的各齿槽，因此刀具的齿距累积误差将直接传递给被加工齿轮，从而影响被切齿轮的运动精度。

（4）齿向偏差比滚齿大。插齿的齿向偏差取决于插齿机主轴回转轴线与工作台回转轴线的平行度误差，由于插齿刀往复运动频繁，主轴与套筒容易磨损，因此齿向偏差常比滚齿加工时大。

（5）插齿的生产效率比滚齿低。由于插齿刀的切削速度受往复运动的惯性限制而难以提高，目前插齿刀每分钟往复行程次数一般只有几百次。此外，插齿有空行程损失。

（6）插齿适用于加工滚齿不能加工的内齿轮、双联或多联齿轮、齿条、扇形齿轮。

四、齿面精加工

对于 IT6 级以上的齿轮或者淬火后的硬齿面加工，通常要在滚齿或插齿后再进行齿面的精加工。常用的齿面精加工方法有剃齿、珩齿、磨齿等。

1. 剃齿

（1）剃齿的工作原理

剃齿是未淬火圆柱齿轮的精加工方法。其加工过程是由剃齿刀带动工件自由转动并模拟一对螺旋齿轮做双面间隙啮合运动。剃齿刀是一个高精度的斜齿轮，并在齿面上沿渐开线齿向上开了很多槽，形成切削刃，如图 6–16 所示。

剃齿时，经过预加工的工件 2 装在心轴上，心轴可以自由转动。剃齿刀安装在机床主轴上，与工件轴线相交成一定的轴交角 Σ，如图 6–16c 所示。机床主轴带动剃齿刀旋转，剃齿刀带动工件旋转，剃齿刀的齿面在工件齿面上进行挤压和滑移，刀齿上的切削刃从工件齿面上剃下细微的金属。剃齿加工属于自由啮合的展成运动，而滚齿和插齿的刀具与工件均由机床驱动，属于强制啮合的展成运动。

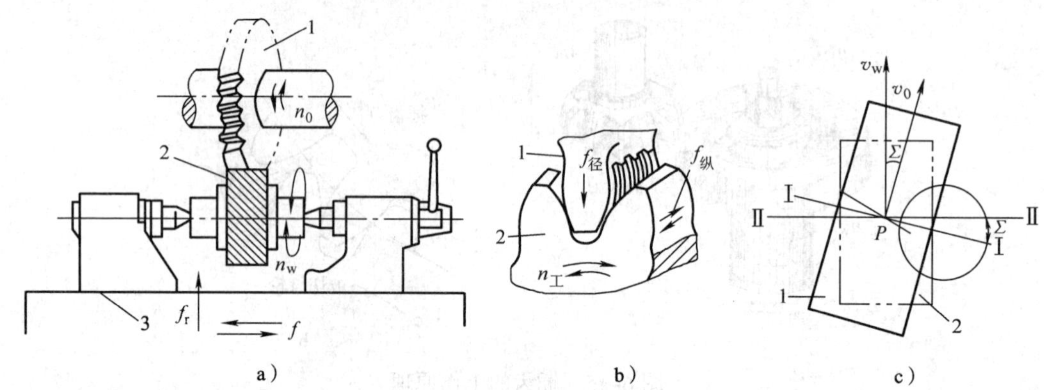

图 6–16　剃齿的工作原理

a）剃齿加工示意图　b）工作台径向运动　c）剃齿刀的安装

1—剃齿刀　2—工件　3—工作台

（2）剃齿的运动

剃齿时必须具备以下运动：

1）主运动 n_0。剃齿刀的正反旋转运动为主运动，如图 6–16a 所示。为了保证切削顺利，刀具时而正转，时而反转。

2）工件的转动 n_w。工件安装在心轴上，它与剃齿刀啮合，由剃齿刀带动旋转，如图 6–16a 所示。

3）纵向进给运动 $f_纵$。为了能切出整个齿面，工作台必须做纵向进给运动，如图 6–16b 所示。当工件加工完整个齿宽后，工作台反向移动，剃齿刀也反向啮合，使齿的两侧同样受到切削。

4）径向进给运动 $f_径$。为了保持剃齿刀和工件间有一定的压力，工作台每两次行程后，剃齿刀对工件做径向进给，如图 6–16b 所示。

（3）剃齿的工艺特点

1）剃齿加工生产效率高，一般只需 2 ~ 4 min 便可完成一个齿轮的加工。剃齿加工的成本也很低，平均比磨齿低 90%。

2）剃齿加工对齿轮切向误差的修正能力差。因此，应安排滚齿作为剃齿的前道工序，虽然滚齿后的齿形误差比插齿大，但滚齿的运动精度比插齿高。

3）剃齿加工能有效修正齿轮的齿形误差和基节误差，因而有利于提高齿轮的齿形精度，适于加工 6 ~ 7 级精度的齿轮。

4）剃齿刀价格昂贵。

2. 珩齿

（1）珩齿的工作原理

珩齿是用于加工淬硬齿面的精加工方法。其运动关系与剃齿相同，所不同的是所用的刀具不是金属的剃齿刀，而是用金刚砂磨料加环氧树脂等材料作结合剂浇注或热压而成的塑料齿轮——珩磨轮。在珩磨轮与工件“自由啮合”的过程中，珩磨轮以齿面密布的磨粒在一定的压力和相对滑移速度下进行切削，如图 6–17 所示。

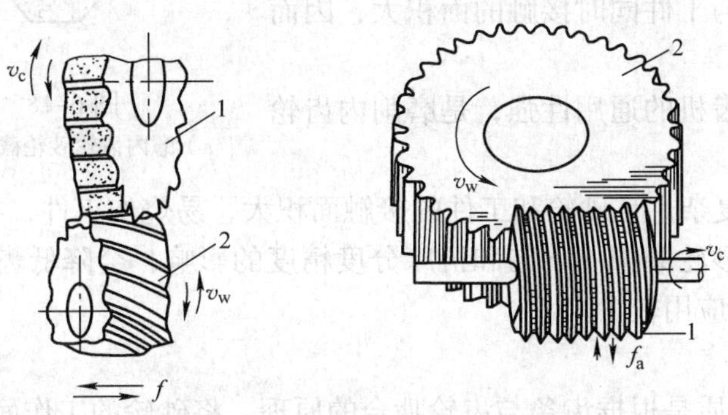

图 6–17 珩磨轮与珩磨原理
1—珩磨轮 2—工件

珩磨余量一般不超过 0.025 mm，切削速度为 1.5 m/s 左右，工件的纵向进给量为 0.3 mm/r 左右。

（2）珩齿的特点

1）珩齿由于切削速度低，其加工过程为低速磨削、研磨和抛光的综合过程，故工件被加工齿面不会烧伤和有裂纹，表面质量较高。

2）一方面，由于珩磨轮弹性大，加工余量小，磨料粒度号大，因此珩齿修正误差的能力较差；另一方面，珩磨轮自身的误差对加工精度的影响也较小。珩齿前齿槽的预加工应尽可能采用滚齿，因其运动精度高于插齿。

3）与剃齿相比，珩磨轮的齿形简单，容易获得高精度的齿形。

4）生产效率高。一般为磨齿和研齿的 10 ~ 20 倍。刀具寿命较长，珩磨轮每修整一次，可加工 60 ~ 80 件齿轮。

（3）珩齿的应用

由于珩齿修正误差的能力不强，一般主要用于减小齿轮热处理后的表面粗糙度值，可加工 Ra 1.6 ~ 0.4 μm 的 7 级精度的淬火齿轮，常采用滚齿—剃齿—齿部淬火—修整基准—珩齿的齿廓加工路线。

3. 磨齿

磨齿是在磨齿机上使用砂轮对已淬硬齿轮齿面进行精加工的方法，按其加工原理可分为成形法磨齿和展成法磨齿两种。目前生产中应用较多的是展成法磨齿。

常见的磨齿机有大平面砂轮磨齿机、锥面砂轮磨齿机、碟形砂轮磨齿机和蜗杆砂轮磨齿机。其中，大平面砂轮磨齿机精度最高，为 3 ~ 4 级，但效率较低；蜗杆砂轮磨齿机效率最高，加工精度可达 6 级。

（1）成形法磨齿

成形法磨齿与成形法铣齿相同，只是将砂轮修整成与齿轮齿间相吻合的形状，然后对齿轮的齿间进行磨削。砂轮的截面形状如图 6–18 所示，其中图 6–18a 为磨内齿轮时的砂轮截面，图 6–18b 为磨外齿轮时的砂轮截面。

成形法磨齿的工艺特点如下：

1）不需要展成运动，由于机床动作少，结构简单，磨齿精度较稳定。

2）磨齿时砂轮与工件同时接触的面积大，因而生产效率高。

3）成形砂轮磨齿机的通用性强，是磨削内齿轮的唯一方法。

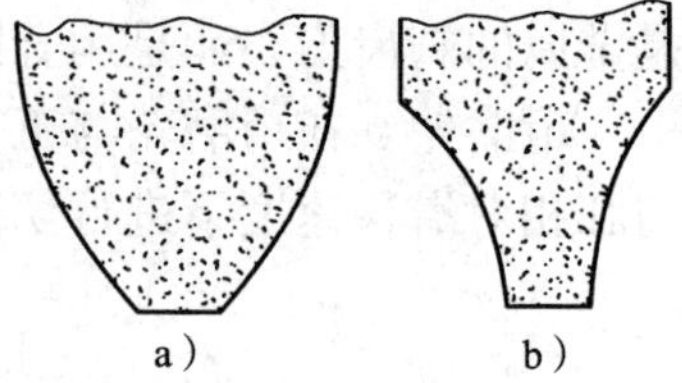

图 6-18 砂轮的截面形状

a）磨内齿轮砂轮截面 b）磨外齿轮砂轮截面

4）修整砂轮较复杂，且砂轮和工件的接触面积大，易烧伤工件，导致其使用受到限制。

5）由于磨齿时砂轮磨损不均匀和机床分度精度的影响，会降低齿轮的齿形精度和加工精度，故成形法磨齿应用较少。

（2）展成法磨齿

展成法磨齿的实质是根据齿条与齿轮啮合的原理，将砂轮的工作面修成假想齿条的一个侧面或一个齿，按齿条的节线和齿轮的节圆做纯滚动的关系进行磨齿。

根据砂轮的形式，磨齿可分为锥面砂轮磨齿法、双碟形砂轮磨齿法和蜗杆砂轮磨齿法。

1）锥面砂轮磨齿法。磨齿时，砂轮以 n_0 高速旋转形成切削运动，同时砂轮沿工件齿向做前后快速往复运动，以形成假想齿条的全齿面。工件放在与此假想齿条相啮合的位置。工作时，假想齿条不动，机床的传动链保证工件以 n_w 逆时针旋转，工件中心同时右移，如图 6-19a 所示，就像工件的节圆与砂轮所形成的假想齿条的节线做无滑动的纯滚动。这样，砂轮的右锥面就对工件齿槽 1 的右侧面（即齿的左侧面）做展成运动，从根部磨至顶部，如图 6-19a 所示。磨完后，工件改向以 n_w 顺时针旋转，工件中心同时向左移，用砂轮左锥面对工件齿槽 1 的左侧面（即齿的右侧面）做展成运动磨削，从根部磨至顶部，如图 6-19b 所示。直至齿槽 1 完全滚离砂轮时，工件以 n'_w 做一次分度运动，然后进行下一次循环，磨下一个齿槽 2，如图 6-19c 所示。

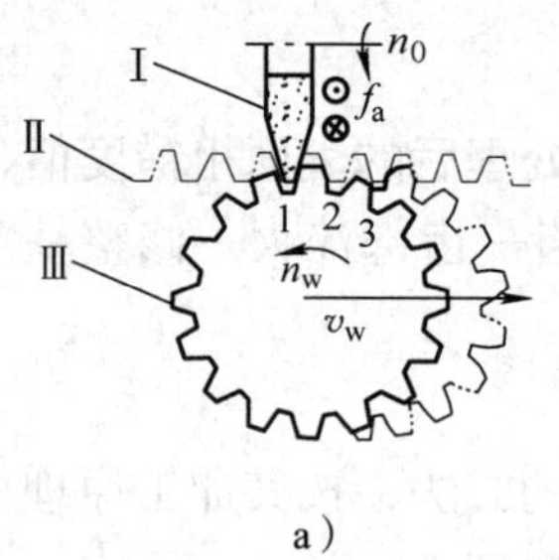

a）

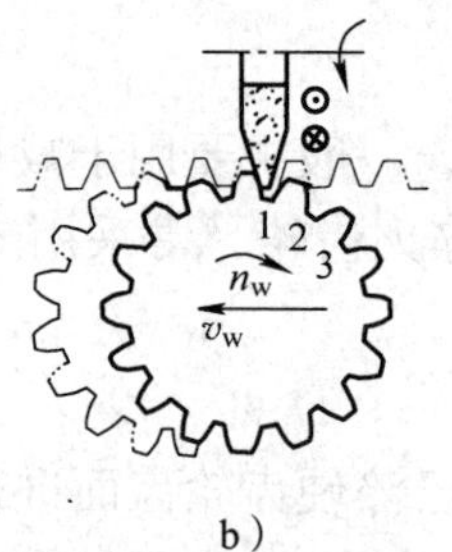

b）

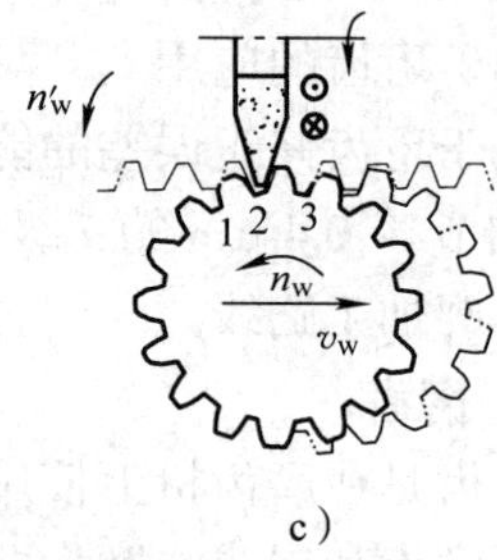

c）

图 6-19 锥面砂轮磨齿工作原理

a）磨齿槽 1 右侧面 b）磨齿槽 1 左侧面 c）磨齿槽 2 右侧面

Ⅰ—锥面砂轮 Ⅱ—假想齿条 Ⅲ—工件

这种磨齿方法的优点：通用性好，调整时间短，磨削不同规格的齿轮时不需要制作专门附件，适用于中、小批量的齿轮加工。缺点是机床传动链长，结构复杂，加工精度低，生产效率也较低。

2）双碟形砂轮磨齿法。这种方法是根据齿轮齿条啮合原理，利用两片大直径碟形砂轮端平面上的环形窄边构成假想齿条的两个齿面进行磨齿的。

工作时，两片碟形砂轮以 n_0 做高速旋转运动，即切削运动。被切齿轮通过滚圆盘与钢带机构实现展成运动，如图 6–20b 所示。在工作台 1 上固定安装支架 3，滑座 2 可沿导轨 4 在工作台 1 上左右移动。滑座 2 上装有工件 7 和主轴 9，主轴 9 的尾端装有滚圆盘 5，两条钢带 6 的一端都固定在滚圆盘上，另一端固定在支架 3 上，两条钢带在水平方向拉紧。当滑座 2 由偏心机构或液压传动机构带动做左右摆动时，工件主轴也随之做水平方向移动。由于固定在支架 3 上的两条钢带紧拉着滚圆盘，因而在工件主轴平移的同时，主轴也以 n_w 旋转。这样，主轴上的工件 7 便沿假想齿条（由砂轮 8 形成）实现展成运动。

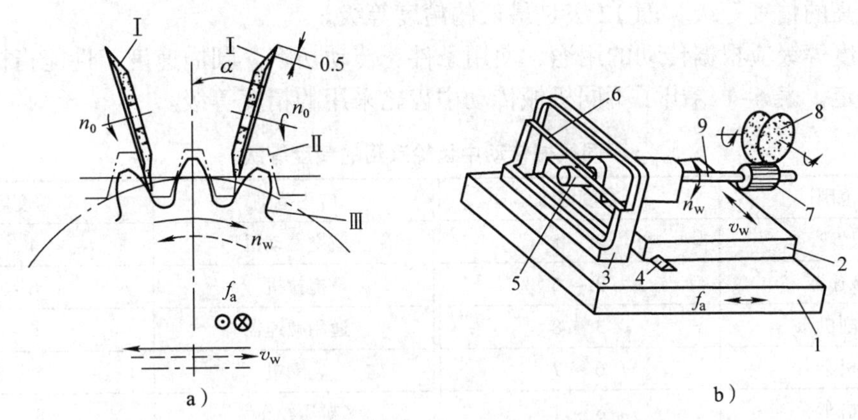

图 6–20　双碟形砂轮磨齿工作原理

a）碟形砂轮磨齿的工作运动　b）滚圆盘与钢带机构

Ⅰ—砂轮　Ⅱ—假想齿条　Ⅲ—工件

1—工作台　2—滑座　3—支架　4—导轨　5—滚圆盘　6—钢带　7—工件　8—砂轮　9—主轴

为了磨出全齿宽，工作台还带动工件做往复的轴向进给运动。磨完两个齿面后，工件进行分度，再磨另外两个齿面。

这种磨齿方法是现有磨齿方法中精度最高的一种。但由于碟形砂轮刚度低，背吃刀量小，因此是现有磨齿方法中生产效率最低的一种。

3）蜗杆砂轮磨齿法。这种方法的原理与滚齿相同，蜗杆砂轮相当于滚刀。加工时，砂轮与工件相对倾斜一定的角度 β，两者保持严格的啮合传动关系，如图 6–21 所示。为了磨出整个齿宽，砂轮还需沿工件轴向进给。

由于蜗杆砂轮的转速很高（2 000 r/min），故工件的转速也很高，且被磨齿轮能自动连续分度，因此其生产效率和加工精度都比其他磨齿法要高。但是采用这种方法修整砂轮较困难，磨削不同模数的工件时要更换砂轮，适宜成批或大批量生产中磨削直齿、斜齿圆柱齿轮及插齿刀等。

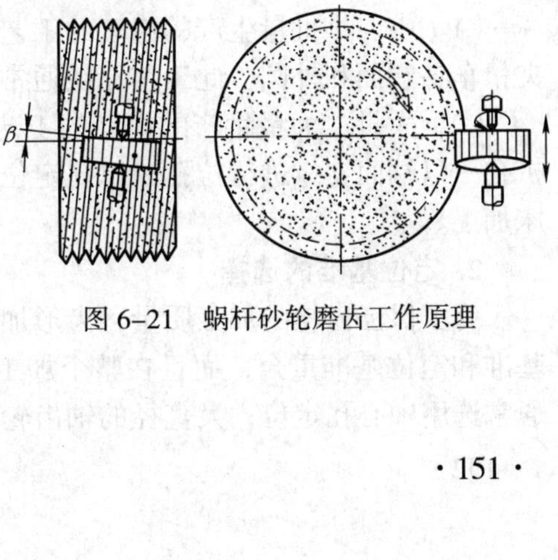

图 6–21　蜗杆砂轮磨齿工作原理

§6–3 圆柱齿轮加工工艺方法

一、齿轮精度等级及其选用

为了适应不同齿轮传动精度的要求，国家标准《圆柱齿轮　精度制　第 1 部分：轮齿同侧齿面偏差的定义和允许值》（GB/T 10095.1—2008）对圆柱齿轮规定了 13 个精度等级，其中 0 级是最高的精度等级，而 12 级是最低的精度等级。

齿轮精度等级应根据传动的用途、使用条件、传动功率、圆周速度、性能指标或其他技术要求来确定。表 6–4 给出了不同机械传动中齿轮采用的精度等级。

表 6–4　　不同机械传动中齿轮采用的精度等级

应用范围	精度等级	应用范围	精度等级
测量齿轮	2 ~ 5	航空发动机	4 ~ 7
透平减速器	3 ~ 6	拖拉机	6 ~ 9
金属切削机床	3 ~ 8	通用减速器	6 ~ 8
内燃机车	6 ~ 7	轧钢机	5 ~ 10
电气机车	6 ~ 7	矿用绞车	8 ~ 10
轻型汽车	5 ~ 8	起重机械	6 ~ 10
载重汽车	6 ~ 9	农业机器	8 ~ 10

二、齿坯加工及定位基准的选择

圆柱齿轮的加工工艺过程根据精度等级、结构、形状、生产批量及具体生产条件，可采取不同的加工方案，通常主要工艺路线如下：毛坯制造—齿坯热处理—齿坯加工—齿形粗加工—精基准修整—齿形精加工—检验。

1. 齿坯加工

齿坯加工是为以后的齿形加工和检验准备基准的，所以对齿轮加工质量有重要的影响。齿坯加工工艺取决于齿轮的轮体结构、生产规模和技术要求等。

（1）中、小批量生产的齿坯的工艺路线：粗加工外圆、端面和孔—精加工孔—用心轴装夹精车各端面和外圆。此工艺路线通常采用通用车床。

（2）大批、大量生产的齿坯的工艺路线：以毛坯、外圆及端面定位，粗车端面，钻孔、扩孔—以端面支撑进行拉孔—以孔定位精车外圆端面、车槽、倒角等。通常采用多刀自动车床加工。

2. 定位基准的选择

为了保证齿轮的加工质量，齿形加工时要满足基准重合原则，使齿轮的装配基准、测量基准和定位基准重合，而且在整个加工过程中尽可能保持基准统一。对于小直径的轴齿轮，通常选用中心孔定位；大直径的轴齿轮用轴颈定位，并以一个较大的端面作支撑。

对于带孔的齿轮，一般选择内孔和一端面定位，基准端面相对于内孔端面圆跳动应符合技术要求。这种加工方法需要专用心轴，定位精度高，不需要找正，生产效率高，适用于成批或大批量生产。当批量较小时，可选用外圆和一端面定位，但这种定位方式需用百分表找正外圆，确定中心位置后再夹紧。因此，该方式生产效率低，对齿轮外圆与内孔的同轴度要求高，适用于单件、小批量生产。

3. 齿形加工方法的选择

齿形加工方法主要根据齿轮的精度等级、生产批量、工件结构特点和热处理方式进行选择，参见表 6–2，这里不再赘述。

常见齿轮的加工工艺路线如下：

（1）对于 8 ~ 10 级精度的调质齿轮，用滚齿或插齿能满足要求，对于淬火齿轮可采用滚齿或插齿→热处理（淬火）→修整内孔的加工方案。热处理前齿形加工精度应提高一级。

（2）对于 6 ~ 7 级精度的齿轮，可采用滚齿（或插齿）→剃齿→热处理（淬火）→修整基准→珩齿的加工方案，这种加工方式生产效率高，适用于大批量生产的淬硬齿轮。

（3）对于精度为 3 ~ 6 级的淬硬齿轮可采用滚齿（或插齿）→热处理（淬火）→磨齿的加工方案，这种方案适用于较小批量、精度较高的齿轮加工。

三、圆柱齿轮加工工艺分析

1. 成批生产双联齿轮的加工工艺

图 6–22 所示为双联齿轮零件图，其参数见表 6–5，加工工艺过程见表 6–6。

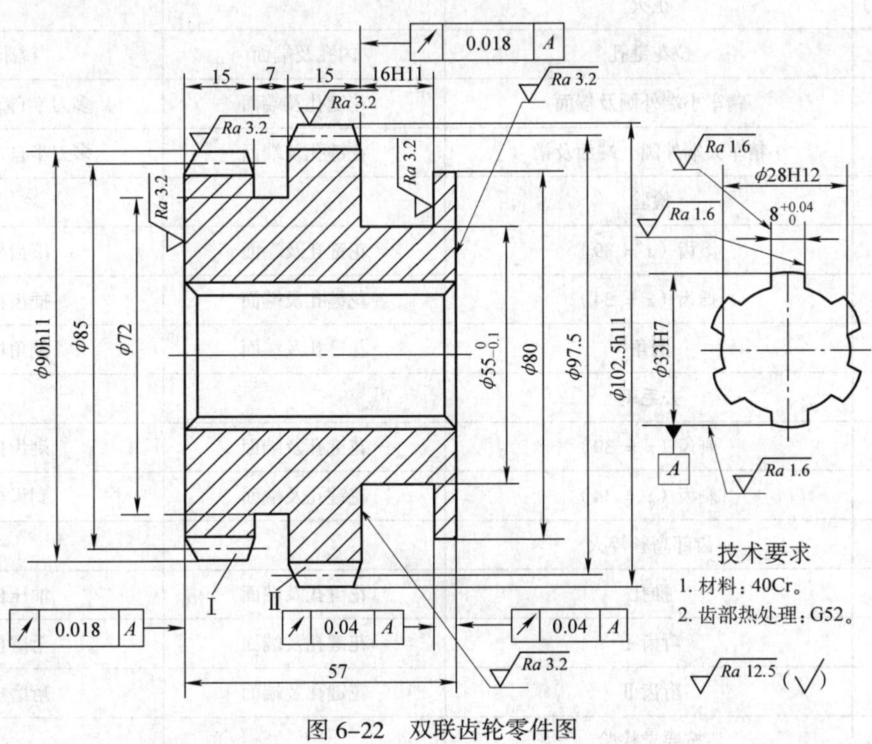

图 6–22 双联齿轮零件图

表 6–5　双联齿轮参数

齿号	Ⅰ	Ⅱ
模数（mm）	2.5	2.5
齿数	34	39
齿形角（°）	20	20
精度等级	7KJ	7JE
公法线平均长度（mm）	$26.88_{-0.05}^{0}$	$34.46_{-0.06}^{0}$
公法线长度变动量（mm）	0.03	0.03
齿圈径向圆跳动公差（mm）	0.05	0.05
齿向公差（mm）	0.011	0.011

表 6–6　双联齿轮加工工艺过程

工序号	工序名称及内容	定位基准	加工设备
1	锻造		
2	退火		
3	粗车小端外圆及端面	毛坯外圆及端面	卧式车床
4	粗车大端外圆、端面及槽	小端外圆及端面	六角车床
5	正火		
6	拉花键孔	内孔及端面	拉床
7	精车小端外圆及端面	花键孔及端面	多刀半自动车床
8	精车大端外圆、端面及槽	花键孔及端面	多刀半自动车床
9	检验		
10	滚齿（$z=39$）	花键孔及端面	滚齿机
11	插齿（$z=34$）	花键孔及端面	插齿机
12	倒角	花键孔及端面	倒角机
13	去毛刺		
14	剃齿（$z=39$）	花键孔及端面	剃齿机
15	剃齿（$z=34$）	花键孔及端面	剃齿机
16	齿部高频淬火		
17	推孔	花键孔及端面	油压机
18	珩齿Ⅰ	花键孔及端面	珩磨机
19	珩齿Ⅱ	花键孔及端面	珩磨机
20	按要求检验		

2. 小批量生产圆柱齿轮的加工工艺

图 6–23 所示为高精度齿轮零件图，其加工工艺过程见表 6–7。

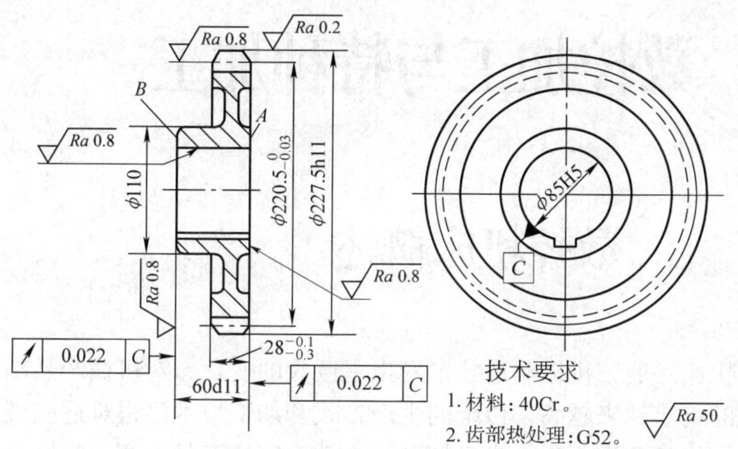

齿数	63
模数（mm）	3.5
齿形角（°）	20
精度等级	6–6–5MP
周节累积误差（mm）	0.055
基节极限偏差	±0.007
公法线平均长度（mm）	$79.65_{-0.216}^{-0.165}$
跨齿数	8
齿形公差（mm）	0.01
齿向公差（mm）	0.011

图 6–23　高精度齿轮零件图

表 6–7　　**高精度齿轮加工工艺过程**

工序号	工序名称及内容	定位基准	加工设备
1	锻造		
2	退火		
3	粗车外圆、端面和内孔，留余量 2 mm	外圆及端面	普通车床
4	正火		
5	粗车外圆、端面，总长留加工余量 0.2 mm，其余到尺寸，内孔至 ϕ 84.7H7	外圆及端面	普通车床
6	滚齿（留磨齿余量）	内孔及端面 *A*	滚齿机
7	倒角		倒角机
8	去毛刺		
9	齿部高频感应加热淬火（G52）		
10	插键槽	找正内孔及端面 *A*	插床
11	磨 *A*、*B* 面至尺寸	端面 *A*、*B*	平面磨床
12	磨内孔至尺寸 ϕ 85H5	校正内孔及端面 *A*	内圆磨床
13	磨齿		磨齿机
14	按要求检验		

第七章　数控加工与特种加工

§7-1　数控机床概述

随着社会生产和科学技术的快速发展，机械制造技术发生了巨大的变化，对机械产品制造精度、复杂程度以及更新速度的要求越来越高，传统的生产方式和加工技术已很难适应现代制造业的需求。数控技术和数控机床应运而生，为高精度、高效率完成产品生产，特别是复杂型面零件（图 7–1）的生产提供了自动加工手段。

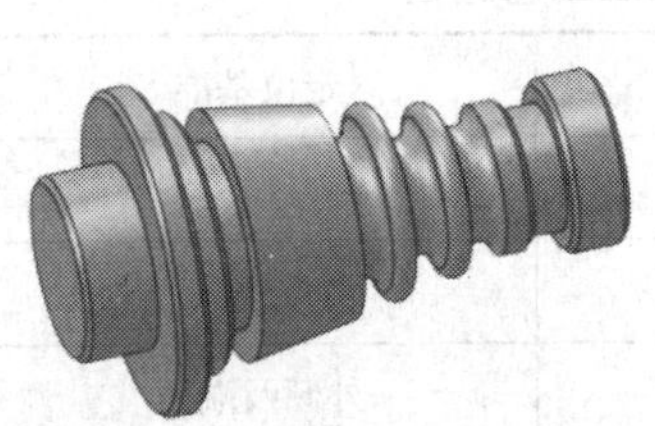
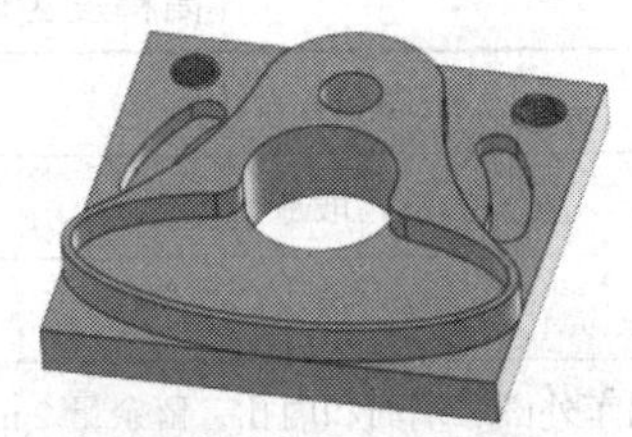

图 7–1　复杂型面零件

一、基本概念

1. 数控技术

数控技术（Numerical Control Technology）是指用数字量及字符发出指令并实现自动控制的技术，它已经成为制造业实现自动化、柔性化、集成化生产的基础技术。

2. 数控机床

按加工要求预先编制的程序，由控制系统发出数字信息指令对工件进行加工的机床称为数控机床（Numerically Controlled Machine Tools）。具有数控特性的各类机床均可称为相应的数控机床，如数控车床、数控铣床、加工中心等。

二、数控机床的组成

数控机床的基本组成如图 7–2 所示，它主要由输入 / 输出装置、计算机数控（CNC）装置、伺服系统、可编程控制器、测量反馈装置、机床本体等部分组成。

1. 控制介质和输入 / 输出装置

零件程序一般存放在便于与数控装置交互的一种控制介质上，现代数控机床常采用半导体存储器等控制介质。如图 7–3 所示为目前常用的部分控制介质及输入 / 输出装置。

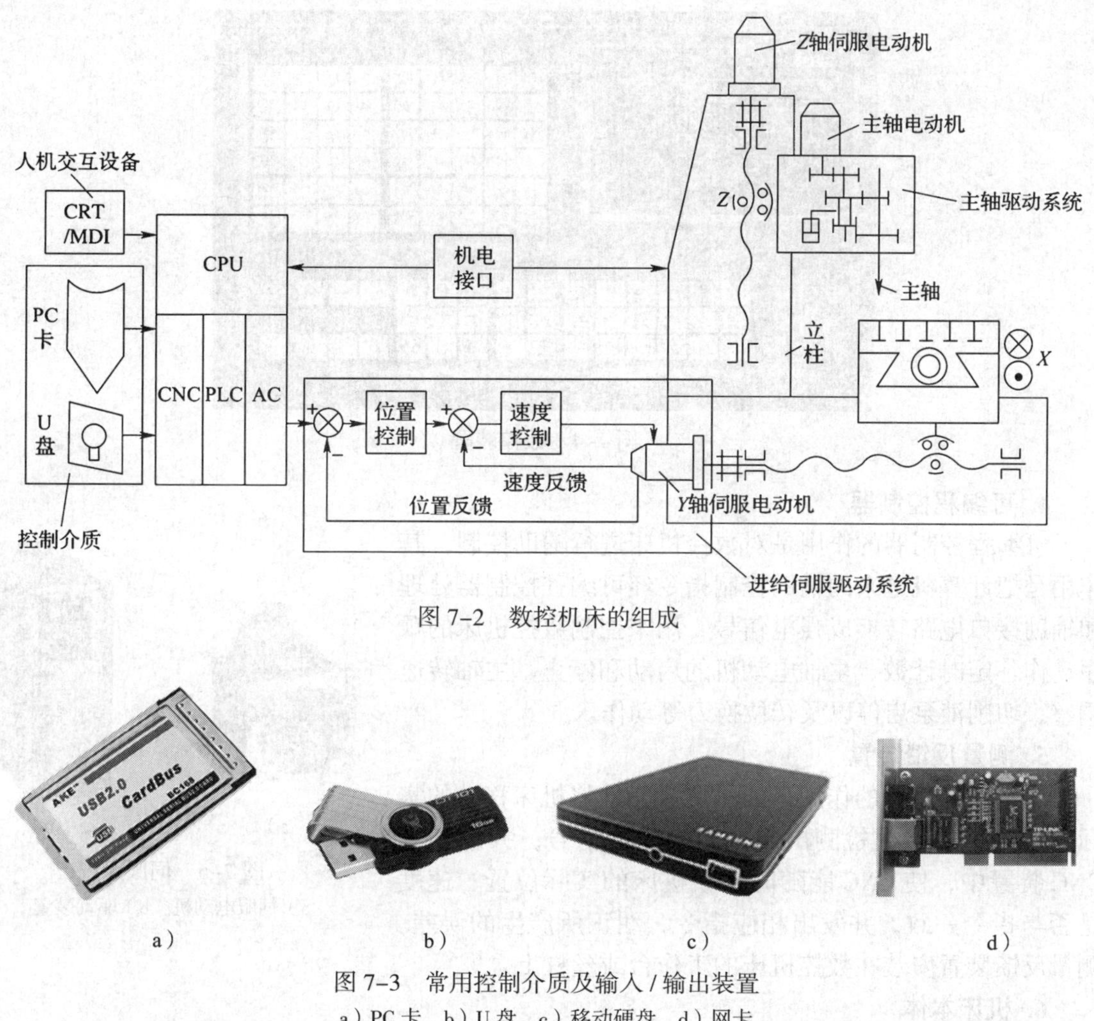

图 7–2　数控机床的组成

图 7–3　常用控制介质及输入 / 输出装置

a）PC 卡　b）U 盘　c）移动硬盘　d）网卡

数控机床最主要的人机交互设备为键盘和显示器，操作人员通过键盘和显示器输入简单的加工程序、编辑修改程序和发送操作命令。此外，零件加工程序还可采用通信方式进行输入 / 输出。

2. 数控装置

数控装置是数控机床的核心。现代数控装置通常是一台带有专门系统软件的专用计算机，如图 7–4 所示为某数控车床的数控装置。它由输入装置（如键盘）、控制运算器和输出装置（如显示器）等构成。

3. 伺服系统

伺服系统由驱动装置和执行部件（如伺服电动机等）组成，它是数控系统的执行机构，如图 7–5 所示。伺服系统分为进给伺服驱动系统和主轴伺服驱动系统。伺服系统的作用是把来自 CNC 的指令信号转换为机床移动部件的运动，使工作台（或滑板）精确定位或按规定的轨迹做严格的相对运动，最后加工出符合图样要求的零件。伺服系统作为数控机床的重要组成部分，其本身的性能直接影响整个数控机床的精度和速度。

图 7–4　数控装置

4. 可编程控制器

可编程控制器的作用是对数控机床进行辅助控制，其作用是把计算机送来的辅助控制指令经可编程控制器处理和辅助接口电路转换成强电信号，用来控制数控机床的顺序动作、定时计数、主轴电动机的启动和停止、主轴转速调整、切削液泵启停以及转位换刀等动作。

a）　　b）

图 7–5　伺服系统

a）伺服电动机　b）驱动装置

5. 测量反馈装置

测量反馈装置的作用是通过测量元件将机床移动的实际位置、速度参数检测出来，转换成电信号，并反馈到 CNC 装置中，使 CNC 能随时判断机床的实际位置、速度是否与指令一致，并发出相应指令，纠正所产生的误差。测量反馈装置安装在数控机床的工作台或丝杠上。

6. 机床本体

机床本体是数控机床的主体，主要包括床身、主轴、进给机构等机械部件，还有冷却、润滑、换刀、夹紧等辅助装置。

三、典型数控机床及应用

数控机床的种类比较繁多，其中数控车床、数控铣床、加工中心最具有代表性，并且在机械行业中应用数量较大。

1. 数控车床

数控车床种类较多，规格不一，可按以下方法进行分类：

（1）按主轴位置分类

1）立式数控车床。立式数控车床（图 7–6）的主轴垂直于水平面，有一个直径很大的圆形工作台，用来装夹工件。这类机床主要用于加工径向尺寸大、轴向尺寸相对较小的大型复杂零件。

图 7–6　立式数控车床

2）卧式数控车床。卧式数控车床的主轴与水平面平行。根据导轨形式，又可分为数控水平导轨卧式车床（图 7–7a）和数控倾斜导轨卧式车床（图 7–7b）。倾斜导轨结构可以使车床具有更高的刚度，并易于排出切屑。

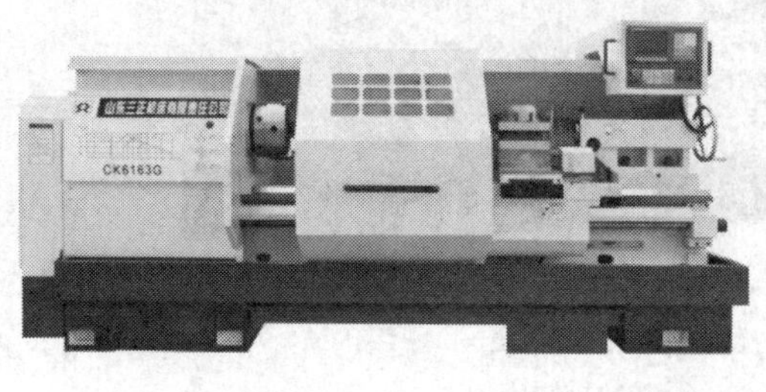

a）

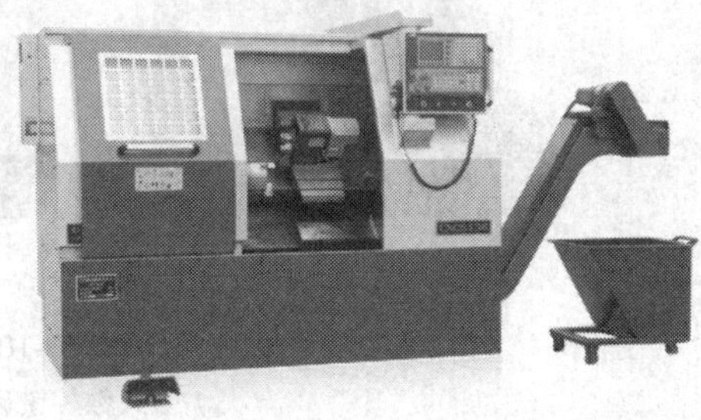

b）

图 7–7　卧式数控车床

a) 水平导轨　b）倾斜导轨

（2）按功能分类

1）经济型数控车床。经济型数控车床是指具有针对性加工功能，但功能水平较低且价格低廉的自动控制车床，如图 7–8 所示。

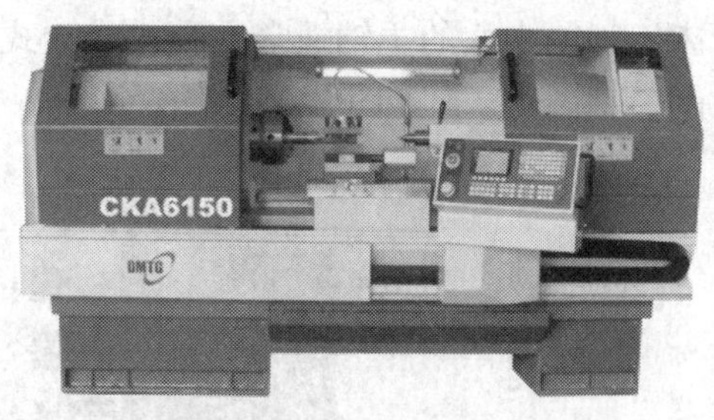

图 7–8　经济型数控车床

2）普通数控车床。普通数控车床是指根据车削加工要求在结构上进行专门设计并配备通用数控系统而形成的自动控制车床，如图 7–7 所示。

3）车削中心。车削中心是指在普通数控车床的基础上，增加了 C 轴和动力头的自动控制车床，如图 7–9 所示。它除了可以进行一般车削外，还可以进行径向和轴向铣削、曲面铣削、中心线不在零件回转中心的孔和径向孔的钻削、铰孔、攻螺纹等加工，适用于加工复杂的回转体零件。

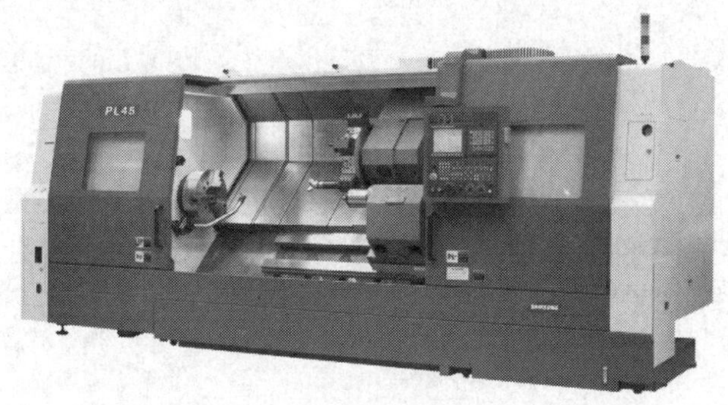

图 7–9　车削中心

2. 数控铣床

数控铣床是以铣削为加工方式的数控机床，通常铣刀旋转为主运动，工件或（和）铣刀的移动为进给运动。按数控铣床主轴位置进行分类，一般分为立式数控铣床和卧式数控铣床，如图 7–10 所示。

a）

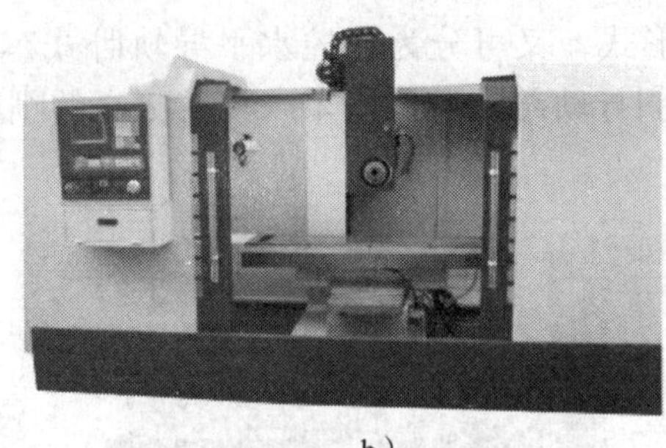

b）

图 7–10　数控铣床

a）立式数控铣床　b）卧式数控铣床

数控铣床可以加工二维轮廓零件或三维轮廓零件，如平面轮廓、斜面轮廓、曲面轮廓等；还可以对孔类零件进行加工，如钻孔、扩孔、锪孔、铰孔、镗孔和攻螺纹等。

3. 加工中心

加工中心是指带有刀库（带有回转刀架的数控车床除外）和刀具自动交换装置的数控机床。加工中心的主轴通常为卧式或立式结构，并具有两种或两种以上加工方式（如铣削、镗削、钻削等），如图 7–11 所示。

a）

b）

图 7–11　加工中心

a）立式加工中心　b）卧式加工中心

加工中心适用于加工复杂、工序多、精度要求较高、需用多种类型的刀具，且经多次装夹和调整才能完成加工的零件。其加工的主要对象有箱体类零件、复杂曲面、异形件、盘套零件、板类零件和特殊加工等。

§7–2　数控加工工艺

在数控机床上加工零件与在普通机床上加工零件所涉及的工艺问题大致相同，处理方法也无多大差别，都是先要对被加工零件进行工艺分析和处理，然后根据工艺装备（机床、夹

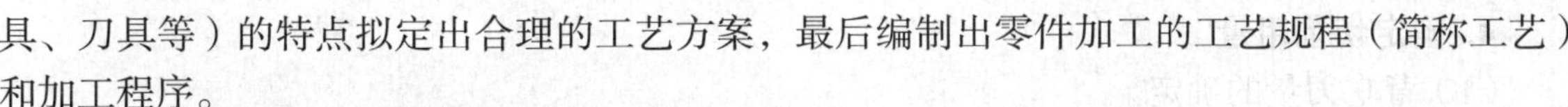

具、刀具等）的特点拟定出合理的工艺方案，最后编制出零件加工的工艺规程（简称工艺）和加工程序。

一、确定数控加工工艺的一般步骤

1. 确定数控加工的内容

在确定某个零件需要进行数控加工时，并不是说零件所有的加工内容都采用数控加工，数控加工可能只是零件加工工序中的一部分。因此，有必要对零件图样进行仔细分析，选择那些最适合、最需要进行数控加工的内容和工序。根据数控加工的特点，在实际生产加工中，它主要偏向于以下几个方面的应用：

（1）多品种、小批量生产的零件或新产品试制中的零件。

（2）形状复杂、加工精度要求高、通用机床无法加工或很难保证加工质量的零件。

（3）在普通机床上加工需要昂贵的工艺装备（工具、夹具和模具等）的零件。

（4）尺寸难测量、进给难控制的壳体或盒型零件。

（5）必须在一次装夹中完成铣削、镗削、锪孔、铰孔或攻螺纹等多工序加工的零件。

（6）价格昂贵，加工中不允许报废的关键零件。

（7）需要最短生产周期的急需零件。

此外，在选择和决定数控加工内容时，也要考虑生产批量、生产周期、工序间周转情况等，杜绝把数控机床当作普通机床来使用。

2. 选择刀具和夹具

数控加工中所用的大多数刀具、夹具与普通加工中所用的刀具、夹具基本相同，但对一些工艺难度较大或其轮廓、形状等方面较特殊零件的加工，所选用的刀具、夹具必须具有较高要求，以满足数控加工的需要。

（1）刀具的选择

一般优先选用标准刀具，不用或少用特殊的非标准刀具，必要时也可以采用各种高生产效率的复合刀具及一些专用刀具。

（2）夹具的选择

数控加工的特点对夹具提出了两个基本要求：一是保证夹具的坐标方向与机床的坐标方向相对固定；二是要能协调工件与机床坐标系的尺寸。除此之外，重点考虑以下几点：

1）单件、小批量生产时，应优先使用通用夹具、组合夹具或可调夹具。

2）成批生产时，可采用专用夹具，但力求结构简单。

3）装卸工件应方便可靠，有条件且生产批量较大时，可采用液动、电动、气动或多工位夹具。

4）夹具上的各零部件应不妨碍机床对工件各表面的加工，即夹具要敞开，其定位、夹紧机构元件不能影响加工中的进给（如产生碰撞等）。

3. 确定加工路线

确定加工路线就是确定刀具运动的轨迹和方向，也就是程序编制的轨迹和运动方向。因此，在确定加工路线时，最好画一张工序简图，将已经拟定好的加工路线画上去（包括进、退刀路线），这样可为编程带来不少方便。

4. 确定切削用量

（1）背吃刀量的确定

背吃刀量可根据数控机床、工件、刀具系统的刚度来确定。在刚度允许的情况下，尽可能选取较大的背吃刀量，以减少进给次数，提高生产效率。当零件的精度要求较高时，则应考虑适当留出半精加工和精加工余量，所留精加工余量一般比普通加工时所留出的余量小。车削和镗削加工时，常取精加工余量为 0.1 ~ 0.5 mm；铣削时，则常取精加工余量为 0.2 ~ 0.8 mm。

（2）主轴转速的确定

主轴转速是根据数控机床允许的切削速度计算值，从机床说明书规定的转速值中选定相近的转速值。根据数控加工的实践经验，允许的切削速度常选用 100 ~ 200 m/min，加工铝镁合金时可再提高一倍。

（3）进给速度的确定

通常根据零件加工精度和表面质量要求来选取进给速度，一般可在 100 ~ 200 mm/min 范围内选取。要求较高时，进给速度应选得小些，可在 20 ~ 50 mm/min 范围内选取。

5. 填写数控加工工艺文件

（1）数控加工工艺卡

数控加工工艺卡与普通加工工艺卡相似，也表达了加工工艺内容，但同时还要反映使用的辅具、刀具及切削参数等，见表 7–1。

表 7–1　　数控加工工艺卡

<table>
<tr><td colspan="2" rowspan="2">单位名称</td><td colspan="2" rowspan="2"></td><td colspan="3">产品名称或代号</td><td>零件名称</td><td colspan="3">零件图号</td></tr>
<tr><td colspan="3"></td><td></td><td colspan="3"></td></tr>
<tr><td colspan="2" rowspan="2">程序编号</td><td rowspan="2"></td><td>夹具名称</td><td colspan="3">夹具编号</td><td>使用设备</td><td colspan="3">车间</td></tr>
<tr><td></td><td colspan="3"></td><td></td><td colspan="3"></td></tr>
<tr><td>工序号</td><td>工步号</td><td colspan="2">工步内容</td><td>加工部位</td><td>刀具号</td><td>刀具规格</td><td>主轴转速（r/min）</td><td>进给速度(mm/min)</td><td>背吃刀量（mm）</td><td>备注</td></tr>
<tr><td></td><td></td><td colspan="2"></td><td></td><td></td><td></td><td></td><td></td><td></td><td></td></tr>
<tr><td></td><td></td><td colspan="2"></td><td></td><td></td><td></td><td></td><td></td><td></td><td></td></tr>
<tr><td></td><td></td><td colspan="2"></td><td></td><td></td><td></td><td></td><td></td><td></td><td></td></tr>
<tr><td></td><td></td><td colspan="2"></td><td></td><td></td><td></td><td></td><td></td><td></td><td></td></tr>
<tr><td colspan="2">编制</td><td></td><td>审核</td><td></td><td colspan="2">批准</td><td></td><td colspan="2">共　页</td><td>第　页</td></tr>
</table>

（2）数控加工刀具明细表

数控加工对刀具要求十分严格，加工前必须预先调整好刀具的直径和长度。数控加工刀具明细表是调刀人员调整刀具、操作人员进行刀具数据输入的主要依据，其格式见表 7–2。

表 7–2　　　　数控加工刀具明细表

产品名称或代号			零件名称		零件图号	
序号	刀具号	刀具规格名称	数量	加工表面	刀尖半径（mm）	备注
编制		审核	批准	年 月 日	共 页	第 页

二、输出轴数控加工工艺

加工如图 7–12 所示的减速器输出轴，毛坯为 ϕ40 mm × 140 mm，材料为 45 钢，单件生产。

1. 图样分析

减速器输出轴为典型的台阶轴零件，包含了 $\phi\,24_{-0.013}^{\ 0}$mm、ϕ27 mm、ϕ（30 ± 0.08）mm、ϕ36 mm、$\phi\ 32_{-0.016}^{\ 0}$ mm、ϕ（30 ± 0.08）mm 共 6 个圆柱，中间有 2 mm × 1 mm 退刀槽，两端面处都有 *C*2 mm 倒角，各外圆长度尺寸标注完整，轮廓描述清楚。零件材料为 45 钢，适合在数控车床上加工。

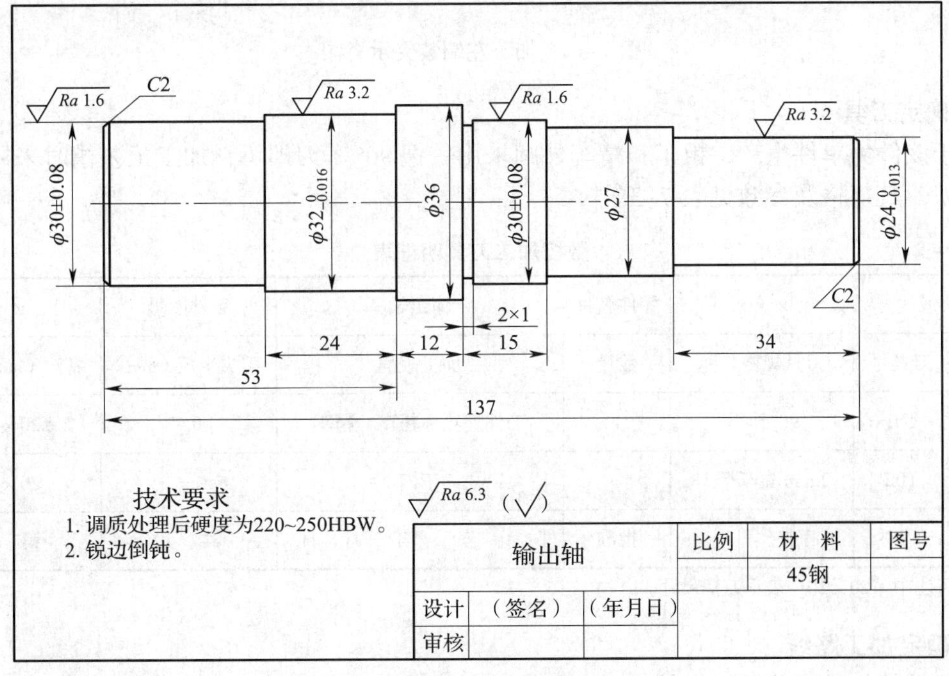

图 7–12　减速器输出轴数控加工工序图

2. 工艺分析

减速器输出轴可以在普通车床上完成粗车和精车，但需要多道工序才能完成，且加工精度不是很高。若采用数控车床，通过两次装夹、两道工序就可完成该零件的加工。根据零件的特点，可制定以下加工步骤：

（1）采用一夹一顶方式装夹工件，如图 7–13 所示，加工输出轴右端轮廓。

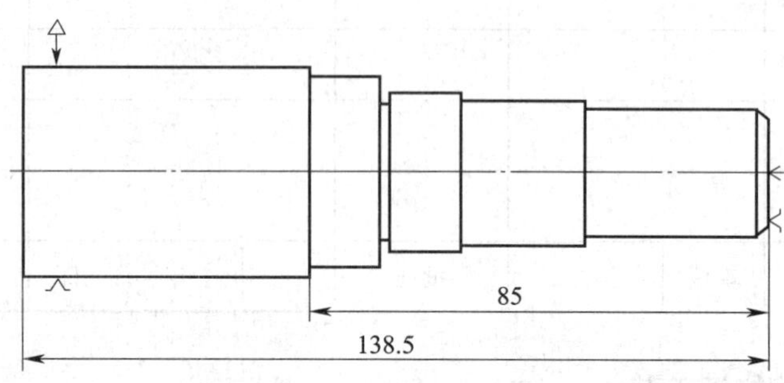

图 7–13　加工右端装夹示意图

（2）掉头，采用一夹一顶方式装夹工件，如图 7–14 所示，加工输出轴左端轮廓。

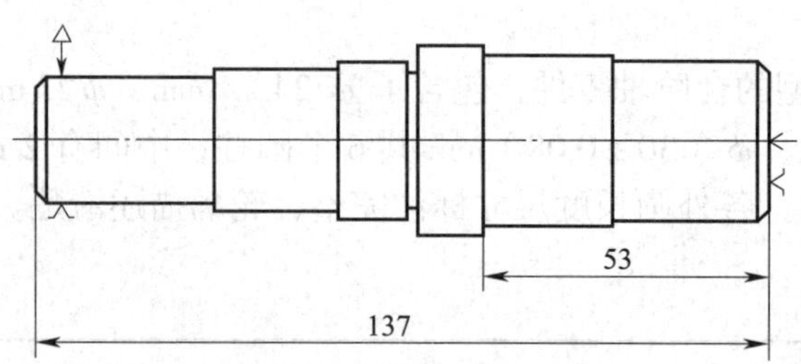

图 7–14　加工左端装夹示意图

3. 确定刀具

由于该件为单件生产，粗车和精车外圆采用一把 90° 车刀即可，加工工艺槽时采用 2 mm 宽车槽刀，其规格及参数见表 7–3。

表 7–3　　数控加工刀具明细表

产品名称或代号		×××	零件名称	输出轴		零件图号	××
序号	刀具号	刀具规格名称	数量	加工表面		刀尖半径（mm）	备注（mm × mm）
1	T01	90° 车刀	1	工件外轮廓粗车、精车		0.4	20 × 20
2	T02	2 mm 宽车槽刀	1	车槽		—	20 × 20
编制		审核	批准		年　月　日	共　页	第　页

注：备注中“20 × 20”表示刀柄尺寸。

4. 确定加工路线

根据零件加工工艺及加工特点确定加工路线，见表 7–4。

表 7-4　输出轴数控加工路线

加工路线	图示
（1）粗车右端	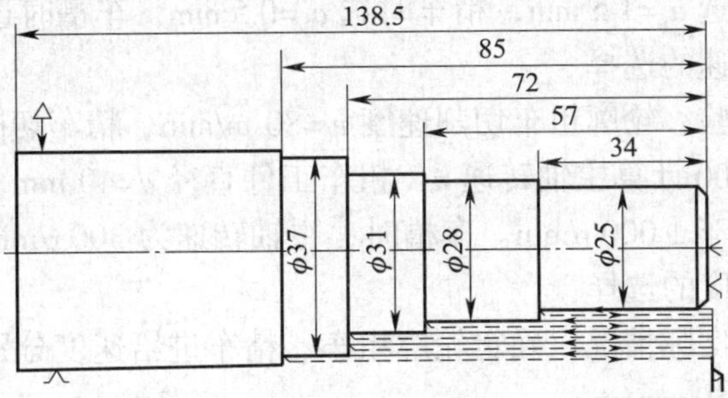 138.5; 85; 72; 57; 34; $\phi37$; $\phi31$; $\phi28$; $\phi25$
（2）精车右端	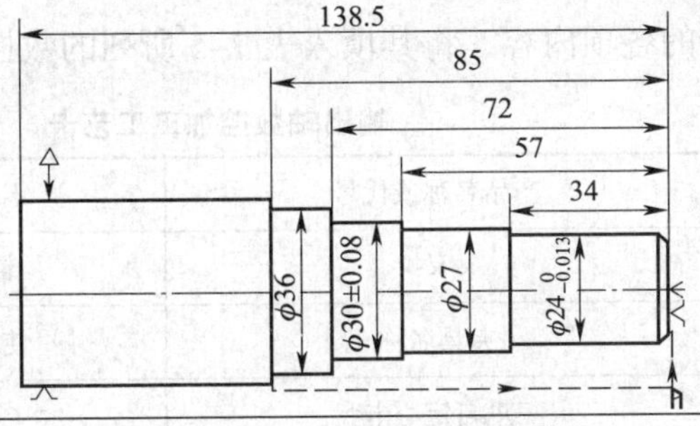 138.5; 85; 72; 57; 34; $\phi36$; $\phi30\pm0.08$; $\phi27$; $\phi24_{-0.013}^{0}$
（3）车槽	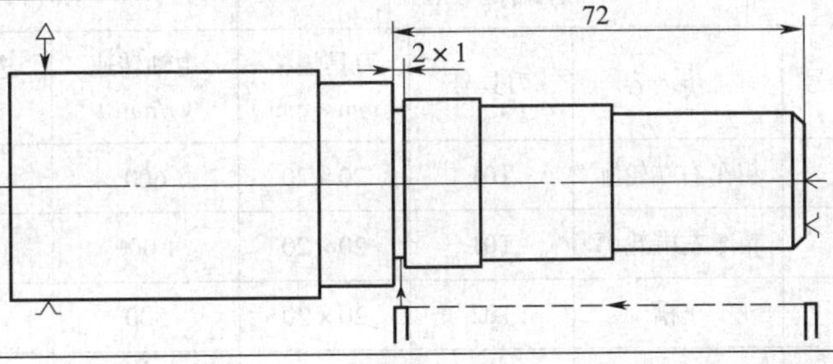 72; 2×1
（4）粗车左端	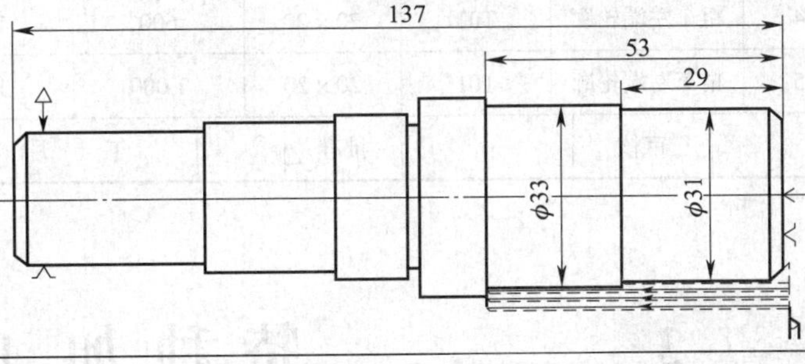 137; 53; 29; $\phi33$; $\phi31$
（5）精车左端	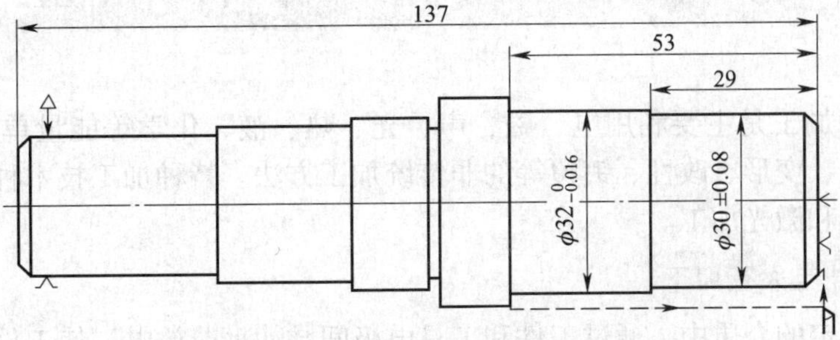 137; 53; 29; $\phi32_{-0.016}^{0}$; $\phi30\pm0.08$

5. 确定切削用量

（1）背吃刀量的选择

轮廓粗车时选 a_p=1.5 mm，精车时选 a_p=0.5 mm，车槽时选 a_p=1 mm。

（2）主轴转速的选择

根据加工经验，轮廓粗车切削速度 v_c=80 m/min，精车切削速度 v_c=110 m/min，然后利用公式 $v_c=\pi dn/1\,000$ 计算主轴转速 n（粗车工件直径 d=40 mm，精车工件直径取平均值）：粗车 600 r/min、精车 1 000 r/min。车槽时，主轴转速为 300 r/min。

（3）进给速度的选择

根据加工的实际情况，确定轮廓粗车、精车进给速度分别为 150 mm/min 和 100 mm/min，车槽进给速度为 50 mm/min。

综合前面分析的各项内容，将其填入表 7–5 所列的数控加工工艺卡。

表 7–5　输出轴数控加工工艺卡

<table>
<tr><td rowspan="2">单位名称</td><td rowspan="2">×××</td><td colspan="3">产品名称或代号</td><td colspan="2">零件名称</td><td colspan="2">零件图号</td></tr>
<tr><td colspan="3">×××</td><td colspan="2">输出轴</td><td colspan="2">××</td></tr>
<tr><td rowspan="2">程序编号</td><td rowspan="2"></td><td colspan="3">夹具名称</td><td colspan="2">使用设备</td><td colspan="2">车间</td></tr>
<tr><td colspan="3">三爪自定心卡盘</td><td colspan="2">CK6140</td><td colspan="2">数控</td></tr>
<tr><td>工序号</td><td>工步号</td><td>工步内容</td><td>刀具号</td><td>刀具规格（mm × mm）</td><td>主轴转速（r/min）</td><td>进给速度（mm/min）</td><td>背吃刀量（mm）</td><td>备注</td></tr>
<tr><td rowspan="3">1</td><td>1</td><td>粗车右端轮廓</td><td>T01</td><td>20 × 20</td><td>600</td><td>150</td><td>1.5</td><td>自动</td></tr>
<tr><td>2</td><td>精车右端轮廓</td><td>T01</td><td>20 × 20</td><td>1 000</td><td>100</td><td>0.5</td><td>自动</td></tr>
<tr><td>3</td><td>车槽</td><td>T02</td><td>20 × 20</td><td>300</td><td>50</td><td>1.0</td><td>自动</td></tr>
<tr><td rowspan="2">2</td><td>4</td><td>粗车左端轮廓</td><td>T01</td><td>20 × 20</td><td>600</td><td>150</td><td>1.5</td><td>自动</td></tr>
<tr><td>5</td><td>精车左端轮廓</td><td>T01</td><td>20 × 20</td><td>1 000</td><td>100</td><td>0.5</td><td>自动</td></tr>
<tr><td>编制</td><td></td><td>审核</td><td></td><td>批准</td><td></td><td>年　月　日</td><td>共　页</td><td>第　页</td></tr>
</table>

§7–3　特种加工

特种加工是主要利用电、磁、声、光、热、液、化学等能量单独或复合对材料进行去除、堆积、变形、改性、镀覆等的非传统加工方法。特种加工技术种类繁多，这里仅介绍电火花加工和激光加工。

一、电火花加工

在一定的介质中，通过工件和工具电极间脉冲火花放电，使工件材料熔化、汽化而被去

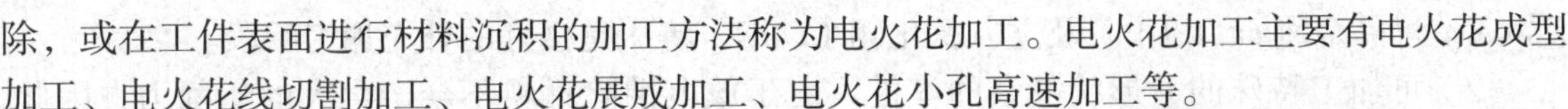

除，或在工件表面进行材料沉积的加工方法称为电火花加工。电火花加工主要有电火花成型加工、电火花线切割加工、电火花展成加工、电火花小孔高速加工等。

1. 电火花成型加工

采用成型工具电极的电火花加工称为电火花成型加工。用电火花成型加工方法加工型腔、型体、型孔、型面的电火花加工机床称为电火花成型加工机床。

电火花成型加工机床主要由床身、主轴头、立柱、数控电源柜、工作台及工作液箱等部分组成，如图 7–15 所示。

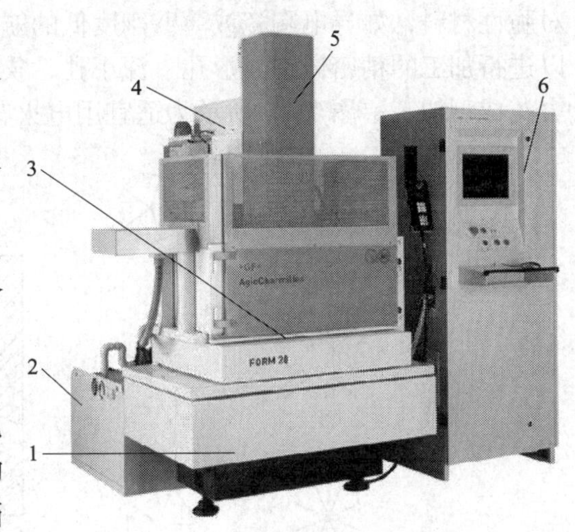

图 7–15　电火花成型加工机床

1—床身　2—工作液箱　3—工作台　4—立柱　5—主轴头　6—数控电源柜

（1）加工原理

电火花成型加工原理如图 7–16 所示。电火花加工是在液态介质中进行的，机床的自动进给调节装置使工件和工具电极之间保持适当的放电间隙，当工具电极和工件之间施加很强的脉冲电压（达到间隙中介质的击穿电压）时，会击穿介质绝缘强度最低处。由于放电区域很小，放电时间极短，因此能量高度集中，使放电区域的温度瞬时达到 10 000 ~ 12 000℃，工件表面和工具电极表面的金属局部熔化甚至汽化蒸发。局部熔化和汽化的金属在爆炸力的作用下抛入工作液中，并被冷却为金属小颗粒，然后被工作液迅速冲离工作区域，从而使工件表面形成一个微小的凹坑。一次放电后，介质的绝缘强度恢复，等待下一次放电。如此反复使工件表面不断被蚀除，并在工件上复制出工具电极的形状，从而达到成型加工的目的。

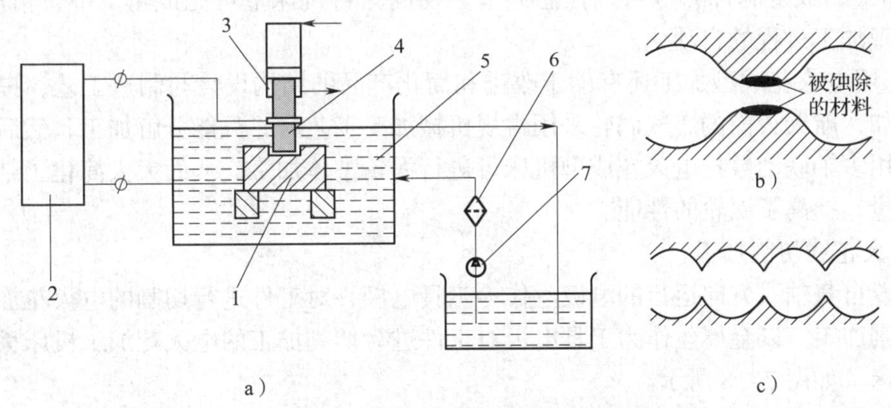

图 7–16　电火花成型加工原理

a）电火花成型加工原理　b）蚀除材料的过程　c）工件成型

1—工件（电极）　2—脉冲电源　3—自动进给调节装置　4—工具电极　5—工作液　6—过滤器　7—工作液泵

（2）应用范围

1）适用于难切削材料的成型加工。由于电火花成型加工是靠脉冲放电的电热作用蚀除工件材料的，与工件的力学性能关系不大，因此，对传统切削加工工艺难以加工的超硬材料

［如人造聚晶金刚石（PCD）及立方氮化硼（CBN）等］是极好的补充加工手段。

2）可加工特殊的、形状复杂的零件。由于放电蚀除材料不会产生大的切削力，因此，对脆性材料，如导电陶瓷或薄壁刚度低的航空航天零件，以及普通切削刀具易发生干涉而难以进行加工的精密微细异形孔、深小孔、狭长缝隙、弯曲轴线的孔、型腔等，均适宜采用电火花成型加工。图 7–17 所示为适宜用电火花成型加工的典型工件示例。

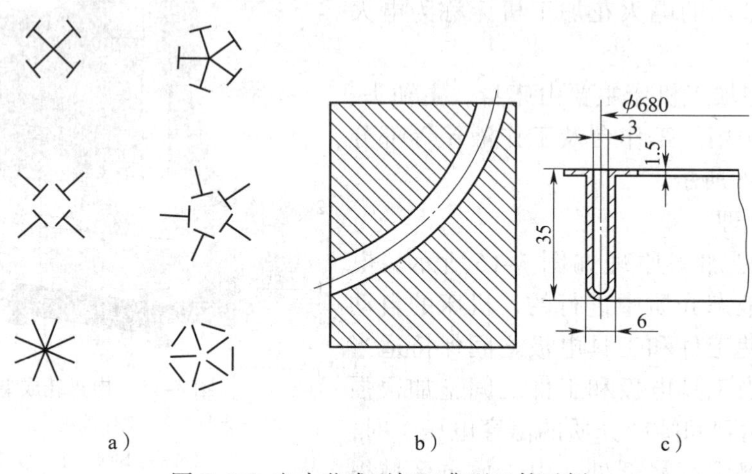

图 7–17　电火花成型加工典型工件示例
a）化纤喷丝板型孔　b）弯曲轴线孔　c）薄壁环结构

3）当脉冲宽度不大（不大于 8 μs）时，由于单个脉冲能量不大，放电又是浸没在工作液中进行的，因此，对整个工件而言，在加工过程中几乎不受热的影响，有利于加工热敏感材料。采取一定工艺措施后，还可获得镜面加工的效果。

4）加工的放电脉冲参数可以任意调节，在同一台机床上可完成粗、中、精加工过程，且易于实现加工过程的自动化。

5）采用电火花成型加工还有助于改进和简化产品的结构设计与制造工艺，提高其使用性能。例如，航天火箭的燃气涡轮采用常规机械加工工艺时，只能分解加工，然后镶拼、焊接；而利用多轴联动数控电火花成型机床可进行涡轮整体加工，从而大大简化了结构，减轻了零件质量，提高了涡轮的性能。

2. 电火花线切割加工

用沿着自身轴线方向运行的电极丝作为工具电极，对工件进行切割的电火花加工称为电火花线切割加工。以金属丝作为工具电极对工件进行切割加工的电火花加工机床称为电火花线切割机床，如图 7–18 所示。

电火花线切割加工利用移动的金属线（钼丝、铜丝或钨钼合金丝等）作为负电极，工件作为正电极，并在线电极与工件电极之间通以脉冲电流，同时在两极间浇注矿物油、乳化油等具有一定绝缘性能的工作液，靠脉冲火花的电蚀作用完成工件的加工。

（1）加工原理

电火花线切割加工原理与电火花成型加工原理相同，只是将工具电极变成金属丝电极。根据电极丝运动的方式不同，电火花线切割机床可分为快速走丝电火花线切割机床和慢速走

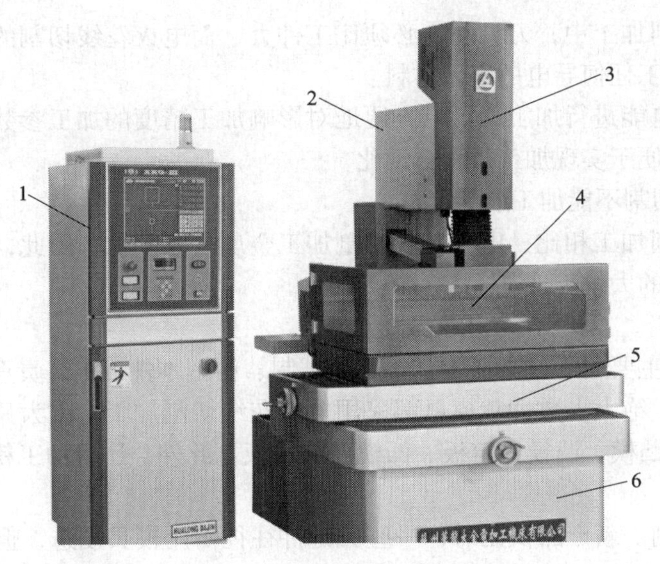

图 7–18　电火花线切割机床

1—数控电源柜　2—立柱　3—主轴头　4—工作液槽　5—工作台　6—床身

丝电火花线切割机床两大类。快速走丝电火花线切割加工原理如图 7–19 所示，加工时在电极丝和工件上加脉冲电源，使电极丝与工件之间发生脉冲放电，产生高温使金属熔化或汽化，从而得到所需要的工件。

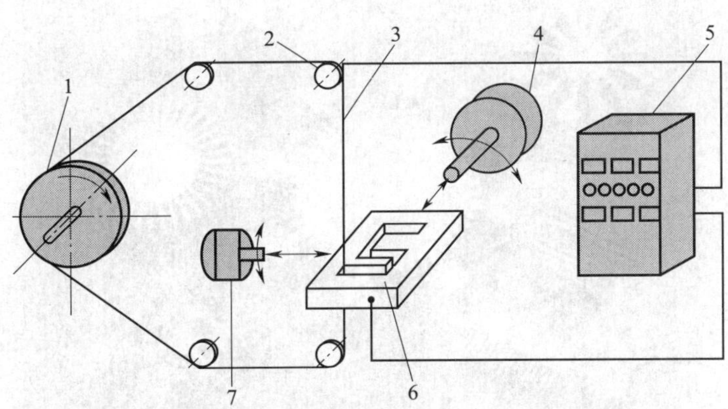

图 7–19　快速走丝电火花线切割加工原理

1—储丝筒　2—导轮　3—电极丝　4，7—工作台驱动电动机　5—脉冲电源　6—工件

（2）加工特点

1）可以加工用传统切削加工方法难以加工或无法加工的形状复杂的工件，如图 7–20 所示。对不同形状的工件很容易实现自动化加工，尤其适合小批量形状复杂工件、单件和试制品的加工，且加工周期短。

图 7–20　形状复杂的工件

2）利用电蚀加工原理，电极丝与工件不直接接触，两者之间的作用力很小，故工件变形小，电极丝、夹具不需要太高的强度。

3）在传统切削加工中，刀具硬度必须比工件大，而电火花线切割的电极丝材料不必比工件材料硬，可加工任何导电的固体材料。

4）直接利用电能进行加工，可以方便地对影响加工精度的加工参数进行调整，有利于加工精度的提高，便于实现加工过程自动化。

5）电火花线切割不能加工非导电材料。

6）与一般切削加工相比，电火花线切割加工金属去除率低，因此，其加工成本高，不适合加工形状简单的大批工件。

（3）应用范围

电火花线切割主要用于模具加工、新产品试制、精密零件加工、贵重金属下料等。

1）模具加工。绝大多数冲裁模具都采用电火花线切割加工，因为只需计算一次，编好程序后就可加工出凸模、凸模固定板、凹模及卸料板。此外，还可加工粉末冶金模、压弯模及塑压模等。

2）新产品试制。新产品试制时，一些关键件往往需用模具制造，但加工模具周期长且成本高，采用电火花线切割加工可以直接切割零件，从而缩短新产品的试制周期。

3）精密零件加工。如图 7–21 所示，在精密型孔、样板、精密狭槽等加工中，利用机械切削加工很困难，而采用电火花线切割加工则比较适宜。

图 7–21　电火花线切割加工的零件

4）贵重金属下料。由于电火花线切割加工用的电极丝尺寸远小于切削刀具尺寸（最细的电极丝尺寸可达 0.02 mm），用它切割贵重金属可节约很多切缝消耗。

二、激光加工

激光是一种能量高度集中、亮度高、方向性好、单色性好的相干光。激光加工是利用密度极高的激光束照射工件被加工部位，使材料瞬间熔化或蒸发，并在冲击波作用下将熔融物质喷射出去，从而实现对工件的穿孔、蚀刻和切割，或采用较小的能量密度使加工区域材料

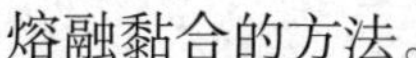

熔融黏合的方法。

1. 激光加工的基本原理

激光加工设备由电源、激光发生器、光学系统和机械系统等组成，其加工原理如图 7–22 所示，激光发生器将电能转化为光能，产生激光束，经光学系统聚焦后照射在工件表面上进行加工；工件固定在可移动的工作台上，工作台由数控系统控制和驱动。

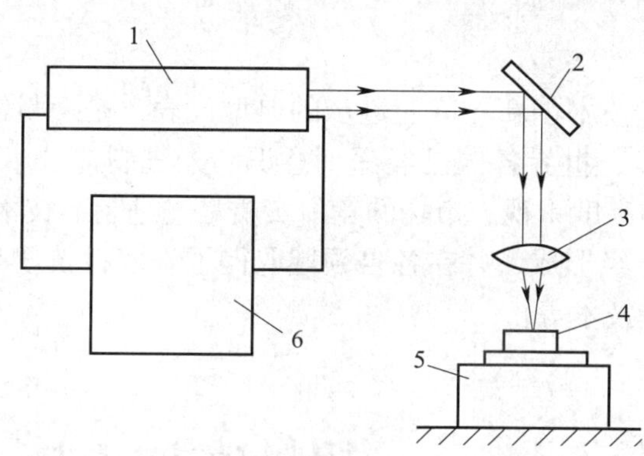

图 7–22　激光加工原理

1—激光发生器　2—反射镜　3—聚焦镜　4—工件　5—工作台　6—电源

2. 工艺特点及应用范围

激光加工是利用高能激光束进行加工的，不存在工具磨损的问题，工件也无受力变形。激光束能量密度高，可加工各种金属材料和非金属材料，如硬质合金、陶瓷、石英、金刚石等。激光适用于在硬质材料上打小孔，常用于打金刚石拉丝模、宝石轴承、发动机喷油嘴、航空发动机叶片上的小孔；此外，激光还广泛用于切割、焊接和热处理。

第八章　先进制造技术

先进制造技术是现代技术创新与工业进步的典型代表，是衡量制造业水平的关键指标，也是工业赖以生存的保障。世界各国已经深刻意识到先进制造技术在国家发展中的重要地位，并给予了前所未有的高度重视。市场的竞争实质是先进制造技术的竞争。目前，我国不同的先进制造技术格局已经形成，并在各自领域取得了许多科技成果，如超精密加工技术、高速加工技术、增材制造技术等。

§8–1　超精密加工技术

一、概述

1. 超精密加工的内涵

超精密加工是一个十分广泛的领域，它包括所有能使零件的形状、位置和尺寸精度达到微米和亚微米范围的机械加工方法。精密和超精密加工只是一个相对的概念，其界限随时间的推移而不断变化。

在当今技术条件下，普通加工、精密加工、超精密加工所能达到的加工精度见表 8–1。

表 8–1　　普通加工、精密加工、超精密加工所能达到的加工精度

名称	加工精度（μm）	表面粗糙度 *Ra* 值（μm）	举例
普通加工	>1	>0.1	一般加工都能达到
精密加工	0.1 ～ 1	0.01 ～ 0.1	如金刚车、精镗、精磨、研磨、珩磨等加工
超精密加工	<0.1	<0.01	如金刚石刀具超精密切削、超精密磨削、超精密特种加工以及复合加工等

2. 超精密加工涉及的技术范围

（1）超精密加工原理

超精密加工是从被加工表面去除一层微量的表面层，包括超精密切削、超精密磨削和超精密特种加工等。当然，超精密加工也应服从一般加工方法的普遍规律，但也有不少其自身的特殊性，如刀具的磨损、积屑瘤生成的规律、磨削原理、加工参数对表面质量的影响等，

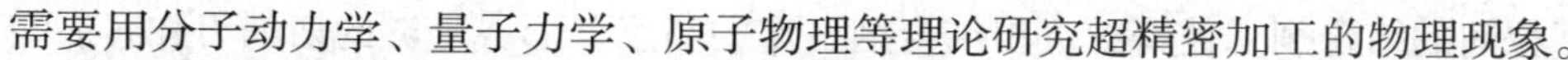

需要用分子动力学、量子力学、原子物理等理论研究超精密加工的物理现象。

（2）超精密加工刀具、磨具及其制备技术

超精密加工刀具的制备与刃磨、超硬砂轮的修整等是超精密加工的重要关键技术。

（3）超精密加工机床设备

超精密加工对机床设备有高精度、高刚度、高抗振性、高稳定性和高自动化的要求，且应具有微量进给机构。

（4）精密测量及补偿技术

超精密加工必须有相应级别的测量技术和测量装置，具有在线测量和误差补偿功能。

（5）严格的工作环境

超精密加工必须在超稳定的工作环境下进行，加工环境极微小的变化都有可能影响加工精度。因此，超精密加工必须具备各种物理效应恒定的工作环境，如恒温、净化、防振和隔振等。

二、超精密切削加工

超精密切削加工主要是指采用金刚石刀具对铜、铝等非铁金属及其合金以及光学玻璃、大理石和碳素纤维等非金属材料的精密切削加工。

目前，超精密切削刀具用的金刚石材料为大颗粒（0.5 ~ 1.5 克拉，1 克拉 =200 mg）、无杂质、无缺陷、浅色透明的优质天然单晶金刚石，其性能如下：

1. 具有极高的硬度，硬度为 6 000 ~ 10 000HV，而 TiC 仅为 3 200HV，WC 为 2 400HV。

2. 能磨出极其锋利的刃口，且切削刃没有缺口、崩刃等现象。普通切削刀具的刃口半径只能磨到 5 ~ 30 μm，而天然单晶金刚石刃口圆弧半径可小到数纳米，没有其他任何材料可以磨到如此锋利的程度。

3. 热化学性能优越，导热性好，与有色金属间的摩擦因数小、亲和力小。

4. 耐磨性好，切削刃强度高，刀具磨损极慢，刀具寿命极长。

因此，天然单晶金刚石虽然价格昂贵，但一致认为是理想的、不能替代的超精密切削刀具材料。

三、超精密磨削加工

超精密磨削加工是指加工精度达到或高于 0.1 μm，表面粗糙度 Ra 值小于 0.025 μm 的一种亚微米级的加工方法，并正在向纳米级发展。超精密磨削的关键在于砂轮的选择、砂轮的修整和高精度的磨削机床。

1. 超精密磨削砂轮

在超精密磨削加工中，所使用的砂轮材料多为金刚石和立方氮化硼（CBN）磨料。金刚石砂轮有较强的磨削能力和较高的磨削效率，在磨削硬质合金、非金属硬脆材料、有色金属及其合金等方面有较大的优势。由于金刚石易与铁族元素产生化学反应及亲和作用，故对于硬而韧、高温硬度高、热导率低的钢铁材料，用 CBN 砂轮磨削效果较好。CBN 比金刚石磨料的热稳定性好，化学惰性强，其热稳定性为 1 250 ~ 1 350℃，而金刚石磨料的热稳定性只有 700 ~ 800℃。

2. 超精密磨削砂轮的修整

砂轮修整通常包括修形和修锐两个过程。修形是使砂轮达到一定精度要求的几何形状，而修锐是去除磨粒间的结合剂，使磨粒突出结合剂一定的高度，形成足够的切削刃和容屑空间。普通砂轮的修形与修锐一般是同步进行的，而超硬磨料砂轮的修形和修锐一般分先后两步进行。修形时要求砂轮有精确的几何形状，而修锐时则要求砂轮有好的磨削性能。无论是金刚石砂轮还是 CBN 超硬磨料砂轮，都比较坚硬，很难用其他磨料来磨削以形成新的切削刃。因此，超硬磨料砂轮一般通过去除磨粒间结合剂的方法使磨粒突出结合剂一定高度，以形成新的磨粒。

3. 磨削速度和磨削液

金刚石砂轮的磨削速度一般为 12 ~ 30 m/s。磨削速度太低，单颗磨粒的切削厚度过大，不仅使工件表面粗糙度值增大，也使金刚石砂轮磨损加剧；磨削速度提高，可使工件表面粗糙度值降低，但磨削温度将随之上升，导致金刚石砂轮的磨损逐渐加大，因金刚石砂轮的热稳定性仅为 700 ~ 800℃。

CBN 砂轮的磨削速度可比金刚石砂轮高得多，达 80 ~ 100 m/s，这主要是因为 CBN 磨料的热稳定性好。

磨削超硬磨料砂轮时，磨削液的使用与否对砂轮的使用寿命影响很大。例如，对于树脂结合剂超硬磨料砂轮，湿磨比干磨可延长砂轮使用寿命 40% 左右。磨削液除了具有润滑、冷却、清洗功能外，还具有渗透性、防锈、提高切削加工性等功能。

磨削液应视具体情况合理选择。用金刚石砂轮磨削硬质合金时，普遍采用煤油，而不宜采用乳化液；树脂结合剂砂轮不宜使用苏打水。磨削 CBN 砂轮时宜采用油性磨削液，一般不用水溶性磨削液，因为在高温状态下 CBN 砂轮与水起水解作用，会加剧砂轮磨损。若不得不使用水溶性磨削液时，可加入极压添加剂以减弱水解作用。

四、超精密加工机床与设备

超精密加工机床是实现超精密加工的首要基础条件。超精密加工机床的精度质量主要取决于机床的主轴部件、床身和导轨以及驱动部件等关键部件。

1. 精密主轴部件

精密主轴部件是超精密加工机床的圆度基准，也是保证机床加工精度的核心。主轴要求达到极高的回转精度，其关键在于所用的精密轴承。目前，超精密机床主轴广泛采用的是液体静压轴承和空气静压轴承。

2. 床身和精密导轨

目前，超精密加工机床床身多采用人造花岗岩材料。人造花岗岩由花岗岩碎粒与树脂黏结而成，可铸造成型，它不仅具有花岗岩材料热膨胀系数小、硬度高、耐磨且不生锈的特点，还克服了天然花岗岩材料尺寸稳定性不足的缺点，并强化了床身抗振、衰减能力。

超精密加工机床的导轨部件要求有极高的直线运动精度，不能有爬行现象，导轨耦合面不能有磨损。液体静压导轨、气浮导轨和空气静压导轨均具有运动平稳、无爬行现象、摩擦因数接近于零的特点，在超精密加工机床中得到广泛使用。

如图 8-1 所示为某超精密加工机床所采用的平面型空气静压导轨，整个导轨在上下、左右静压空气的约束下悬浮起来，基本没有摩擦力，具有较高的刚度和运动精度。

3. 微量进给装置

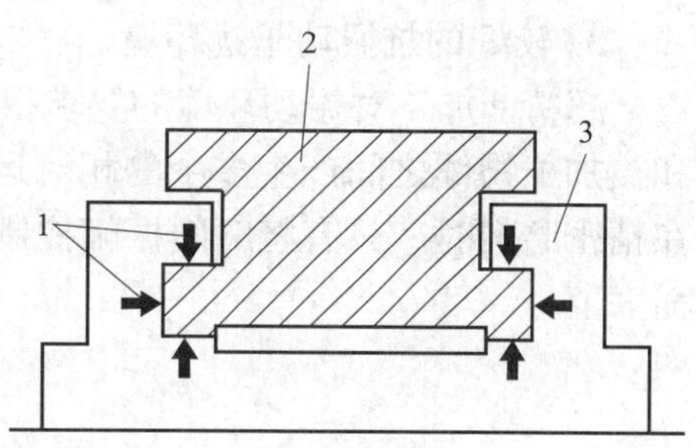

图 8-1　平面型空气静压导轨
1—静压空气　2—移动工作台　3—底座

高精度微量进给装置是超精密加工机床的一个关键部件，它对实现超薄切削、高精度尺寸加工和实现在线误差补偿有着十分重要的作用。目前，高精度微量进给装置的分辨率为 0.001 ~ 0.01 μm。微量进给装置有机械式、液压传动式、弹性变形式、压电陶瓷式等多种结构形式。图 8-2 所示为一种压电陶瓷微量进给装置。压电陶瓷器件 3 在预压应力状态下与弹性载体刀夹 1 和后垫块 4 黏结在一起，在压电作用下陶瓷伸长，实现刀夹微量进给。

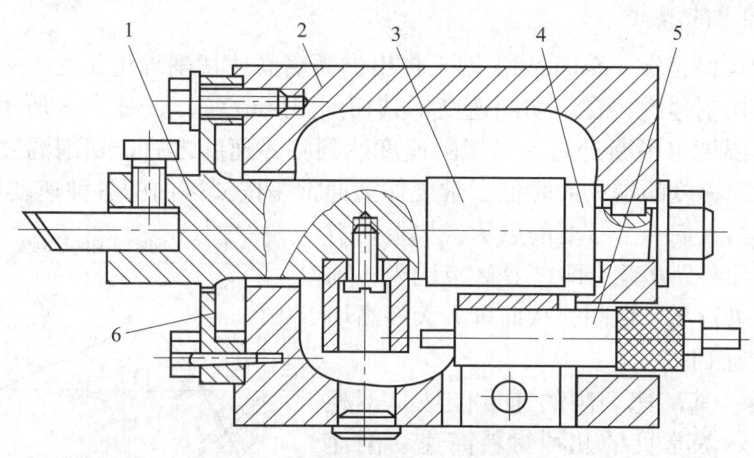

图 8-2　压电陶瓷微量进给装置
1—弹性载体刀夹　2—机座　3—压电陶瓷器件　4—后垫块　5—电感测头　6—弹性支撑

五、超精密加工支持环境

为适应精密和超精密加工要求，达到微米甚至纳米级的加工精度，必须对支持环境加以严格控制，包括空气环境、温度环境、振动环境等。

1. 净化的空气环境

空气中的尘埃和微粒对普通精度的加工不会有什么不良影响，但会导致精密和超精密加工精度的下降，因为空气中尘埃和微粒的尺寸大小与加工精度要求相比，已经成为不可忽视的数值了。例如，精密加工计算机硬盘表面时，1 μm 直径的尘埃将会拉伤加工表面而使其不能正确记录信息。

为保证精密和超精密加工产品的质量，必须对周围空气环境进行净化处理，减少空气中的尘埃含量，提高空气的洁净度。

2. 恒定的温度环境

精密加工和超精密加工所处的温度环境与加工精度有着密切关系，当环境温度发生变化时会影响机床的几何精度和工件的加工精度。因此，严格控制的恒温环境是精密和超精密加工的重要条件之一。加工精度要求越高，对温度波动范围的要求越严格。

3. 较好的抗振动干扰环境

超精密加工对振动环境的要求很高，这是因为工艺系统内部和外部的振动干扰会使加工和被加工物体之间产生多余的相对运动，从而无法达到需要的加工精度和表面质量。例如，在精密磨削时，只有将磨削振幅控制在 1 ~ 2 μm 之间，才能获得 *Ra*0.01 μm 以下的表面粗糙度值。

§8–2 高速加工技术

一、高速加工的概念

1931 年，德国萨洛蒙（Salomon）博士提出的著名高速切削理论认为：一定的工件材料对应有一个临界切削速度，在该切削速度下其切削温度最高。如图 8–3 所示，随着切削速度的增大，切削温度也不断升高，当切削速度达到临界速度之后，切削温度将不再继续升高，反而随着切削速度的增大而降低。常规切削通常是按 *A* 区内的各种速度进行切削加工。萨洛蒙切削理论给人们一个重要的启示，如果切削速度超越切削“死谷”*B* 区，即在 *C* 区范围内，则可用现有的刀具进行高速切削，从而可大大提高切削效率，缩短切削工时。

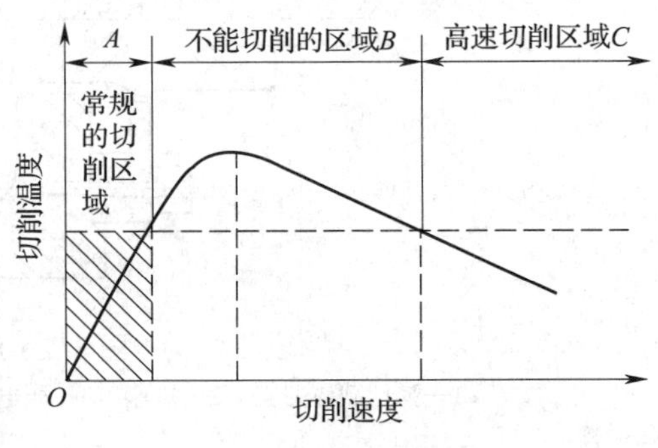

图 8–3　高速切削概念

不同的材料，其高速切削的速度区域是不相同的。图 8–4 所示为常见的几种材料高速切削速度区域，铝合金为 1 000 ~ 7 000 m/min，铜合金为 900 ~ 5 000 m/min，钢为 500 ~ 2 000 m/min，铸铁为 800 ~ 3 000 m/min，钛合金为 200 ~ 1 000 m/min。

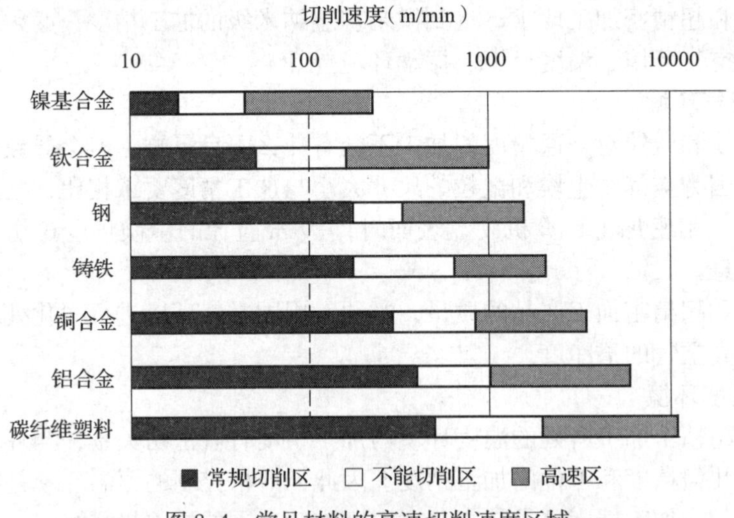

图 8–4　常见材料的高速切削速度区域

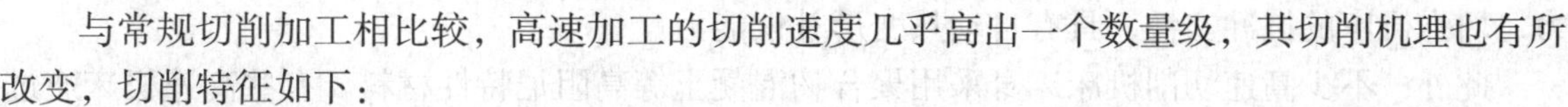

与常规切削加工相比较，高速加工的切削速度几乎高出一个数量级，其切削机理也有所改变，切削特征如下：

1. 切削力低

由于高速切削速度高，材料切削变形区内的剪切角增大，切屑流出速度加快，致使切削变形减小，其切削力比常规切削降低 30% ~ 90%，特别适用于薄壁类刚度较低的零件加工。

2. 热变形小

切削时 90% 以上的切削热来不及传给工件就被高速流出的切屑带走，工件温度上升一般不超过 3℃，特别适用于细长易热变形零件及薄壁零件的加工。

3. 材料切除率高

高速切削单位时间内的材料切除率可提高 3 ~ 5 倍，特别适用于材料切除率要求较大的场合，如汽车、模具和航空航天等制造领域。

4. 提高加工质量

由于机床、工件、刀具组成的工艺系统在高转速和高进给率条件下工件加工激振频率远高于工艺系统的固有频率，使加工过程平稳，切削振动小，可实现高精度、低表面粗糙度值的高质量加工。

5. 简化工艺流程

高速切削可直接加工淬硬材料，在很多情况下可完全省去电火花加工和人工打磨等耗时的光整加工工序，简化了工艺流程。

二、高速切削加工的关键技术

高速切削加工所涉及的技术内容较多，这里仅简要介绍高速主轴单元、快速进给系统、先进的机床结构、高速切削刀具以及高性能 CNC 控制系统等高速切削的关键技术。

1. 高速主轴单元

高速切削机床主轴通常在高于 10 000 r/min 的条件下高速运转，为此要求机床主轴具有先进的主轴结构，低摩擦、长使用寿命的主轴轴承，良好的润滑和散热条件。高速加工机床主轴的理想结构是采用“电主轴”单元结构，它具有质量轻、振动小、噪声低、结构紧凑的特点。

2. 快速进给系统

实现高速切削加工不仅要求有很高的主轴转速和功率，同时要求机床工作台有高的进给速度和运动速度。目前，直线电动机（图 8–5）直接驱动进给系统已得到普遍应用。直线电动机直接驱动进给系统没有机械传动环节，没有机械刚性摩擦，提供了更高的进给速度和更好的加减速特性，其进给速度可达到 160 m/min，定位精度为 0.05 ~ 0.5 μm。

3. 先进的机床结构

高速切削机床的基础结构件必须具有足够的刚度和强度、高的阻尼特性和热稳定性。目前，高速切削机床多采用龙门式立柱型对称结构及箱中箱结构，这种结构可提高机床的刚度和承载能

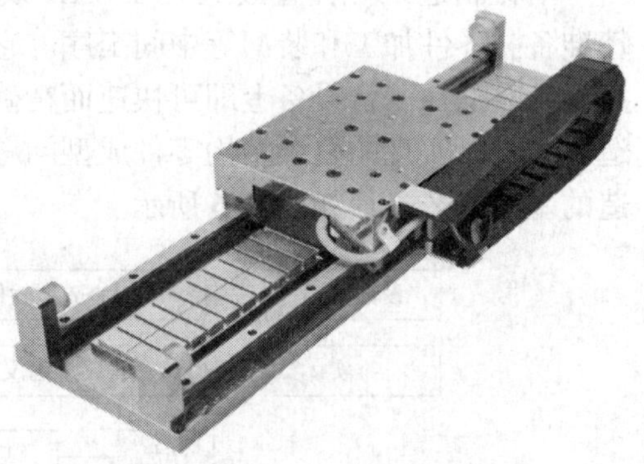

图 8–5 直线电动机

力，增强机床的抗冲击性，具有自动热变形补偿能力。

此外，不少高速切削机床床身采用聚合物混凝土等高阻尼特性材料。有些高速机床通过传感控制使主轴油温与机床床身的温度保持一致，以协调主轴与床身的热变形。在高速切削机床安全性方面，其观察窗一般用防弹玻璃制成，采用自动在线监控系统对刀具和主轴的运转状况进行在线识别与控制，以确保人身与设备的安全。

4. 高速切削刀具

高速切削通常采用的刀具有硬质合金涂层刀具、陶瓷刀具、聚晶金刚石刀具、立方氮化硼刀具。

在高速切削条件下，由于受离心力的作用将使主轴锥孔扩张，导致刀柄与主轴的连接刚度明显降低，径向圆跳动精度会急剧下降，甚至出现震颤。为了保证高速旋转刀柄的接触刚度，一种新型双定位刀柄已在高速切削机床上得到应用。这种刀柄的锥部和端面同时与主轴保持面接触，在整个高转速范围内能够保持较高的静态和动态刚度，定位精度显著提高。

5. 高性能 CNC 控制系统

用于高速加工的 CNC 控制系统必须具有高的运算速度和控制精度，以满足复杂曲面型面的高速加工要求。目前，高速切削机床的 CNC 控制系统多采用 64 位 CPU 系统，配置功能强大的计算处理软件，具有加速预插补、前馈控制、精确适量补偿和最佳拐角减速控制等功能，有极高的运动轨迹控制精度以及优异的动力学特征，保证了高速、高进给速度的切削加工要求。

§8–3 增材制造技术

一、增材制造技术的基本原理

相对于传统材料去除成型（切削加工）工艺而言，增材制造（Additive Manufacturing，AM）技术是一种基于“分层制造、逐层叠加”的离散分层制造原理发展起来的先进制造技术，通常也被称为“3D 打印”。

增材制造是一种直接从三维 CAD 数字化模型制造出产品实体的技术，减少或省略了毛坯准备、零件加工和装配等中间工序。它无须昂贵的刀具、夹具和模具等辅助工具，利用三维设计数据在一台设备上即可快速而精确地制造出任意复杂形状的零件，解决了许多传统制造工艺难以实现的复杂结构零件成型问题，大大减少了加工工序，缩短了加工周期。增材制造的基本工艺过程如图 8–6 所示。

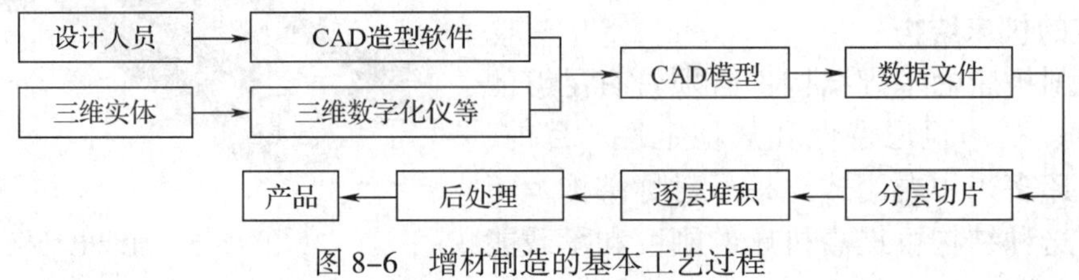

图 8–6　增材制造的基本工艺过程

1. 建立三维实体模型

设计人员可以应用各种三维 CAD 软件（如 Solidworks、UG、Pro/E、3Dmax 等），将设计对象构建成三维实体数据模型；或通过三坐标测量仪、激光扫描仪、三维实体影像等手段对三维实体进行反求，获取实体的三维数据，以此建立实体的 CAD 模型。

2. 生成数据转换文件

将所建立的 CAD 三维实体数据模型转换为能够被增材制造系统所接受的数据格式文件，如 STL、IGES 等。由于 STL 文件易于进行分层切片处理，目前几乎所有增材制造系统均采用 STL 三角化文件格式。

3. 分层切片

分层切片处理是将 CAD 三维实体模型沿给定的方向切成一层层二维薄片，薄片厚度可根据增材制造系统的制造精度在 0.01 ~ 0.5 mm 之间进行选取，薄片厚度越小，精度越高。分层切片过程也是增材制造由三维实体向二维薄片的离散化过程。

4. 逐层堆积成型

增材制造系统根据切片的轮廓和厚度要求，用粉材、丝材、片材等完成每一切片成型，通过一片片堆积，最终完成三维实体的成型制造。

5. 成型实体的后处理

实体成型后，需去除一些不必要的支撑结构或粉末材料，再根据要求进行固化、修补、打磨、表面强化以及涂覆等后处理工序。

二、增材制造技术的应用

增材制造技术已被应用于多个行业领域，并且发挥着越来越重要的作用。

1. 在航空航天领域的应用

目前，增材制造（3D 打印）技术已成为提高航天器设计和制造能力的一项关键技术，其在航空航天领域的应用范围不断扩展。利用 3D 打印不仅打印出了飞机、导弹、卫星、载人飞船的零部件，还打印出了发动机、无人机、微卫星整机。如图 8–7 所示为 3D 打印的以液态甲烷为燃料的火箭发动机涡轮泵。

2. 在汽车零件制造领域的应用

汽车零件具有形状复杂、加工制造难度大的特点，3D 打印技术同样也能应用于其中。如图 8–8 所示为 3D 打印的汽车。

图 8–7 3D 打印的火箭发动机涡轮泵

图 8–8 3D 打印的汽车

3. 在生物医学领域的应用

目前，3D 打印技术已经在牙齿矫正、脚踝矫正、医学模型快速制造、组织器官替代、脸部修饰和美容等方面得到应用与发展。如图 8–9 所示为 3D 打印的牙齿。

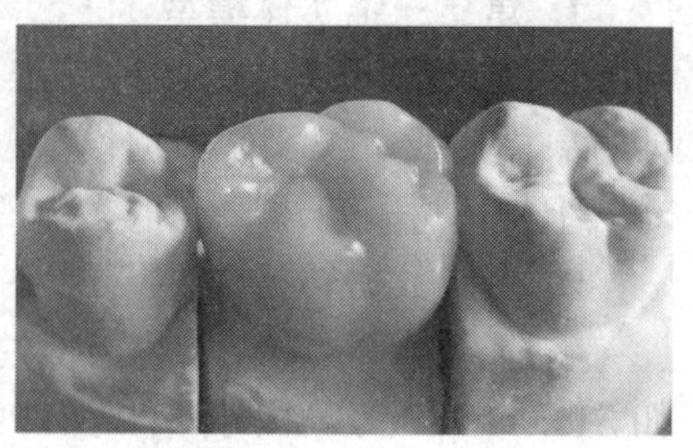

图 8–9　3D 打印的牙齿

4. 在建筑领域的应用

建筑设计师受传统建造技术的束缚，无法将具有创意性和更具艺术效果的作品变为现实，而 3D 打印技术却能让建筑设计师的创意得以实现。如图 8–10 所示为 3D 打印的房子。

图 8–10　3D 打印的房子

5. 在军事领域的应用

现代化军事的特点不仅仅是机械化、信息化，还要有快速的机械装备修复能力，如战场机械装备的修复以及辅助工具的帮助，而这些零件和工具在机动性强、变化迅速的战场会变成负担，并且损坏零件的不确定性和辅助工具的不通用性都会制约战场的作战效率。而 3D 打印技术可以有效地解决这些问题，只要有零件的模型数字数据加上合适的材料，就能“打印”出所需要的零件和工具，完成机器的修复工作。

第九章　切削加工质量

机械产品是由许多互相关联的零件装配而成的，产品的制造质量包括零件加工质量和装配质量两个方面。其中，零件加工质量是保证产品质量的基础，它直接影响产品的工作性能和使用寿命。零件的加工质量一般用加工精度和表面质量两个指标来评定。

§9–1　基本概念

一、加工精度与加工误差

加工精度是指零件加工后的实际几何参数（尺寸、形状和位置）与理想几何参数的符合程度。符合的程度越高，加工精度也越高。在切削加工过程中，由于各种因素的影响，使加工出来的零件不可能与理想的要求完全符合。

加工误差是指加工后零件的实际几何参数（尺寸、表面形状和表面相互位置）与理想几何参数的偏离程度。加工误差是表示加工精度高低的一个数量指标。一个零件的加工误差越大，加工精度越低；加工误差越小，加工精度越高。

研究加工精度的目的，是研究各种工艺因素对加工精度的影响及其规律，从而找出减小加工误差、提高加工精度的途径。

二、产生加工误差的因素

工件和刀具分别安装在夹具和机床上，并受到夹具和机床的约束，由机床、夹具、刀具和工件组成的系统称为工艺系统。零件的加工是在工艺系统中进行的。由于各种因素的影响，工艺系统中的各种误差在不同的条件下以不同的方式反映为加工误差。工艺系统中凡是能直接引起加工误差的因素都称为原始误差。由于原始误差的存在，致使零件加工过程中存在加工误差，直接影响着零件的加工精度。工艺系统的误差是影响加工精度的根源，其结果以加工误差表现出来。若原始误差在加工前已经存在，即在非工作状态下检验出的误差，称为工艺系统静态误差，如机床和夹具的制造误差、刀具的尺寸误差、毛坯尺寸误差等都属于静态误差；若原始误差是在工作状态下产生的，则称为工艺系统动态误差。

研究加工精度时，通常按照工艺系统误差的性质将其归纳为四个方面：

1. 工艺系统的几何误差。
2. 工艺系统受力变形所引起的误差。
3. 工艺系统热变形所引起的误差。
4. 工件内应力变化所引起的误差。

上述各种因素在机械加工过程中将对加工精度产生综合性作用。加工条件不同，误差构成也不同，不是在任何加工中所有误差因素都会同时出现。因此，在分析生产中的加工精度问题时，必须根据具体情况进行具体分析，找出产生加工误差的主要因素，采取有效补救或预防措施来提高零件的加工精度。

三、表面质量

机械加工的表面质量是指零件加工后的表面层状态，它是判定零件质量的重要依据。机械零件的失效，大多由零件的磨损、腐蚀或疲劳破坏所致，而磨损、腐蚀、疲劳破坏等都是从零件表面开始的。由此可见，零件表面质量将直接影响零件的工作性能，尤其是可靠性和使用寿命。表面质量包括两个方面的内容：加工表面的几何形状误差及表面层金属的力学性能、物理性能和化学性能。

1. 加工表面的几何形状误差

加工表面的几何形状误差如图 9–1 所示。

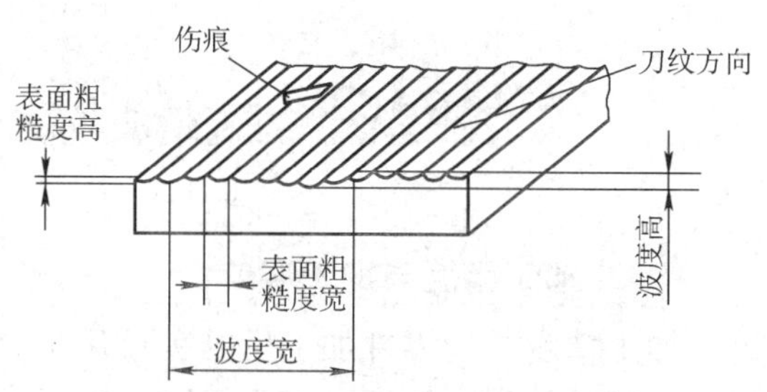

图 9–1 加工表面的几何形状误差

（1）表面粗糙度

表面粗糙度是加工表面的微观几何形状误差，其波长与波高比值一般小于 50。

（2）波纹度

加工表面不平度中波长与波高的比值等于 50 ~ 1 000 的几何形状误差称为波纹度，它是由机械加工中的振动引起的。当波长与波高比值大于 1 000 时，称为宏观几何形状误差，如圆度误差、圆柱度误差等。

（3）纹理方向

纹理方向是指表面刀纹的方向，它取决于表面形成过程中所采用的机械加工方法。如图 9–2 所示，给出了各种加工纹理方向及其符号标注。

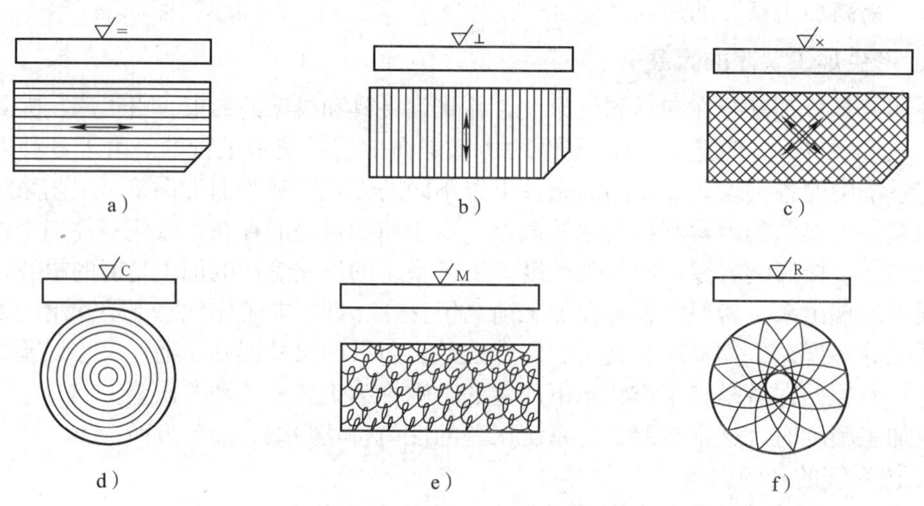

图 9–2 加工纹理方向及其符号标注

a）纹理方向平行于标注代号的视图平面 b）纹理方向垂直于标注代号的视图平面
c）纹理呈交叉形 d）纹理呈近似同心圆 e）纹理呈迂回形 f）纹理呈近似放射形

（4）伤痕

伤痕是加工表面上一些个别位置处出现的缺陷，如砂眼、气孔、裂痕等。

2. 表面层金属的力学性能、物理性能和化学性能

机械加工过程中，在切削力、切削热的共同作用下，工件表面一定深度的表层材料会产生较大的塑性变形，金相组织也可能发生变化。这层材料的物理性能、力学性能发生变化，不同于内部的基体材料，从而形成加工表面的变质层，主要表现为表面冷作硬化、表面层金相组织变化和加工表面的残余应力等。

（1）表面冷作硬化

在加工过程中，工件表层材料在切削力的作用下产生塑性变形，使晶粒间产生剪切滑移，晶格扭曲，并使晶粒拉长、破碎，从而使加工表面层材料的强度和硬度提高，塑性下降，这种现象称为冷作硬化。表面冷作硬化程度取决于导致塑性变形的切削力、变形速度以及变形时的温度。切削力越大，塑性变形越大，则硬化程度越严重；变形速度快，塑性变形不充分，则硬化程度减弱；切削热会影响变形后金相组织的恢复，能够部分消除冷作硬化。因此，机械加工时表面层的冷作硬化现象是强化作用与恢复作用的综合结果。

（2）表面层金相组织变化

在机械加工中会产生很高的切削热，直接影响着工件表面层材料的金相组织。例如，在磨削加工中，由于磨削速度高及磨粒的刮擦、挤压作用，在工件表面将产生大量的磨削热，使磨削表面层的温度超过材料的相变温度，促使加工表面的金相组织发生变化，这种现象称为磨削烧伤。磨削烧伤大大降低了零件的使用性能，其使用寿命缩短，甚至会造成废品。

（3）加工表面的残余应力

在机械加工中，当表面层金属发生形状、体积或金相组织变化时，将在表面层金属与基体间产生残余应力。形成残余应力的原因主要有以下三个方面：

1）冷态塑性变形引起残余应力。在机械加工中，由于切削力的作用使工件表面层金属受到挤压、摩擦，产生剧烈的塑性变形，而基体金属产生了弹性变形。当切削力消除后，工件表面层的塑性变形不能恢复，而基体金属的弹性变形要恢复，但受到表面层金属的限制，从而产生残余压应力。

2）热态塑性变形引起残余应力。工件在切削热作用下，表面层金属产生热膨胀，体积变化较大，而基体金属温度较低，体积变化小。当切削加工结束后，表面层金属温度下降，体积收缩，而基体金属温度低，体积收缩不如表面层大。因此，表面层金属受到基体金属的牵制，从而产生残余拉应力，磨削加工温度越高，残余拉应力也越大，有时甚至会产生裂纹。

3）金相组织变化引起残余应力。切削温度过高会引起表面层金属金相组织变化。不同的金相组织有不同的体积，金相组织变化会引起体积的变化。当表面层金属体积膨胀时会压制基体金属，产生残余压应力；当表面层金属体积收缩时会受到基体金属的牵制，则产生残余拉应力。

机械加工后，工件表面层的残余应力是上述三者的综合结果。在不同的条件下，其中某一种或两种因素起主导作用。一般切削加工中，当切削温度不高时，起主导作用的是冷态塑性变形，产生残余压应力。磨削加工中，热态塑性变形和金相组织变化起主导作用，产生残余拉应力。

§9–2 影响加工精度的因素及提高加工质量的措施

一、工艺系统的几何误差

1. 加工原理误差（理论误差）

加工原理误差是指由于采用了近似的刀具轮廓、近似的成形运动轨迹和近似传动比的成形运动使加工零件产生的加工误差。具体有以下几种情况：

（1）近似的刀具轮廓

用成形刀具加工复杂的曲线表面时，要使刀具刃口做成完全符合理论曲线的轮廓，有时相当困难，所以往往采用圆弧、直线等近似、简单的线型替代，例如，滚齿用的齿轮滚刀就有两种误差，一是为了制造方便，采用阿基米德蜗杆或法向直廓蜗杆代替渐开线基本蜗杆而产生的刀刃齿廓近似误差；二是由于滚刀刀齿有限，实际上加工出的齿形是一条由微小折线段组成的曲线，与理论上的光滑渐开线有差异。这些都会产生加工原理误差。再如，模数铣刀成形铣削齿轮也采用近似刀刃齿廓，同样会产生加工原理误差。

（2）近似的成形运动轨迹

如图 9–3 所示，在三坐标数控铣床上铣削复杂型面零件时，通常要用球头刀并采用“行切法”加工。所谓行切法，就是球头刀与零件轮廓的切点轨迹是一行一行的，而行间的距离 s 是按零件加工要求确定的，其中 R 表示球头刀半径，h 表示允许的平面度误差。整个曲面就是由大量加工出的小直线段来逼近的。这说明，在曲线或曲面的数控加工中，刀具相对于工件的成形运动是近似的。

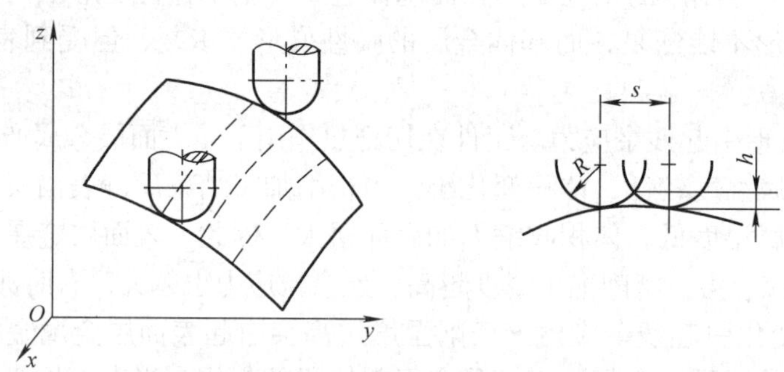

图 9–3　空间复杂曲面的数控铣削加工

（3）近似传动比的成形运动

如车削模数蜗杆时，由于蜗杆的螺距是 π 的倍数，而 π 是一个无理数，只能用近似传动比（22/7）的交换齿轮来实现 π，因而产生由近似传动比的成形运动所引起的加工原理误差。

采用近似的加工方法，虽然会引起加工原理误差，但往往能简化机床结构或刀具形状，可提高生产效率，有时甚至能得到很高的加工精度。因此，只要其误差不超过规定的精度要

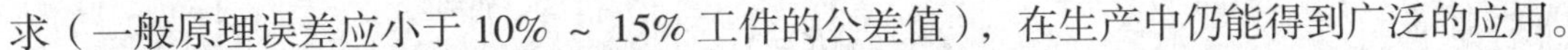

求（一般原理误差应小于 10% ~ 15% 工件的公差值），在生产中仍能得到广泛的应用。

2. 机床、刀具、夹具的制造误差及工件的定位误差

（1）机床误差

引起机床误差的原因是机床本身各部件的制造误差、安装误差和使用过程中的磨损。机床误差的项目很多，这里着重分析对工件加工精度影响较大的导轨导向误差、主轴回转误差和传动链误差。

1）导轨导向误差。导轨是机床中确定主要部件相对位置的基准，也是运动的基准，它的各项误差将直接影响被加工零件的精度。导轨导向精度是指机床导轨副的运动件实际运动方向与理想运动方向的符合程度，这两者之间的偏差称为导轨误差。对机床导轨的精度要求主要有以下三个方面：

①在水平面内的直线度 Δy（弯曲）（图 9-4）。

②在垂直面内的直线度 Δz（弯曲）。

③前后导轨的平行度 δ（扭曲）（图 9-5）。

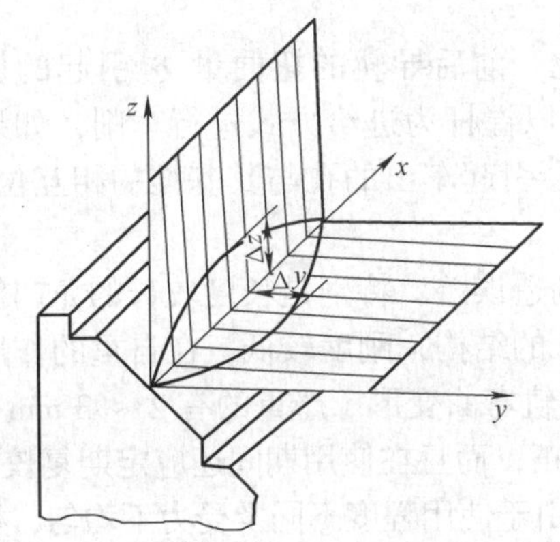

图 9-4 导轨的直线度

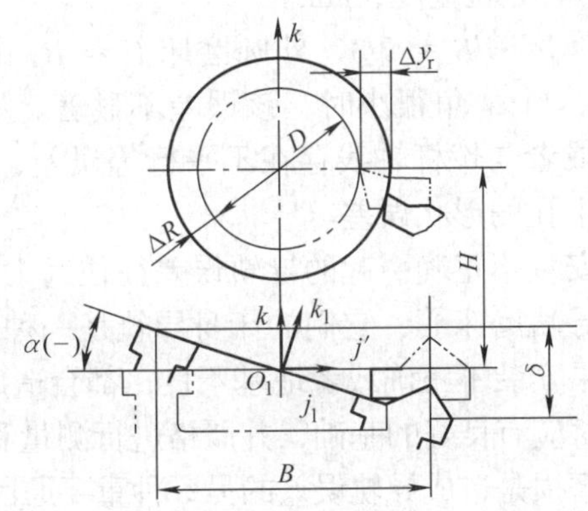

图 9-5 导轨扭曲引起的加工误差

导轨导向误差对不同的加工方法和加工对象将会产生不同的加工误差。在分析导轨导向误差对加工精度的影响时，主要应考虑导轨误差引起刀具与工件在误差敏感方向的相对位移。

例如，在车床上车削圆柱面时，误差的敏感方向在水平面内。如果床身导轨在水平面内存在导向误差 Δy，在垂直面内存在导向误差 Δz，加工工件直径为 D 时，如图 9-6 所示，由 Δy 引起的加工半径误差 ΔR_y 和加工表面圆柱度误差 ΔR_{max} 分别为：

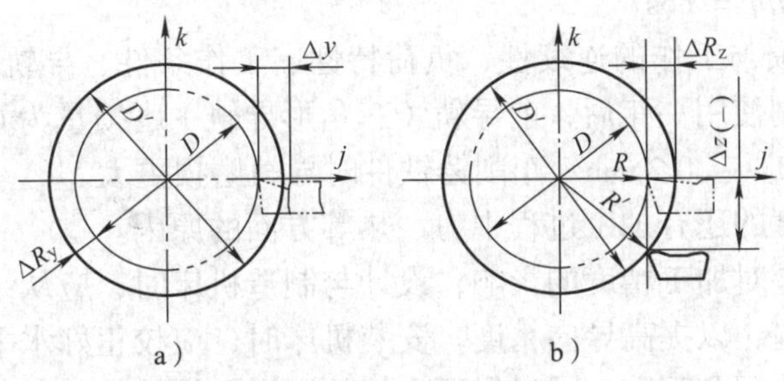

图 9-6 导轨误差对车削圆柱面精度的影响

$$\Delta R_y=\Delta y$$

$$\Delta R_{max}=\Delta y_{max}-\Delta y_{min}$$

式中 Δy_{max}、Δy_{min}——工件全长范围内刀尖与工件在水平面内相对位移的最大值和最小值，mm。

由 Δz 引起的加工半径误差 ΔR_z 为：

$$\Delta R_z = (\Delta z)^2/D$$

Δz 在误差的非敏感方向上。ΔR_z 为 Δz 的二次方误差，数值很小，可以忽略，故只需考虑 Δy 引起的加工误差。

如果前后导轨不平行（扭曲），则加工半径误差 ΔR（图 9–5）为：

$$\Delta R=\Delta y_r=\alpha H \approx \delta H/B$$

式中 α——导轨倾斜度，(°)；

H——车床中心高，mm；

δ——前后导轨的扭曲量，mm。

B——导轨宽度，mm。

一般车床 $H/B \approx 2/3$，外圆磨床 $H \approx B$，因此，前后导轨的扭曲量 δ 引起的加工误差不可忽略。当 α 角很小时，该误差不显著。如果以镗杆为进给方式进行车削，如果导轨不直、扭曲或者与镗杆轴线存在不平行等误差，都会引起车出的孔与其基准的相互位置误差，但不会产生孔的形状误差。

机床安装不正确引起的导轨误差往往远大于制造误差。特别是长度较长的龙门刨床、龙门铣床和导轨磨床等，它们的床身导轨是一种细长的结构，刚度较低，在自重的作用下容易变形。如果安装不正确或者地基不良，都会造成导轨弯曲变形（严重的有 2 ~ 3 mm）。因此，机床安装时应有良好的基础，并严格进行测量和校正，而且在使用期间还应定期复校和调整。

导轨磨损是造成导轨误差的另一种重要原因。由于使用程度不同及受力不均匀，机床使用一段时间后，导轨沿全长上各段的磨损量不等，并且在同一横截面上各导轨面的磨损量也不相等。导轨磨损会引起床鞍在水平面和垂直面内产生位移，且有倾斜，从而造成切削刃位置误差。

刨床的误差敏感方向为垂直方向。因此，床身导轨在垂直平面内的直线度误差影响较大。它引起加工表面的直线度及平面度误差如图 9–7 所示。镗床误差敏感方向是随主轴回转而变化的，故导轨在水平面及垂直面内的直线度误差均直接影响加工精度。在普通镗床上镗孔时，如果工作台进给，导轨不直或扭曲，都会引起所加工孔的轴线不直。当导轨与主轴回转轴线不平行时，则镗出的孔呈椭圆形。如图 9–8 所示导轨与主轴轴线的夹角为 α，则椭圆长、短轴之比为 $a/b = \cos\alpha$。

机床导轨副的磨损与工作的连续性、负荷特性、工作条件、导轨的材料和结构等有关。一般卧式车床在两班制使用一年后，前导轨（三角形导轨）磨损量为 0.04 ~ 0.05 mm；粗加工条件下，磨损量为 0.1 ~ 0.2 mm。车削铸铁件时导轨磨损更大。

影响导轨导向精度的还有加工过程中力、热等方面的原因。

为了减少导向误差对加工精度的影响，设计与制造机床时，应从结构、材料、润滑、防护装置等方面采取措施，以提高导向精度。安装机床时，应校正好水平和保证地基质量。使用时，要注意调整导轨配合间隙，同时保证良好的润滑和维护。

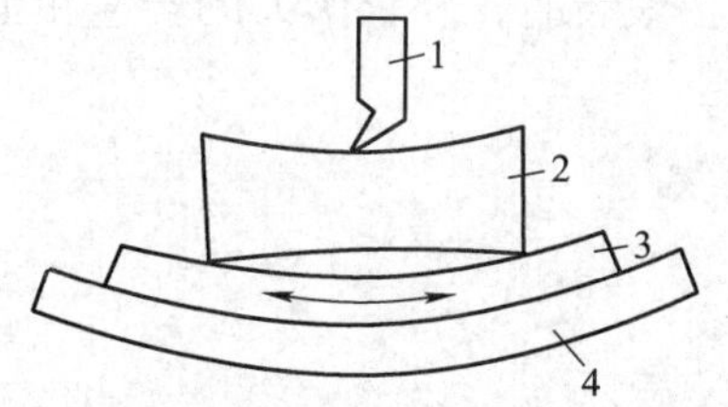

图 9–7　刨床导轨在垂直面内的直线度误差引起的加工误差

1—刨刀　2—工件　3—工作台　4—床身导轨

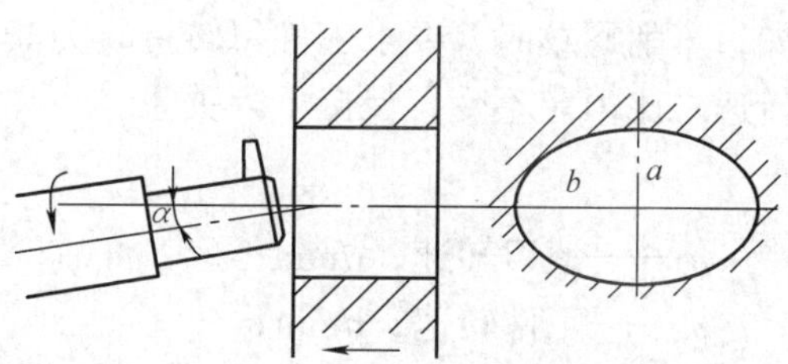

图 9–8　镗床镗出椭圆孔

2）主轴回转误差。机床主轴是用来装夹工件或刀具并传递主要切削运动的重要零件。它的回转精度是机床精度的一项重要指标，主要影响零件加工表面的形状精度、位置精度和表面粗糙度。

主轴回转误差可分为轴向窜动、径向圆跳动和角度摆动三种基本形式，如图 9–9 所示。

主轴回转误差主要由主轴的制造误差、轴承的误差与轴承配合件的误差，以及配合间隙、主轴系统的径向刚度和热变形等组成。为了提高主轴的回转精度，可提高主轴部件的制造精度；采用高精度的滚动轴承或高精度的多油楔动压轴承和静压轴承；对滚动轴承进行预紧，以消除间隙；提高箱体支撑孔、轴的加工精度。例如，使主轴的回转误差不反映到工件上去，在外圆磨床上，前、后顶尖都是不转的，这样就可避免头架主轴回转误差对加工精度的影响。

对于不同的加工方法，不同形式的主轴回转误差所造成的加工误差通常是不相同的。表 9–1 仅列出主轴回转误差的三种基本形式对车削和镗削加工的影响。

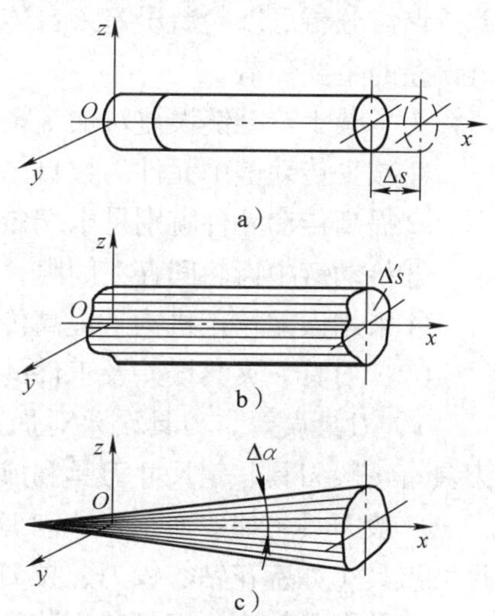

图 9–9　主轴回转误差的基本形式

a）轴向窜动　b）径向圆跳动　c）角度摆动

表 9–1　　主轴回转误差产生的加工误差

误差的基本形式	车削			镗削	
	内孔和外圆	端面	螺纹	内孔	端面
径向圆跳动	近似真圆	无影响	—	椭圆孔	无影响
轴向窜动	无影响	平面、垂直度	螺距误差	无影响	平面、垂直度
角度摆动	近似圆柱	影响最小	—	椭圆柱孔	平面度

必须指出，实际上主轴工作时其回转误差总是三种形式误差运动的合成，故不同横截面内轴线的误差运动轨迹既不相同又不相似，既影响所加工工件圆柱面的形状精度，又影响端面的形状精度。

3）传动链误差。对于某些加工方式，如车削或磨削螺纹、滚齿、插齿及磨齿等，为了保证工件的加工精度，除了前述的因素外，还要求刀具和工件之间具有准确的传动比关系，例如，车削螺纹时，要求工件每转一转刀具走一个导程；在滚齿时，要求滚刀的转速和工件的转速之比恒定不变，保持下列关系：

$$\frac{n_d}{n_g}=\frac{z_g}{K}$$

式中 n_d——滚刀转速，r/min；

n_g——工件转速，r/min；

z_g——齿轮齿数；

K——滚刀头数。

这些成形运动间的传动比关系是由机床本身的传动链来保证的。若传动链存在误差，将成为影响加工精度的主要因素。

传动链误差是由于传动链中的传动元件存在制造误差和装配误差引起的。使用过程中的磨损也会产生传动链误差。各传动元件在传动链中的位置不同，影响也不同。通过传动链误差的谐波分析可以判断误差来自传动链中的哪一个传动元件，并可根据其大小找出影响传动链误差的主要环节。

为了减少传动链误差对加工精度的影响，可采取下列措施：

①减少传动链中元件的数目，缩短传动链，以减少误差来源。

②提高传动元件特别是末端传动元件的制造精度和装配精度。

③传动链中齿轮间存在间隙，同样会产生传动链误差，因此要设法消除间隙。

④采用误差校正机构来提高传动精度。

（2）刀具、夹具误差及工件的定位误差

1）刀具误差。刀具误差对加工精度的影响因刀具的种类不同而异。切削加工中常用的刀具有一般刀具、定尺寸刀具和成形刀具。

一般刀具（如普通车刀、刨刀、单刃镗刀等）的制造误差对加工精度没有直接影响。定尺寸刀具（如麻花钻、铰刀、拉刀、键槽铣刀等）的尺寸和形状误差与磨损会直接影响工件的尺寸及形状精度；刀具的安装和使用不当，产生跳动，也将影响加工精度。成形刀具（如成形车刀、成形铣刀等）的制造和磨损误差主要影响工件的形状精度。

为了减少刀具制造误差和磨损对加工精度的影响，除合理规定定尺寸刀具和成形刀具的制造误差外，应根据工件材料及加工要求，准确选择刀具材料、切削用量、冷却及润滑方法，并准确刃磨，以减少磨损。

2）夹具误差。夹具误差主要是指定位元件、导向元件、对刀装置、分度机构及夹具体等零件的制造、装配误差及有关工件表面的磨损。这些误差对加工精度有很大影响，因此，在设计和制造夹具时应严格控制影响工件精度的尺寸。

3）工件的定位误差。定位误差是指由于定位不正确所引起的误差，也属于一种几何误差。

二、工艺系统受力变形所引起的加工误差

在切削加工中，机床的有关部件、夹具、刀具和工件在切削力、夹紧力、传动力、重力、惯性力等外力作用下会产生相应的变形（弹性变形及塑性变形），使工件和刀具静态相对位置发生变化，从而产生相应的加工误差。如图 9-10a 所示车削长轴时，由于轴的变形，

车完的轴会出现中间粗、两头细的形状误差。在内圆磨床上以切入式磨孔时，由于内圆磨头轴的弹性变形，内孔会出现锥度误差，如图 9–10b 所示。

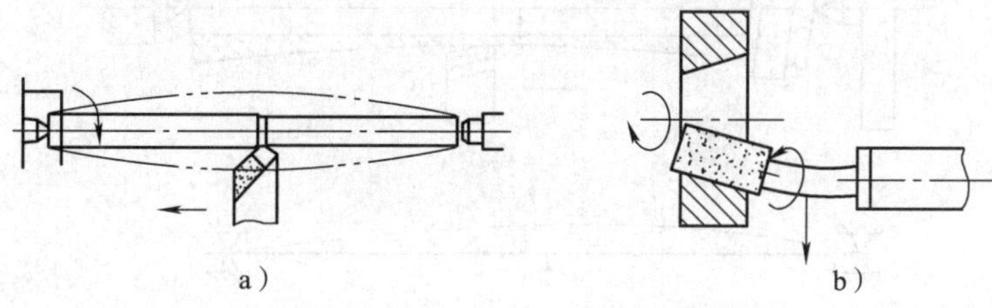

图 9–10 工艺系统受力变形引起的加工误差
a）形状误差 b）锥度误差

1. 工艺系统的刚度

从材料力学可知，任何一个受力物体总要产生一些变形。工艺系统受力变形通常是弹性变形。一般来说，工艺系统抵抗变形的能力用刚度 k 来描述。作用力 F（静载）与由它所引起的在作用力方向上产生的变形量 y 的比值称为物体的静刚度 k，简称刚度。

$$k=\frac{F}{y}$$

式中 k——静刚度，N/mm；

F——作用力，N；

y——沿作用力 F 方向的变形量，mm。

切削加工中，工艺系统各部分在各种外力作用下，将在各受力方向产生相应的变形。但这里主要研究误差敏感方向，即通过刀尖的加工表面的法线方向的位移。

用刚度一般公式求解某一系统刚度时，应针对具体情况进行分析。如车削外圆时，车刀本身在切削力作用下的变形对加工误差的影响很小，可略去不计，这时计算式中可省去刀具刚度一项。再如镗孔时，镗杆的受力变形严重地影响着加工精度，而工件（如箱体零件）的刚度一般较高，其受力变形很小，可忽略不计。

在两顶尖间车削细长轴（图 9–11）时，由于工件细长，刚度低，在切削力作用下，其变形大大超过机床、夹具和刀具所产生的变形。因此，机床、夹具和刀具的受力变形可略去不计，工艺系统的变形完全取决于工件的变形。

2. 误差复映

在加工过程中，由于工件毛坯加工余量或材料硬度不均匀，引起切削力和工艺系统受力变形的变化，因而使工件产生误差。

图 9–12 所示为车削一个有圆度误差的毛坯，将刀尖调整到要求的尺寸（图中的细双点画线圆），在工件每一转过程中，背吃刀量发生了变化。当车刀车至毛坯椭圆长半轴时为最大背吃刀量 a_{p1}，车至椭圆短半轴时为最小背吃刀量 a_{p2}，其余在椭圆长、短半轴之间车削，背吃刀量介于 a_{p1} 和 a_{p2} 之间。因此，切削力也随背吃刀量的变化而变化，由 F_{ymax} 变到 F_{ymin}，引起工艺系统中机床的相应变形为 y_1 和 y_2，这样就使毛坯的圆度误差复映到加工后的工件表面，这种现象称为误差复映。

（1）各种毛坯形状误差，不论是圆度、圆柱度、同轴度等都会以一定的复映系数复映成工件的加工误差。

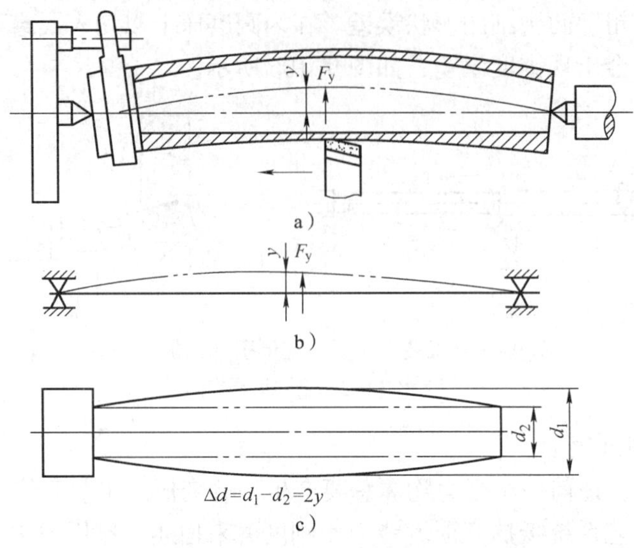

图 9–11　在两顶尖间车削细长轴时的变形

a）加工示意图　b）力学模型　c）工件形状（y 方向的尺寸已放大）

（2）在车削的一般情况下，由于工艺系统刚度比较高，复映系数 ε 远小于 1，在 2 ~ 3 次进给后，毛坯误差下降很快。尤其是第二次、第三次进给时，它们的进给量 f_2 和 f_3 常常是递减的（半精车、精车），复映系数 ε_2 和 ε_3 也就递减，加工误差下降得更快。所以在一般车削时，只有在粗加工时用误差复映规律估算加工误差才有实际意义。但是在工艺系统刚度低的场合下（如镗孔时镗杆较细、车削时工件较细长以及磨孔时磨杆较细等），则误差复映的现象比较明显，有时需要以实际反映的复映系数着手分析提高加工精度的途径。

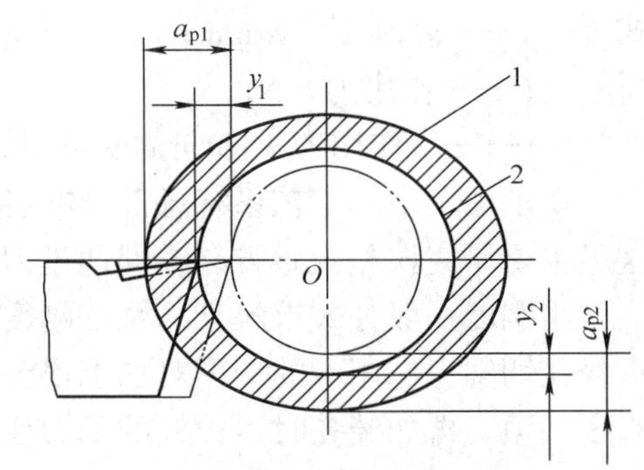

图 9–12　毛坯形状误差的复映

1—毛坯外形　2—工件外形

（3）在大批量生产中，都是采用定尺寸调整法加工的。当毛坯尺寸大小有误差时，会使加工余量发生变化，由于误差复映的结果，也就造成了一批工件的“尺寸分散”。为了保证尺寸分散不超过允许的公差范围，就有必要查明误差复映的大小。

3. 其他力引起的加工误差

（1）夹紧力引起的加工误差

工件在装夹过程中，由于刚度较低或着力点不当都会引起工件的变形，造成加工误差。特别是薄壁套、薄板等零件，更易产生加工误差。如图 9–13 所示为用三爪自定心卡盘夹持薄壁套，假定毛坯是正圆形，夹紧后毛坯呈三棱形。虽然车出的孔是正圆形，但松开后，套筒弹性恢复使孔变成三棱圆形，如图 9–13a 所示。为了减少套筒的夹紧变形，可在套筒外面加一个厚壁开口过渡环，如图 9–13b 所示，使夹紧力均匀地分布在套筒上，以减少套筒的变形，或者采用专用卡爪，如图 9–13c 所示。如果结构上允许，也可采用轴向夹紧方法以防止产生夹紧变形。

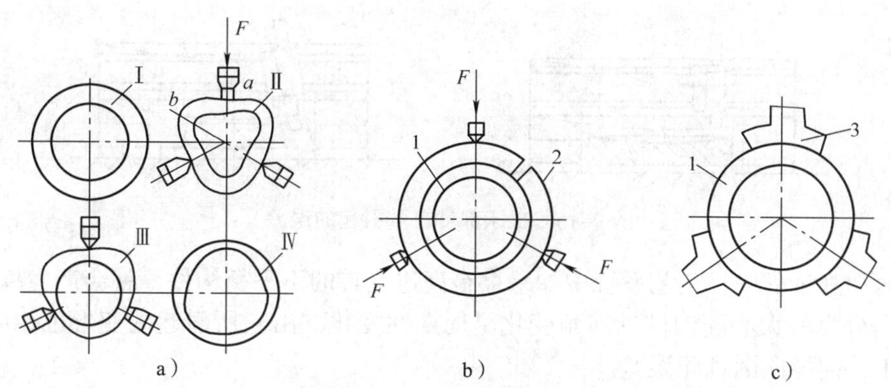

图 9–13　套筒夹紧变形误差

a）用三爪自定心卡盘直接装夹　b）用开口过渡环装夹　c）用专用卡爪装夹

Ⅰ—毛坯　Ⅱ—夹紧后　Ⅲ—车孔后　Ⅳ—松开后　1—工件　2—开口过渡环　3—专用卡爪

如图 9–14 所示磨削薄片工件，假定毛坯翘曲，当它被电磁吸盘吸紧时，产生弹性变形。磨削后取下工件，工件的弹性恢复，使已磨平的表面又产生翘曲，如图 9–14a、b、c 所示。如果在工件和电磁吸盘之间垫入一层薄橡皮垫（0.5 mm 以下）或纸片，如图 9–14d、e 所示，当电磁吸盘吸紧工件时，橡皮垫受到不均匀的压缩，使工件变形减少，翘曲部分将被磨去。如此进行，正反两面轮番多次磨削后，就可得到较平的表面。

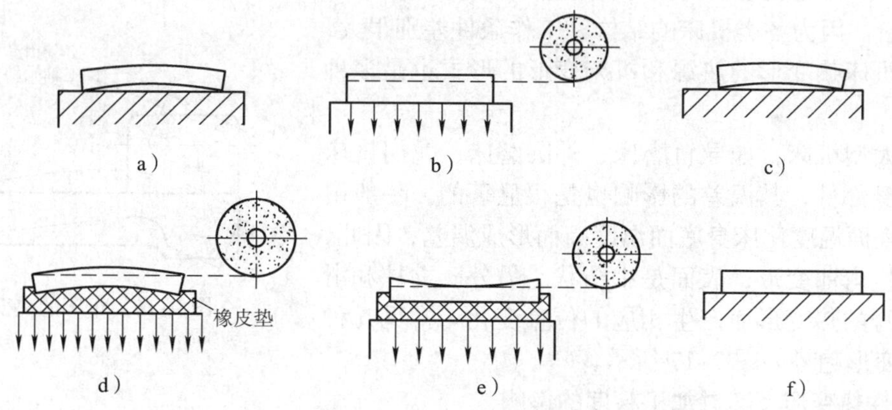

图 9–14　薄片工件的磨削

a）毛坯翘曲　b）吸盘吸紧　c）磨后松开，工件翘曲

d）磨削凸面　e）磨削凹面　f）磨后松开，工件平直

（2）重力引起的加工误差

在工艺系统中，由于零部件的自重也会产生变形。例如，龙门铣床和龙门刨床刀架横梁的变形、铣床滑枕的变形、镗床镗杆伸长下垂变形等，都会造成加工误差，如图 9–15 所示。

（3）惯性力引起的加工误差

惯性力对加工精度的影响也不容忽视，因为它们与切削速度有密切的关系，并且常常引起工艺系统受迫振动。

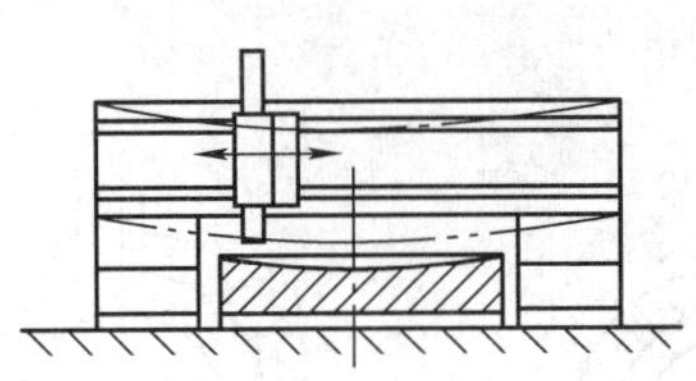
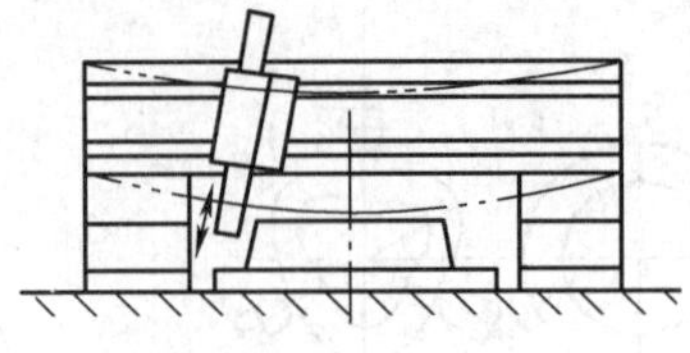

图 9-15　机床部件自重引起的误差

在高速切削过程中，工艺系统中如果存在高速旋转的不平衡构件，就会产生离心力，它在垂直方向分力的大小随构件的转角变化呈周期性变化，由它所引起的变形也相应地变化，从而造成工件的径向圆跳动误差。

三、工艺系统热变形引起的加工误差

切削加工过程中，工艺系统在各种热源的影响下常产生复杂的变形，从而改变了工件、刀具及机床之间的位置，破坏了工件和刀具之间相对运动的准确性，改变了已调整好的加工尺寸。尤其在精加工和大件加工中所造成的加工误差不可忽略，占总加工误差的40% ~ 70%。工艺系统热变形的重点在机床和工件上（当然刀具和夹具的热变形也有一定的影响），工艺系统热变形问题已成为切削加工中一个重要的研究课题。

1. 机床的热变形及其对加工精度的影响

如图 9-16 所示为车床在工作状态下的热变形。由于主轴箱的热变形，导致主轴轴线一方面抬高，同时还发生倾斜，导轨也会产生弯曲变形。其结果将造成车床前、后顶尖连线与导轨不平行。因为各类机床的结构和工作条件差别很大，所以引起机床热变形的热源和机床变形的形式也是多种多样的。

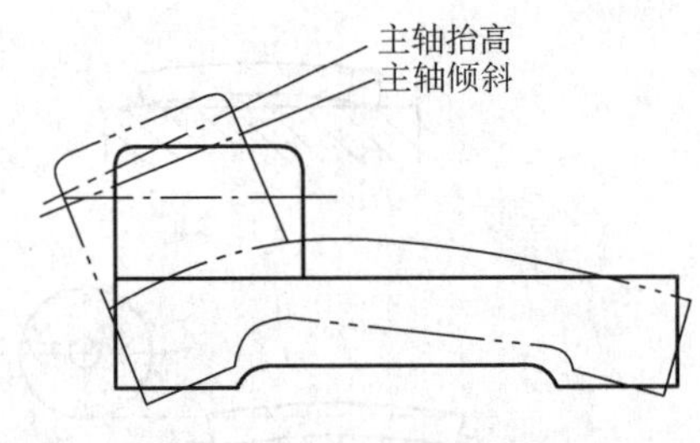

图 9-16　车床的热变形

对于大型机床，如导轨磨床、外圆磨床、龙门铣床等的长床身部件，其温差的影响也是很显著的。一般由于床身上表面温度比床身底面温度高而形成温差，因此，床身将产生弯曲变形，表面是中凸状。另外，立柱和滑板也因床身的热变形而产生相应的位置变化。常见几种机床的热变形趋势如图 9-17 所示。

2. 工件热变形及其对加工精度的影响

在加工过程中传到工件上的热量主要来自切削热。由于加工方式不同，切削热传给工件上的多少也不等。在车削加工中，传给工件的热量不到 10%，传给刀具的热量不到 2%；在铣削和刨削中，传给工件的热量约占切削热的 30%；在钻孔及卧式镗孔加工中，因有较多的切屑留在孔内，钻削时由于横刃的挤压作用、切屑和排屑槽的摩擦及散热条件不好等原因，传给工件的热量往往超过总切削热的 50%；在磨削加工中，大约有 84% 的磨削热传给工件，传给砂轮的热量在 12% 左右，只有 4% 左右被磨屑带走。

另外，工件的受热均匀与否对热变形的影响也很大。若工件单面受热，就产生弯曲变形。同时，由于工件受热体积（尺寸）的不同，即使传入同样的热量，温升和热变形也不一样，如薄壁件和实心件的情况就不同。

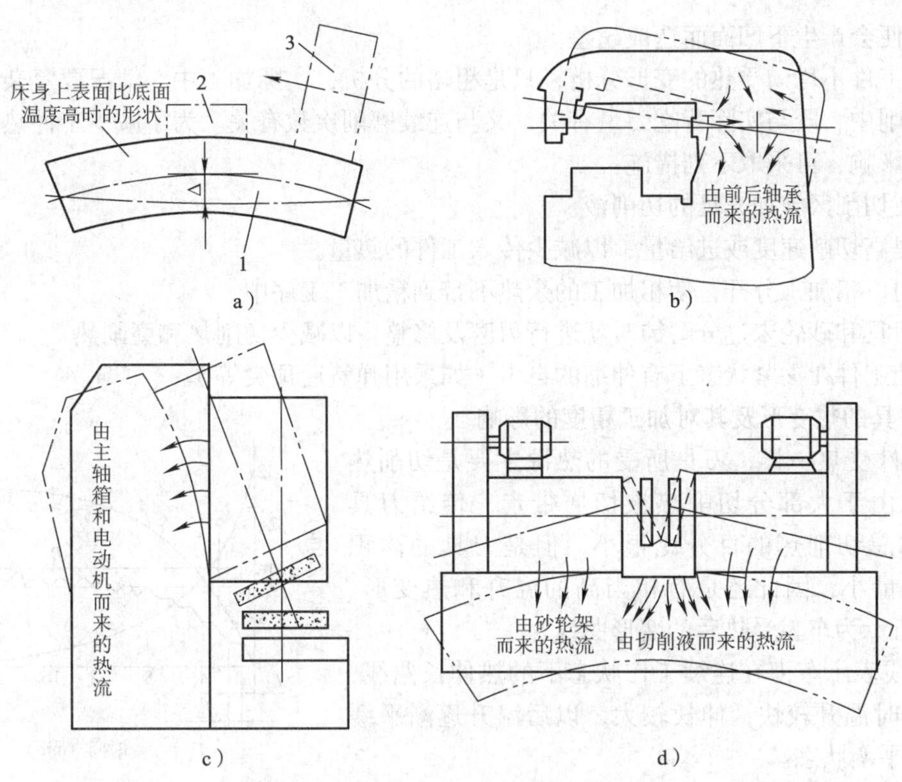

图 9–17 常见几种机床的热变形趋势

a）导轨磨床 b）铣床 c）平面磨床 d）双端面磨床

1—床身 2—滑板 3—立柱

工件在加工过程中受热是不可能绝对均匀的，在实践中常将车削和磨削内外圆表面的工件作为受热近似均匀的工件，而把刨削、铣削、磨削平面的工件作为受热不均匀的工件，这样处理的结果就可以很方便地研究工件的热变形问题。

（1）工件受热均匀（如车外圆）

在车外圆时，如果测得工件温升为 Δt，则热伸长（直径和长度上）ΔL 可以按下式计算：

$$\Delta L = \alpha L \Delta t$$

式中 α——工件材料的线膨胀系数，1/℃；

L——工件在热变形方向上的尺寸，mm。

一般来说，工件热变形在精加工中比较突出，特别是对细而长、精度要求高的工件更突出。

（2）工件受热不均匀

板类零件一般分为薄板零件（如摩擦离合器片等）和大型平板零件（如床身导轨零件等）两种，在单面加工时，热变形使工件产生形状误差（弯曲）。例如，磨削长 L、厚 H 的薄板时，工件单面受热，上下表面之间形成温差 Δt，从而导致弯曲变形，如图 9–18 所示。加工过程中工件会向上凸出，测量虽然合格，

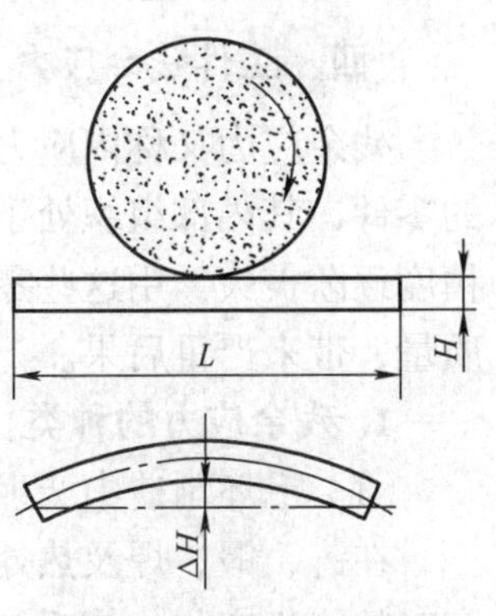

图 9–18 薄板磨削前的弯曲变形（单面受热弯曲）

但冷却后便会产生下凹面而造成超差。

关于工件不均匀受热的变形分析，只是粗略的分析，实际加工中，情况要复杂得多。如在平面磨削中，既与实际背吃刀量有关，又与连续磨削次数有关。为了减少工件热变形对加工精度的影响，可采取下列措施：

1）在切削区施加充足的切削液。

2）提高切削速度或进给量，以减少传入工件的热量。

3）粗、精加工分开，使粗加工的余热不带到精加工工序中。

4）刀具和砂轮未过分磨钝时就进行刃磨及修整，以减少切削热和磨削热。

5）使工件在夹紧状态下有伸缩的自由（如采用弹簧后顶尖等）。

3. 刀具的热变形及其对加工精度的影响

同工件受热一样，刀具所受的热源主要是切削热的作用。由于大部分切削热被切屑带走，传给刀具的热量占总切削热的百分比很小，但是刀具的体积小，热容量小，因此还是有相当高的温升和热变形。图 9–19 所示为车刀受热后的变形曲线。

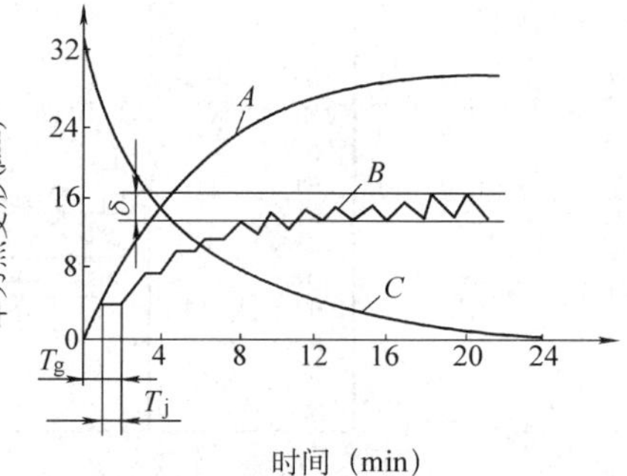

图 9–19　车刀受热后的变形曲线

A 曲线表示车刀在连续工作状态下的热伸长曲线，开始切削时温升较快，伸长较大，以后温升逐渐平缓而达到热平衡状态。

B 曲线表示间断切削时车刀温度忽升忽降所形成的变形过程。间断切削车刀总的热变形比连续切削小一些，最后趋于 δ 范围内变动。

C 曲线表示切削停止后刀具冷却的变形过程。

在车削细长轴或立车大端面时，刀具连续工作的时间长，随着切削时间的增加，刀具逐渐受热伸长，造成加工后的工件产生圆柱度或端面平面度的误差。

在成批、大量生产中采用调整法加工一批小型工件时，由于每个工件的切削时间短，刀具停歇时间也短，刀具的受热和冷却周期性交替进行，故刀具的热变形对每一个工件来讲，产生的形状误差较小。但对一批工件而言，在刀具未达到热平衡之前，先后加工出的工件尺寸仍有一定的误差。

四、工件残余应力引起的加工误差

残余应力又称内应力，是指在没有外加载荷的情况下零件内部存在的应力。具有内应力的零件，其内部组织处于不稳定状态，它有要恢复到无应力状态下的强烈倾向，使原有加工精度逐渐丧失。用这些零件所装配的机器，在使用中也会变形，甚至可能会影响整台机器的质量，带来严重后果。

1. 残余应力的种类

（1）毛坯制造中产生的内应力（热应力）

在铸、锻、焊及热处理等热加工过程中，由于工件各部分热胀冷缩不均匀及金相组织转变时的体积变化，使毛坯内部产生了相当大的内应力。毛坯的结构越复杂，各部分壁厚越不均匀，散热条件相差越大，毛坯内部产生的内应力也越大。具有内应力的毛坯在短时间内还看不出有什么变动，内应力暂时处于相对平衡的状态。但当切除一层金属后，就打破了这种平衡，内应力重新分布，工件就明显地出现了变形。

图 9-20a 所示为一个内外截面厚薄不同的铸件，在浇注后的冷却过程中产生内应力。当铸件冷却时，由于壁 1 和壁 2 比较薄，散热较容易，因此冷却较快；壁 3 较厚，冷却较慢。结果是壁 1 和壁 2 受到了压应力，壁 3 受到了拉应力，形成了相互平衡的状态。如果在铸件壁 2 上开一个缺口，如图 9-20b 所示，则壁 2 的压应力消失。铸件在壁 3 和壁 1 的内应力作用下，壁 3 收缩，壁 1 膨胀，产生弯曲变形，直到内应力重新分布，达到新的平衡为止。推广到一般情况，各种铸件都难免产生冷却不均匀而形成内应力，铸件的外表面总比中心部分冷却得快。特别是机床床身，为了提高导轨面的耐磨性，常用局部激冷工艺使它冷却得更快一些，以获得较高的硬度，这样在床身内部所形成的内应力就更大。当粗加工刨除一层金属后，如图 9-20b 所示的铸件壁 2 上开口一样，引起了内应力的重新分布而产生弯曲变形，如图 9-21 所示。由于这个新的平衡过程需要较长的一段时间才能完成，因此，尽管导轨经过精加工去除了这个变形的大部分，但床身内部组织还在继续转变，合格的导轨面渐渐地丧失了原有的精度。

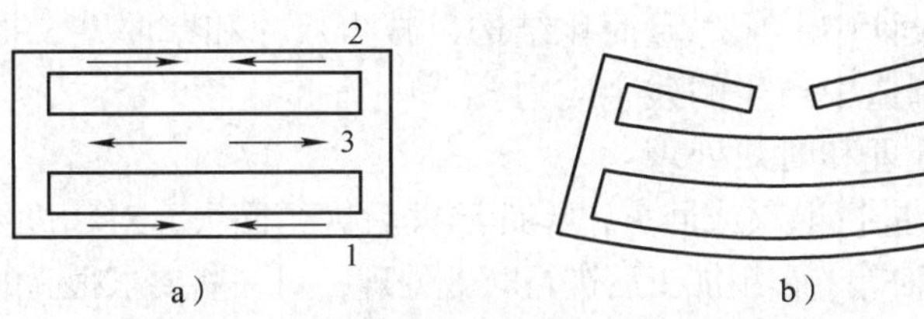

图 9-20 铸件因内应力而引起的变形

a）内外截面厚薄不同的铸件 b）开缺口的铸件

（2）冷校直带来的内应力（塑变应力）

如图 9-22a 所示丝杠一类的细长轴经过车削后，棒料在轧制中产生的内应力要重新分布，产生弯曲变形。

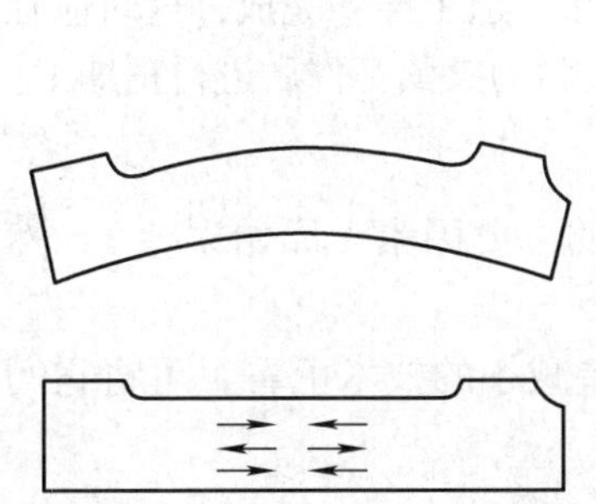

图 9-21 床身内应力引起的变形

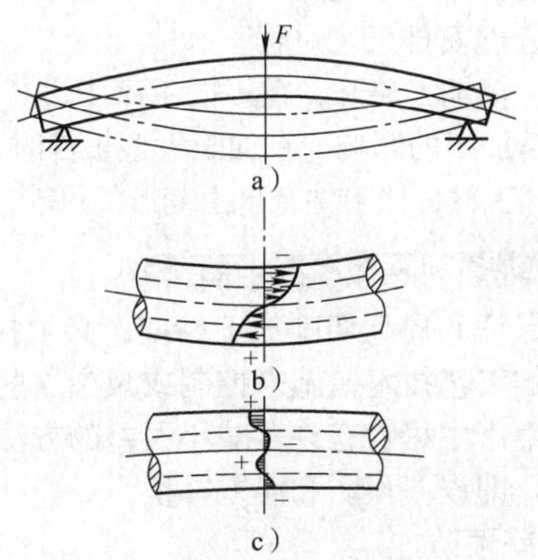

图 9-22 冷校直引起的内应力

a）工件产生弯曲变形 b）在力 F 的作用下，工件的内部应力分布

c）新内应力平衡状态

冷校直就是在原有变形的相反方向加力 F，使工件向反方向弯曲，产生塑性变形，以达到校直的目的。在力 F 的作用下，工件的内部应力分布如图 9-22b 所示，即在轴线以上的部分产生压应力（用“-”号表示），在轴线以下的部分产生拉应力（用“+”号表示）。在轴线上下两条虚线之间是弹性变形区域，应力分布成直线；在虚线以外为塑性变形区域，应力分布成曲线。当力 F 去除后，弹性变形部分本来可以完全恢复而消失，但因塑性变形部分恢复不了，内、外层金属就起了相互牵制作用，产生了新的内应力平衡状态，如图 9-22c 所示。所以冷校直的工件虽然减少了弯曲，但是依然处于不稳定状态，若再加工一次后或放的时间长久一些，又会产生新的弯曲变形。因此，对要求较高的工件，就需要在高温时效后进行低温时效，从而克服这个不稳定的缺点。

（3）切削加工的附加拉力（切削应力）

切削加工对应力的影响有两部分：一是由于切除一层金属，破坏了零件原有的内应力平衡，使内应力重新分布和再平衡；二是切削时，局部表面层在高温、高压下，由于不均匀的塑性变形而产生的应力。

2. 减少或消除残余应力的措施

（1）合理设计零件结构

在机器零件的结构设计中，应尽量简化结构，减少尺寸和壁厚差，提高零件的刚度，以减少在铸件、锻件毛坯制造中产生的残余应力。

（2）对工件进行热处理和时效处理

对铸件、锻件、焊件进行退火或回火，零件淬火后进行回火，对精度要求高的零件（如床身、丝杠、箱体、精密主轴等）在粗加工后进行时效处理，对一些要求很高的零件（如精密丝杠、标准齿轮、精密床身等）则在每次切削加工后都要进行时效处理。常用的时效处理方法如下：

1）高温时效。将工件以 50 ~ 160℃ / h 的速度均匀地加热到 500 ~ 600℃、保温 4 ~ 6h 后，以 20 ~ 50℃ / h 的速度随炉冷却到 100 ~ 200℃取出，在空气中自然冷却。高温时效一般适用于毛坯或在粗加工后进行。

2）低温时效。将工件均匀地加热到 200 ~ 300℃，保温 3 ~ 6 h 后取出，在空气中自然冷却。低温时效一般适用于半精加工后进行。

（3）合理安排工艺过程

将粗、精加工分开，在不同工序中进行，使粗加工后有一定的时间让残余应力重新分布，以减少对精加工的影响。在加工大型工件时，粗、精加工往往在一道工序中完成，这时应在粗加工后松开工件，让工件有自由变形的可能，然后再用较小的夹紧力夹紧工件后进行精加工。

五、提高加工精度的工艺措施

为了保证和提高切削加工精度，必须找出造成加工误差的主要因素（原始误差），然后采取相应的工艺技术措施来控制或减少这些因素的影响。

实际生产中尽管有许多减小误差的方法和措施，但从误差减小的技术上看，可将它们分成两大类，即误差预防和误差补偿。

1. 误差预防

误差预防是指减小原始误差或减少其影响。

（1）合理采用先进工艺与设备

这是保证加工精度的最基本方法。因此，在制定零件加工工艺规程时，应对零件每道加工工序的能力进行精确评价，并尽可能合理采用先进的工艺和设备，使每道工序都具备足够的工序能力。

（2）直接减小误差法

直接减小误差法是在生产中应用较广泛的一种基本方法，它是在查明产生加工误差的主要因素后，设法对其直接进行消除或减小。如车削细长轴时，因工件刚度极低，容易产生弯曲变形和振动，严重影响加工精度。为了减小因吃刀抗力使工件弯曲变形所产生的加工误差，可采取下列措施：采用反向进给的切削方式，如图 9–23 所示，进给方向由卡盘一端指向尾座，使轴向切削力 F_x 对工件起拉伸作用，同时尾座改用可伸缩的弹性回转顶尖，就不会因 F_x 和热应力而压弯工件；采用大进给量和较大主偏角的车刀，增大 F_x，工件在强有力的拉伸作用下具有抑制振动的作用，使切削平稳。

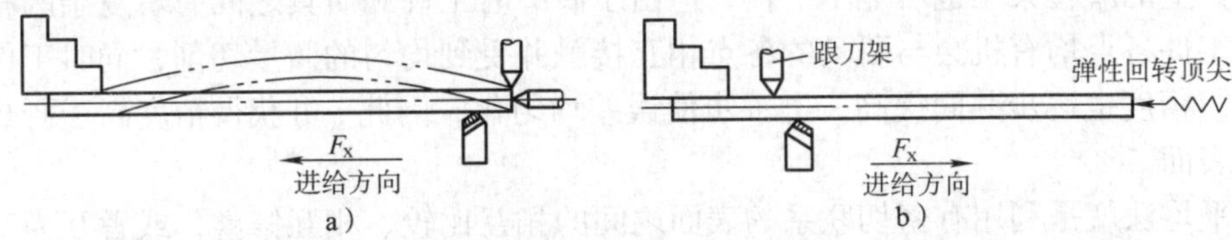

图 9–23　顺向进给和反向进给车削细长轴的比较

a）顺向进给时 F_x 对细长轴起压缩作用　b）反向进给时 F_x 对细长轴起拉伸作用

（3）转移原始误差法

转移原始误差法是指创造一定条件，把工艺系统的原始误差转移到误差的非敏感方向或其他不影响加工精度的方向上的加工方法。这种方法在不减小原始误差的情况下，同样可以获得较高的加工精度。

如图 9–24 所示，在箱体的孔系加工中，孔的相互位置精度要求较高，如果一味选择高精度机床直接加工，对机床的投入会很大，加工也很困难，也不容易实现。但采用镗模和浮动连接来保证工件的位置精度，工件的加工精度基本与机床精度关系不大，完全取决于刀杆和镗模的制造精度。由于镗模的结构比整台机床简单，制造也相对容易，这样就可以在一般精度的机床上加工出高精度的孔系。

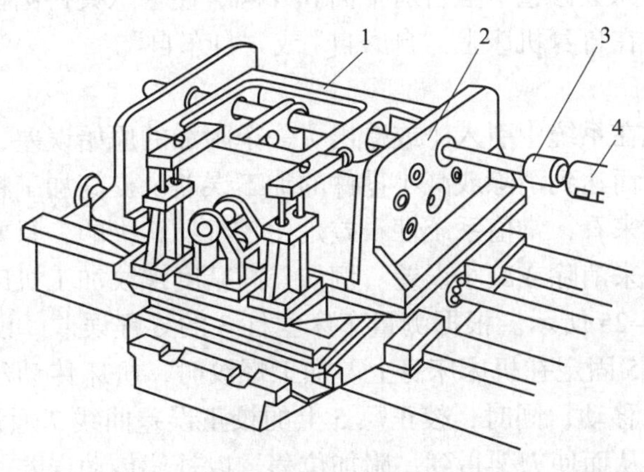

图 9–24　用镗模镗孔

1—工件　2—镗模架　3—刀杆　4—主轴

（4）误差分组法

在成批生产条件下，对配合精度要求很高的孔和轴，当不可能采用提高加工精度的方法时，则可采用误差分组法。误差分组法就是把毛坯或上道工序的尺寸按误差大小分为 n 组，这样每组毛坯的误差就缩小为原来的 $1/n$，然后按组分别调整刀具与工件的相对位置或选用合适的定位元件，从而大大缩小整批工件的尺寸分散范围。如果本工序的加工精度是稳定的，但由于毛坯或上道工序加工的半成品误差变化较大，精度不高，引起定位误差或复映误差太大，因而造成本工序的加工质量不能满足要求，而提高上道工序的加工精度又不经济时，可采用分组调整、均分原始误差的方法。

（5）误差平均法

对配合精度要求很高的孔和轴，常采用研磨方法。研具本身并不要求具有很高的精度，分布在研具上的磨粒大小也可能不一样，但由于研磨时工件和研具之间有着复杂的相对运动轨迹，使工件各点均有机会与研具的各点相互接触并受到均匀的微量切削，同时工件和研具相互修整，精度也逐步共同提高，进一步使误差均匀化，因此，可获得精度高于研具原始精度的加工表面。

误差平均法就是利用有密切联系的表面之间的相互比较、相互修整，或者互为基准进行加工，就能让这些局部较大的误差比较均匀地影响整个加工表面，使传递到工件表面的加工误差较为均匀，因而工件的加工精度也就相应大大提高。在没有精密机床时，利用这种方法制造出来的精密平板平面度误差达几微米。这样高的精度，是利用“三块平板的合研”的“误差平均法”刮研而保证的。像平板一类的“基准”工具，如直角尺、游标万能角度尺、多棱体、分度盘及标准丝杠等高精度量具和工具，至今还采用“误差平均法”来制造。

（6）就地加工法

在加工和装配中，有些精度问题涉及很多零件间的相互关系，相当复杂。若单纯依靠提高零部件的精度来满足设计要求，有时不仅困难，甚至不可能实现。此时若采用就地加工法就可以解决这种难题。

生产中采用就地加工法，就是对某些重要表面在装配前不进行精加工，待装配后，再在自身机床上对这些表面进行精加工。例如，平面磨床的工作台面在装配后进行“自磨自”的最终加工。又如，在车床上修整卡盘台肩平面和外圆，使卡爪夹持圆柱体工件的轴线与车床主轴轴线同轴等，也是在自身机床上“自磨自”或“自车自”。

2. 误差补偿

误差补偿是人为地在系统中引入（或造出）一个附加的原始误差，用以抵消原有工艺系统固有的原始误差，从而达到消除或减小零件的加工误差及提高加工精度的目的。

从原始误差的性质来看，常值系统性误差是比较容易解决的，只要测量出误差值，就可以应用误差补偿的方法来消除或减小误差。例如，高精度螺纹加工机床常采用一种机械式校正机构，其原理如图 9–25 所示。根据测量车床丝杠 3 的导程误差，设计出校正尺 5 上的校正误差曲线 7。校正尺 5 固定在机床床身上。加工螺纹时，机床传动丝杠带动螺母 2 及与其相固连的刀架和杠杆 4 移动；同时，校正尺 5 上的校正误差曲线 7 通过滚柱 6、杠杆 4 使螺母 2 产生一附加运动，从而使刀架得到一附加位移，以补偿传动误差。

对于变值系统性误差，不是用一种固定的补偿量所能解决的。于是在生产中采用了可变补偿的方法，即在加工过程中采用积极控制法。积极控制法有以下三种形式：

（1）主动测量

在加工过程中随时测量出工件的实际尺寸（或形状及位置精度），随时给刀具以附加的补偿量，以控制刀具和工件间的位置，这样工件尺寸的变动范围始终在自动控制之中。现代机械加工中的自动测量和自动补偿就属于这种形式。

（2）偶件配合加工

将互配件中的一件作为基准，去控制另一件的加工精度，在加工过程中自动测量工件的实际尺寸，并与基准件的尺寸相比较，直至达到规定的公差值时，机床自动停止加工，从而保证高精度偶件间要求很高的配合间隙。

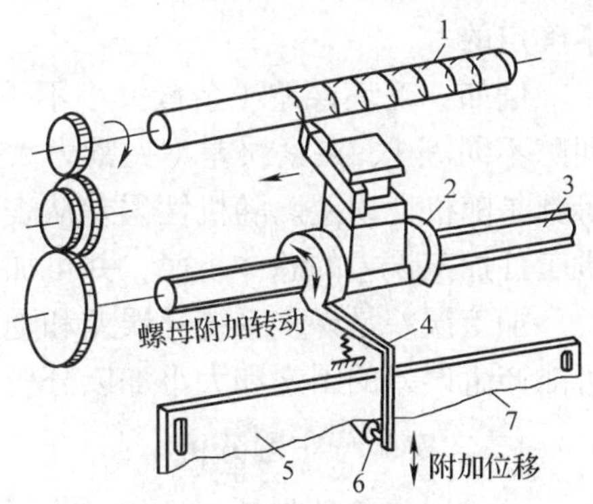

图 9–25　丝杠加工误差校正装置

1—工件　2—螺母　3—丝杠　4—杠杆　5—校正尺　6—滚柱　7—校正误差曲线

（3）积极控制起决定性作用的加工条件

在一些复杂高精度零件的加工中，当无法对工件的主要精度参数直接进行主动测量和控制时，应对影响误差起决定性作用的加工条件进行积极控制，把误差控制在最小的范围内。精密螺纹磨床的自动恒温控制就属于这种积极控制方式的典型实例。

§9–3　加工误差的综合分析

实际生产中，有时难以用单因素分析法来分析计算每一工序的加工误差，因为影响加工精度的因素往往是错综复杂的，是一个综合性能很强的工艺问题，各种误差同时作用，有时互相叠加，有时相互抵消一部分，所以要求能运用基本知识，对实际生产中的加工精度问题进行综合分析，并提出解决问题的对策。

一、加工误差的性质

根据加工误差的性质，可将误差分为系统性误差和随机性误差两类。

1. 系统性误差

当顺序加工一批零件时，产生误差的大小和方向若保持不变称为常值系统性误差；若按一定的规律变化则称为变值系统性误差。加工原理误差，机床、刀具、夹具、量具的制造误差和调整误差等都是常值系统性误差。

变值系统性误差是由可变因素所引起的，如刀具的磨损量随加工表面的长度而变，工艺系统的热变形对加工精度的影响又因具体结构、材料、温度和时间等因素而变化。在这种情况下，误差因素的影响是有规律地变化的。

2. 随机性误差（又称偶然性误差）

在加工一批零件时，产生误差的大小和方向是无规律地变化的，是由于各种彼此之间没有任何依赖关系的随机因素共同作用而产生的。因此，随机性误差出现的时机和大小事先是不确定的。

例如，毛坯误差（余量大小不一、硬度不均匀等）的复映、定位误差（基准尺寸不一、间隙不同等）、夹紧误差（夹紧力大小不一）、多次调整的误差、残余应力引起的变形误差等都是随机性误差。随机性误差从表面上看似乎无规律，但是应用数理统计方法可以找出一批工件加工误差的总体规律，并可加以控制。

加工误差是许多系统性误差和随机性误差共同作用的结果，因此，应对具体加工条件下可能产生误差的因素和大小加以分析及研究。误差性质不同，解决的途径也不同。

二、实验分布图分析

成批加工某种零件，抽取其中一定数量进行测量，抽取的这批零件称为样本，其件数 n 称为样本容量。

由于存在各种误差的影响，加工尺寸或偏差总是在一定范围内变动（称为尺寸分散），即为随机变量，用 x 表示，样本尺寸或偏差的最大值 x_{max} 与最小值 x_{min} 之差称为极差 R，即 $R = x_{max}-x_{min}$。

将样本尺寸或偏差按大小顺序排列，并将它们分成 k 组，组距为 d。d 可按下式计算：

$$d=\frac{R}{k-1}$$

同一尺寸或同一误差组的零件数量 m_i 称为频数。频数 m_i 与样本容量 n 之比称为频率 f_i，即：

$$f_i=\frac{m_i}{n}$$

以工件尺寸（或误差）为横坐标，以频数或频率为纵坐标，就可作出该批工件加工尺寸（或误差）的实验分布图，即直方图。

组数 k 和组距 d 的选择对实验分布图的显示好坏有很大影响。组数过多，组距过小，分布图会被频数的随机波动所歪曲；组数太少，组距太大，分布特征将被掩盖。k 值一般应根据样本容量来选择，见表 9-2。

表 9-2　组数 k 的选定

n	25 ~ 40	41 ~ 60	61 ~ 80	81~100	101~120	121 ~ 160	161 ~ 250
k	6	7	8	9	10	11	12

为了分析该工序的加工精度情况，可在直方图上标出该工序的加工公差带位置，并计算出该样本的统计数字特征：平均值 $x_{均}$ 和标准差 S。

样本的平均值 $x_{均}$ 表示该样本的尺寸分散中心，它主要取决于调整尺寸的大小和常值系统性误差。

$$x_{均}=\frac{1}{n}\sum_{i=1}^{n}x_i$$

式中　x_i——各工件的尺寸，mm。

样本的标准差 S 反映了该批工件的尺寸分散程度。它是由变值系统性误差和随机性误差决定的，误差大，S 也大；误差小，S 也小。

$$S=\sqrt{\frac{1}{n-1}\sum_{i=1}^{n}(x_i-x_{均})^2}$$

当样本的容量比较大时，为了简化计算，可直接用 n 代替上式中的 n–1。

为了使分布图能代替该工序的加工精度，不受组距和样本容量的影响，纵坐标应改成频率密度。

$$频率密度=\frac{频率}{组距}=\frac{频数}{样本容量\times组距}$$

下面通过一实例来说明直方图的绘制步骤。

例 9–1　磨削一批轴颈为 $\phi 60^{+0.06}_{+0.01}$ mm 的工件，绘制工件加工尺寸的直方图。

解：（1）收集数据。在从总体中抽取样本时，确定样本的容量很重要。若样本容量小，则样本不能准确反映总体的实际分布，就失去了抽样的本来目的；若样本容量太大，则又增加了分析计算的工作量。通常取样本容量 n=50 ~ 200。

本例取 n=100 件，实测数据见表 9–3。找出最大值 x_{max}=54 μm，最小值 x_{min}=16 μm。

表 9–3　　轴颈实测尺寸与公称尺寸之差　　μm

序号	尺寸	序号	尺寸	序号	尺寸	序号	尺寸	序号	尺寸
1	44	21	22	41	40	61	22	81	32
2	20	22	46	42	42	62	28	82	46
3	46	23	38	43	38	63	34	83	20
4	32	24	30	44	52	64	30	84	28
5	20	25	42	45	38	65	36	85	46
6	40	26	38	46	36	66	32	86	28
7	52	27	27	47	37	67	35	87	54
8	33	28	49	48	43	68	22	88	18
9	40	29	45	49	28	69	40	89	32
10	25	30	45	50	45	70	35	90	35
11	43	31	38	51	36	71	36	91	26
12	38	32	32	52	50	72	42	92	45
13	40	33	45	53	46	73	46	93	47
14	41	34	48	54	33	74	42	94	36
15	30	35	28	55	30	75	50	95	38
16	36	36	36	56	40	76	40	96	30
17	49	37	52	57	44	77	36	97	49
18	51	38	32	58	34	78	20	98	18
19	38	39	42	59	42	79	16	99	38
20	34	40	38	60	47	80	53	100	38

（2）确定组数 k、组距 d、各组组界和组中值，组数 k 可按表 9–2 选取。本例取 k=9。组距

$$d=\frac{R}{k-1}=\frac{x_{max}-x_{min}}{k-1}=\frac{54-16}{8}=4.75\ (\mu m)$$

取 d=5 μm。

各组组界为 $x_{min}+(j-1)d\pm\frac{1}{2}$（$j$=1、2、3…$k$）。

例如，第一组下界值为 $x_{min}-\frac{d}{2}$ =（16–2.5）= 13.5（μm）。

第一组上界值为 $x_{min}+\frac{d}{2}$ =（16+2.5）= 18.5（μm）。

其余类推。

各组组中值为 $x_{min}+(j-1)d$。

例如，第一组组中值为 x_{min}+（1–1）d=16 μm。

（3）查实测数据表 9–3 中符合某组界偏差值零件的数量，确定频数 m_i，记录各组数据，整理成频数分布表，见表 9–4。

表 9–4 **频数分布表**

组号	组界（μm）	中心值 x_1	频数 m_i	频率（%）	频率密度［μm^{-1}（%）］
1	13.5 ~ 18.5	16	3	3	0.6
2	18.5 ~ 23.5	21	7	7	1.4
3	23.5 ~ 28.5	26	8	8	1.6
4	28.5 ~ 33.5	31	13	13	2.6
5	33.5 ~ 38.5	36	26	26	5.2
6	38.5 ~ 43.5	41	16	16	3.2
7	43.5 ~ 48.5	46	16	16	3.2
8	48.5 ~ 53.5	51	10	10	2
9	53.5 ~ 58.5	56	1	1	0.2

（4）根据表 9–4 所列数据画出直方图，如图 9–26 所示。

（5）在直方图上作出最大极限尺寸 A_{max}=60.06 mm 及最小极限尺寸 A_{min}=60.01 mm 的标志线，并计算 $x_{均}$和 S。

由样本的平均值公式可得 $x_{均}$=37.00 μm。

由标准差公式可得 S=9.06 μm。

由直方图可以直观地看到工件尺寸或误差的分布情况；该批工件的尺寸有一分散范围，尺寸偏大、偏小者很少，大多数居中；尺寸分散范围（6S=54.36 μm）略大于公差值（T=50 μm），说明本工序的加工精度稍显不足；分散中心 $x_{均}$与公差带中心 A_m 基本重合，表明机床调整误差（常值系统性误差）很小。

欲进一步研究该工序的加工精度问题，必须找出频率密度与加工尺寸间的关系，因此必须研究理论分布曲线。

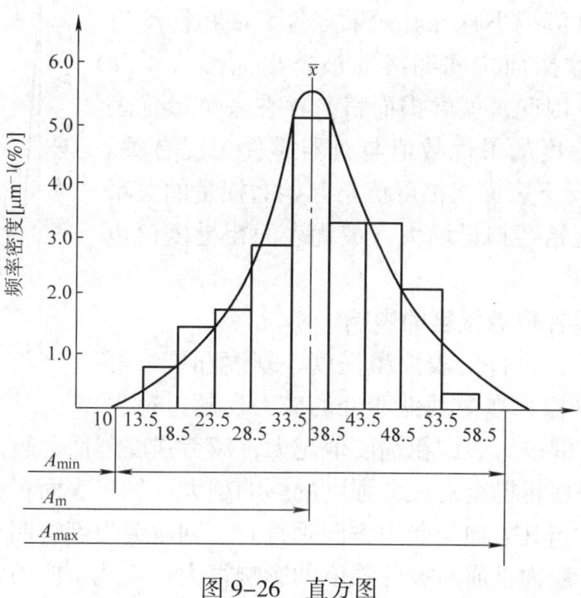

图 9–26　直方图

§9–4 影响表面粗糙度的因素及改善表面质量的措施

一、表面粗糙度对零件使用性能的影响

1. 表面粗糙度对零件耐磨性的影响

零件工作表面的耐磨性不仅与摩擦副的材料和润滑情况有关，而且还与两个相互运动零件的表面质量有关。当两个零件摩擦表面相互接触时，实质上只是两个零件接触表面上的一些凸峰相互接触，因此，实际接触面积比理论接触面积要小得多，从而使单位面积上的压力很大。当其超过材料的屈服强度时，就会使凸峰部分产生塑性变形甚至折断，或因接触面的滑移而迅速磨损。即使在有润滑条件下，也因接触点处单位面积上的压力过大，超过了润滑油膜存在的临界值而破坏油膜，形成干摩擦，进而也会产生工作表面的磨损。经过初期磨损后，随着两接触面积的增大，单位面积上的压力减小，磨损减慢，进入正常磨损阶段。在这之后，由于有效接触面积越来越大，零件间的金属分子亲和力增加，表面的机械咬合作用增大，使零件表面又产生急剧磨损而进入快速磨损阶段，此时零件将不能使用，如图 9–27 所示。

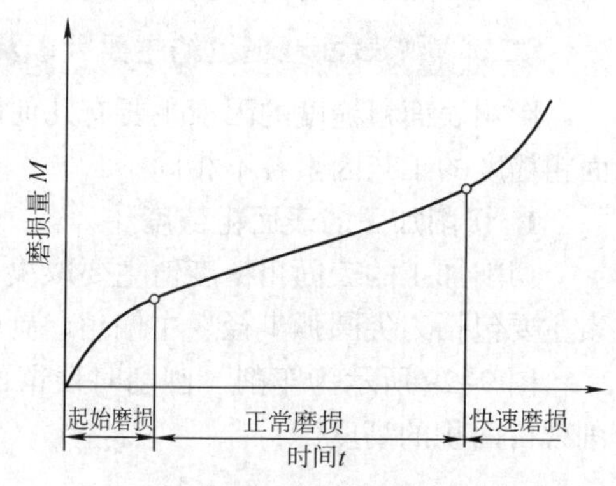

图 9–27　零件表面的磨损曲线

零件表面粗糙度值越大，磨损越快，但这不

等于说零件表面粗糙度值越小越好。如果零件表面粗糙度值小于合理值，则由于摩擦面之间润滑油被挤出而形成干摩擦，从而使磨损加快。因此，就磨损而言，存在一个最优表面粗糙度值。表面粗糙度的最优数值与机器零件工况有关。图 9–28 给出了不同工况下表面粗糙度值与起始磨损量的关系曲线。载荷加大时，起始磨损量增大，最优表面粗糙度值也随之加大。

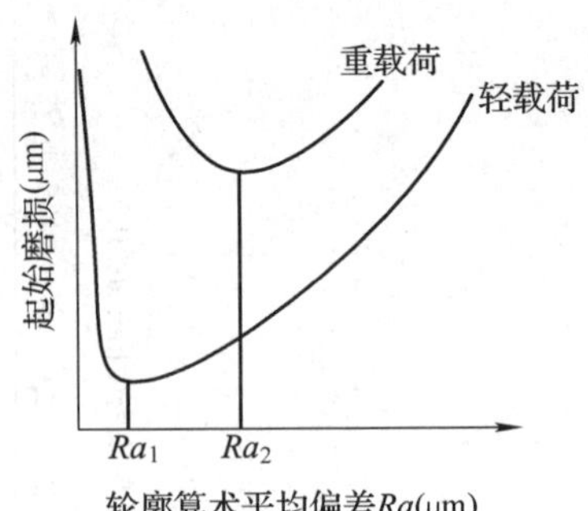

图 9–28　表面粗糙度值与起始磨损量的关系

2. 表面粗糙度对零件疲劳强度的影响

在交变载荷作用下，零件的表面粗糙度、划痕和裂纹等缺陷会引起应力集中现象，在微观低凹处的应力易超过材料的疲劳强度而出现疲劳裂纹。表面粗糙度值越大，疲劳强度越低；越是优质钢材，晶粒越细小，组织越致密，则表面粗糙度对疲劳强度的影响越大。加工表面粗糙度的纹理方向对疲劳强度也有较大的影响，当其方向与受力方向垂直时，则疲劳强度将明显下降。

加工表面层的残余应力性质对疲劳强度的影响很大。当残余应力为拉应力时，在拉应力作用下会使表面的裂纹扩大，从而降低零件的疲劳强度，缩短产品的使用寿命。相反，残余压应力可以延缓疲劳裂纹的扩展，可提高零件的疲劳强度。

同时表面层的冷作硬化能阻碍已有裂纹的扩大和新的疲劳裂纹的产生，减轻表面缺陷和表面粗糙度的影响程度，故可提高零件的疲劳强度。

3. 表面粗糙度对零件耐腐蚀性的影响

零件的耐腐蚀性在很大程度上取决于表面粗糙度 *Ra*。表面粗糙度值越大，凹谷越深，越容易积聚腐蚀性物质，渗透与腐蚀作用越强烈。因此，减小表面粗糙度值，可以提高零件的耐腐蚀性。另外，表面残余应力对零件耐腐蚀性也有较大的影响。残余压应力使零件表面紧密，腐蚀性物质不易进入，可增强零件的耐腐蚀性，而拉应力则降低耐腐蚀性。

4. 表面粗糙度对零件配合性质的影响

在间隙配合中，如果配合表面粗糙，磨损后会使配合间隙增大，改变了原配合性质。在过盈配合中，如果配合表面粗糙，则装配后表面的凸峰将被挤平，而使有效过盈量减小，降低了配合的可靠性。由此可见，无论是间隙配合、过渡配合还是过盈配合，若表面粗糙度值过大，则必然影响它们的实际配合性质。

二、影响表面粗糙度的主要因素及改善措施

影响表面粗糙度的因素主要有几何因素和物理因素两个方面。不同的加工方式，影响表面粗糙度的工艺因素各不相同。

1. 切削加工的表面粗糙度

切削加工的表面粗糙度值主要取决于切削残留面积的高度。影响切削残留面积高度的因素主要包括刀尖圆弧半径、主偏角、副偏角及进给量等。

图 9–29 所示为车削、刨削时残留面积的高度。图 9–29a 所示为用尖刀切削的情况，切削残留面积的高度为：

$$H=\frac{f}{\cot\kappa_r+\cot\kappa_r'}$$

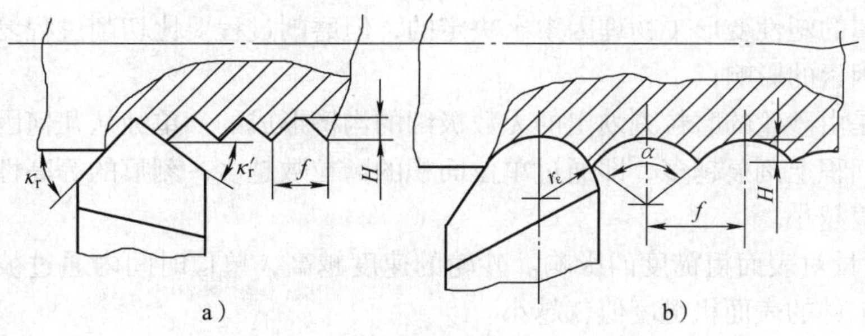

图 9–29 车削、刨削时残留面积的高度

a）尖刀切削情况 b）圆弧切削刃切削情况

图 9–29b 所示为用圆弧切削刃切削的情况，切削残留面积的高度为：

$$H=\frac{f^{2}}{8r_{\varepsilon}}$$

从上面两式可知，进给量 f 和刀尖圆弧半径 r_{ε} 对切削加工表面粗糙度的影响比较明显。切削加工时，选择较小的进给量 f 和较大的刀尖圆弧半径 r_{ε}，将会使表面质量得到改善。

切削加工后表面粗糙度的实际轮廓形状一般都与纯几何因素所形成的理论轮廓有较大的差别，这是由于切削加工中有塑性变形产生的缘故。

图 9–30 描述了加工塑性材料时切削速度对表面粗糙度的影响。切削速度 v 处于 20 ~ 50 m/min 时，表面粗糙度值最大，因为此时常容易出现积屑瘤，使加工表面质量严重恶化；当切削速度 v 超过 100 m/min 时，表面粗糙度值下降，并趋于稳定。

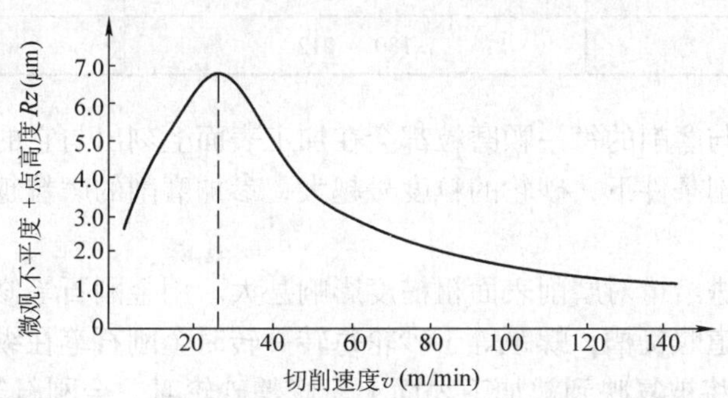

图 9–30 加工塑性材料时切削速度对表面粗糙度的影响

在实际切削时，选择低速宽刀精切和高速精切，往往可以得到较高的表面质量。

加工脆性材料，切削速度对表面粗糙度的影响不大。一般来说，切削脆性材料比切削塑性材料容易达到表面质量的要求。对于同样的材料，金相组织越粗大，切削加工后的表面粗糙度值也越大。为减小切削加工后的表面粗糙度值，常在精加工前进行调质等处理，目的在于得到均匀、细密的晶粒组织和较高的硬度。

此外，合理选择切削液、适当增大刀具的前角、提高刀具的刃磨质量等，均能有效地减小表面粗糙度值。

2. 磨削加工的表面粗糙度

正像切削加工时表面粗糙度的形成过程一样，磨削加工表面粗糙度的形成也是由几何因素和表面层金属的塑性变形（物理因素）决定的，但磨削过程要比切削过程复杂得多。

（1）几何因素的影响

磨削表面是由砂轮的磨粒刻划出的无数极细的沟槽形成的。单纯从几何因素考虑，可以认为：在单位面积上刻痕越多，即通过单位面积的磨粒数越多；刻痕的等高性越好，则磨削的表面粗糙度值越小。

1）磨削用量对表面粗糙度的影响。砂轮的速度越高，单位时间内通过被磨表面的磨粒就越多，因此工件的表面粗糙度值就越小。

工件速度对表面粗糙度的影响刚好与砂轮速度的影响相反，增大工件速度时，单位时间内通过被磨表面的磨粒数减少，表面粗糙度值将增大。

砂轮的纵向进给减小，工件表面每个部位被砂轮重复磨削的次数增加，被磨表面的表面粗糙度值将减小。

2）砂轮粒度和砂轮修整对表面粗糙度的影响。砂轮的粒度不仅表示磨粒的大小，而且还表示磨粒之间的距离。表 9–5 列出了几种不同砂轮粒度号的磨粒尺寸范围和磨粒之间的平均距离。

表 9–5　　磨粒尺寸范围和磨粒之间的平均距离

砂轮粒度	磨粒尺寸范围（μm）	磨粒之间的平均距离（mm）
36#	500 ~ 600	0.475
46#	355 ~ 425	0.369
60#	250 ~ 300	0.255
80#	180 ~ 212	0.228

磨削金属时，参与磨削的每一颗磨粒都会在加工表面上刻出与它的大小和形状相同的一道小沟。在相同的磨削条件下，砂轮的粒度号越大，参加磨削的磨粒越多，表面粗糙度值就越小。

修整砂轮的纵向进给量对磨削表面粗糙度影响甚大。用金刚石笔修整砂轮时，金刚石笔在砂轮外缘上打出一道螺旋槽，螺距等于砂轮每转一转时金刚石笔在纵向的移动量。砂轮表面的不平整在磨削时将被复映到被加工表面上。修整砂轮时，金刚石笔的纵向进给量越小，砂轮表面磨粒的等高性越好，被磨工件的表面粗糙度值就越小。小表面粗糙度值磨削的实践表明，修整砂轮时，砂轮每转一转金刚石笔的纵向进给量如能减小到 0.01 mm，磨削表面粗糙度 *Ra* 值为 0.2 ~ 0.1 μm。

（2）表面层金属的塑性变形（物理因素的影响）

砂轮的磨削速度远比一般切削加工的速度高得多，且磨粒大多为负前角，磨削压力大，磨削区温度很高，工件表层温度有时可达 900℃，工件表层金属容易产生相变而烧伤。因此，磨削过程的塑性变形要比一般切削过程大得多。

由于塑性变形的缘故，被磨表面的几何形状与单纯根据几何因素所得到的原始形状大小不相同。在力因素和热因素的综合作用下，被磨工件表面金属的晶粒在横向上被拉长了，有时还产生细微的裂口和局部的金属堆积现象。影响磨削表层金属塑性变形的因素往往是影响表面粗糙度的决定性因素。

1）磨削用量。图 9-31 所示为采用 WA60L5V 砂轮磨削 30CrMnSiA 材料时磨削用量对表面粗糙度的影响曲线。

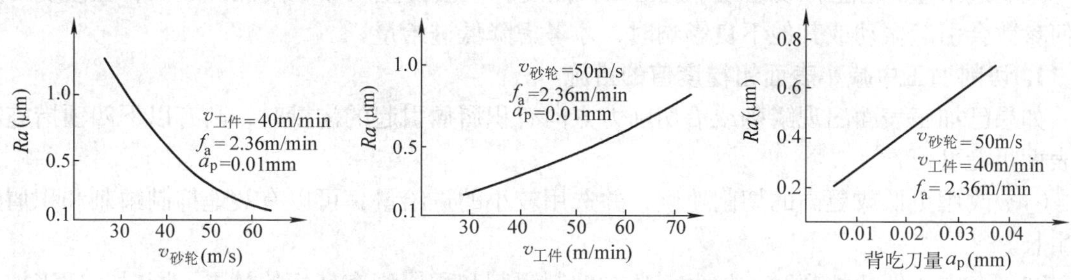

图 9-31 磨削用量对表面粗糙度的影响

砂轮速度越高，就越有可能使表层金属塑性变形的传播速度小于切削速度，工件材料来不及变形，使表层金属的塑性变形减小，磨削表面粗糙度值将明显减小。工件速度增加，塑性变形增加，表面粗糙度值将增大。

磨削深度对表层金属塑性变形的影响很大。增大磨削深度，塑性变形将随之增大，被磨工件的表面粗糙度值会增大。

2）砂轮的选择。砂轮的粒度、硬度、组织和材料的选择不同，都会对被磨工件表层金属的塑性变形产生影响，进而影响表面粗糙度。

单纯从几何因素考虑，砂轮粒度越细，磨削的表面粗糙度值越小。但磨粒太细时，不仅砂轮易被磨屑堵塞，导热情况也不好，反而会在加工表面产生烧伤等现象，使表面粗糙度值增大。因此，砂轮粒度常取为 46# ~ 60#。

砂轮的硬度是指磨粒在磨削力作用下从砂轮上脱落的难易程度。砂轮选得太硬，磨粒不易脱落，磨钝的磨粒不能及时被新磨粒替代，使表面粗糙度值增大。砂轮选得太软，磨粒易脱落，磨削作用减弱，也会使表面粗糙度值增大。通常选用中软砂轮。

砂轮的组织是指磨粒、结合剂和气孔的比例关系。紧密组织中的磨粒比例大，气孔小，在成形磨削和精密磨削时，能获得高精度和较小的表面粗糙度值。疏松组织的砂轮不易堵塞，适用于磨削软金属、非金属软材料和热敏性材料（磁钢、不锈钢、耐热钢等），可获得较小的表面粗糙度值。一般情况下应选用中等组织的砂轮。

砂轮材料的选择也很重要。砂轮材料选择适当，可获得满意的表面粗糙度。氧化物（刚玉）砂轮适用于磨削钢类零件；碳化物（碳化硅、碳化硼）砂轮适用于磨削铸铁、硬质合金等材料；用高硬磨料（人造金刚石、立方氮化硼）砂轮磨削可获得极小的表面粗糙度值，但加工成本很高。

此外，切削液的作用十分重要。对于磨削加工来说，由于磨削温度很高，热因素的影响往往占主导地位。因此，必须采取切实可行的措施，将切削液送入磨削区。

三、减小表面粗糙度值的措施

刀具在切削加工中，如果已加工表面刀痕比较清楚而有规律，这种情况下要进一步减小表面粗糙度值，应减小残留面积的高度。如增大刀尖圆弧半径 r_ε，减小副偏角 κ_r'，采用 $\kappa_r'=0°$ 的修光刃的刀具可减小表面粗糙度值，宽刃精刨、高速精车就是生产中减小表面粗糙度值常用的方法。但增大 r_ε，减小 κ_r'，或用宽刃刀加工时应注意防振。

减小进给量 f 也能有效地减小残留面积高度，但会使生产效率降低。故只有在改变刀具几何参数会引起振动或其他不良影响时，才考虑降低进给量。

1. 切削加工中减小表面粗糙度值的措施

如果已加工表面出现鳞刺或沿切削力方向有积屑瘤引起的沟槽时，则有以下四项措施减小表面粗糙度值：

（1）改用更低或更高的切削速度，并选用较小的进给量，可以有效地抑制鳞刺和积屑瘤的生长。

（2）在中、低速切削时，加大前角对抑制鳞刺和积屑瘤有良好的效果，同时，适当加大后角对减小鳞刺也有一定的效果。

（3）改用润滑性能良好的切削液，如动物油、植物油、极压乳化液或在切削液中添加硫、磷、氯等的极压切削油等。

（4）必要时可对工件先进行正火、调质等热处理，以提高工件的硬度，降低塑性和韧性。

2. 磨削加工中减小表面粗糙度值的措施

（1）当磨削温度不太高时，可以降低工件的线速度 v 和纵向进给量 f_a（提高砂轮切削速度往往受到机床结构和砂轮强度的限制，故一般不采用），在 v 和 f_a 之间，因降低 f_a 会降低生产效率，故优先考虑降低 v，然后再考虑降低 f_a。

（2）仔细修整砂轮和适当增加光磨次数也是减小表面粗糙度值常用的有效措施。

（3）如果磨削表面出现微熔点，首先考虑减小磨削深度，必要时适当提高工件速度，同时还应考虑砂轮是否太硬，切削液是否充分，是否有良好的冷却性和流动性。

（4）如果表面拉毛、划伤，则应检查切削液是否清洁，砂轮是否太软等。

第十章 典型零件加工

§10–1 轴类零件加工

一、轴类零件的功用、结构及技术要求

1. 功用

轴类零件是机械加工中经常遇到的典型零件之一。在机器中，它主要用于支撑传动件和传递转矩，保证安装在轴上的零件的回转精度。

2. 结构

轴类零件是回转体零件，其长度大于直径，主要由内外圆柱面、内外圆锥面、螺纹、花键、键槽、横向孔、沟槽等组成。轴类零件根据其结构形式的不同，可分为光轴、空心轴、半轴、台阶轴、花键轴、十字轴、偏心轴、曲轴、凸轮轴等，如图 10–1 所示。

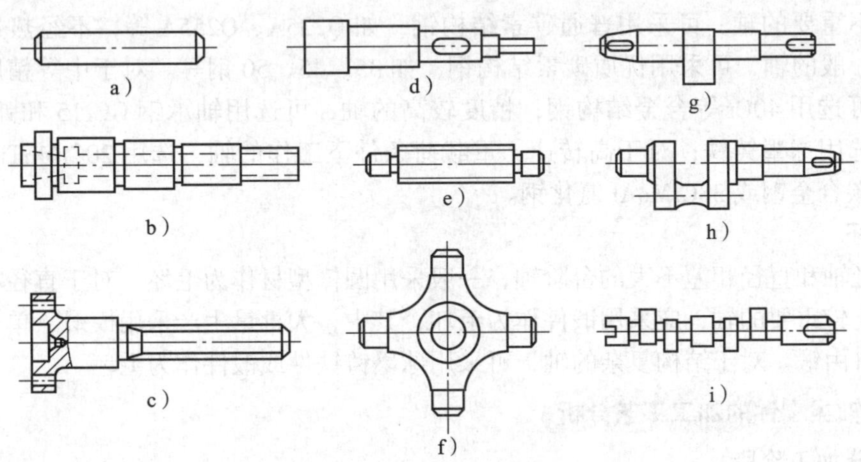

图 10–1 轴的种类

a）光轴 b）空心轴 c）半轴 d）台阶轴 e）花键轴

f）十字轴 g）偏心轴 h）曲轴 i）凸轮轴

3. 技术要求

轴类零件的技术要求是设计者根据轴的主要功用以及使用条件确定的，通常有以下几方面：

（1）加工精度

轴的加工精度主要包括结构要素的尺寸精度、形状精度和位置精度。

1）尺寸精度。尺寸精度主要指结构要素的直径和长度的精度。直径的精度由使用要求和配合性质确定，对于主要起支撑作用的轴颈，通常为 IT9 ~ IT6 级；特别重要的轴颈，可为 IT5 级。轴的长度精度要求一般不严格，常按未注公差尺寸加工；要求较高时，其允许公差为 0.05 ~ 0.2 mm。

2）形状精度。形状精度主要指轴颈的圆度、圆柱度等，由于轴的形状误差直接影响与之相配合的零件接触质量和回转精度，因此，一般限制在直径公差范围内；要求较高时，可取直径公差的 1/4 ~ 1/2，或另外规定允许偏差。

3）位置精度。位置精度包括装配传动件的配合轴颈对装配轴承的支撑轴颈的同轴度、径向圆跳动及端面对轴线的垂直度等。普通精度的轴，其配合轴颈对支撑轴颈的径向圆跳动公差一般为 0.01 ~ 0.03 mm，高精度的轴为 0.005 ~ 0.010 mm。

（2）表面粗糙度

轴类零件主要表面粗糙度是根据其运转速度和尺寸精度等级决定的。支撑轴颈的表面粗糙度 *Ra* 值一般为 0.8 ~ 0.2 μm，配合轴颈的表面粗糙度 *Ra* 值一般为 3.2 ~ 0.8 μm。

（3）其他要求

为改善轴类零件的切削加工性能或提高综合力学性能，延长其使用寿命，还必须根据轴的材料和使用条件规定相应的热处理要求。常用的热处理工艺有正火、调质处理和表面淬火等。

二、轴类零件的材料及毛坯

1. 材料

对于不重要的轴，可采用普通碳素结构钢，如 Q235A、Q255A 等，不经热处理直接加工使用。一般的轴，可采用优质碳素结构钢，如 35、45、50 钢等。对于中等精度而转速较高的轴，可选用 40Cr 等合金结构钢；精度较高的轴，可选用轴承钢 GCr15 和弹簧钢 65Mn 等，也可选用球墨铸铁；对于高转速、重载荷条件下工作的轴，选用 20CrMnTi、20Mn2B、20Cr 等低碳合金钢或 38CrMoAl 氮化钢。

2. 毛坯

对于光轴和直径相差不大的台阶轴，一般采用圆棒型材作为毛坯。对于直径相差较大的台阶轴和比较重要的轴，应采用锻件作为毛坯，其中，大批量生产采用模锻，单件、小批量生产采用自由锻。对于结构复杂的轴，可采用球墨铸铁件或锻件作为毛坯。

三、轴类零件的加工工艺分析

1. 划分加工阶段

按照先粗后精的原则，将粗、精加工分开进行。先完成各表面的粗加工，再完成半精加工和精加工，而主要表面的精加工则放在最后进行。轴是回转体，各外圆表面的粗加工、半精加工一般采用车削，精加工采用磨削，有些精密轴类零件的轴颈表面还需要进行光整加工。

粗加工外圆表面时，应先加工大直径外圆，再加工小直径外圆，以免因直径差增大而使小直径处的刚度下降，并成为极易引起弯曲变形和振动的薄弱环节。

轴上的花键、键槽、螺纹等表面的加工一般都安排在外圆半精加工之后、精加工之前进行。

通过划分加工阶段，有利于保证轴类零件的加工质量。

2. 选择定位基准

在轴类零件的加工过程中，常用两中心孔作为定位基准。因为轴类零件各外圆表面的同轴度及端面对轴线的垂直度是轴类零件相互位置精度的主要项目，而这些表面的设计基准一般都是轴线，因此，采用两中心孔定位符合基准重合原则。由于轴的加工工序较多，每道工序都采用两中心孔为基准，也符合基准统一原则。但在选择时要考虑工件加工的实际情况，粗加工、精加工采用的基准应有所不同。

3. 热处理工序的安排

热处理工序一般可分为预备热处理和最终热处理两大类。

（1）预备热处理

为改善金属组织和切削性能而进行的热处理称为预备热处理，包括正火、退火、调质处理和时效处理。通常，正火、退火安排在毛坯制造之后、粗加工之前，时效处理安排在粗加工、半精加工之间，调质处理可安排在粗加工、精加工之间。

（2）最终热处理

为了提高零件的硬度、强度等力学性能而进行的热处理称为最终热处理，包括淬火、表面淬火、渗碳和渗氮。通常，最终热处理工序安排在工艺路线后段，在表面最终加工之前进行。氮化前应进行调质处理。

四、轴类零件的加工工艺过程

轴类零件除了应遵循加工顺序的一般原则外，还要考虑以下几个方面的因素：

1. 在加工顺序上，先加工大直径外圆，然后再加工小直径外圆，以免一开始就降低工件的刚度。

2. 轴上的键槽等表面的加工应在外圆精车之后、磨削之前进行。

3. 轴上的螺纹一般有较高的精度要求，通常应安排在半精加工之后、淬火之前进行加工。如安排在淬火之后，则无法进行车削加工。

五、生产实例分析

传动轴是轴类零件中使用最多、结构最为典型的一种台阶轴，如图 10–2 所示。该轴为小批量生产，材料选择 45 钢，淬火后硬度为 40 ~ 45HRC。试分析其加工工艺过程。

1. 结构分析

如图 10–2 所示传动轴的主要结构要素有圆柱面、螺纹、键槽等，该轴为典型的台阶轴结构，有两个支撑轴颈。

2. 技术要求

在如图 10–2 所示的传动轴中，支撑轴颈是轴的装配基准，其加工精度和表面质量一般要求较高。两端轴颈的尺寸精度为 IT7 级，表面粗糙度 *Ra* 值为 0.8 μm；用于安装齿轮的轴颈的尺寸精度为 IT7 级，表面粗糙度 *Ra* 值为 1.6 μm；右端轴颈外圆的圆度公差为 0.02 mm；左端轴颈外圆的圆度公差为 0.02 mm；轴上各配合面对两端轴颈公共轴线的径向圆跳动公差为 0.02 mm，可保证齿轮平稳传动。

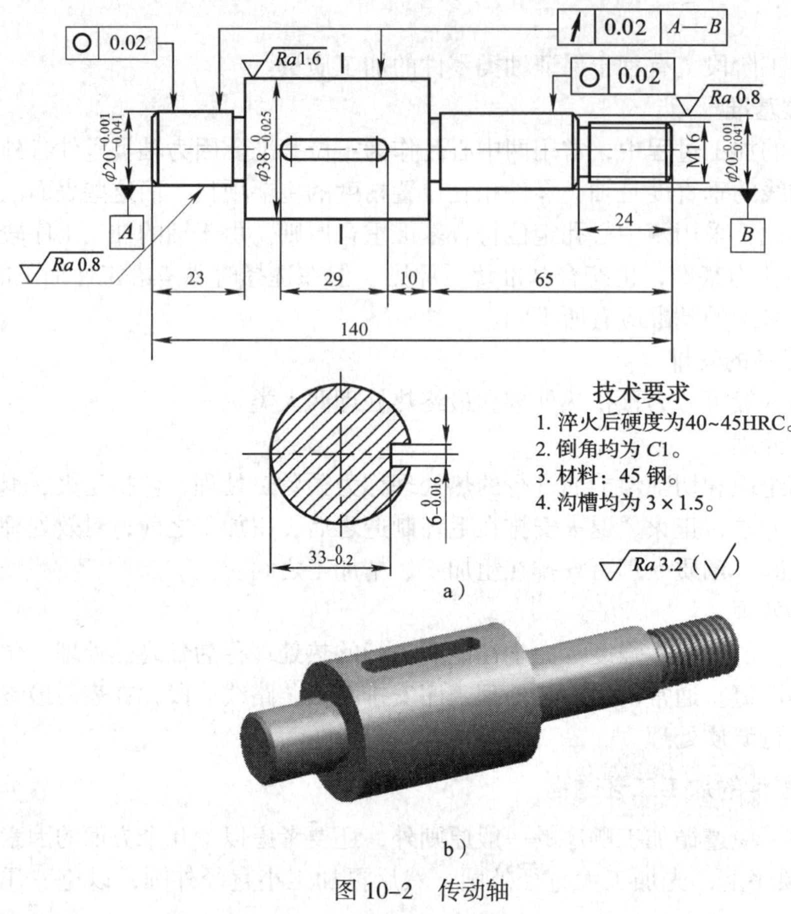

a）

b）

图 10–2 传动轴

a）零件图 b）立体图

3. 材料选取

由于该传动轴为小批量生产，材料为 45 钢，形状简单，精度要求中等，各段轴颈直径尺寸相差较大，故选用锻件毛坯。

4. 划分加工阶段

此传动轴在加工时划分为以下三个加工阶段：

（1）粗加工阶段

车端面，钻中心孔，粗车各处外圆。

（2）半精加工阶段

半精车各处外圆，车螺纹，铣键槽等。

（3）精加工阶段

修研中心孔，粗、精磨各处外圆。

5. 定位基准选择

如图 10–2 所示的传动轴粗加工时以外圆表面为定位基准。半精车加工时，采用外圆表面和中心孔作为定位基准（即一夹一顶），如图 10–3 所示。精加工时，采用两中心孔作为定位基准（即两顶尖），如图 10–4 所示。

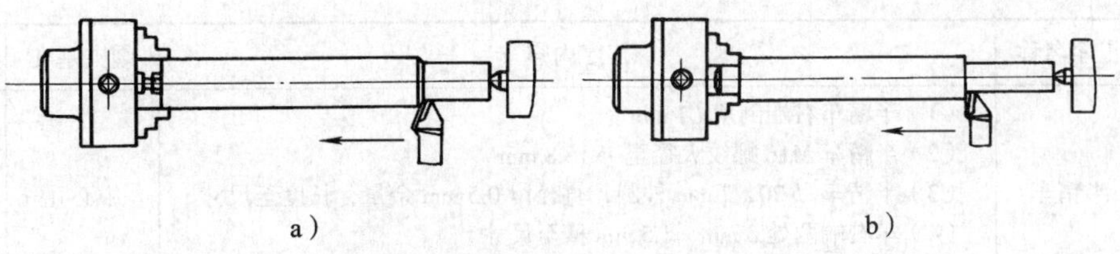

图 10–3　一夹一顶装夹工件
a）采用限位支撑　b）利用工件台阶限位

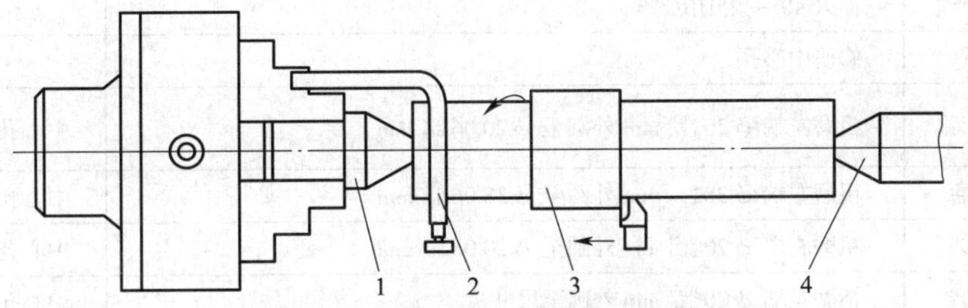

图 10–4　精加工时用两顶尖装夹工件
1—前顶尖　2—鸡心夹头　3—工件　4—后顶尖

6. 热处理工序

由于该轴采用的是锻件毛坯，加工前应安排退火，以消除毛坯的内应力和改善材料的切削性能。传动轴最终热处理是淬火，该工序应放在半精加工之后、粗磨和精磨之前进行，即在车削螺纹和铣键槽之后进行。为了保证磨削精度，在淬火之后，应安排修研中心孔工序。

7. 传动轴加工工艺

综合上述分析，传动轴的加工工艺如下：

锻造毛坯—热处理（退火）—粗车—半精车—车螺纹—铣键槽—热处理（淬火）—粗磨—精磨。

8. 传动轴的加工工艺过程

传动轴的加工工艺过程见表 10–1。

表 10–1　　　传动轴的加工工艺过程

工序号	工序名称	工序内容	装夹基准	加工设备
1	锻	锻造毛坯	—	
2	热处理	退火	—	
3	粗车	车一端面，钻中心孔；车另一端面并控制总长 140 mm，钻中心孔	外圆	卧式车床
4	粗车	（1）粗车左端外圆至 ϕ40 mm × 77 mm、ϕ22 mm × 22 mm （2）粗车右端外圆至 ϕ22 mm × 64 mm、ϕ18 mm × 23 mm	外圆	卧式车床
5	半精车	（1）半精车左端倒角 C1 mm （2）半精车左端 $\phi 20^{-0.001}_{-0.041}$ mm 和 $\phi 38^{\ 0}_{-0.025}$ mm 外圆，直径留 0.5 mm 余量，长度至尺寸 （3）车左端 3 mm × 1.5 mm 槽至尺寸	中心孔	数控车床

续表

工序号	工序名称	工序内容	装夹基准	加工设备
6	半精车	（1）半精车右端倒角 C1 mm （2）半精车 M16 螺纹大径至 ϕ15.8 mm （3）半精车 $\phi20^{-0.001}_{-0.041}$ mm 外圆，直径留 0.5 mm 余量，长度至尺寸 （4）车右端两处 3 mm × 1.5 mm 槽至尺寸 （5）车 M16 螺纹	中心孔	数控车床
7	铣	粗、精铣键槽至尺寸	中心孔	立式铣床
8	热处理	淬火 40 ~ 45HRC		
9	钳	修研中心孔		钻床
10	粗磨	粗磨左端 $\phi20^{-0.001}_{-0.041}$ mm 外圆至 $\phi20.06^{0}_{-0.04}$ mm	中心孔	外圆磨床
11	粗磨	粗磨左端 $\phi38^{-0}_{-0.025}$ mm 外圆至 $\phi38.06^{0}_{-0.04}$ mm	中心孔	外圆磨床
12	粗磨	粗磨右端 $\phi20^{-0.001}_{-0.041}$ mm 外圆至 $\phi20.06^{0}_{-0.04}$ mm	中心孔	外圆磨床
13	精磨	精磨左端 $\phi20^{-0.001}_{-0.041}$ mm 外圆至尺寸	中心孔	外圆磨床
14	精磨	精磨左端 $\phi38^{-0}_{-0.025}$ mm 外圆至尺寸	中心孔	外圆磨床
15	精磨	精磨右端 $\phi20^{-0.001}_{-0.041}$ mm 外圆至尺寸	中心孔	外圆磨床
16	检验	检验		

§10–2 套类零件加工

一、套类零件的功用、结构及技术要求

1. 功用

套类零件是机械设备中常见的一种零件，它的应用范围很广泛，如支撑旋转轴的轴承、各种形式的轴承套、夹具中引导孔加工刀具的导向套、内燃机上的气缸套、液压系统中的液压缸等，如图 10–5 所示。

2. 结构

由于功用不同，套类零件的结构和尺寸有着很大的差别，但它们的共同特点是主要工作表面为内、外圆表面，形状精度和位置精度要求较高，表面粗糙度值较小，孔壁较薄且易变形，零件的长度一般大于孔的直径。

3. 技术要求

套类零件的技术要求主要是根据其基本功用以及使用条件确定的，通常有以下几个方面：

（1）加工精度

加工精度主要包括结构要素的尺寸精度、形状精度和位置精度。

1）尺寸精度。滑动轴承孔和需要与其他零件精确配合的孔精度要求较高，一般为 IT8 ~ IT7 级，精密轴承甚至为 IT6 级。液压系统中的滑阀孔精度要求为 IT6 级，甚至更高；

由于配合的活塞上有密封圈过渡，液压缸孔尺寸精度要求较低，一般为IT9级。套类零件的外圆大都是支撑表面，常与箱体或机架上的孔采取过盈配合或过渡配合，其尺寸精度通常为IT7 ~ IT6级。

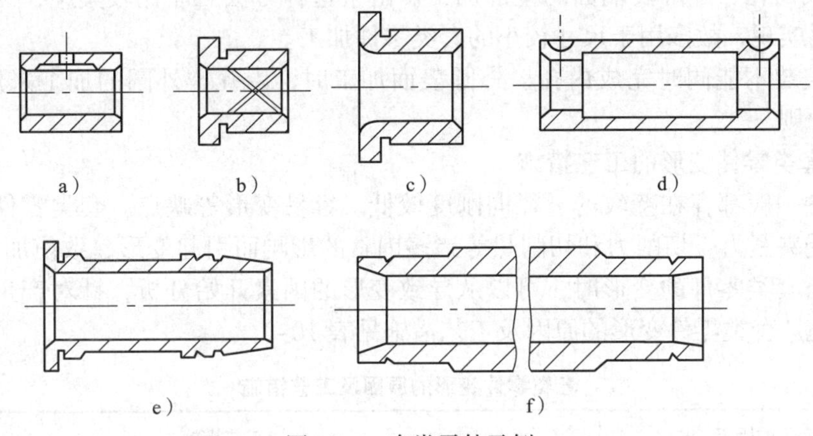

图 10–5 套类零件示例

a）、b）滑动轴承 c）钻套 d）轴承衬套 e）气缸套 f）液压缸

2）形状精度。一般套类零件内孔的形状误差要求控制在孔的形状公差以内，精密轴套则要求控制在孔径公差的1/3 ~ 1/2；对于长套筒的内孔，除有圆度要求外，还有圆柱度要求。套类零件外圆的形状误差控制在外径公差以内，其端面大都有一定的平面度要求。

3）位置精度。套类零件内、外圆的同轴度要求较高，通常取0.01 ~ 0.05 mm；对于装配到箱体或机架上再加工内孔的套筒零件，内、外圆的同轴度要求可大幅降低。工作时承受轴向载荷的套类零件端面大都是加工和装配时的定位基面，故与孔的轴线有较高的垂直度要求，一般为0.02 ~ 0.05 mm。

（2）表面粗糙度

一般套类零件内孔的表面粗糙度 *Ra* 值为1.6 ~ 0.1 μm。液压缸内孔的表面粗糙度 *Ra* 值一般为0.4 ~ 0.2 μm，外圆的表面粗糙度值较小，通常取 *Ra* 6.3 ~ 0.8 μm。

（3）其他要求

由于工作条件的需要和使用材料的因素，不少套类零件有不同的热处理要求。常用的热处理工艺有退火、表面淬火和渗碳等。

二、套类零件的材料及毛坯

套类零件一般用钢、铸铁、青铜、黄铜等材料制成，材料的选择主要取决于工作条件。套类零件的毛坯类型与所用材料、结构、形状和尺寸大小有关，常采用型材、锻件或铸件。毛坯内孔直径小于20 mm时大多选用棒料；孔径较大、长度较长的零件常用无缝钢管或带孔的铸件、锻件。

三、套类零件的加工工艺分析

套类零件的结构特点是壁厚较薄，刚度低，内孔与外圆有较高的相互位置精度要求，所以，加工工艺上要解决如何保证位置精度和防止加工变形的问题。

1. 保证相互位置精度的工艺措施

为保证位置精度要求，加工套类零件时应遵循基准统一原则和互为基准原则，即在一次安装中完成内孔、外圆及端面的全部加工。由于这种方法工序比较集中，当工件结构尺寸较大时不易实现，故多用于尺寸较小的套类零件加工。

当一次安装不能同时完成内孔、外圆表面加工时，内孔、外圆的加工采用互为基准、反复加工的原则。

2. 防止套类零件变形的工艺措施

套类零件一般都存在壁较薄、径向刚度较低、容易变形等缺点。套类零件在加工过程中往往由于受夹紧力、切削力和切削热等诸多因素的影响而引起变形，致使加工精度降低。因此，在分析套类零件的变形时，可以从导致变形的因素开始分析，针对产生变形的原因采取有效措施。套类零件变形的原因及工艺措施见表 10–2。

表 10–2　套类零件变形的原因及工艺措施

引起变形的因素			工艺措施
外力	夹紧力		（1）使夹紧力均匀分布，如图 10–6 所示 （2）变径向夹紧为轴向夹紧，如图 10–7 所示 （3）提高套筒毛坯的刚度，如图 10–8 所示
	切削力		（1）增大刀具的主偏角 （2）内、外表面同时加工，如图 10–8 所示 （3）粗、精加工分开进行
	重力		增加辅助支撑
	离心力		配重
内力	内应力重新分布		（1）退火、时效处理 （2）划分加工阶段
	热效应	切削热	（1）选择合理的刀具角度和切削用量 （2）浇注充分的切削液 （3）留有充分的冷却时间
		热处理	（1）改变热处理方法 （2）将热处理工序安排在精加工之前

3. 加工套类零件时应注意的问题

套类零件的主要加工方法是车削和磨削，加工的表面大多是具有同一回转轴线的内孔、外圆和端面，可在一次装夹中完成加工，较容易保证内、外表面的同轴度、端面对轴线的垂直度以及外圆、端面对轴线的跳动要求。对于精度要求较高的套类零件，可在粗车或半精车后以外圆和内孔互为基准反复磨削，满足其同轴度、垂直度和跳动的要求。

由于套类零件大多为薄壁件，在加工过程中受夹紧力、切削力、切削热等作用后极易变形。因此，保证主要表面的相互位置精度和防止变形是加工套类零件的关键。

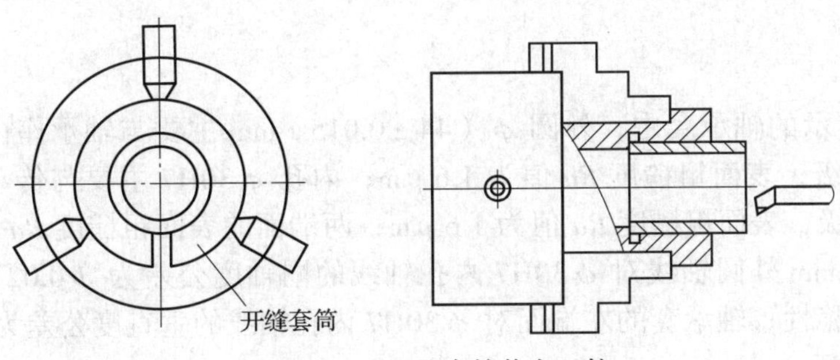

图 10–6　用开缝套筒装夹工件

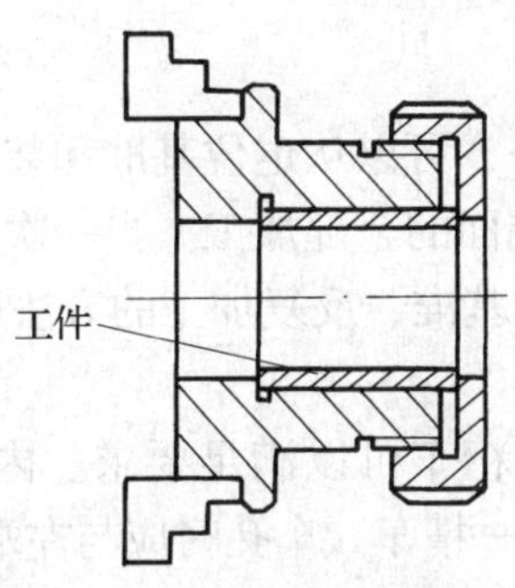

图 10–7　轴向夹紧工件

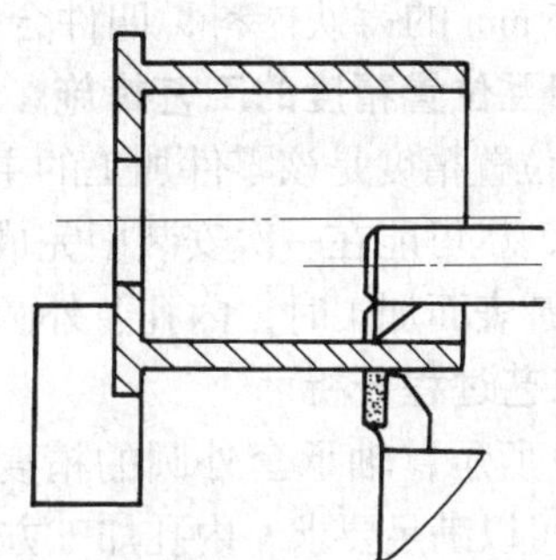

图 10–8　辅助凸边的作用

四、生产实例分析

如图 10–9 所示的轴承套是结构较为典型的一种套类零件，该轴承套材料为 HT200，批量生产。现分析其零件的加工工艺过程。

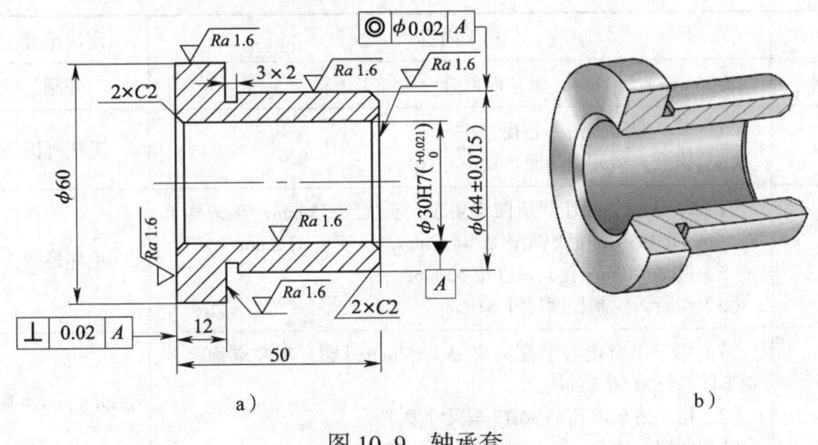

图 10–9　轴承套

a）零件图　b）立体图

1. 功用

如图 10–9 所示的轴承套主要起支撑或导向作用。

2. 结构

如图 10–9 所示轴承套的主要结构要素有内外圆柱面、端面、外沟槽等，该轴承套属于短套筒类零件。

3. 技术要求

在图 10–9 所示的轴承套中，外圆 ϕ（44 ± 0.015）mm 主要与轴承座内孔相配合，其尺寸精度为 IT7 级，表面粗糙度 Ra 值为 1.6 μm；内孔 ϕ30H7 主要与传动轴相配合，其尺寸精度为 IT7 级，表面粗糙度 Ra 值为 1.6 μm；两端面的表面粗糙度 Ra 值均为 1.6 μm；ϕ（44 ± 0.015）mm 外圆轴线对 ϕ30H7 内孔轴线的同轴度公差为 ϕ0.02 mm，可保证轴承在传动中的平稳性；轴承套的左端面对 ϕ30H7 内孔轴线的垂直度公差为 0.02 mm。

4. 材料及毛坯

此轴承套的材料为铸铁。该套的形状简单，精度要求中等，但内孔尺寸较大，故毛坯选用直径为 65 mm 的铸铁棒料，四件合一。

5. 保证相互位置精度的工艺措施

如何保证位置精度是该零件加工的主要工艺问题之一，可以从定位基准和装夹方法选择等方面采取措施，尽可能在一次安装中完成内孔、外圆及端面的全部加工。当一次安装不能同时完成内孔、外圆表面加工时，内孔、外圆的加工采用互为基准、反复加工的方法进行加工。

6. 加工工艺过程分析

如图 10–9 所示，轴承套外圆的精度为 IT7 级，采用精车可以满足要求。内孔精度为 IT7 级，采用车孔可以满足要求。内孔加工方案为钻孔—粗车—精车。车孔时应与左端面一同加工，保证端面与孔轴线的垂直度，然后以内孔为基准，利用小锥度心轴装夹加工外圆和另一端面。

7. 轴承套的加工工艺过程

表 10–3 所列为轴承套的加工工艺过程。粗车外圆时，可采用“四件合一”的方法来提高生产效率。

表 10–3　　轴承套的加工工艺过程

序号	工序名称	加工内容	定位基准	加工设备
1	下料	ϕ65 mm × 240 mm，按“四件合一”加工下料	外圆	锯床
2	车	（1）车一端面，钻中心孔 （2）掉头，车另一端面，钻中心孔	毛坯外圆	卧式车床
3	车	（1）车 ϕ60 mm 外圆达图样要求，长度至 55 mm；车图样上 ϕ（44 ± 0.015）mm 外圆至 ϕ 44.5 mm，长度至 37.5 mm （2）钻 ϕ 28 mm 孔，长度至 55 mm （3）切断，控制长度尺寸 51 mm	毛坯外圆	卧式车床
4	车	（1）用三爪自定心卡盘装夹 ϕ44.5 mm 外圆，车左端面，控制工件总长为 50.5 mm （2）粗、精车内孔 ϕ30H7 至尺寸要求 （3）两端倒角 C2 mm	ϕ44.5 mm 外圆	数控车床
5	车	（1）以 ϕ30H7 孔配合心轴装夹，车 ϕ（44 ± 0.015）mm 外圆至尺寸要求，倒角 C2 mm （2）车退刀槽 3 mm × 2 mm，并控制长度尺寸 12 mm 至图样要求 （3）车长度尺寸 50 mm 至要求	ϕ30H7 内孔	数控车床
6	检验	按图样要求检测尺寸精度、几何精度、表面质量		

§10–3　箱体零件加工

一、箱体零件的功用、结构及技术要求

1. 功用和结构

箱体是各类机器的重要基础件，它将机器中有关部件的轴、套、齿轮等相关零件连接成一个整体，使这些零件保持正确的相对位置，并按一定的传动关系协调地工作。箱体的制造精度将直接影响机器的性能和使用寿命。

由于机器的种类很多，组成部件差别很大，因此箱体的功用和结构各不相同。如图10–10所示为典型箱体结构。箱体的结构形式虽然多种多样，但其仍有共同之处：形状复杂，壁薄且不均匀，内部呈腔形，既有精度要求较高的孔系和平面，也有许多精度要求较低的紧固孔。箱体类零件的加工部位较多，加工难度也较大。

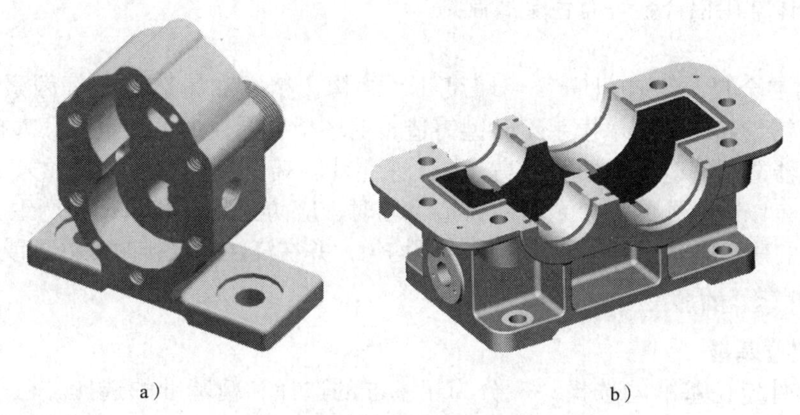

a）　　　　b）

图 10–10　典型箱体结构

a）齿轮油泵箱体　b）齿轮减速箱箱体

2. 技术要求

箱体类零件对毛坯铸造质量要求较严格，不允许有气孔、砂眼、疏松、裂纹等铸造缺陷。为了便于切削加工，多数铸铁箱体需要经过退火以降低表面硬度，消除内应力。对箱体重要加工面的要求主要有以下几个方面：

（1）主要平面的形状精度和表面粗糙度

箱体的主要平面是装配基准，并且往往是加工时的定位基准，所以应有较高的平面度精度和较小的表面粗糙度值；否则，将直接影响箱体加工时的定位精度，以及箱体与机座总装配时的接触刚度和相互位置精度。

一般箱体主要平面的平面度公差为 0.03 ~ 0.1 mm，表面粗糙度 *Ra* 值为 2.5 ~ 0.63 μm，各主要平面对装配基准面的垂直度公差为 0.1 mm/300 mm。

（2）孔的尺寸精度、形状精度和表面粗糙度

箱体上轴承孔本身的尺寸精度、形状精度和表面粗糙度都有较高的要求；否则，将影

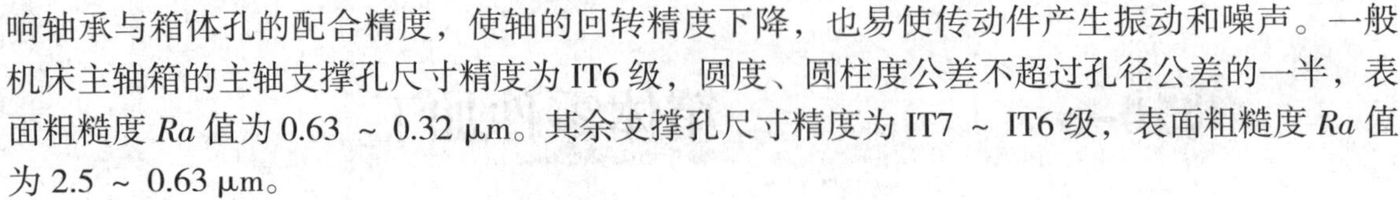

响轴承与箱体孔的配合精度，使轴的回转精度下降，也易使传动件产生振动和噪声。一般机床主轴箱的主轴支撑孔尺寸精度为IT6级，圆度、圆柱度公差不超过孔径公差的一半，表面粗糙度 *Ra* 值为0.63 ～ 0.32 μm。其余支撑孔尺寸精度为IT7 ～ IT6级，表面粗糙度 *Ra* 值为2.5 ～ 0.63 μm。

（3）主要孔和平面的相互位置精度

同轴线的孔系应有一定的同轴度要求，各支撑孔之间也应有一定的孔距尺寸精度及平行度要求；否则，不仅装配有困难，而且会使轴的运转情况恶化，温度升高，轴承磨损加剧，齿轮啮合精度下降，易引起振动和噪声，影响齿轮使用寿命。支撑孔之间的孔距公差为0.05 ～ 0.12 mm，平行度公差应小于孔距公差，一般全长上取0.04 ～ 0.1 mm。

二、箱体零件的材料和毛坯

1. 材料

箱体零件材料常选用各种牌号的灰铸铁，因为灰铸铁具有较好的耐磨性、铸造性，可加工性好，而且吸振性好，成本低。某些负荷较大的箱体采用铸钢件，也有些箱体为了缩短毛坯制造周期而采用钢板焊接结构。精度要求较高的坐标镗床主轴箱则选用耐磨铸铁，轿车发动机箱体常用铝合金等有色金属制造。

2. 毛坯

毛坯的加工余量与生产批量、毛坯尺寸、结构、精度和铸造方法等因素有关。单件、小批量生产的铸铁箱体常用木模手工砂型铸造，毛坯精度低，加工余量大；大批量生产中大多用金属模机器造型铸造，毛坯精度高，加工余量小。铸铁箱体毛坯上直径大于30 mm的孔大都预先铸出，以减小孔的加工余量。铸造毛坯时，应防止砂眼和气孔的产生。为了减小毛坯制造时产生的残余应力，应尽量使箱体壁厚均匀，并在浇注后安排时效处理或退火工序。

三、箱体零件的加工工艺分析

1. 选择定位基准

箱体类零件定位基准的选择一般分为粗基准的选择和精基准的选择。粗基准是为了保证各加工面和孔的加工余量均匀，而精基准则是为了保证相互位置精度和尺寸精度。因此，应根据箱体类零件的加工工艺特点选择不同的定位基准。

（1）粗基准的选择

大多数箱体上都有一个或一组主要孔，为保证主要孔的加工余量均匀，应该以主要孔作为粗基准。箱体内壁一般都不加工，它和安装在箱体中的齿轮等传动件之间只有不大的间隙。如果加工出的轴承孔与内壁之间的距离误差太大，有可能导致装配齿轮时与箱体内壁相撞。为防止出现这种情况，加工箱体时又应以内壁为粗基准。为此，实际生产中常以箱体上的主要孔为粗基准，限制四个自由度，辅以内壁或其他毛坯孔为辅助基准，以达到完全定位的目的。

根据生产类型不同，箱体零件的粗基准选择与安装方式也不一样。大批量生产时，由于毛坯精度较高，可以直接用箱体上的重要孔在专用夹具上定位，工件安装迅速，生产效率高。在单件、小批量及中批量生产时，一般毛坯精度较低，按上述办法选择粗基准往往会造成箱体外形偏斜，甚至局部加工余量不够，因此，通常采用划线找正的方法进行第一道工序的加工，如加工机床主轴箱时，即以主轴孔为粗基准对毛坯进行划线和检查，对偏斜予以纠正，纠正后可保证孔的余量足够，但不一定均匀。

（2）精基准的选择

为了保证箱体类零件的孔与孔、孔与平面、平面与平面之间距离的尺寸精度和相互位置精度，选择箱体类零件精基准时应遵循基准统一原则和基准重合原则。

1）基准统一原则（一面两孔）。在大多数工序中，箱体利用底面（或顶面）及两孔作为定位基准加工其他平面和孔系，以避免由于基准转换而带来的累积误差。

2）基准重合原则（三面定位）。箱体上的装配基准一般为平面，而它们又往往是箱体上其他要素的设计基准，因此，以这些装配基准平面作为定位基准，避免了基准不重合误差，有利于提高箱体各主要表面的相互位置精度。例如，机床主轴箱小批量生产过程中即采用基准重合原则。

以上两种定位方式各有优缺点，应根据实际生产条件合理确定。在中、小批量生产时，尽可能使定位基准与设计基准重合，以设计基准作为统一的定位基准。而在大批量生产时，优先考虑的是如何稳定加工质量和提高生产效率，由此产生的基准不重合误差则通过工艺措施解决，如提高工件定位精度和夹具精度等。

2. 加工顺序的安排

箱体类零件主要由平面和孔系组成，它的加工要求比较高，需要多次装夹，所以，必须有统一的基准和加工顺序来保证它的精度要求。

箱体类零件的加工顺序安排原则如下：

（1）先面后孔的原则

由于箱体的加工和装配大多以平面为基准，先加工平面不仅为加工精度较高的支撑孔提供了稳定、可靠的精基准，而且还符合基准重合原则，有利于提高加工精度。另外，先以孔为粗基准加工平面，再以平面为精基准加工孔，这样可为孔的加工提供稳定、可靠的定位基准，而且加工平面时切去了铸件的硬皮和凹凸不平的粗糙面，有利于后续加工，可减少钻孔时将钻头引偏和刀具崩刃等现象，对刀和调整也比较方便。

（2）先主后次的原则

加工平面或孔系时，应贯彻先主后次原则，即先加工主要平面或主要孔。这是因为加工其他平面或孔时，以先加工好的主要平面或主要孔作为精基准，装夹可靠，调整各表面的加工余量比较方便，有利于提高各表面的加工精度。同时，由于主要平面或主要孔精度要求高，加工难度大，先加工时如果出现废品，不至于浪费其他表面的加工工时。

（3）粗、精加工分开的原则

对于刚度低、批量较大、要求精度较高的箱体，一般要粗加工、精加工分开进行，即在主要平面和各支撑孔的粗加工之后再进行精加工。这样可以消除由粗加工所造成的内应力、切削力、切削热、夹紧力等对加工精度的影响，并且有利于合理地选用设备。

粗、精加工分开进行，会使机床、夹具的数量及工件安装次数增加，而成本提高，所以，对单件、小批量生产精度要求不高的箱体，常常将粗、精加工合并在一道工序进行，但必须采取相应措施以减小加工过程中的变形。例如，粗加工后松开工件，让工件充分冷却，然后用较小的夹紧力、较小的切削用量，多次进给进行精加工。

3. 热处理工序的安排

箱体类零件结构一般较复杂，壁厚不均匀，铸造残留内应力大。为消除内应力，减少箱体在使用过程中的变形，保持精度稳定，铸造后一般均需进行时效处理。自然时效的效果较好，但生产周期长，目前仅用于精密机床的箱体铸件。对于普通机床和设备的箱体，一般都采用人工时效。箱体经粗加工后，应存放一段时间再进行精加工，以消除粗加工积聚的内应力。对于精密机床的箱体或形状特别复杂的箱体，应在粗加工后再进行一次人工时效，以促进铸造和粗加工造成的内应力的释放。

四、孔系加工

箱体上若干有相互位置精度要求的孔的组合称为孔系。孔系可分为平行孔系、同轴孔系和交叉孔系，如图 10–11 所示。孔系加工是箱体加工的关键，根据箱体加工批量和孔系精度要求的不同，孔系加工所用的方法也不同。

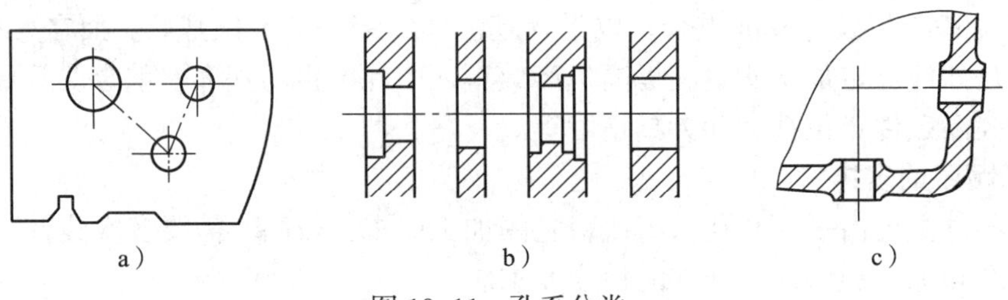

图 10–11　孔系分类

a）平行孔系　b）同轴孔系　c）交叉孔系

1. 平行孔系的加工

（1）找正法

找正法是指在通用机床（如镗床、铣床等）上利用辅助工具找正所要加工孔正确位置的加工方法。这种找正法加工效率低，一般只适用于单件、小批量生产。找正时除根据划线用试镗方法外，有时借用心轴、量块或样板找正，以提高找正精度。

如图 10–12 所示为用心轴和量块找正法。镗第一排孔时将心轴插入主轴孔内（或直接利用镗床主轴），然后根据孔和定位基准的距离组合量块来校正主轴位置，校正时利用塞尺测定量块与心轴之间的间隙，以避免量块与心轴直接接触而损伤，如图 10–12a 所示。镗第二排孔时，分别在机床主轴和已加工孔中插入心轴，采用同样的方法来校正主轴轴线的位置，以保证孔心距的精度，如图 10–12b 所示。这种找正法的孔心距精度可达 ±0.03 mm。

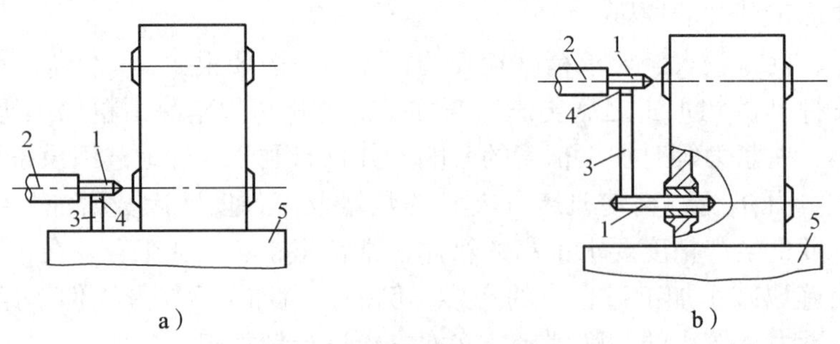

图 10–12　用心轴和量块找正法

a）第一工位　b）第二工位

1—心轴　2—镗床主轴　3—量块　4—塞尺　5—镗床工作台

如图 10–13 所示为样板找正法，用 10 ~ 20 mm 厚的钢板制成样板 1，装在垂直于各孔的端面上（或固定于机床工作台上），样板上的孔距精度比箱体孔系的孔距精度高，一般为 ±（0.01 ~ 0.03）mm。样板上的孔距比箱体的孔距大，以便于镗杆通过。样板上的孔距要求尺寸精度不高，但要有较高的形状精度和较小的表面粗糙度值，当样板准确地装到工件上后，在机床主轴上装上百分表 2，按样板找正机床主轴，找正后，即换上镗刀进行加工。用此法加工孔系不易出差错，找正方便，孔距精度可达 ±0.05 mm。这种样板的成本低，仅为镗模成本的 1/9 ~ 1/7，单件、小批量生产中、大型箱体时可用此法。

（2）镗模法

在成批生产中广泛采用镗模加工孔系，如图 10–14 所示。工件 5 装夹在镗模上，镗杆 4 支撑在镗模的导套 6 里，导套的位置决定了镗杆的位置，装在镗杆上的镗刀 3 将工件上相应的孔加工出来。当用两个或两个以上的镗架支撑 1 来引导镗杆时，镗杆与机床主轴 2 必须浮动连接，这样机床精度对孔系加工精度影响很小，因而可以在精度较低的机床上加工出精度较高的孔系。孔距精度主要取决于镗模，一般可达 ±0.05 mm。能加工精度为 IT7 级的孔，其表面粗糙度 *Ra* 值为 1.6 ~ 0.8 μm。当从一端加工，镗杆两端均有导向支撑时，孔与孔之间的同轴度和平行度公差为 0.02 ~ 0.03 mm；当分别从两端加工时，其公差为 0.04 ~ 0.05 mm。

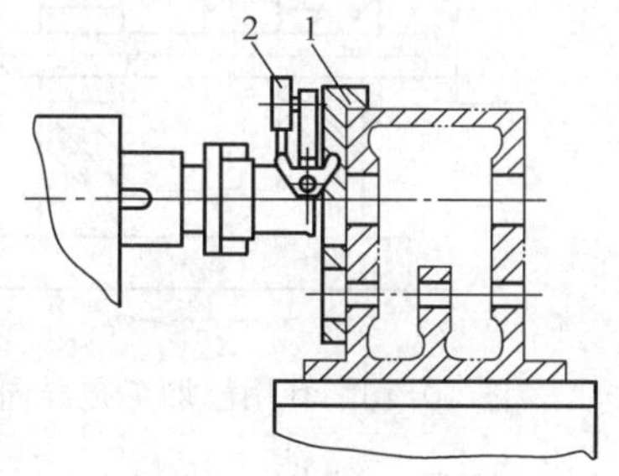

图 10–13　样板找正法

1—样板　2—百分表

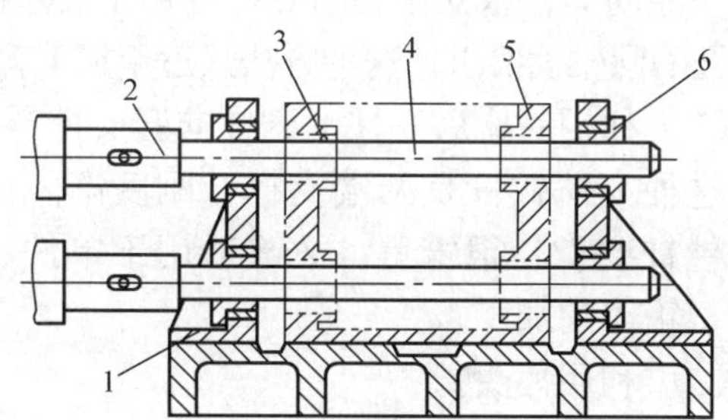

图 10–14　用镗模加工孔系

1—镗架支撑　2—机床主轴　3—镗刀

4—镗杆　5—工件　6—导套

用镗模法加工孔系，既可以在通用机床上加工，也可在专用机床或组合机床上加工，图 10–15 所示为在组合机床上用镗模加工孔系。

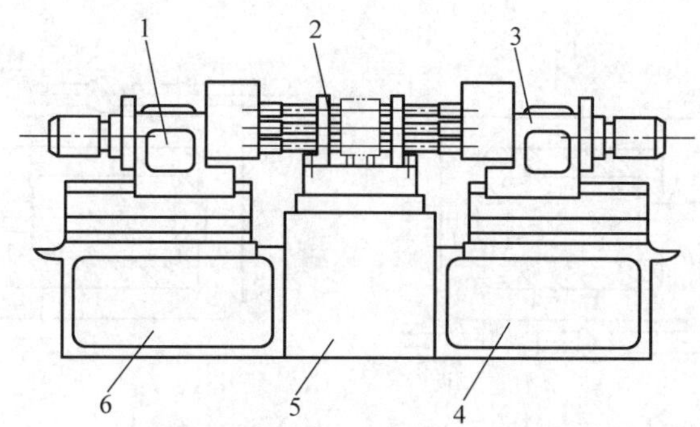

图 10–15　在组合机床上用镗模加工孔系

1—左动力头　2—镗模　3—右动力头　4、6—侧底座　5—中间底座

（3）坐标法

坐标法镗孔是在普通卧式镗床、坐标镗床或数控镗床等设备上，借助于精密测量装置，调整机床主轴与工件间在水平和垂直方向的相对位置，来保证孔心距精度的一种镗孔方法。

采用坐标法加工孔系时，要特别注意选择基准孔和镗孔的顺序；否则，坐标尺寸累积误差会影响孔距精度。基准孔应尽量选择本身尺寸精度高、表面粗糙度值小的孔（一般为主轴孔），这样在加工过程中便于校验其坐标尺寸。孔心距精度要求较高的两孔应连在一起加工，加工时，应尽量使工作台朝同一方向移动，若工作台多次往复，其间隙会产生误差，影响坐标精度。

现在国内许多机床厂已经直接用坐标镗床或加工中心机床来加工一般机床箱体，这样就可以加快生产周期，适应机械行业多品种、小批量生产的需要。

2. 同轴孔系的加工

成批生产中，箱体上同轴孔的同轴度几乎都由镗模来保证。单件、小批量生产中，同轴度用下面几种方法来保证。

（1）利用已加工孔作支撑导向

如图 10–16 所示，当箱体前壁上的孔加工好后，在孔内装一导向套，以支撑和引导镗杆加工后壁的孔，从而保证两孔的同轴度要求。这种方法只适于加工箱壁较近的孔。

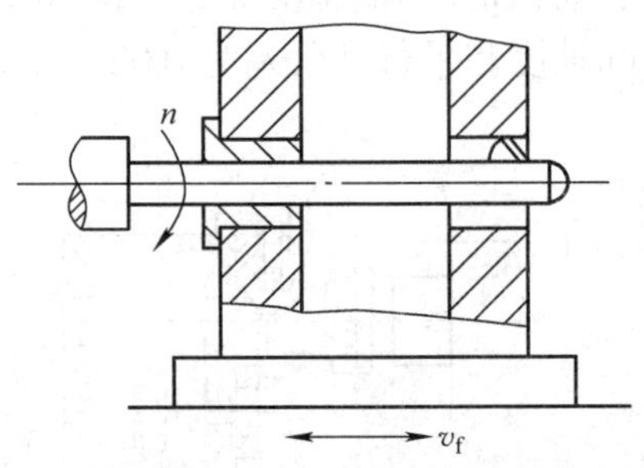

图 10–16　利用已加工孔导向

（2）利用镗床后立柱上的导向套支撑导向

这种方法镗杆是两端支撑，刚度高。但此法调整麻烦，镗杆要长，很笨重，故只适用于单件、小批量生产中大型箱体的加工。

（3）利用掉头镗

当箱体箱壁相距较远时，可采用掉头镗。工件在一次装夹下，镗好一端孔后，将镗床工作台回转 180°，调整工作台位置，使已加工孔与镗床主轴同轴，然后再加工另一端孔。当箱体上有一较长并与所镗孔轴线有平行度要求的平面时，镗孔前应先用装在镗杆上的百分表对此平面进行校正，如图 10–17a 所示，使其与镗杆轴线平行，校正后加工孔 *B*。孔 *B* 加工完后回转工作台，并用镗杆上装的百分表沿此平面重新校正，这样就可保证工作台准确地回转 180°，如图 10–17b 所示。然后再加工孔 *A*，从而保证孔 *A*、*B* 同轴。

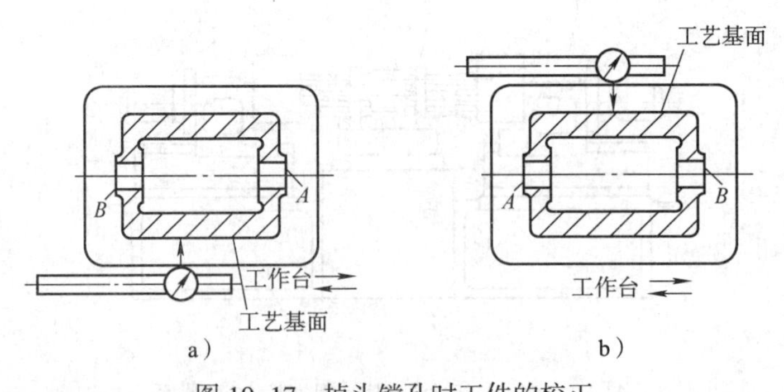

图 10–17　掉头镗孔时工件的校正

a）第一工位　b）第二工位

五、箱体类零件的加工工艺过程

箱体类零件的加工工艺过程一般分为单件、小批量生产和大批量生产两种。

单件、小批量生产时，箱体类零件的基本工艺过程如下：铸造毛坯—时效—划线—粗加工主要平面及其他平面—划线—粗加工支撑孔—二次时效—精加工主要平面和其他平面—精加工支撑孔—划线—钻各小孔—攻螺纹，去毛刺。

大批量生产时，箱体类零件的基本工艺过程如下：铸造毛坯—时效—加工主要平面和工艺定位孔—二次时效—粗加工各平面上的孔—攻螺纹，去毛刺—精加工各平面上的孔。

六、生产实例分析

分析图 10–18 所示方箱体组合件的加工工艺。

1. 技术要求

由图 10–18 所示可知，使用时，方箱体上的基准面 *A*、*B*、*C* 作为测量基准和定位基准，其尺寸精度与位置精度要求都比较高，高度与宽度 120 mm 的尺寸公差仅为 0.008 mm，长度 200 mm 的公差为 0.01 mm，相关表面的平行度、垂直度公差均为 0.005 mm，表面粗糙度 *Ra* 值为 0.2 μm。

2. 功用与结构

图 10–18 所示的方箱体是为了加工燃气机蜗轮叶片而设计的一种装夹方箱，结构比较简单，但尺寸精度和位置精度要求较高。该箱体由上、下两部分组合而成，中间的空腔用于放置叶片的叶身，因此，方箱体就成了叶片加工和测量的工艺装备。

3. 定位基准选择

如图 10–18 所示，方箱体的精基准定位是以三面定位来保证技术要求的。在使用时方箱体上的基准面 *A*、*B*、*C* 作为测量基准和定位基准。从技术要求上看，方箱体的四周平面都有平行度或垂直度要求，而对螺纹连接、销孔的要求不高，因此，选择方箱体的各表面作为粗加工、精加工的定位基准。

4. 方箱体的加工顺序

铸造—退火—刨削上、下箱体的六个面—人工时效—粗磨上、下箱体的上、下平面及中间接合平面—精磨上、下箱体中间接合平面—划线—钻孔，攻螺纹，配钻、配铰销孔—粗磨宽度和长度方向四面—精磨六面。加工顺序的核心是分体粗加工，合体精加工。而销孔和螺纹是为连接上下体而设计的，加工时上、下箱体要一体配钻和配铰，并在上、下箱体上用同一号码做好标记，装配后按一体加工。

5. 方箱体的加工工艺

图 10–18 所示的方箱体为上、下两件合装而成，方箱体四周为涡轮叶片加工和测量的基准，因此，其尺寸精度、位置精度和表面质量要求都比较高，应选择磨削的方式来保证尺寸精度和表面质量。同时，粗磨时必须保证上、下底面与中间接合平面的平行度和精磨余量。方箱体相关表面的平行度、垂直度公差仅为 0.005 mm，所以，在磨削时应增加半精磨削来保证位置精度，精磨时应反复找正，多次测量。

方箱体的热处理选择退火。为了保证加工后精度的稳定性，在粗加工后再安排一次人工时效。

方箱体组合件的加工工艺过程见表 10–4。

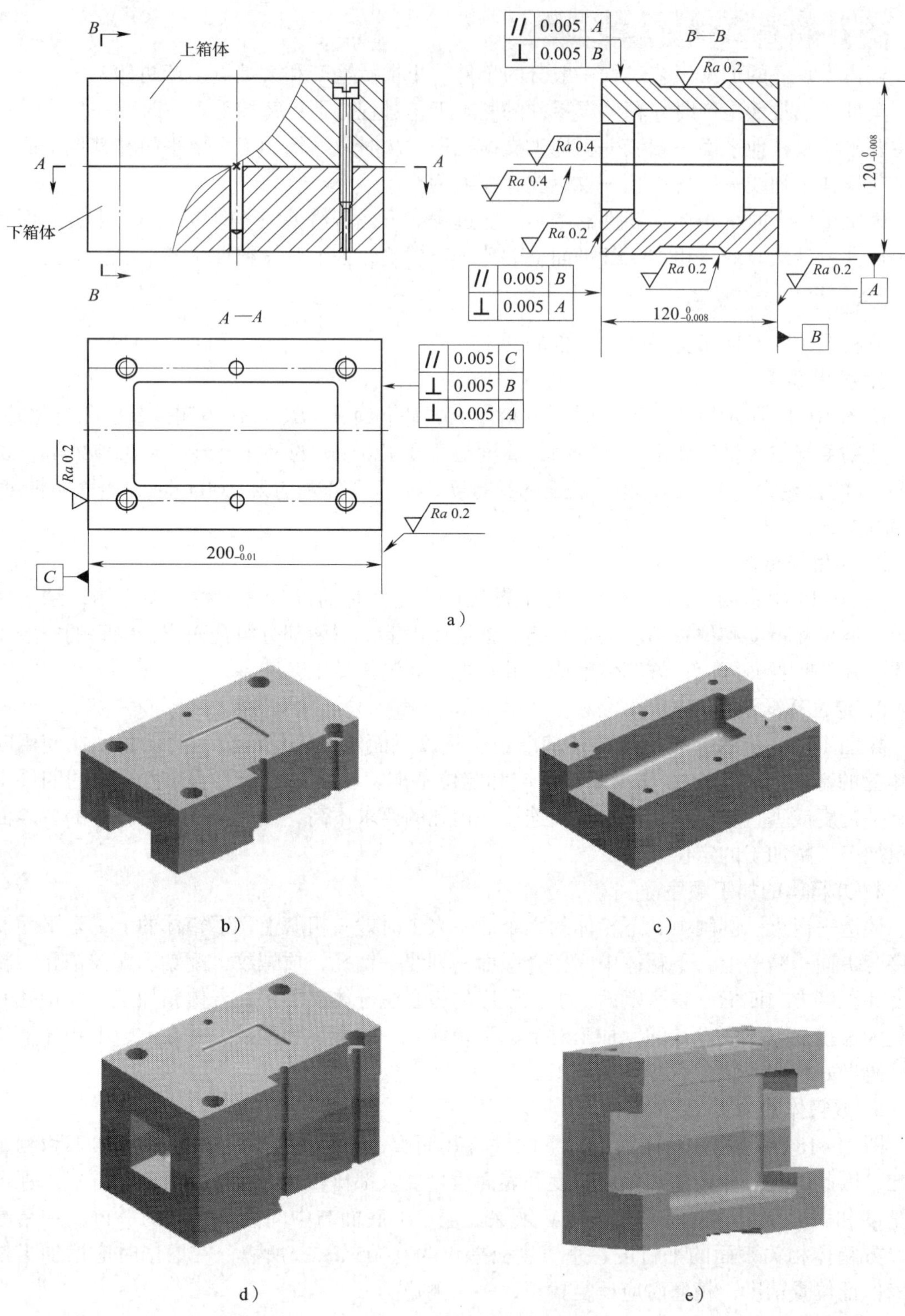

图 10-18　方箱体组合件

a）零件图　b）上箱体　c）下箱体　d）合箱图　e）合箱全剖视图

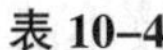

表 10–4 方箱体组合件的加工工艺过程

工序号	工序名称	工序内容	装夹基准	加工设备
1	铸造	铸造毛坯		
2	热处理	退火		
3	刨削	（1）粗刨上箱体平面及中间接合平面，每面均留余量 0.5 ~ 1 mm （2）粗刨下箱体平面及中间接合平面，每面均留余量 0.5 ~ 1 mm （3）粗刨其他各面，留余量 0.3 ~ 0.4 mm	平面	牛头刨床
4	热处理	人工时效		
5	粗磨	粗磨上、下箱体平面及中间接合平面，每面留余量 0.2 ~ 0.3 mm	平面	平面磨床
6	精磨	精磨上、下箱体中间接合平面，保证上、下平面的磨削余量	上、下底平面	平面磨床
7	钳	划孔及螺纹孔线	四周平面	平板、游标高度卡尺
8	钳	（1）钻孔，攻螺纹，装入螺钉 （2）配钻销孔，装入圆柱销 （3）打标记，合箱	底平面	钻床
9	粗磨	粗磨宽度方向和长度方向四面，每面留余量 0.1 ~ 0.15 mm，平行度及对上、下底平面的垂直度误差不大于 0.005 mm	四周平面	平面磨床
10	精磨	精磨六面，保证尺寸公差、位置精度与表面粗糙度	四周平面	平面磨床
11	检验	检查		

§10–4 丝杠加工

丝杠是将旋转运动变成直线运动的传动零件，其螺纹属于传动螺纹。丝杠不仅能准确地传递运动，而且还能传递一定的转矩，因而对其精度、强度、耐磨性和稳定性都有较高要求。丝杠按其摩擦特性，可分为滑动丝杠、滚动丝杠及静压丝杠三大类，其中滑动丝杠的结构简单，制造方便，故应用较广泛。

一、丝杠结构的工艺特点与技术要求

丝杠是细而长的柔性轴，它的长径比为 20 ~ 50，刚度较低。其结构、形状较复杂，既有要求很高的螺纹表面，又有台阶及沟槽。在加工过程中易变形，这是影响丝杠精度的主要问题。

按机械行业标准《机床梯形丝杠、螺母 技术条件》（JB/T 2886—2008）规定，机床丝杠根据用途及使用要求分为七个等级，即 3 级、4 级、5 级、6 级、7 级、8 级、9 级，3 级精度最高，其余依次逐渐降低。

各级精度的丝杠，除规定有螺纹大径、中径和小径的公差外，还规定了螺距公差、牙型半角的极限偏差、表面粗糙度、全长中径尺寸变动量的公差、中径跳动公差等。

二、丝杠的材料

丝杠材料的选择是保证丝杠质量的关键，一般应满足以下要求：

1. 具有优良的加工性能，磨削时不易产生裂纹，能得到良好的表面质量和较小的残余内应力，对刀具的磨损作用较小。

2. 抗拉强度一般不低于 588 MPa，能传递一定的动力。

3. 具有良好的热处理工艺性，淬透性好，不易淬裂，组织均匀，热处理变形小，能获得较高的硬度，从而保证丝杠的耐磨性和尺寸的稳定性。

4. 丝杠材料的金相组织要有较高的稳定性。

丝杠有淬硬丝杠和不淬硬丝杠之分，前者耐磨性较好，能较长时间保持精度。不淬硬丝杠材料有 45 钢、易切削钢 Y40Mn 和具有珠光体组织的优质碳素工具钢 T10A、T12A 等。淬硬丝杠常采用中碳合金钢和微变形钢，如 9Mn2V、CrWMn、GCr15（用于直径小于 50 mm 的丝杠）及 GCr15SiMn（用于直径大于 50 mm 的丝杠）等。它们的淬火变形小，磨削时组织比较稳定，淬硬性也好，硬度为 58 ~ 62HRC。

三、丝杠加工工艺分析

表 10–5 列出了成批生产卧式车床丝杠（图 10–19）和小批生产万能螺纹磨床丝杠（图 10–20）的工艺过程，在编制丝杠工艺规程时，需要考虑如何防止弯曲、减小内应力和提高螺距精度等问题。其中万能螺纹磨床丝杠是英制螺纹，螺距为 1/6 in。

表 10–5　成批生产卧式车床丝杠和小批生产万能螺纹磨床丝杠的工艺过程

零件名称	卧式车床丝杠（不淬硬丝杠）	万能螺纹磨床丝杠（淬硬丝杠）
精度等级	8 级	6 级
工艺过程	1. 下料 2. 正火，校直（径向圆跳动公差≤ 1.5 mm） 3. 车端面，钻中心孔 4. 粗车两端及外圆 5. 校直（径向圆跳动公差≤ 0.6 mm） 6. 高温时效（径向圆跳动公差≤ 1 mm） 7. 车端面控制总长，钻中心孔 8. 半精车两端及外圆 9. 无心磨粗磨外圆 10. 旋风铣螺纹（在铣床上粗加工螺纹） 11. 校直，低温时效（t=170℃，12 h）（径向圆跳动公差≤ 0.1mm） 12. 无心磨精磨外圆 13. 修研中心孔 14. 车两端轴颈（车削前在车床上检查及校直） 15. 精车螺纹至图样要求（车削后在车床上检查及校直）	1. 锻造 2. 球化退火 3. 车端面，钻中心孔 4. 粗车外圆 5. 高温时效 6. 车端面，钻中心孔 7. 半精车外圆 8. 粗磨外圆 9. 淬火后中温回火 10. 研磨两中心孔 11. 粗磨外圆 12. 粗磨出螺纹槽 13. 低温时效 14. 研磨两中心孔 15. 半精磨外圆 16. 半精磨螺纹 17. 低温时效 18. 研磨两端中心孔 19. 精磨外圆，检查 20. 精磨螺纹（磨出小径） 21. 研磨两中心孔 22. 终磨螺纹，检查 23. 终磨外圆，检查 24. 研磨止推端面，检查

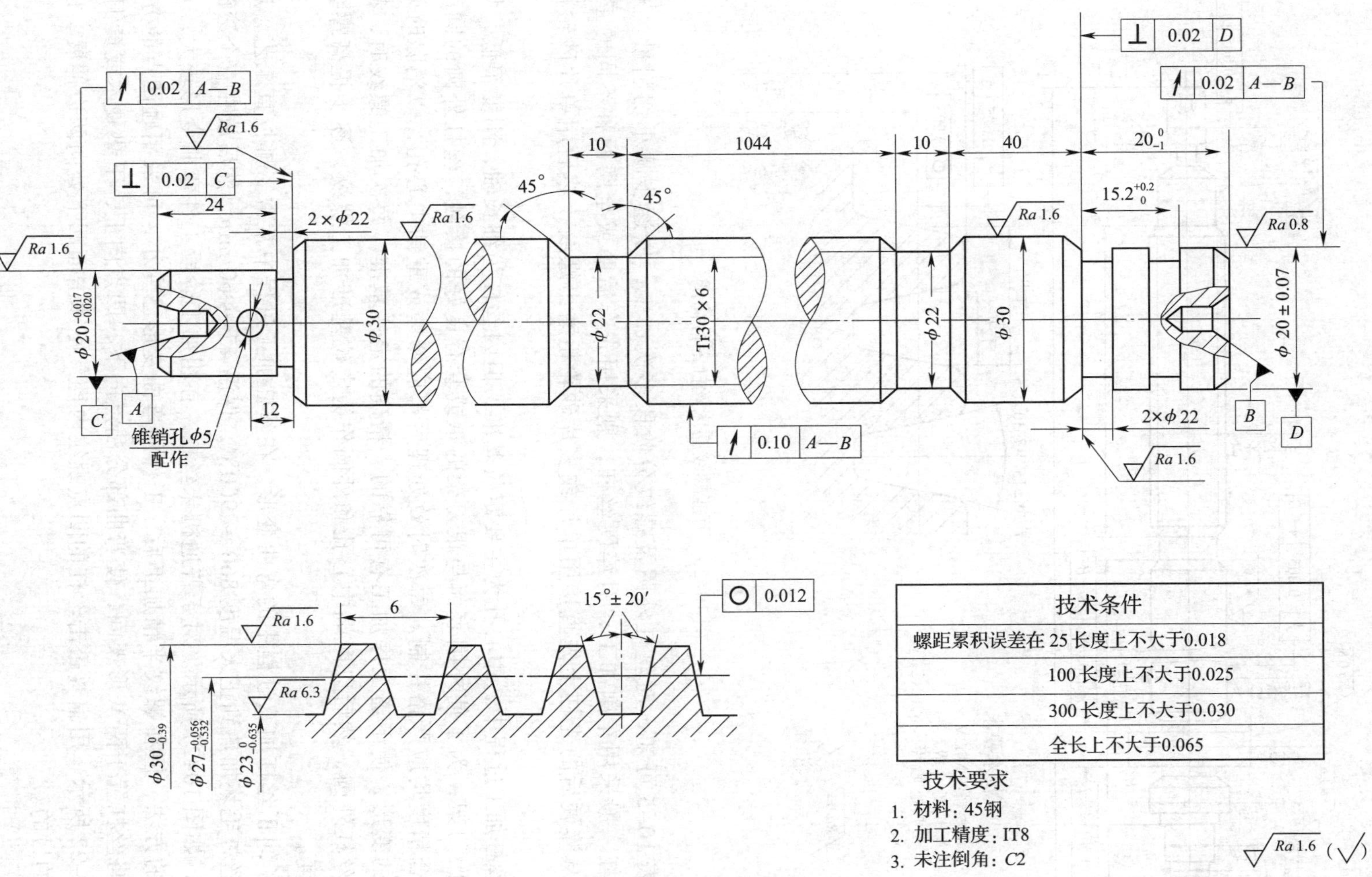

图 10-19　卧式车床丝杠零件简图

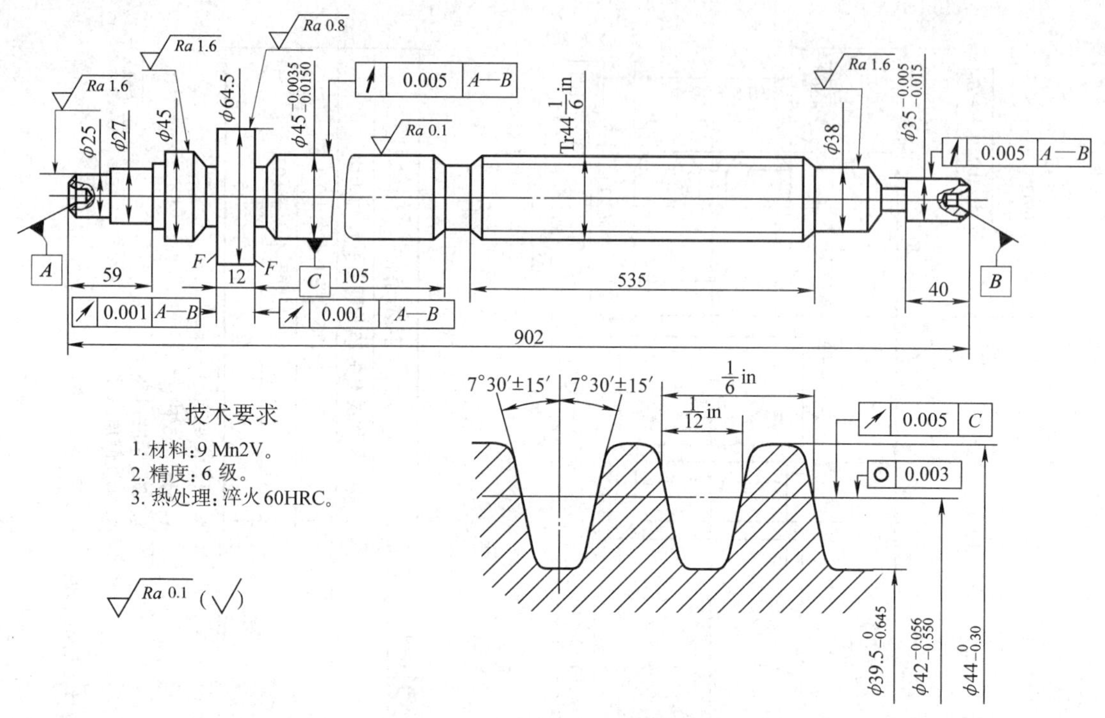

图 10-20　万能螺纹磨床丝杠零件简图

由表 10-5 可知，对丝杠外圆及螺纹分阶段多次加工，以逐步减小切削量。对不淬硬丝杠一般采用车削加工；对淬硬丝杠，则采用先车后磨或全磨两种不同的工艺，后者是从淬硬后的光杠上先直接用单片或多片砂轮粗磨出螺纹，然后用单片砂轮精磨螺纹。

在丝杠加工过程中，中心孔为主要定位基准，但因丝杠为细长轴，刚度很低，加工时需用跟刀架，为了使外圆表面与跟刀架的爪或套有良好的接触，丝杠外圆的圆度及套的配合精度均应严格控制。每次时效处理后都应修磨或重钻中心孔，以消除时效处理产生的变形，使下道工序加工有可靠的、精确的定位基准。每次加工螺纹时，都要先加工丝杠外圆，然后以两端中心孔和外圆作为定位基准加工螺纹，逐步提高螺纹的加工精度。

为了纠正丝杠加工过程中的弯曲变形，在丝杠加工过程中常常安排校直工艺。热校直是把丝杠毛坯加热到正火温度 860 ~ 900℃，保温 45 ~ 60 min，然后放在三个滚筒之间校直，如图 10-21 所示。对于普通机床丝杠，在粗加工阶段工件弯曲变形较大，采用压高点的方法，但在螺纹半精加工后，工件的弯曲变形已变小，可采用砸凹点的方法。此法是将丝杠置于两 V 形架间，使弯曲部分凸点向下，凹点向上，下垫硬木或黄铜块，如图 10-22 所示。用扁錾敲击丝杠的凹点螺纹内径，使锤击面凹下处向两边伸展，以达到校直的目的。

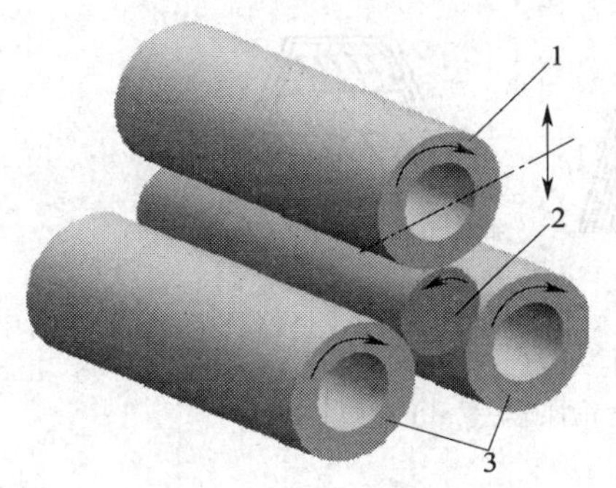

图 10–21　热校直

1—升降滚筒　2—丝杠毛坯　3—主动滚筒

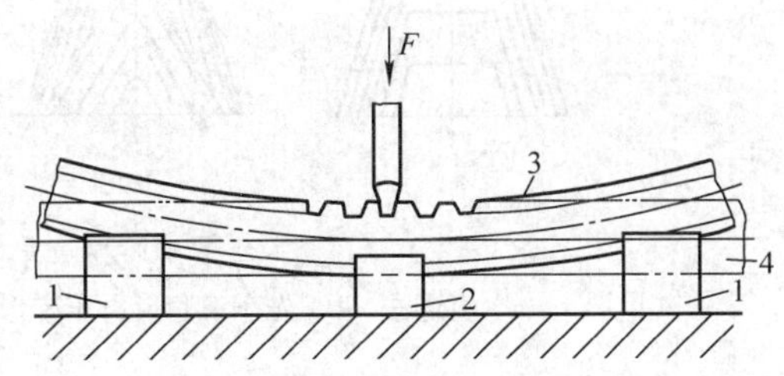

图 10–22　砸凹点校直

1—V 形架　2—硬木块　3—校直前的工件　4—校直后的工件

四、丝杠加工主要工艺过程

1. 热处理

丝杠加工过程中的热处理可以分为以下三类：

（1）毛坯的热处理

对材料为 45 钢的普通丝杠，采用正火；对于材料为 T10A 或 9Mn2V 的丝杠，采用球化退火，以获得稳定的球状珠光体组织。

毛坯热处理的目的是消除锻造或轧制时毛坯中产生的内应力，细化晶粒，改善切削加工性能。

（2）机械加工中的时效处理

随着丝杠精度的不同，时效处理次数也不同。精度要求高的丝杠，时效次数多。一般在每次加工外圆及螺纹后均安排时效处理。机械加工中安排时效处理的目的是消除内应力，以便丝杠精度保持稳定。

（3）淬火、回火及深冷处理

对于要求高的丝杠经精车外圆或粗磨外圆（未车螺纹）后进行淬火，待丝杠均匀冷至 180℃左右，若检查弯曲度大于 0.3 mm，则应进行校直，并进行中温回火，再进行 –60℃深冷处理 2 h，自然升温至室温后，再中温回火 4 h，使丝杠硬度达到所需值，从而使丝杠具有良好的耐磨性、尺寸稳定性和好的磨削性能。

2. 螺纹的加工

丝杠螺纹的加工有车削、铣削和磨削三种方法。

（1）车削螺纹

车削是加工不淬硬丝杠螺纹的主要方法。车削螺纹时切削稳定，加工精度高，但生产效率较低，适于单件、小批量生产。切削时，余量分次逐渐切除。如车削梯形螺纹时，生产中采用较多的有四种余量分次切除方法。如图 10–23 所示为这四种方法的切削图形，图形表示了每次进刀切除的部分。图 10–23a 适用于螺距小于 8 mm、材料切削性能好的工件；图 10–23b 适用于螺距小于 8 mm，材料强度、硬度较高，切削性能差的工件；图 10–23c 适用于螺距小于 8 mm 的大多数工件；图 10–23d 适用于螺距大于 12 mm，牙槽大而深，材料硬度高的工件。

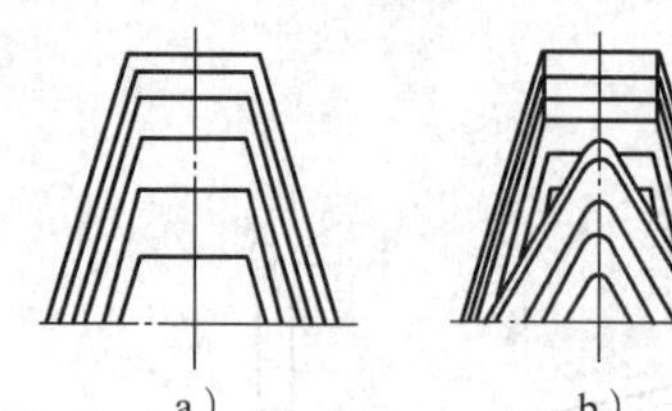
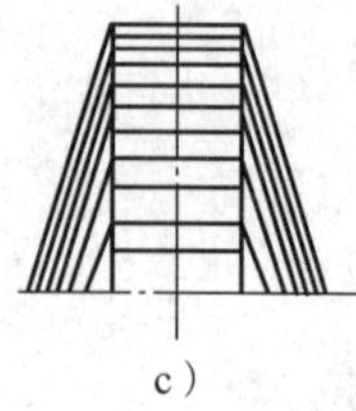
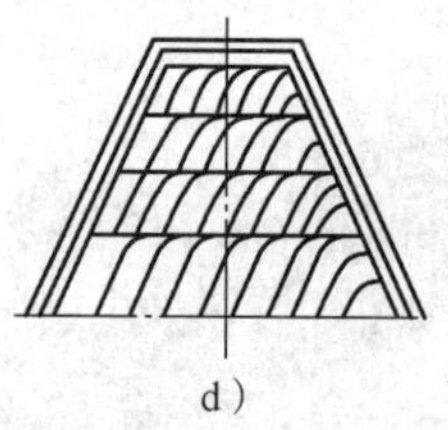

图 10–23　车削梯形螺纹的切削方法

a）直进法　b）先车三角形再车梯形法　c）先车直槽再车梯形法　d）逐层斜进法

车削螺纹的设备是丝杠车床。对于 7 级以上不淬硬丝杠的工序，都在精密丝杠车床上进行，该车床刚度、精度高。加工时用导套式跟刀架可提高工件刚度。

（2）铣削螺纹

铣削螺纹为断续切削，振动大，但是刀具冷却性好，铣削速度高，生产效率高。由于铣削螺纹质量比车削螺纹差，因此铣削螺纹只适用于螺纹的粗加工。对于批量较大的生产，多采用旋风铣削螺纹或螺纹铣床加工。旋风铣削螺纹实质上就是用硬质合金刀具装在旋切头（图 10–24）中高速铣削螺纹。

图 10–24　旋切头

如图 10–25a 所示为外螺纹内切法，装在旋切头中的硬质合金刀具高速旋转，形成主切削运动。工件缓慢旋转，形成切削过程中的圆周进给运动。与此同时，旋切头根据螺距或导程沿轴线方向纵向进给。通常旋切头旋转轴线与工件轴线相交一螺纹中径升角 λ，使切削平面与中径处的螺旋线相切。这样零件每旋转一周，旋切头便前进一个螺距或导程，从而切削出所需要的螺纹。

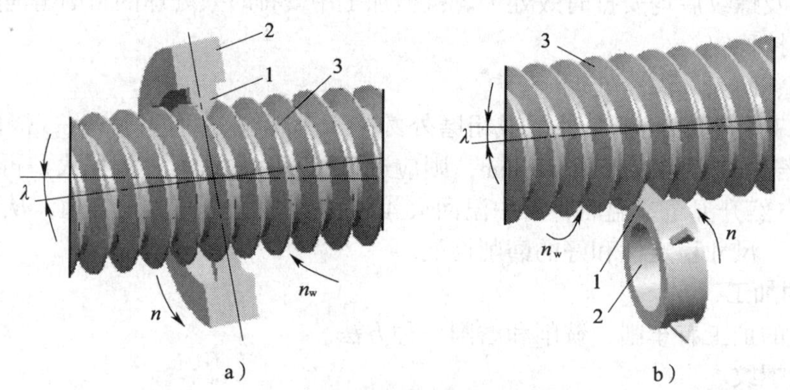

图 10–25　旋风铣削螺纹

a）外螺纹内切法　b）外螺纹外切法

1—旋刀　2—旋切头　3—工件

图 10–25b 所示为旋风切削螺纹的外切法，其原理与外螺纹内切法相似。

（3）磨削螺纹

对于淬硬丝杠的精加工，通常采用螺纹磨床磨螺纹。

第十一章　复杂零件加工

§11–1　曲轴零件加工

曲轴是带有曲拐的轴，如图 11–1 所示，它具有一般轴类零件的主要特征，其加工也符合轴类零件的加工规律，例如，铣两端面后钻中心孔、车削加工、磨削加工和抛光等。但是曲轴结构又与一般轴类零件不同，有其独特之处，如曲轴有主轴颈、连杆轴颈（曲拐轴颈）以及主轴颈和连杆轴颈间的连接板等。

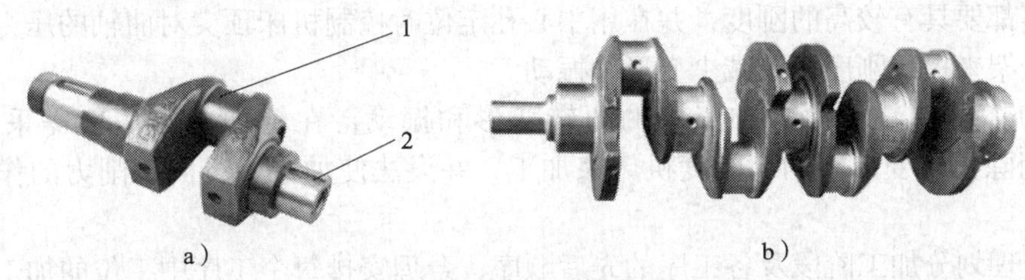

图 11–1　曲轴

a）单拐曲轴　b）多拐曲轴

1—连杆轴颈　2—主轴颈

由于曲轴具有曲拐结构，刚度较低，结构复杂，技术要求高，因此是比较难加工的零件。

一、曲轴的功用

曲轴是活塞式发动机的主要零件之一，用来将活塞的往复运动转变为旋转运动，如图 11–2 所示为曲轴工作图。

曲轴工作时受到很大的转矩以及大小和方向都不断变化的弯曲应力。由于受力情况复杂，一般汽车、拖拉机和柴油机等内燃机曲轴的材料均采用 45、45Mn2、50Mn、40Cr、35CrMo 等锻造毛坯和 QT600–2 铸造毛坯。

二、曲轴加工的特点

曲轴的结构比较特别，主轴颈和连杆轴颈不在同一轴线上，加工工艺过程复杂，其加工有以下几个特点：

1. 刚度低

曲轴的长径比较大（一般曲轴的长径比 L/d 为 8 ~ 13），并具有连杆轴颈，因此，曲轴的刚度很低。加工中，曲轴在其自重和切削力的作用下会产生严重的扭转变形和弯曲变形，特别是在单边传动的机床上，加工时的扭转变形更为严重。另外，精加工前的热处理和加工后的内应力重新分布都会造成曲轴变形。因此，在加工过程中应该采取一些有效措施。

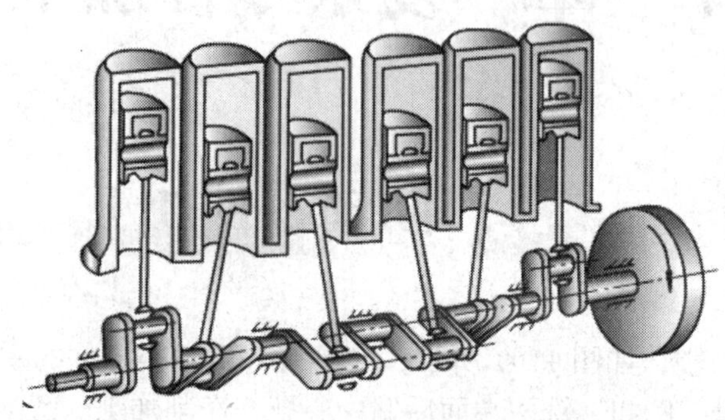

图 11–2　曲轴工作图

（1）在整个加工过程中，特别是在粗加工工序中，由于切除的余量大，所用的机床、刀具及夹具等都要具有较高的刚度，并在用中心孔定位时控制机床顶尖对曲轴的压力，必要时应用中间托架来提高刚度，以减少变形和振动。

（2）为了尽量减少曲轴加工中的扭转变形和振动，在粗加工中一般需采用两边传动（主要消除扭转变形）的高刚度机床来加工，并设法使加工中径向切削力的作用相互抵消。

（3）合理划分加工阶段及各工序的先后顺序，合理安排每个工序中工位的加工顺序及每个表面的加工次数，以减少加工变形。

（4）在有可能产生变形的工序后合理增设校直工序，以免前一工序的变形影响后续工序的正常进行，所以，有的钢曲轴在加工过程安排了 3 ~ 4 次校直工序。

2. 结构复杂

曲轴的连杆轴颈和主轴颈不在同一轴线上，使得加工工艺过程比较复杂。

（1）连杆轴颈的加工

曲轴的主轴颈和连杆轴颈的轴线平行而不重合，这一现象即称为偏心，两轴线之间的距离称为偏心距，用字母 e 表示，如图 11–3 所示。

连杆轴颈的轴线应与主轴颈的轴线平行并保持要求的偏心距，因此，加工连杆轴颈前，应先加工出曲轴端面和中心孔，以确定各轴颈轴线的正确位置。对于大型或单件、小批量生产的曲轴，因毛坯大多是自由锻造的，所以中心孔一般均按划线加工。

如图 11–4 所示，当曲轴连杆轴颈偏心距 $e \leqslant d/2$（d 为主轴颈直径）时，可将连杆轴颈的中心孔钻在主轴颈中心孔的同一端面上；对 $e>d/2$ 的曲轴，可在两端预留工艺端部（图 11–5）或在焊接挡板上钻出主轴颈及连杆轴颈的中心孔，如图 11–6 所示。

（2）防止变形及平衡的方法

由于曲轴质量大，形状特殊，重心和几何中心不重合，车削时容易引起变形和振动，因此，应采取必要的措施改善加工条件。为了提高曲轴刚度以减小变形，车削主轴颈时，

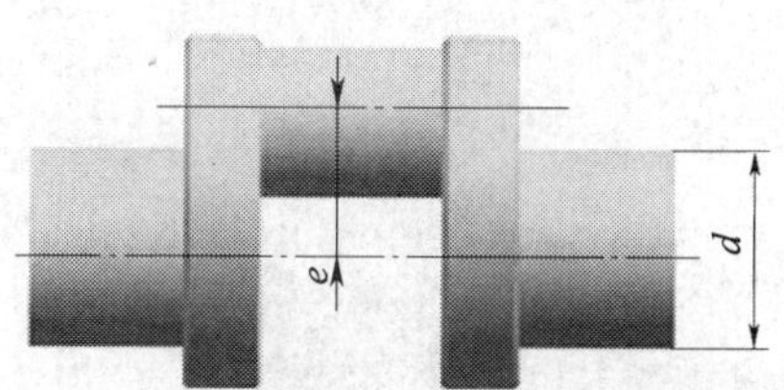

图 11–3　曲轴连杆轴颈的偏心距 e

图 11–4　曲轴连杆轴颈偏心距 $e \leqslant d/2$

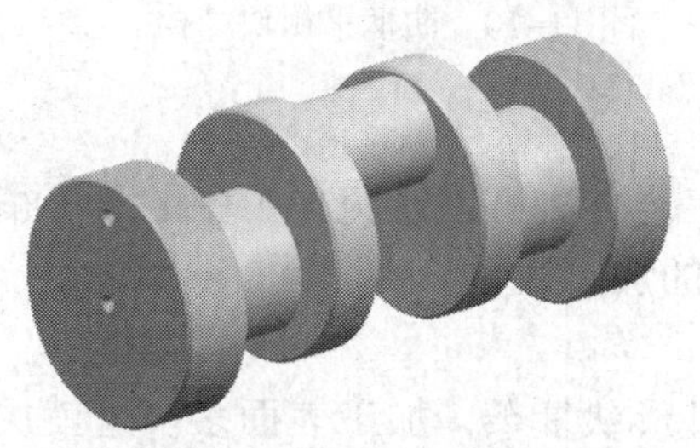
图 11–5　两端预留工艺端部

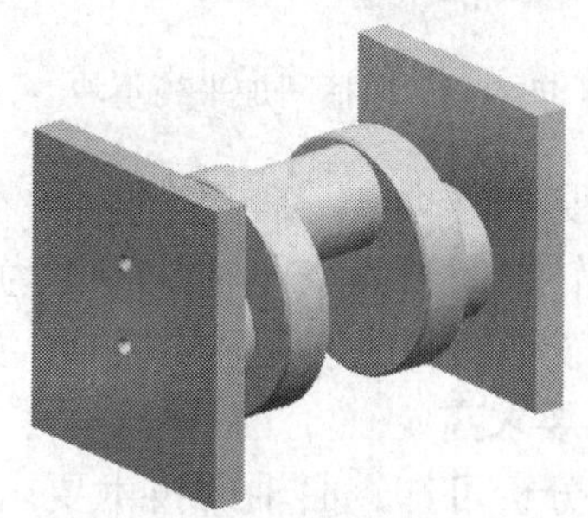
图 11–6　焊接挡板上钻出中心孔

可在两曲柄之间用螺栓螺母支撑，如图 11–7 所示；当 $e>d/2$ 并使用挡板或夹具车削连杆轴颈时，可在连杆轴颈中心线上用螺栓支撑，如图 11–8 所示。要注意的是，支撑螺栓顶力要适中，顶得过紧会使工件产生弯曲变形；顶得太松则起不到支撑作用，甚至发生加工中支撑件飞出的事故。

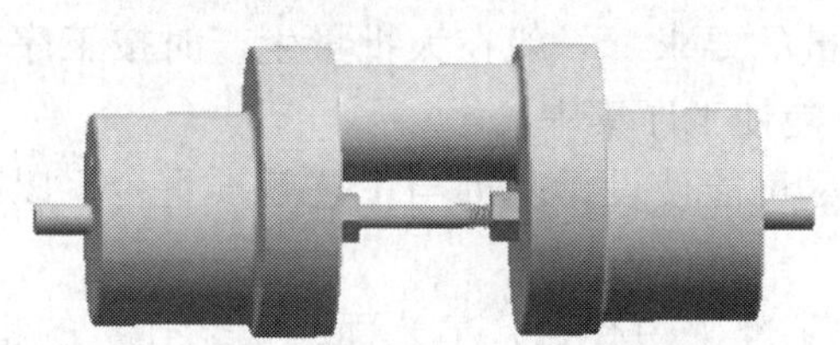
图 11–7　两曲柄之间用螺栓螺母支撑

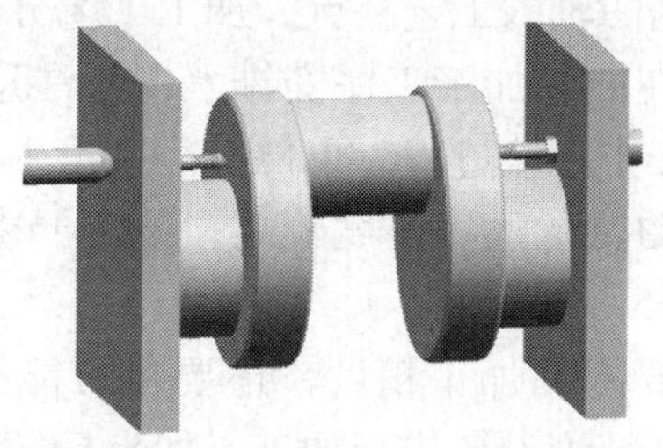
图 11–8　连杆轴颈中心线上用螺栓支撑

因为连杆轴颈的存在，曲轴重心和主轴颈及连杆轴颈的轴线偏移，在车床上加工时会产生离心力和振动，影响轴颈的加工精度。采取的措施是在车床卡盘上或两曲柄间加平衡重块，如图 11–9 所示。同时，应适当降低主轴转速。

为克服曲轴重心和轴颈轴线偏移，也可以通过曲轴的曲柄设计来实现，如图 11–10 所示，在曲柄位置增加平衡块结构，用配重来修正，以减小离心力和振动对加工精度的影响。

（3）加强冷却

切削热会引起曲轴受热膨胀而弯曲，因此，应在各加工工序中考虑加强冷却，这对钢曲轴尤为重要。

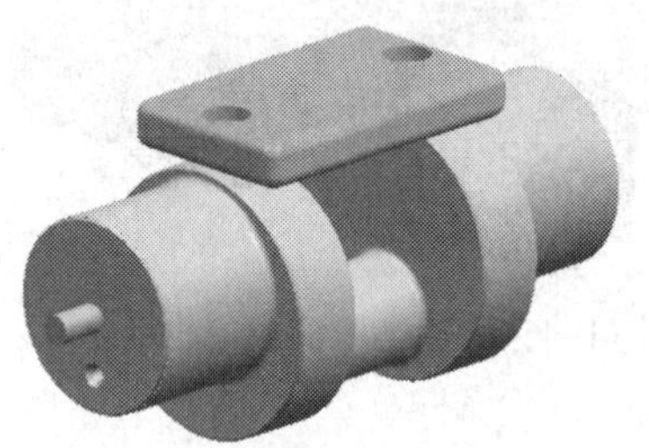

图 11-9　两曲柄间加平衡重块

图 11-10　曲柄平衡块结构

（4）改变主运动

曲轴不转，而刀具绕曲轴旋转作为主运动的工艺方法可以避免加工中的不平衡。这种方法更适合于不平衡现象明显的场合，如大型曲轴的加工。

3. 技术要求高

由上述分析可知，曲轴的技术要求比较高，且形状复杂，加工表面多。这就决定了曲轴的工序数目多，加工量大。在各种生产规模中，与发动机的其他零件比较，曲轴的加工工艺路线是比较长的，而且磨削工序占相当大的比例。因此，如何更多地采用新工艺、新技术，提高各工序的生产效率及使工艺过程实现自动化，是曲轴加工工艺设计的重要问题。

三、曲轴的加工工艺分析

根据曲轴的工艺特点，加工工艺分析如下：

1. 在曲轴加工工序安排上，应注意生产批量的要求。一般在大批量生产时按工序分散的原则安排工艺过程，单件、小批量生产时尽可能使工序集中。

2. 曲轴的加工精度较高，技术要求高，应尽可能使设计基准与工艺基准重合，以减小误差。

3. 要提高加工精度，还要尽可能提高定位基准（中心孔、工艺面、工艺孔）的精度，宜采用高精度设备进行加工，如坐标镗床等，以提高其定位的可靠性。

4. 尽可能使造成曲轴较大弯曲变形的工序在曲轴主轴颈、连杆轴颈精加工之前完成，如铣端面、铣键槽等工序。

5. 曲轴中心孔的加工质量对曲轴的加工精度影响很大，曲轴两端各对中心孔的位置要求一一对应，如果两端中心孔不在同一直线上，造成轴线歪斜，或中心孔表面加工不圆整、不光滑，都会引起曲轴工件加工后的形状误差和位置误差。所以，对于精度要求较高的曲轴，其中心孔一般都应在精度较高的坐标镗床上加工。

四、生产实例分析

如图 11-11 所示为 JA31-250 型发动机曲轴，图 11-12 所示为其立体图。拟定加工工艺过程，见表 11-1。

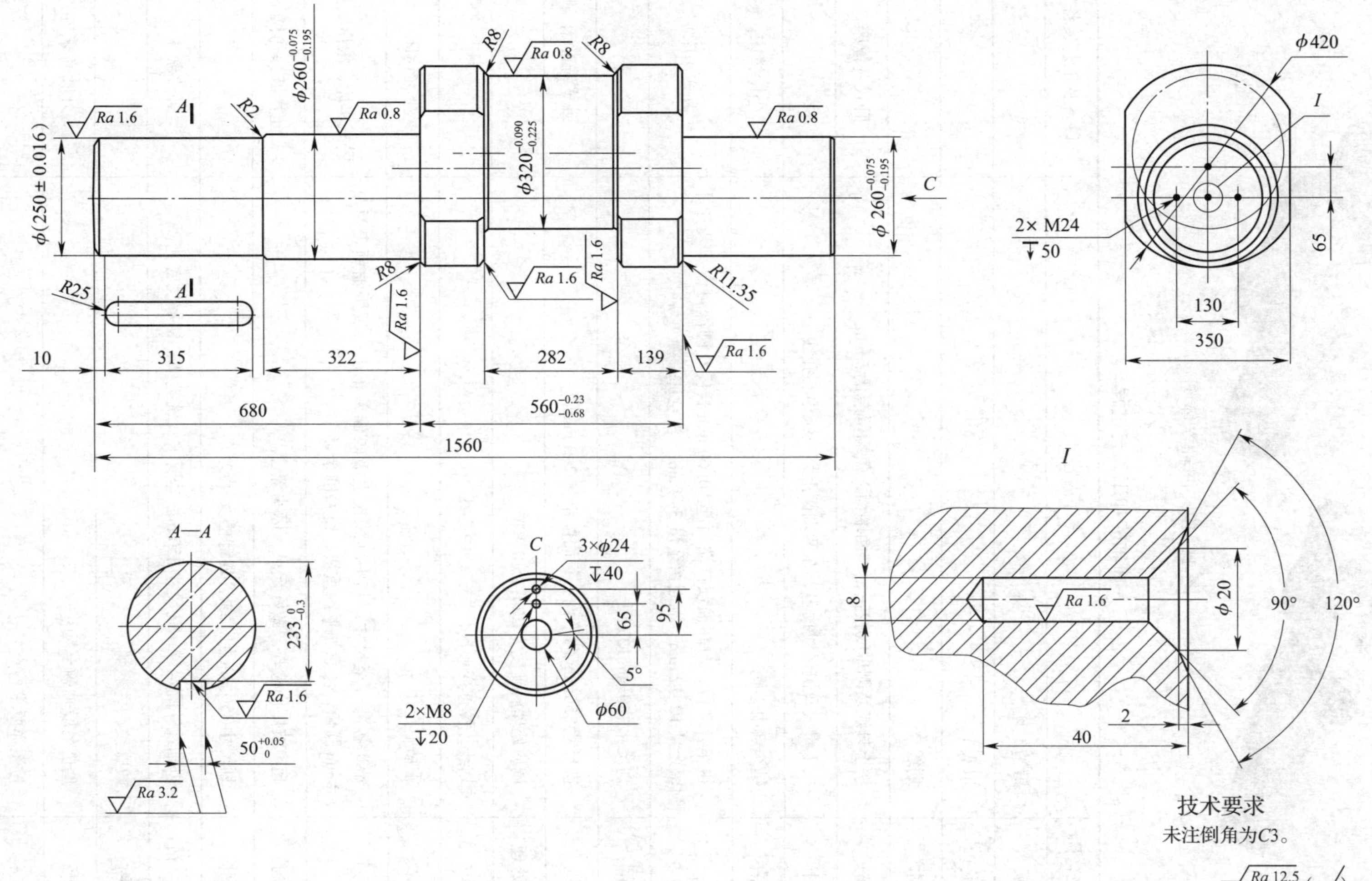

图 11-11　JA31-250 型发动机曲轴

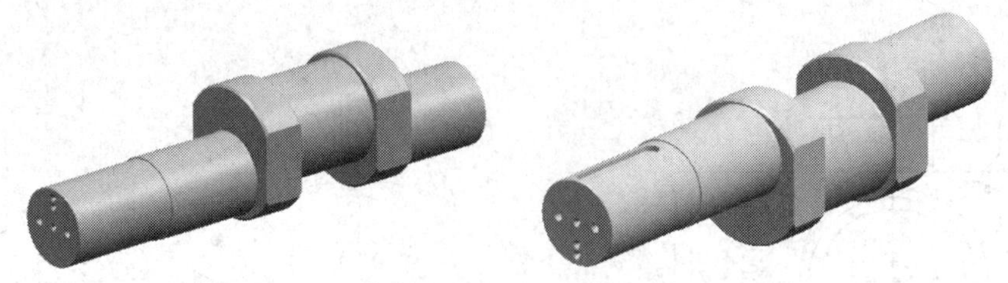

图 11–12　曲轴立体图

表 11–1　曲轴的加工工艺过程

序号	工序名称	工序内容	设备及工艺装备
1	锻	锻造毛坯	
2	热处理	退火	
3	钳	划线	
4	铣	按上母线及侧母线找正，铣两端面，每端留余量 5 mm	卧式铣镗床
5	钳	按上母线及侧母线找正，在两端面上划三条中心孔线	
6	钻	钻全部中心孔	坐标镗床
7	车	粗车各部位，两端轴颈自端面起 50~60 mm 长度车圆即可，其余各外圆留余量 10~12 mm，端面留余量 3~4 mm，注意加平衡重块	卧式车床
8	钳	划尺寸 350 mm 加工线	
9	铣	铣尺寸 350 mm 两平面，每面留余量 2~3 mm	卧式铣镗床
10	热处理	调质处理后硬度为 220~250HBW	
11	钳	划线，检查变形量，划三条中心线	
12	钻	重钻中心孔	坐标镗床
13	车	精车各部位至尺寸，其中轴颈按上极限偏差车出；滚压轴颈表面及 *R*8 mm 圆角，注意加平衡重块，留磨削余量	卧式车床，滚压工具
14	检验	超声波探伤检查，做好记录，标明部位	超声波探伤仪
15	钳	划尺寸 350 mm 加工线，划键槽及螺纹线	
16	铣、钻	以轴颈外圆定位，铣尺寸 350 mm 达要求，铣键槽，钻螺纹底孔	卧式铣床
17	钳	攻螺纹，去毛刺	
18	磨	磨削各段轴颈至尺寸	外圆磨床
19	检验	按图样要求检查	

§11–2　深孔零件加工

一、深孔加工

深孔加工就是对长径比（*L*/*D*）大于 5 的孔的加工，如液压缸体孔（图 11–13）、轴的轴向油孔、各种火炮的炮管等。这些孔中，有的要求加工精度和表面质量较高，而且有的被加工材料的切削加工性较差，常常成为生产中一大难题。

图 11–13　液压缸体

二、深孔加工的特点

1. 加工中易产生孔的轴线歪斜。因为深孔加工刀具细而长，强度和刚度较低，加工中易发生偏斜和振动，从而影响深孔的直线度精度和表面粗糙度。

2. 刀具的冷却散热条件差。切削液在没有采用特殊装置的情况下，难以进入切削区，切削温度升高，使刀具寿命缩短。

3. 排屑困难。切屑排出过程中不仅会划伤已加工表面，严重时会引起刀具崩刃或折断。

4. 在深孔的加工过程中，不能直接观察刀具切削情况，只能凭工作经验听切削时的声音、看切屑、手摸振动与工件温度、观仪表（油压表和电表）来判断切削过程是否正常。

5. 液压缸的材料一般有铸铁和无缝钢管两种，如图 11–13 所示为用无缝钢管材料加工的液压缸体。为保证活塞在液压缸内移动顺利，对该液压缸内孔有圆柱度要求，对内孔轴线有直线度要求，内孔轴线与两端面之间有垂直度要求，内孔轴线对两端支撑外圆的轴线有同轴度要求。除此之外，还特别要求内孔必须光洁，无纵向划痕。

三、深孔加工的工艺措施

针对深孔加工的特点，在加工时应采取以下工艺措施：

1. 为解决刀具偏斜问题，宜采用工件旋转的方式以及改进刀具导向结构。

2. 为解决散热和排屑的问题，采用压力输送切削液以冷却刀具和排出切屑。同时改进刀具结构，使其既能有一定压力的切削液输入和断屑，又有利于切屑的顺利排出。

四、深孔加工方法分析

深孔加工的方法主要视其精度要求而定，对精度要求不高的孔常采用钻削和镗削，对精度要求较高的孔则可采用铰削、珩磨和滚压等。

1. 深孔钻削

单件、小批量生产中的深孔钻削常采用接长的麻花钻在卧式车床上进行。为了排屑和冷却刀具，钻孔时每进给一段不长的距离即需从孔内退出。在加工中钻头的频繁进退既影响钻孔效率，又增加工人的劳动强度。

在成批生产中，常采用深孔钻头在深孔加工机床（图 11–14）上进行钻削，图 11–15 所示为深孔钻削示意图。

图 11-14　深孔加工机床

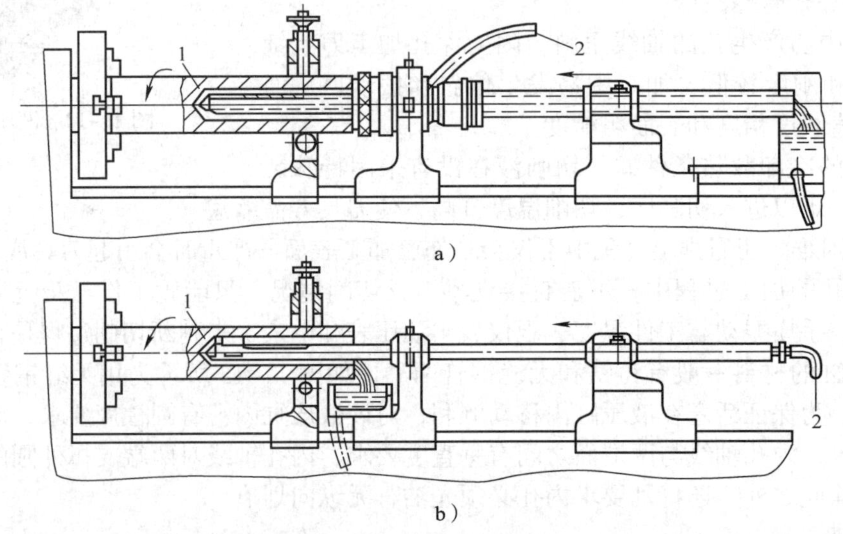

图 11-15　深孔钻削示意图

a）内排屑　b）外排屑

1—工件　2—切削液

加工深孔用的钻头，因被加工孔径 D 和长径比 L/D 的不同而有所区别，一般孔径为 2 ~ 10 mm 的深孔基本采用枪钻加工，孔径大于 18 mm 的深孔则采用喷吸钻加工。

喷吸钻是 20 世纪 60 年代初期发展起来的一种深孔钻。它是利用了流体喷射效应排出切屑，故切削液的压力可较低，工作中不需要专门的密封装置，可在车床、钻床或镗床上应用，其工作原理如图 11-16 所示。

喷吸钻工作时，切削液由进液口流入连接管，有 2/3 的切削液经由内管和外套之间的空隙及钻头上的六个小孔流达切削区，对切削刃部分和导向部分进行冷却和润滑，然后从内管中排出。另外 1/3 的切削液从内管后端四周的月牙形喷嘴向后喷射，由于缝隙很窄，流速很快，产生喷射效应，在喷射流的周围形成低压区，使内管的前、后端产生压力差，后端有一定的吸力，将切屑加速向后排出。因此，喷吸钻比一般的内排屑深孔钻切削液流向稳定，排屑通畅，可显著地改进工作条件，提高钻孔效率。

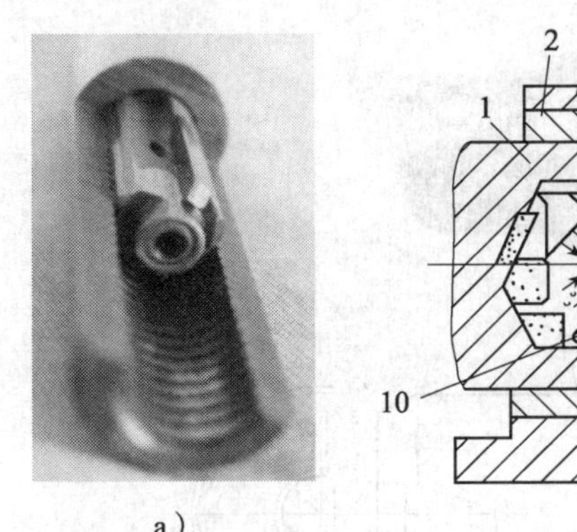

a）

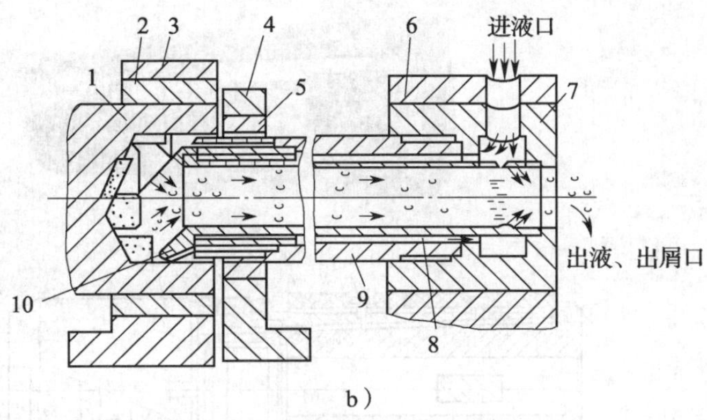

b）

图 11–16　喷吸钻的结构及排屑原理

a）实物图　b）原理图

1—工件　2—夹爪　3—中心架　4—引导架　5—导向套　6—支撑座　7—连接管

8—内管　9—外套　10—钻头

2. 深孔镗削

经过钻削的深孔，当需要进一步提高孔的直线度精度及要求达到较小的表面粗糙度值时，可用镗刀头粗、精镗孔。深孔镗削与一般镗削不同，它仍使用深孔钻床，在钻杆上装上深孔镗刀头，镗刀头与钻杆采用螺纹连接，深孔镗刀如图 11–17 所示。

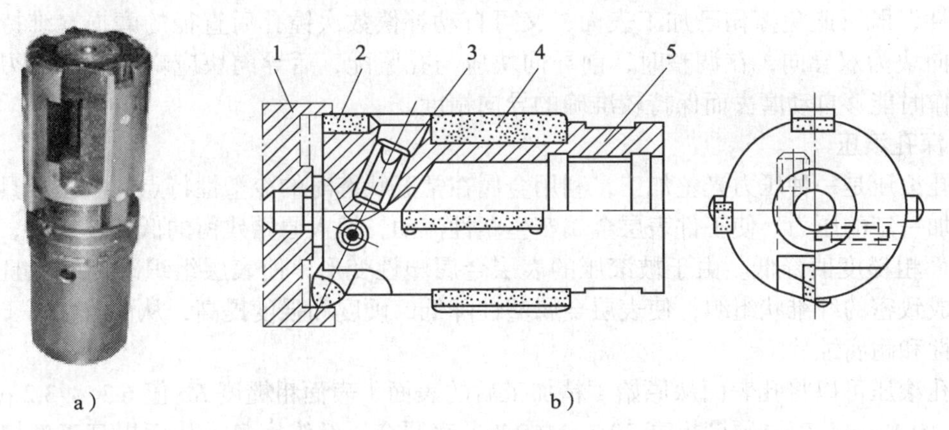

a）　b）

图 11–17　深孔镗刀

a）实物图　b）结构图

1—对刀块　2—前导向块　3—调节螺钉　4—后导向块　5—刀体

这种镗刀的进给方式是采用推镗法和前排屑法，比以前的拉镗法装夹工件、调整尺寸都容易，且生产效率也较高。但采用推镗法时刀杆受压应力，刚度不足时易产生弯曲变形，影响加工精度和表面粗糙度。

3. 浮动镗孔

浮动镗孔又称浮动铰孔，是对镗后的深孔进一步精加工的方法，采用的设备仍然是深孔钻床。加工时，在钻杆上安装浮动镗刀头，并根据镗孔尺寸更换导向套。图 11–18 所示为浮动镗刀头，刀块在刀体长方形孔内可以自由滑动。

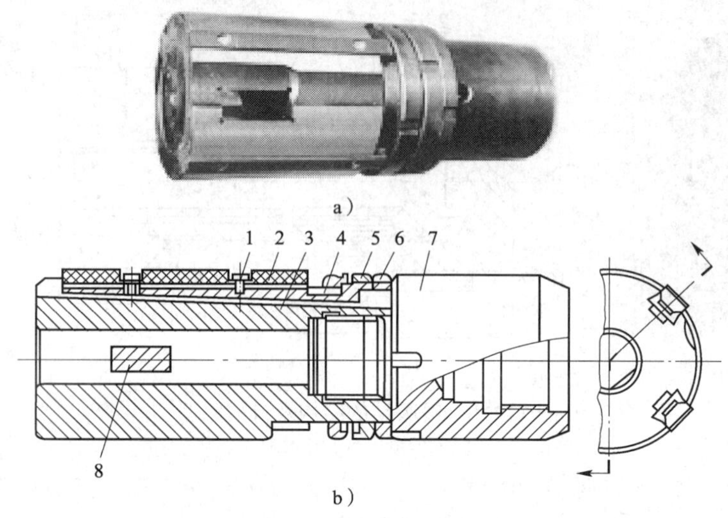

图 11–18　浮动镗刀头

a）实物图　b）结构图

1—螺钉　2—导向套　3—刀体　4—楔形板　5—调节螺母　6—锁紧螺母　7—接头　8—刀块

浮动镗孔的特点如下：消除了由于机床及刀具等误差引起的孔尺寸不稳定；由于刀块浮动且处于工件旋转的情况，刀块有自动对中性；导向块由于采用夹布胶木或白桦木，具有一定的弹性，既可避免擦伤已加工表面，又可自动补偿数次镗孔后直径的磨损，维持导向精度。导向块为双导向，在调整时，前导向块应与孔紧配，后导向块应略大于切削刃处的直径，工作时能够自动磨去而保持较准确的导向精度。

4. 深孔滚压

深孔滚压是一种压力光整加工，利用金属在常温状态时的冷塑性特点，滚压工具对工件表面施加一定的压力，使工件表层金属产生塑性流动，填入原始残留的低凹波谷中，从而使工件表面粗糙度值降低。由于被滚压的表层金属塑性变形，使表层组织冷作硬化且晶粒变细，形成致密的纤维状组织，使表层金属塑性降低，硬度和强度提高，从而改善了工件表面的耐磨性和耐腐蚀性。

深孔滚压可以将孔表面从原始（精加工后的表面）表面粗糙度 Ra 值 6.3 ~ 3.2 μm 降低到 1.6 ~ 0.1 μm；表层硬度提高 30% ~ 50%，表层金属纤维完整，从而提高工件抗疲劳强度；滚压过程平稳，不会产生烧伤和裂纹。滚压前必须将工件内孔擦洗干净，过盈量要灵活掌握，即工件材料硬度高，壁薄，原始表面粗糙度值小，其过盈量应小一些；反之，可大一些。多滚柱刚性可调式滚压头如图 11–19 所示。

5. 套料加工深孔

当需要在实体材料上钻直径较大的深孔时，可以采用套料加工的方法，既可以减少切削量，又可以使从中心切下来的心棒再作为原材料加以利用。套料加工可以在深孔钻床上进行，也可以在车床上进行。图 11–20 所示为套料刀及加工深孔示意图。

在车床床鞍上安装夹持套料刀杆的支撑座，加工时工件旋转，刀具随床鞍做进给运动；刀杆采用无缝钢管，套料刀是通过螺纹与刀杆连接在一起的，刀杆内径与心棒、刀杆外径与孔壁间都要留有间隙，以便于排屑和注入切削液。

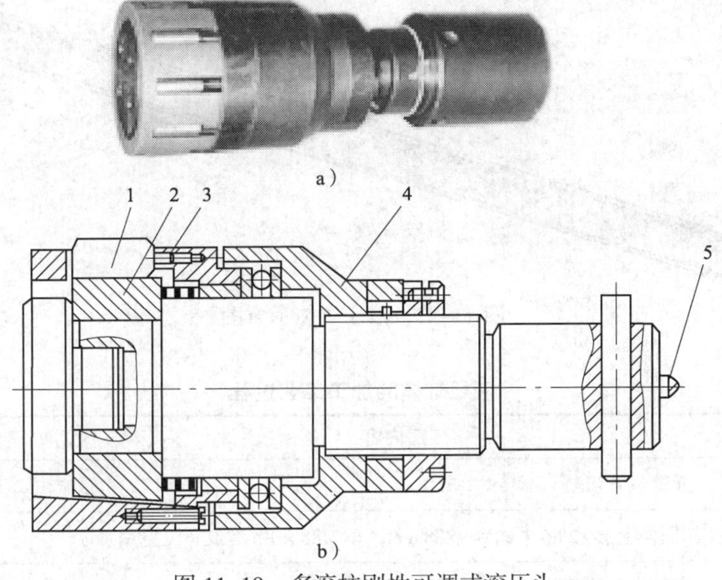

图 11–19　多滚柱刚性可调式滚压头

a）实物图　b）结构图

1—锥套　2—滚柱　3—支撑钉　4—调整体　5—支撑柱

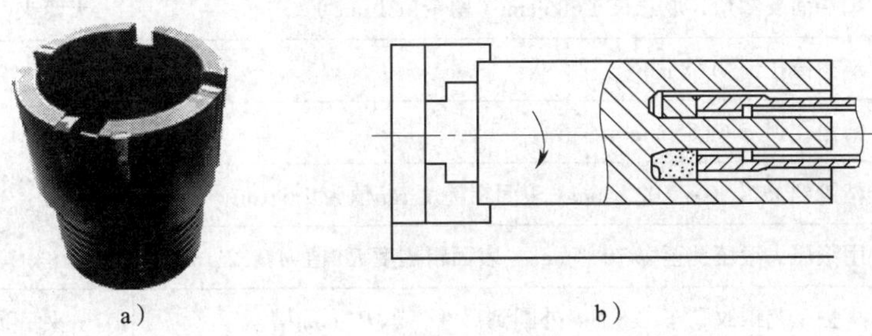

图 11–20　套料刀及加工深孔示意图

a）实物图　b）示意图

五、生产实例分析

如图 11–21 所示为液压缸体零件图，图 11–22 所示为液压缸体示意图。拟定加工工艺过程，见表 11–2。

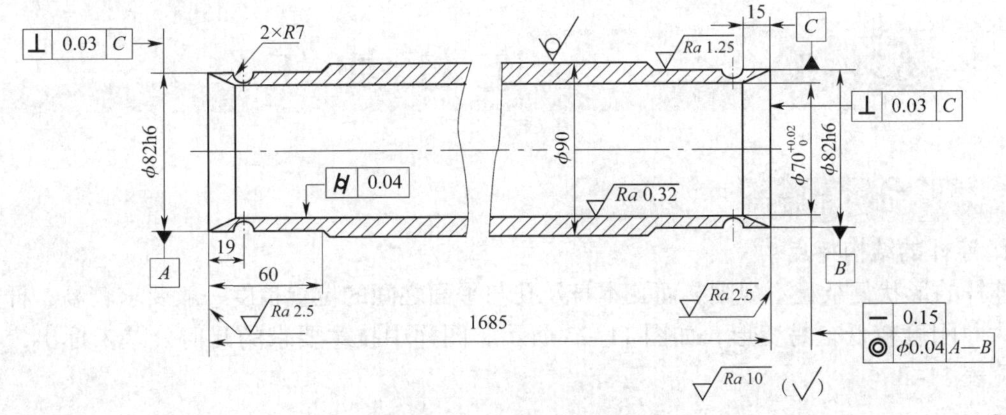

图 11–21　液压缸体零件图

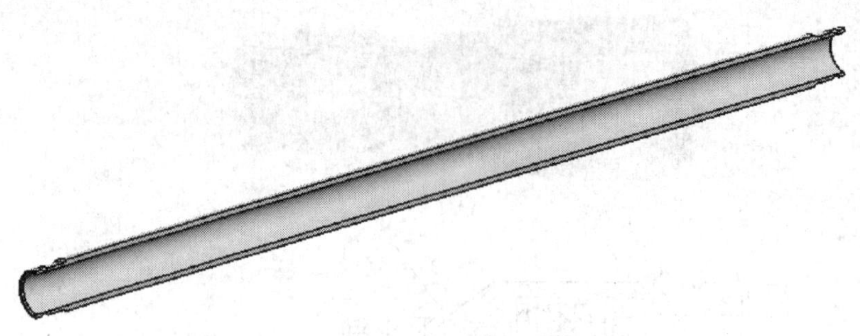

图 11–22　液压缸体示意图

表 11–2　　液压缸体的加工工艺过程

序号	工序名称	工序内容	定位与夹紧
1	下料	无缝钢管切断	
2	车	车图样上 ϕ82 h6 外圆到 ϕ88 mm，车 M88 × 1.5 螺纹（工艺用）	一夹一顶
		车端面及倒角	卡盘夹一端，搭中心架
		掉头，车图样上 ϕ82 h6 外圆到 ϕ84 mm	一夹一顶
		车端面及倒角，取总长 1 686 mm（留余量 1 mm）	卡盘夹一端，搭中心架
3	深孔镗削	半精镗孔到 ϕ68 mm	一端夹具固定，另一端搭中心架
		精镗孔到 ϕ69.85 mm	
4	浮动铰孔	精铰到 ϕ（70 ± 0.02）mm，表面粗糙度 *Ra* 值为 1.6 μm	
5	滚压孔	用滚压头滚压孔至 $\phi 70^{+0.02}_{0}$ mm，表面粗糙度 *Ra* 值为 0.32 μm	
6	车	车去工艺螺纹，车 ϕ82 h6 外圆到尺寸，车 *R*7 mm 槽	一夹一顶
		车内锥孔及端面	卡盘夹一端，搭中心架（用百分表找正孔）
		掉头，车 ϕ82 h6 外圆到尺寸，车 *R*7 mm 槽	一夹一顶
		车内锥孔及端面	一夹一顶

§11–3　连杆加工

一、连杆加工的特点

1. 连杆的结构特点

连杆的形状复杂且不规则，而孔本身及孔与平面之间的位置精度一般要求较高；杆身断面不大，刚度较低，易变形，如图 11–23 所示。图样中技术要求的几何公差未标出，其要求详见表 11–3。

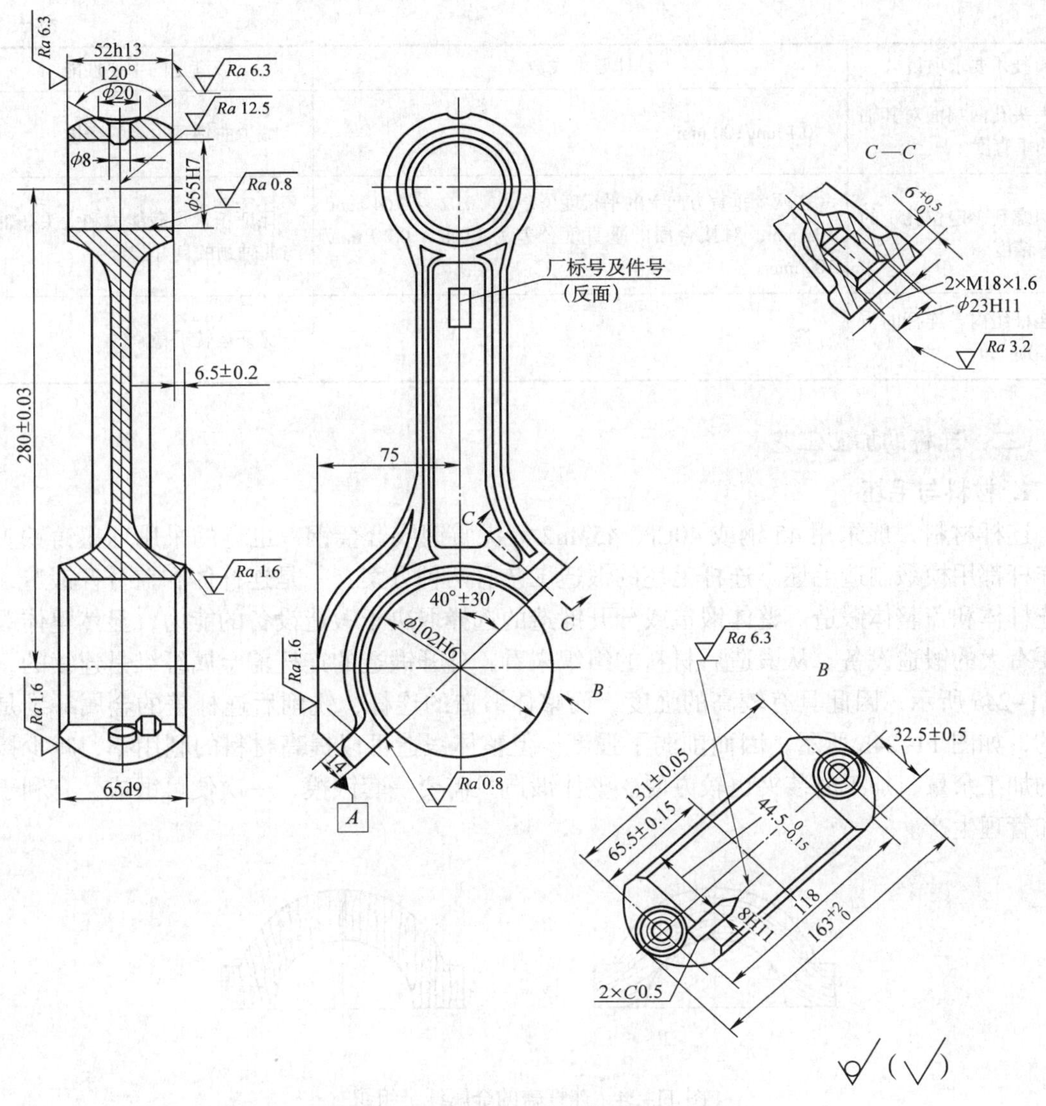

图 11–23　某柴油机连杆体零件图

2. 连杆的主要技术要求

连杆的主要技术要求见表 11–3。

表 11–3　　连杆的主要技术要求

技术要求项目	具体要求或数值	满足的主要性能
大、小头孔精度	尺寸公差等级为 IT7 ~ IT6，圆度、圆柱度公差为 0.004 ~ 0.006 mm	保证与轴瓦的良好配合
两孔中心距	±（0.03 ~ 0.05）mm	气缸的压缩比
两孔轴线在两个互相垂直方向上的平行度	在连杆轴线平面内的平行度公差为（0.02 ~ 0.03）mm/100 mm；在垂直于连杆轴线平面内的平行度公差为（0.04 ~ 0.06）mm/100 mm	使气缸壁磨损均匀和曲轴颈边缘减少磨损

续表

技术要求项目	具体要求或数值	满足的主要性能
大头孔两端面对其轴线的垂直度	0.1 mm/100 mm	减少曲轴颈边缘的磨损
两螺孔（定位孔）的位置精度	在两个垂直方向上的平行度公差为（0.02 ~ 0.04）mm/100 mm；对接合面的垂直度公差为（0.1 ~ 0.2）mm/100 mm	保证正常承载能力和大头孔轴瓦与曲轴颈的良好配合
连杆组内各连杆的质量差别	2%	保证运转平稳

二、连杆的加工工艺

1. 材料与毛坯

连杆材料一般采用 45 钢或 40Cr、45Mn2 等优质钢或合金钢，也有的采用球墨铸铁。钢制连杆都用模锻制造毛坯。连杆毛坯的锻造工艺有两种方案：一是连杆体和盖分开锻造，二是连杆体和盖整体锻造。整体锻造或分开锻造的选择取决于锻造设备的能力，显然整体锻造需要有大的锻造设备。从锻造后材料的组织来看，分开锻造的连杆盖金属纤维是连续的，如图 11–24a 所示，因此具有较高的强度；而整体锻造的连杆，铣削后连杆盖的金属纤维是断裂的，如图 11–24b 所示，因而削弱了强度。但整体锻造可以提高材料的利用率，减少接合面的加工余量，加工时装夹也较方便。整体锻造只需要一套锻模，一次便可锻成，有利于组织和管理生产。

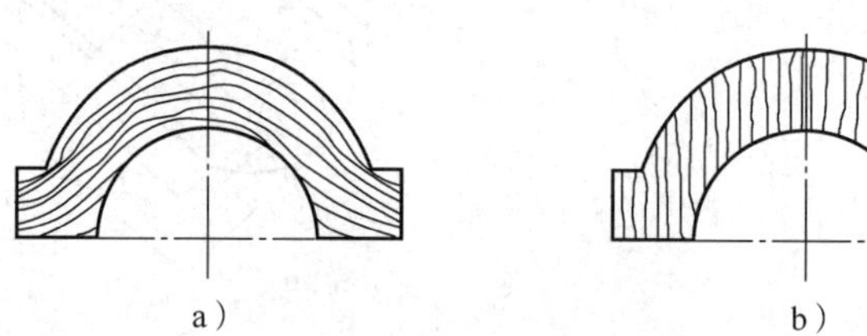

图 11–24　连杆盖的金属纤维组织

a）纤维连续　b）纤维断裂

2. 连杆的加工工艺过程

图 11–23 所示为某柴油机连杆体零件图，图 11–25 所示为某柴油机连杆盖零件图。这两个零件用螺钉或螺栓连接，用定位套定位。该柴油机连杆的生产属于大批量生产，采用流水线加工，机床按连杆的机械加工工艺过程连续排列，设备多为专用机床。

该连杆毛坯采用分开锻造工艺，先分别加工连杆体和连杆盖，然后合体加工。其加工工艺过程见表 11–4 和表 11–5。

3. 连杆的加工工艺过程分析

（1）定位基准的选择

连杆加工工艺过程的大部分工序都采用统一的定位基准：一个端面、小头孔和工艺凸台。这样有利于保证连杆的加工精度，而且端面的面积大，定位也比较稳定。

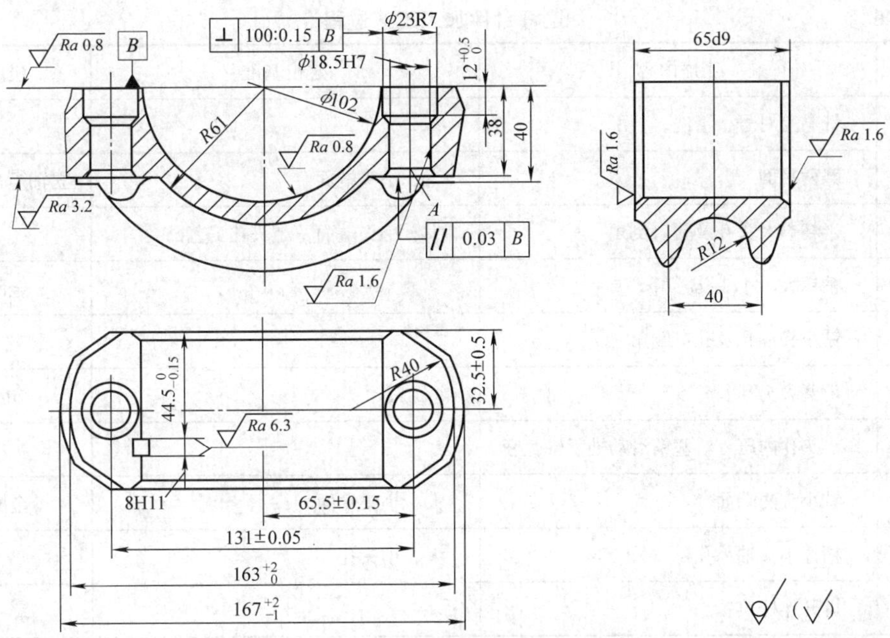

图 11–25 某柴油机连杆盖零件图

表 11–4 **连杆加工工艺过程**

连杆体			连杆盖			机床设备
工序号	工序内容	定位基准	工序号	工序内容	定位基准	
1	模锻		1	模锻		
2	调质处理		2	调质处理		
3	磁性探伤		3	磁性探伤		
4	精铣两平面	大头孔壁、小头外廓端面	4	精铣两平面	端接合面	立式双头回转铣床
5	磨两平面	端面	5	磨两平面	端面	立轴圆台平面磨床
6	钻、扩、铰小头孔，孔口倒角	大、小头端面，小头外廓工艺凸台				立式五工位机床
7	粗、精铣工艺凸台及接合面	大、小头端面，小头孔，大头孔	6	粗、精铣接合面	端台肩面	立式双头回转铣床
8	连杆体两件粗镗大头孔，倒角	大、小头端面，小头孔，工艺凸台	7	连杆盖两件粗镗孔，倒角	台肩面螺钉孔外侧	卧式三工位机床
9	磨接合面	大、小头端面，小头孔，工艺凸台	8	磨接合面	台肩面	立轴矩台平面磨床
10	钻、攻螺纹孔，钻、铰定位孔	小头孔及端面工艺凸台	9	钻、扩沉头孔，钻、铰定位孔	端面、大头孔壁	卧式五工位机床
11	精镗定位孔	定位孔接合面	10	精镗定位孔	定位孔接合面	
12	清洗		11	清洗		

表 11–5　连杆合件加工工艺过程

工序号	工序内容	定位基准	机床设备
1	杆与盖对号，清洗，装配		
2	磨两平面	大、小头端面	立轴矩台平面磨床
3	半精镗大头孔及孔口倒角	大、小头端面，小头孔工艺凸台	
4	精镗大、小头孔		金刚镗床
5	钻小头油孔及孔口倒角		
6	珩磨大头孔		珩磨机
7	小头孔内压入活塞销滑动轴承轴瓦套		
8	铣小头两端面	大、小头端面	金刚镗床
9	精镗小头轴承孔	大、小头孔	
10	拆开连杆盖		
11	铣连杆体与连杆盖大头轴瓦定位槽		
12	对号，装配		
13	退磁		
14	检验		

由于连杆的外形不规则，为了定位需要，在连杆体大头处加工出工艺凸台，作为辅助基准面。

连杆大、小头端面对称分布在杆身的两侧，由于大、小头孔厚度不等，大头端面与同侧小头端面不在一个平面上，用这样的不等高面作为定位基准，必然会产生定位误差。制定工艺过程时，可先把大、小头做成一样厚度，这样就可避免上述缺陷。由于定位面积加大，使得定位更加可靠，直到加工的最后阶段才铣出这个台阶面。

（2）加工阶段的划分

连杆本身的刚度比较低，在外力作用下容易变形，因此，在安排工艺过程时，应把各主要表面的粗、精加工工序分开。如大头孔先进行粗镗（工序 8），连杆合体加工后再半精镗大头孔（工序 3），精镗大头孔（工序 4）。

连杆工艺过程可分为以下三个阶段：

1）粗加工阶段。粗加工阶段也是连杆体和连杆盖合并前的加工阶段。如基准面（包括辅助基准面）加工；为准备连杆体及连杆盖合并所进行的加工（如接合面的铣、磨）等。

2）半精加工阶段。半精加工阶段是连杆体和连杆盖合并后的加工。如精磨两平面、半精镗大头孔及孔口倒角等。总之，是为精加工大、小头孔做准备的阶段。

3）精加工阶段。精加工阶段是最终保证连杆主要表面（大、小头孔）全部达到图样要求的阶段。如珩磨大头孔、精镗小头孔等。

（3）确定合理的夹紧方法

连杆是一个刚度较低的工件，应十分注意夹紧力的大小、作用力的方向及着力点位置的选择，以免因受夹紧力的作用而产生变形，使加工精度降低。

（4）主要表面的加工方法

1）两端面的加工。连杆的两端面是连杆加工过程中最主要的定位基准面，而且在许多工序中使用。所以应先加工它，且随着工艺过程的进行要逐渐提高其定位精度。大批大量生产中多采用拉削和磨削加工，成批生产多采用铣削和磨削。

2）大、小头孔的加工。连杆大、小头孔的加工是连杆加工中的关键工序，尤其大头孔的加工是连杆加工中尺寸精度要求最高的部位，直接影响到连杆成品的质量。一般先加工小头孔，后加工大头孔，合体后再同时精加工大、小头孔。小头孔直径小，锻坯上一般不预先锻出孔，所以小头孔首道工序为钻削加工。加工方案多为钻孔—扩孔（拉孔）—镗孔（铰孔）。无论采用整体锻还是分开锻，大头孔都会预先锻出孔，因此，大头孔首道工序都是粗镗（或扩）。大头孔的加工方案多为粗镗（或扩）—半精镗—精镗。

在大、小头孔的加工中，镗孔是保证精度的主要方法。连杆的孔深与孔径比均在1左右，这个范围镗孔工艺性最好，镗杆悬伸短，刚度也高。大、小头孔的精镗一般都在专用的双轴镗床上同时进行，有条件的企业采用双面、双轴金刚镗床，对提高加工精度和生产效率效果更好。

大、小头孔的光整加工是保证孔的尺寸、形状精度和表面质量不可缺少的加工工序，一般有珩磨、金刚镗、脉冲式滚压三种方案。

3）工艺路线。连杆加工多属于大批量生产，其工艺路线多（工序分散）。部分工序使用高生产效率的组合机床和专用机床，并广泛使用气动、液压夹具，以求提高生产效率，满足大批量生产的需要。

第十二章　机械装配工艺

§12-1　装配工艺概述

一、装配

机械产品一般由许多零件和部件组成，根据规定的技术要求，将若干零件“拼装”成部件或将若干零件和部件“拼装”成产品的过程称为装配。前者称为部件装配，简称部装；后者称为总装配，简称总装。

一般情况下，装配单元可分为零件、合件、组件、部件和产品五级，如图 12-1 所示，由于结构和功能不同，并非所有产品都有所有装配单元。

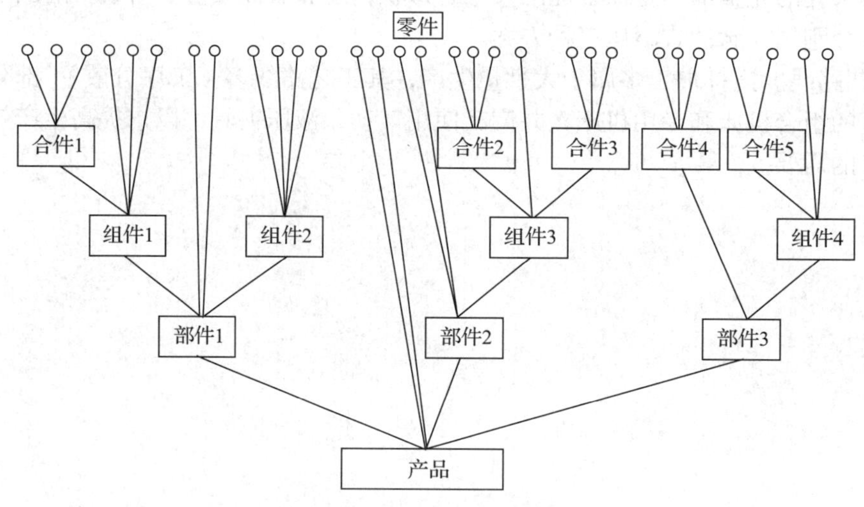

图 12-1　机械产品的装配单元

1. 零件

零件是产品制造的基本单元，也是组成产品的最小单元。

2. 合件

若干零件用不可拆卸连接法（如焊接等）装配在一起形成的单元及利用加工修配法装配在一起的若干零件（如发动机连杆小头和衬套）称为合件。

3. 组件

由一个或数个合件及零件组合成的相对较独立的组合体称为组件，如车床主轴箱中某一

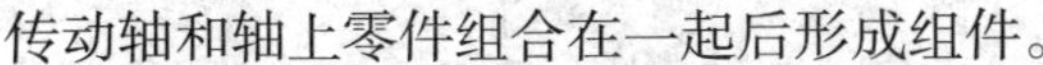
传动轴和轴上零件组合在一起后形成组件。

4. 部件

由若干个零件、合件和组件组合而成，在产品中能完成一定完整功能的独立单元称为部件，如车床的主轴箱、进给箱等。

5. 产品

产品是由上述全部装配单元结合而成的整体。

二、装配工艺的内容

机械产品装配是产品制造过程中最后一个阶段，包括准备、连接、校正、调整、配作、平衡、验收及试验等一系列工作。装配在产品制造过程中占有非常重要的地位，因为产品的质量最终是由装配来保证的。

零件的质量是产品质量的基础，但装配过程并不是将合格零件、部件简单地连接起来的过程，而是根据各级部装和总装的技术要求，采取适当的工艺方法来保证产品质量的复杂过程。如果装配工艺水平不高，即使采用高质量的零件，也会装配出质量差甚至不合格的产品。因此，必须十分重视产品的装配工作。

装配工作主要包括以下基本内容：

1. 准备

（1）熟悉产品的装配图样，熟悉工艺文件和产品质量验收标准等。分析产品结构，了解零件间的连接关系和装配技术要求。

（2）确定装配的顺序。

（3）确定装配方法，准备所需装配工具。

（4）清洗零件、整形和补充加工。

2. 连接

机械装配中的连接一般有可拆卸连接和不可拆卸连接。

常见的可拆卸连接有螺纹连接、键连接、销钉连接等。根据被连接工件的不同，螺纹连接有螺栓连接、双头螺柱连接、螺钉连接。键连接主要用于轴与轴上旋转零件的周向固定，并传递转矩。销钉连接主要是用作定位，也可用于实现轴与轴上零件之间的轴向固定和周向固定。销钉有圆柱销和圆锥销两种，圆柱销用于不常拆卸的场合，圆锥销用于常拆卸的场合。

常见的不可拆卸连接有焊接、铆接、过盈连接等。过盈连接多用于轴、孔的配合，一般机械常采用压入配合法，重要或精密机械常用热胀或冷缩配合法。

3. 校正、调整与配作

校正是指产品中相关零件间相互位置的找正、找平及相应的调整工作。校正在产品总装和大型机械的基体件装配中应用较多。

调整是指相关零部件相互位置的具体调节工作，如调节零部件的位置精度，调节运动副间的间隙，从而保证产品中运动零部件的运动精度等。

配作通常是指配钻、配铰、配刮及配磨等，它们是装配中附加的一些钳工和机械加工工作。配钻和配铰多用于固定连接，是以连接件中一个零件上的已有孔为基准，去加工另一个零件上相应的孔。配钻多用于螺纹连接，配铰多用于销孔定位，配刮和配磨用于零部件接合表面加工，如运动副配合表面的精加工，使其具有较高的接触精度。

4. 平衡

对于转速较高、运转平稳性要求高的机器，为了防止使用中出现振动，在总装配时，需对有关旋转零部件进行平衡。平衡是一个消除不平衡的过程，有静平衡和动平衡两种方法。盘类零件一般采用静平衡法，轴类零件一般采用动平衡法。

5. 验收试验

机械产品装配完成后，应根据有关技术标准和规定，对产品进行较全面的检验和试验工作，合格后方准出厂。例如，卧式车床在总装后需要进行静态检查、空运转试验、负荷试验等。

三、装配精度

1. 装配精度概述

机器或部件装配后实际几何参数与理想几何参数的符合程度称为装配精度。装配精度一般包括零部件间的距离精度、相互位置精度、相对运动精度、接触精度等。

（1）距离精度

距离精度是指相关零部件间的距离尺寸精度，如车床主轴与尾座孔轴线不等高的精度等。距离精度还包括装配中应保证的各种间隙，如轴和轴承的配合间隙、齿轮啮合中非工作齿面间的侧隙及其他一些运动副间的间隙等。

如图 12-2 所示，卧式车床主轴轴线与尾座孔轴线不等高的精度要求为 0 ～ 0.06 mm。

（2）相互位置精度

装配中的位置精度包括相关零部件间的平行度、垂直度、倾斜度、同轴度、对称度、位置度及各种跳动等。

如图 12-3 所示，发动机装配的相互位置精度包括缸体中心线与缸体孔中心线的垂直度、活塞外圆中心线与活塞销中心线的垂直度、曲轴连杆轴颈中心线与连杆小头孔中心线的平行度、曲轴的连杆轴颈中心线与主轴颈中心线的平行度。

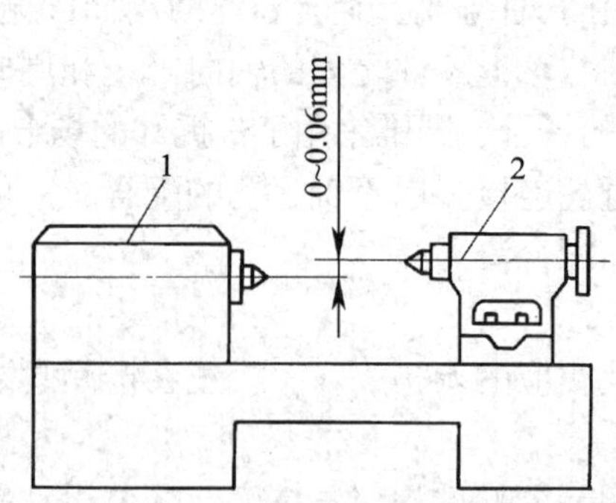

图 12-2 车床主轴轴线与尾座孔轴线不等高的精度要求

1—主轴箱 2—尾座

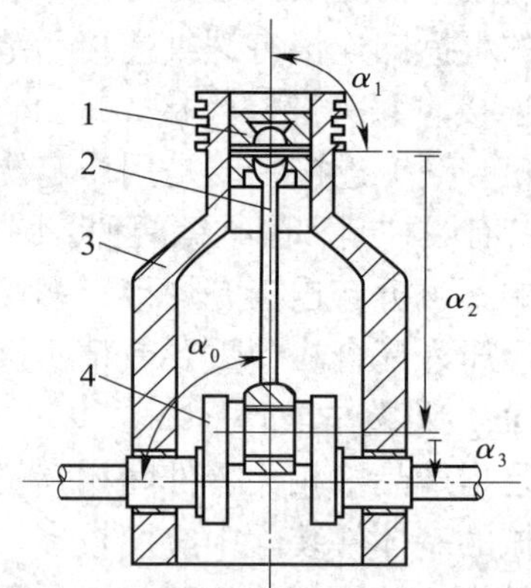

图 12-3 发动机装配的相互位置精度

1—活塞 2—连杆 3—缸体 4—曲轴

α_0—缸体中心线与缸体孔中心线的垂直度

α_1—活塞外圆中心线与活塞销中心线的垂直度

α_2—曲轴的连杆轴颈中心线与连杆小头孔中心线的平行度

α_3—曲轴的连杆轴颈中心线与主轴颈中心线的平行度

（3）相对运动精度

相对运动精度是产品中有相对运动的零部件间在运动方向和相对速度上的精度。运动方向的精度多表现为部件间相对运动的平行度和垂直度，如车床床鞍移动精度及床鞍移动相对于主轴轴线的平行度等。相对速度的精度即传动精度，表现为传动链的两末端执行件之间速度的协调性和均匀性，如滚齿机滚刀主轴与工作台的相对运动、车床车螺纹时主轴与刀架移动的相对运动等，在速度比上均有严格的精度要求。

（4）接触精度

接触精度常以接触面积的大小及接触点的分布来衡量，如齿轮啮合、锥体配合及导轨之间均有接触精度要求。

在齿轮副的装配中，不但对齿面的接触面积有要求，还对其接触点的位置提出了要求。如图 12–4a 所示的接触面积和位置均符合要求；图 12–4b、c 虽然面积大小符合要求，但位置不符合要求；图 12–4 d、e 则接触面积的大小和位置均不符合要求。

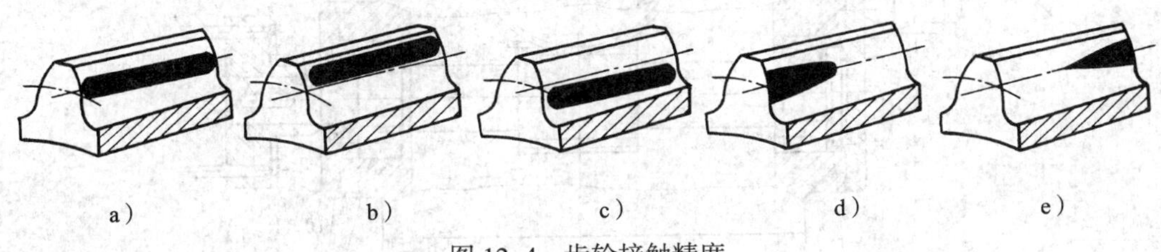

图 12–4　齿轮接触精度

2. 装配精度与零件精度的关系

机器是由零件和部件组成的，故零件的精度特别是关键零件的加工精度对装配精度有很大的影响。如图 12–5 所示，车床主轴轴线和尾座套筒轴线对床鞍移动的等高要求（A_0）取决于主轴箱、尾座底板与尾座的 A_1、A_2 及 A_3 的尺寸精度。车床的等高要求是很高的，如果单靠提高 A_1、A_2 及 A_3 的尺寸精度来保证是很不经济的，甚至在技术上也是很困难的。

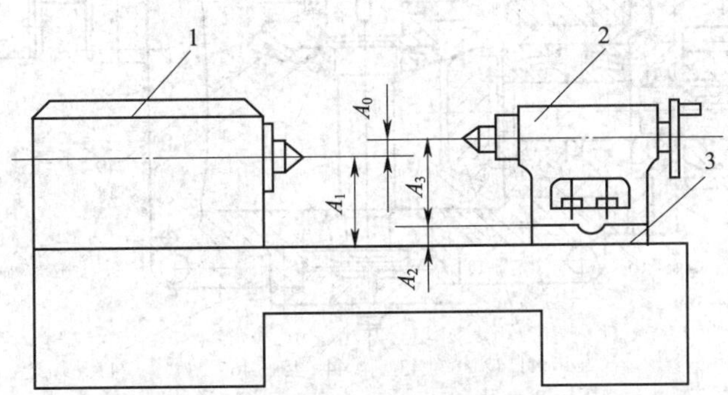

图 12–5　车床主轴轴线与尾座套筒轴线等高示意图

1—主轴箱　2—尾座　3—尾座底板

产品的装配精度和零件的加工精度有很密切的关系，零件精度是保证装配精度的基础，但装配精度不完全取决于零件精度。要合理地获得装配精度，应从产品结构、机械加工和装配等方面进行综合考虑。

四、生产实例分析

如图 12–6 所示为减速器装配图。从图中可以看出，减速器总装的基准件是箱体，整个减速器由三个组件组成，即蜗杆轴组件、蜗轮轴组件和锥齿轮轴 – 轴承套组件。组件间的位置关系是蜗杆轴轴线与蜗轮轴轴线空间垂直交错，蜗轮轴轴线和锥齿轮轴轴线平面垂直交叉。

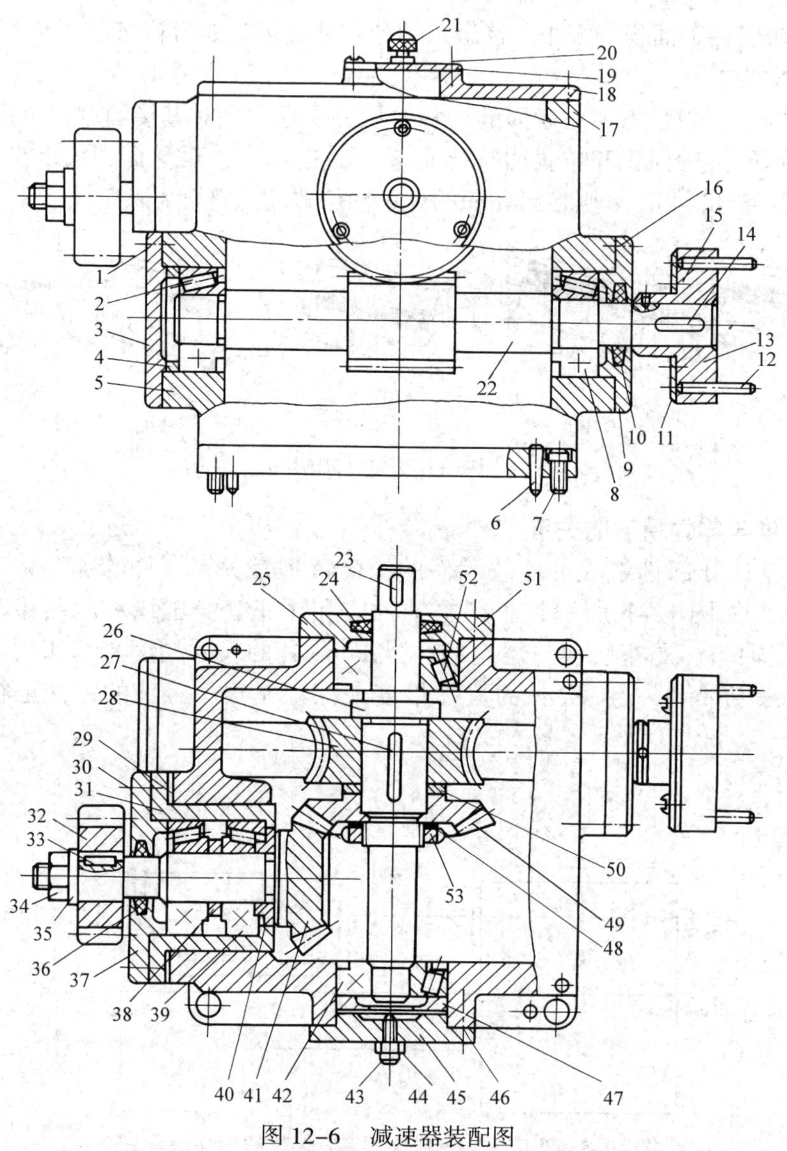

图 12–6　减速器装配图

1、7、15、16、17、20、30、43、46、51—螺栓　2、8、39、42、52—轴承　3、9、25、37、45—轴承盖　4、29、50—调整垫圈　5—箱体　6、12—销　10、24、36—毛毡　11—环　13—联轴器　14、23、27、33—平键　18—箱盖　19—盖板　21—手把　22—蜗杆轴　26—轴　28—蜗轮　31—轴承套　32—圆柱齿轮　34、44、53—螺母　35、48—垫圈　38—隔圈　40—衬垫　41、49—锥齿轮　47—压盖

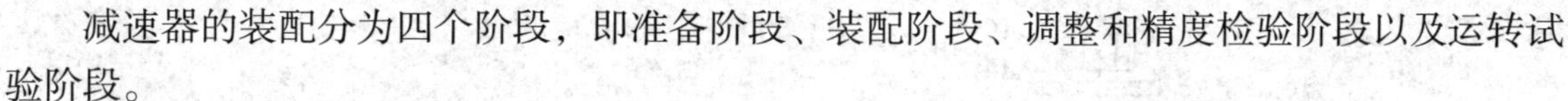

减速器的装配分为四个阶段，即准备阶段、装配阶段、调整和精度检验阶段以及运转试验阶段。

1. 准备阶段

（1）熟悉减速器的装配图样，熟悉工艺文件和产品质量验收标准等。分析减速器结构，了解零件间的连接关系和装配技术要求。

减速器装配的主要技术要求如下：

1）零件和组件必须正确安装在规定位置。

2）必须保证各轴线之间的相互位置精度（如平行度、垂直度等）。

3）蜗杆副、锥齿轮副正确啮合，符合相应规定。

4）回转件运转灵活，滚动轴承游隙合适，润滑良好，不漏油。

5）各固定连接牢固、可靠。

（2）确定装配的顺序

1）分别装配蜗杆轴组件、蜗轮轴组件和锥齿轮轴－轴承套组件。在安装前要确定组内各零件的装配顺序和位置关系，如图 12–7 所示为锥齿轮轴组件的装配顺序图。

2）三组件的安装顺序：蜗杆轴组件—蜗轮轴组件—锥齿轮轴—轴承套组件。

3）将其他零件分别装配到规定位置。

（3）准备所需装配工具

压力机、套筒、铜棒、锤子等。

（4）清洗零件、整形和补充加工

1）清洗零件。用清洗剂清除零件表面的防锈油、灰尘、切屑等污物，防止装配时划伤、磨损配合表面。

2）整形。锉修箱盖、轴承盖等铸件的不加工表面，使其与箱体接合部位的外形一致，对于零件上未去除干净的毛刺、锐边及运输中因碰撞而产生的印痕也应锉除。

3）补充加工。指零件上某些部位需要在装配时进行的加工，如箱体与箱盖、箱盖与盖板、各轴承盖与箱体的连接孔和螺纹孔的配钻、攻螺纹等，如图 12–8 所示。

2. 装配阶段

（1）组件装配

1）零件试装。在组件装配前，有时还需要进行试装。零件的试装又称试配，是为保证产品总装质量而进行的各连接部位的局部试验性装配。

减速器中有三处平键连接，蜗杆轴 22 与联轴器 13、轴 26 与蜗轮 28 和锥齿轮 49、锥齿轮 41 与圆柱齿轮 32，均需进行平键连接试配，如图 12–9 所示。零件试配合适后，有些影响其他零件装配或总装配的零件需要卸下，应做好配套标记，以便重新安装时方便定位，如图 12–6 中联轴器 13 和圆柱齿轮 32。

2）装配组件。根据图 12–7 所示的装配顺序图，分别装配蜗杆轴组件、锥齿轮轴－轴承套组件（蜗轮轴不能预先装配）。

①装配蜗杆轴组件。在装配蜗杆轴组件时，以蜗杆轴 22 为基准件，装上两端轴承内圈分组件。

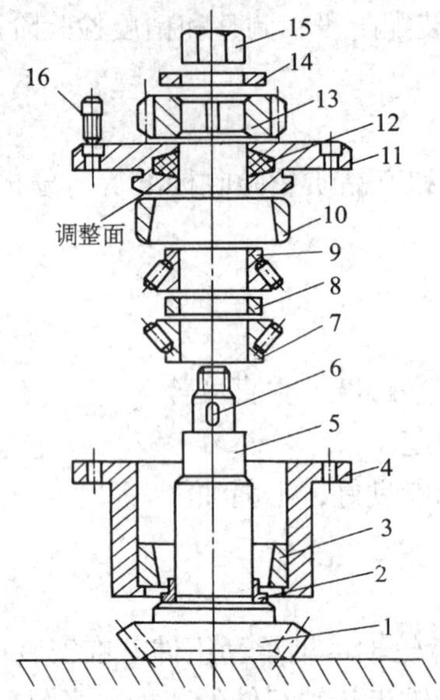

图 12-7　锥齿轮轴组件装配顺序图

1—锥齿轮　2—衬垫　3、10—轴承外圈　4—轴承套　5—锥齿轮轴　6—平键　7、9—轴承内圈　8—隔圈　11—轴承盖　12—毛毡　13—圆柱齿轮　14—垫圈　15—螺母　16—螺栓

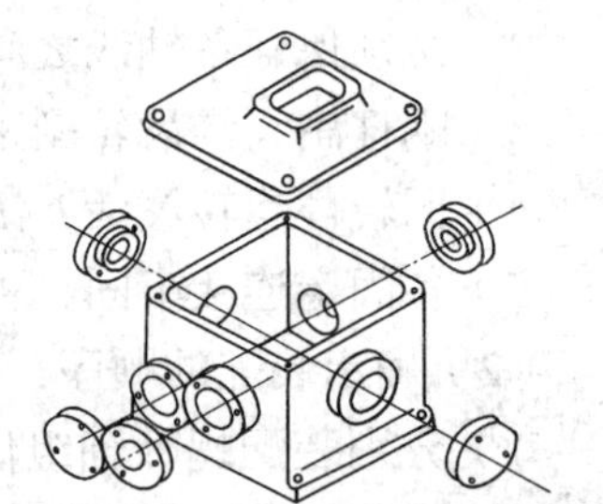

图 12-8　箱体与有关零件配作

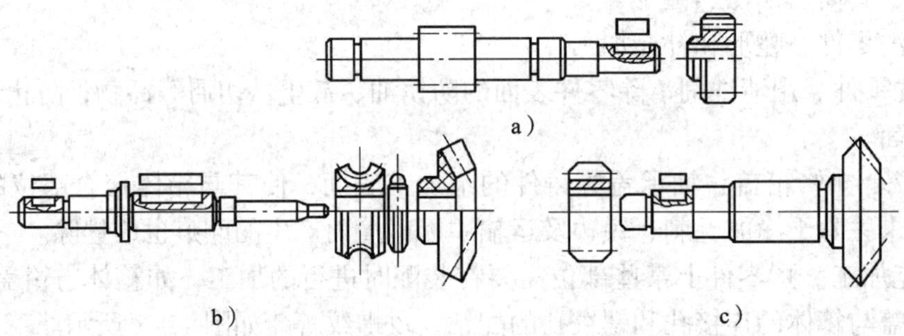

图 12-9　减速器零件配键预装

a）蜗杆轴 22 与联轴器 13 平键连接试配　b）轴 26 与蜗轮 28 和锥齿轮 49 平键连接试配　c）锥齿轮 41 与圆柱齿轮 32 平键连接试配

②装配锥齿轮轴－轴承套组件。在装配锥齿轮轴－轴承套组件时，以锥齿轮轴（由轴和锥齿轮 41 组成合件）为基准件。

由于图 12-6 中调整垫圈 50 的具体尺寸还不能确定，另外由于装配空间的限制，蜗轮轴组件装配只能在总装过程中进行。

当组件装配完成后，对重要技术指标进行检测，如齿轮齿顶圆径向圆跳动等。

（2）部件装配

若图 12-6 所示的减速器是某一机械产品（如卷扬机）的部件，可进行部件装配。若图 12-6 所示的减速器是机械产品，因其结构并非很复杂，没有部件，由组件和零件组成，可以进入总装配。

（3）总装配

1）装配蜗杆轴组件（图 12–10）

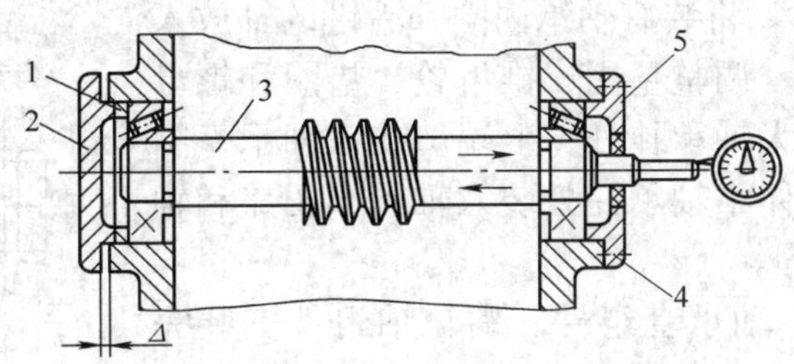

图 12–10　蜗杆轴组件的装配和轴向间隙的调整

1—调整垫圈　2—左端轴承盖　3—蜗杆轴　4—螺栓　5—右端轴承盖

①装配要求。保证蜗杆轴轴向间隙为 0.01 ～ 0.02 mm。

②装配顺序。将轴承外圈装入箱体右端—装入蜗杆轴组件—将轴承外圈装入箱体左端—装入右端轴承盖 5 并拧紧螺栓—用铜棒轻轻敲击蜗杆轴左端，使右端轴承消除游隙并贴紧右端轴承盖 5—装入调整垫圈 1 和左端轴承盖 2—测量间隙—确定调整垫圈的厚度—拆下左端轴承盖 2 和调整垫圈 1—重新装入合适的调整垫圈—装上左端轴承盖 2 并用螺栓拧紧。

装配后用百分表在蜗杆轴右侧外端检查轴向间隙，保证其符合要求。

2）试装蜗轮轴组件和锥齿轮轴 – 轴承套组件。试装的目的是确定蜗轮轴的位置，使蜗轮的中间平面与蜗杆的轴线重合，保证蜗杆副正确啮合；确定锥齿轮的轴向安装位置，保证锥齿轮副正确啮合。

①蜗轮轴位置的确定（图 12–11）。确定蜗轮轴位置，即是确定右端轴承盖凸肩尺寸 H。先将圆锥滚子轴承内圈 2 压入轴 6 的大端（左侧），通过箱体孔装上已试配好的蜗轮及轴承外圈 3，轴的小端装上用来替代轴承的轴套 7（便于拆卸）。沿轴向移动蜗轮轴，调整蜗轮与蜗杆正确啮合的位置并测量尺寸 H，据此确定调整轴承盖分组件 1 的凸肩尺寸（凸肩尺寸为 $H^{0}_{-0.02}$ mm）。

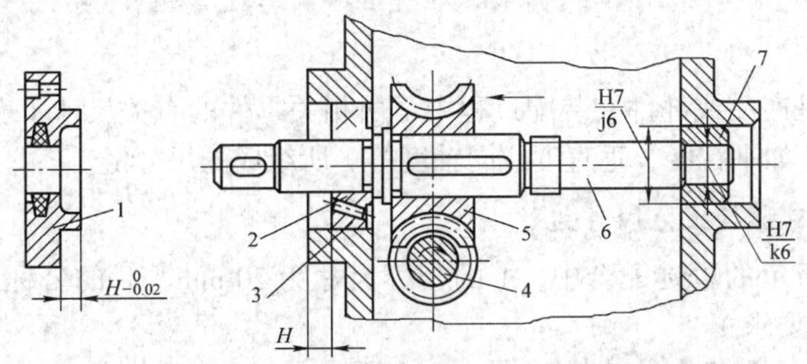

图 12–11　蜗轮轴组件的装配和位置的调整

1—轴承盖分组件　2—轴承内圈　3—轴承外圈　4—蜗杆　5—蜗轮　6—轴　7—轴套

②锥齿轮轴向位置的确定（图 12–12）。先在蜗轮轴上安装锥齿轮 4，再将装配好的锥齿轮轴 – 轴承套组件装入箱体，调整两锥齿轮的轴向位置，使其正确啮合，分别测量尺寸

H_1 和 H_2，据此确定两调整垫圈（图 12–6 中件 29 和件 50）的厚度。

3）装配蜗轮轴组件。将装有轴承内圈和平键的轴放入箱体内，并依次将蜗轮、调整垫圈、锥齿轮、垫圈和螺母装在轴上，然后在箱体大轴承孔处（上端）装入轴承外圈和轴承盖分组件，在箱体小轴承孔处装入轴承、压盖和轴承盖，两端均用螺栓紧固。

4）装入锥齿轮轴－轴承套组件。蜗轮轴组件安装完毕，将锥齿轮轴－轴承套组件和调整垫圈一起装入箱体，用螺栓紧固。

5）安装其他零件与组件。

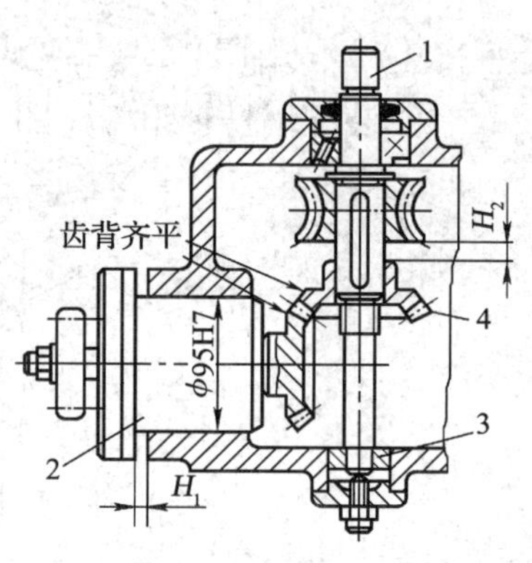

图 12–12　锥齿轮安装位置的确定

1—轴　2—锥齿轮轴－轴承套组件

3—轴套　4—锥齿轮

3. 调整和精度检验阶段

（1）调整

调整工作贯穿于减速器装配的整个过程，在组件装配中需要调整，在部件装配中需要调整，在总装配中更需要调整。

（2）精度检验

减速器主要检查齿轮副的接触精度、齿侧间隙、相互位置精度和轴承间隙，经检查合格后安装箱盖。

4. 运转试验阶段

总装完成后，减速器应进行运转试验。试验前必须清理箱体内腔，注入润滑油，用拨动联轴器的方法使润滑油均匀流至各润滑点。然后装上箱盖，连接电动机，并用手拨动联轴器使减速器回转，全部符合要求后，接通电源进行空载试运行。运转中齿轮应无明显噪声，传动性能符合要求，运转 30 min 后检查轴承温度应不超过规定要求。

§12–2　装配尺寸链计算

装配尺寸链是产品或部件在装配过程中，由相关零件的有关尺寸（表面或轴线间距离）或相互位置关系（如平行度、垂直度或同轴度等）所组成的尺寸链。

一、装配尺寸链与工艺尺寸链

如图 12–13 所示的单键配合中，A_1 的公称尺寸为 20 mm，A_2 的公称尺寸为 20 mm，且 $A_0=0^{+0.02}_{+0.05}$ mm（设计要求）。

比较第一章中的工艺尺寸链与图 12–13 所示的装配尺寸链，不难看出两者之间的异同。

1. 相同点

（1）工艺尺寸链和装配尺寸链都是由组成环和封闭环组成的，组成环同样分为增环和减环，其判断方法也相同。

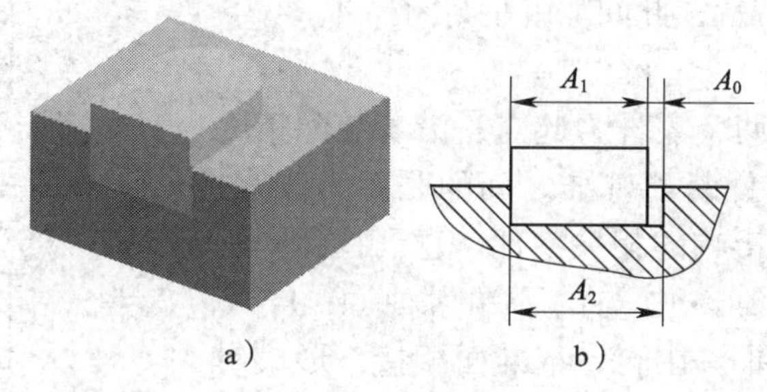

图 12–13　单键配合

a）模型图　b）尺寸链

（2）工艺尺寸链和装配尺寸链同样都具有封闭性和关联性。

2. 不同点

（1）工艺尺寸链的封闭环是由工艺过程的尺寸确定之后间接获得的，而装配尺寸链的封闭环是由具有一定尺寸的零件装配在一起后形成的。装配尺寸链的封闭环就是装配时所要求保证的装配精度，如图 12–13 中的 A_0。

（2）工艺尺寸链中的组成环是由关联的工艺尺寸组成的，而装配尺寸链中的组成环则是由对装配精度有直接影响的相关零件的具体尺寸组成的，一个零件只能有一个尺寸（组成环）列入装配尺寸链。

二、装配尺寸链的分类

按照各环的几何特征和所处的空间位置，装配尺寸链可分为直线尺寸链、角度尺寸链和平面尺寸链，其中最常见的是直线尺寸链和角度尺寸链。

直线尺寸链是由彼此平行的直线尺寸所组成的尺寸链，如图 12–13 所示，它所涉及的都是距离尺寸精度问题。

角度尺寸链是由角度（含平行度与垂直度）尺寸所组成的尺寸链，其组成环的几何特征多为平行度或垂直度，如图 12–14 所示。这种尺寸链的一个重要特点是组成环的公称尺寸都等于零。

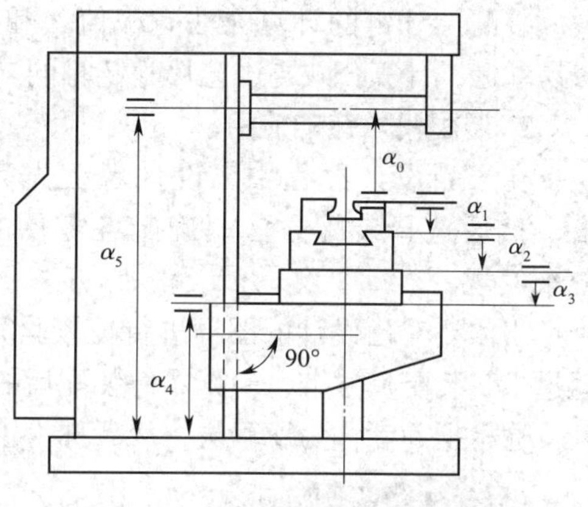

图 12–14　角度尺寸链示例

三、装配尺寸链的建立

当运用装配尺寸链去分析和解决装配精度问题时，首先要正确地建立装配尺寸链，即正确地确定封闭环，并根据封闭环的要求查明各组成环。

1. 装配尺寸链的建立方法和步骤

装配尺寸链的建立是在产品或部件装配图上进行的，建立方法和步骤如下：

（1）确定封闭环

首先要看懂产品或部件的装配图，了解产品或部件的装配精度，一般产品的装配精度指标就是封闭环。如图 12–15 所示，为了保证孔与轴装配后能够灵活转动，要求装配后的径向间隙为 0.005 ~ 0.015 mm，此间隙就是封闭环 A_0。

（2）查找组成环

以封闭环两端的那两个零件为起点，沿着装配精度要求的方向，以相邻零件装配基准之间的联系为线索，分别找出对装配精度有影响的相关零件，直到找到同一个基准面为止。在图 12–15 中 A_0 的下端为轴（A_2），A_0 的上端为孔（A_1），A_1 和 A_2 在同一基准面相接，形成封闭状态，故 A_1 和 A_2 为组成环。

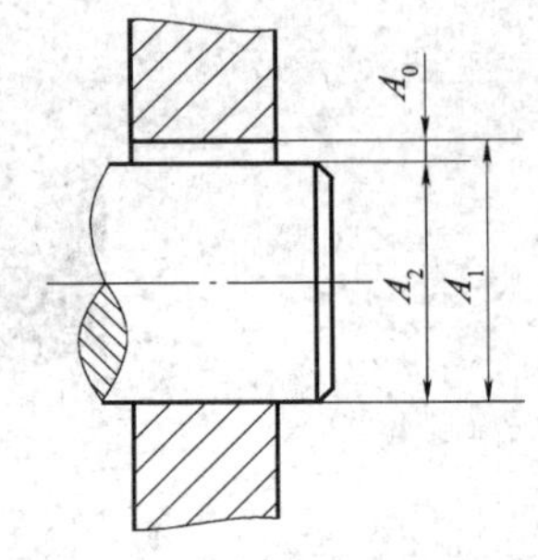

图 12–15　封闭环 A_0 与组成环 A_1、A_2

（3）画出尺寸链图，并判断增环、减环。

2. 建立装配尺寸链时的注意事项

在建立装配尺寸链时应注意以下几点：

（1）按一定层次分别建立产品与部件的装配尺寸链。

（2）在保证装配精度的前提下，装配尺寸链组成环可适当简化。

（3）装配尺寸链的组成应遵循最短路线（环数最少）原则。

（4）当同一装配结构在不同位置方向有装配精度要求时，应按不同方向分别建立装配尺寸链。

四、装配尺寸链的计算与应用

1. 装配尺寸链的计算

装配尺寸链的计算方法有极值法和概率法两种，通常采用极值法。该方法简单可靠，容易掌握，计算公式与工艺尺寸链相同。

2. 装配尺寸链的应用

在产品设计过程中，设计者首先完成总装配图和部件装配图，并提出装配精度要求，然后选择装配方法，确定各零件的公称尺寸及偏差，这时可以通过求解装配尺寸链来实现。

当需要对已设计的图样进行校核验算时，利用与装配精度有关的零件公称尺寸及偏差，通过求解装配尺寸链，验算零件装配后的装配精度是否满足设计要求。

通常把前者称为反算法，后者称为正算法。

五、生产实例分析

在图 12–13 所示的单键配合中，采用完全互换装配法，首先按公式计算平均精度：

$$T_{AM}=\frac{0.2-0.05}{3-1}=0.075\ \text{mm}$$

这个数值对 20 mm 的尺寸来讲符合经济精度。

因为尺寸 A_1 为外尺寸，A_2 为内尺寸，前者比后者容易加工，故将公差按生产经验分配，先确定 T_{A_2}=0.1 mm，然后计算出 T_{A_1}：

$$T_{A_1}=T_{A_0}-T_{A_2}=0.15-0.1=0.05\ \text{mm}$$

因为设计上对 A_2 的公差分布并无规定要求，故可按加工的习惯方法，即内尺寸采用单向正公差，所以尺寸 A_2 及其偏差可预先确定为：

$$A_2=20^{+0.10}_{\ 0}\ \text{mm}$$

因为 A_1 是减环，按以前的公式可求出：

$$ESA_1=-ESA_0+EIA_2=-0.05+0=-0.05\ \text{mm}$$
$$EIA_1=-ESA_0+ESA_2=-0.20+0.10=-0.10\ \text{mm}$$

于是得到：

$$A_1=20^{-0.05}_{-0.10}\ \text{mm}$$

验证计算的正确性，有

$$A_{0\max}=(20+0.10)-(20-0.10)=0.20\ \text{mm}$$
$$A_{0\max}=20-(20-0.05)=0.05\ \text{mm}$$

§12–3　装配方案及其选择

机械产品的精度要求最终是靠装配实现的。比较孔和轴不同装配方案的实质是通过对装配尺寸链的求解，比较装配精度和零件的加工精度，从而优选装配方案。

装配生产中保证产品精度的具体方法有许多种，归纳起来可分为完全互换装配法、分组装配法、修配装配法和调整装配法四大类。

一、完全互换装配法

1. 概述

完全互换装配法是指在装配过程中参与装配的每一个零件不经任何选择、修理和调整，装上后全都能达到装配精度要求的装配方法。如果产品在使用过程中某一零件磨损或损坏，只要换上一个新的同类零件即可正常使用。这种方法的实质是靠控制零件的加工误差来保证产品的装配精度。

采用完全互换法进行装配，可以使装配过程简单，生产效率高，易于组织流水作业及自动化装配。但当装配精度要求较高，尤其是组成环较多时，零件难以按经济精度制造。因此，这种装配方法多用于较高精度的少环尺寸链或低精度的多环尺寸链中，如汽车、自行车和轴承等。

2. 尺寸链计算

完全互换装配法尺寸链的计算方法和步骤如下：

（1）建立装配尺寸链

判断封闭环、增环和减环。

（2）确定封闭环公称尺寸及偏差。

（3）确定协调环

由于一条装配尺寸链中有多个未知数，计算时需要选择一个容易加工的尺寸作为“协调环”。它的极限偏差并非事先定好的，而是经过计算后确定的，以便与其他组成环相协调，最后满足封闭环极限偏差的要求。确定协调环的原则是结构简单，非标准件，不能是几个尺寸链的公共环，方便加工和测量。

（4）确定各组成环公差

1）先确定各组成环的平均公差。

2）确定各组成环公差值。对于结构简单、组成环数很少且公称尺寸相同或相近的装配尺寸链，可以直接选用平均公差值（如轴、孔配合副）。

对于结构较复杂、组成环数较多且公称尺寸相差较大的装配尺寸链，根据平均公差值查表，对照标准公差值选定与平均公差值相近的精度等级（建议在国家标准规定的精度等级中选取），一般各组成环按等精度（或相近精度）原则选取，避免出现个别零件精度很低而个别零件精度很高的现象。

各组成环的精度等级确定后，再反过来确定各组成环的标准公差值。

3）确定组成环（除协调环外）公差带位置。组成环（除协调环外）公差带位置按入体原则标注。对于内尺寸（孔），其尺寸偏差按 H 配置；对于外尺寸（轴），其尺寸偏差按 h 配置。

4）确定协调环偏差。采用极值法计算，计算公式与工艺尺寸计算公式相同。

3. 生产实例分析

如图 12–16 所示为齿轮与轴的装配关系，已知 A_1=30 mm，A_2=5 mm，A_3=43 mm，$A_4=3^{\ 0}_{-0.050}$ mm（标准件），A_5=5 mm，要求装配间隙 A_0 =0.10 ~ 0.35 mm，现采用完全互换法装配，试确定各组成环公差和极限偏差。

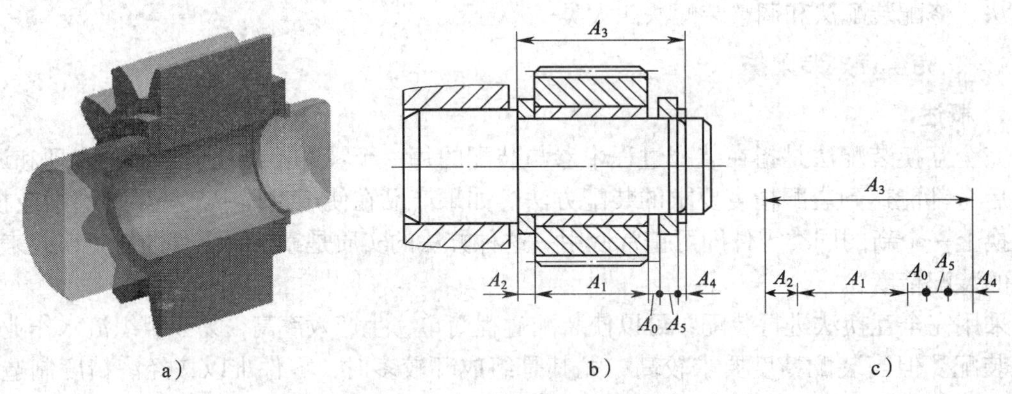

图 12–16　齿轮与轴的装配关系

a）模型图　b）示意图　c）装配尺寸链

解：

（1）画装配尺寸链

如图 12–16 所示，A_3 为增环，A_1、A_2、A_4、A_5 为减环。

（2）计算封闭环的公称尺寸 A_0

封闭环的公称尺寸为

$$A_0=A_3-(A_1+A_2+A_4+A_5)=43-(30+5+3+5)=0\ \text{mm}$$

根据题意，封闭环尺寸为

$$A_0=0^{+0.35}_{+0.10}\ \text{mm}$$

所以封闭环的公差为

$$T_0=0.35-0.10=0.25\ \text{mm}$$

（3）确定协调环

本例中 A_5 处为一垫片，易加工和测量，故选为协调环。

（4）确定各组成环公差

1）计算组成环平均公差，有

$$T_{AM}=\frac{T_0}{n-1}=\frac{0.25}{6-1}=0.05\ \text{mm}$$

2）确定各组成环公差。A_4 为标准件，$A_4=3_{-0.050}^{\ 0}$ mm，无须调整，故

$$T_4=0.05\ \text{mm}$$

由于该尺寸链的组成环较多（5 个），而且各组成环的公称尺寸相差甚大，如果直接选用平均值，可能出现个别零件精度很低而个别零件精度很高的现象。因此，必须对组成环公差进行调整。方法如下：以平均公差为基础，根据等精度（或精度接近）原则调整。

查标准公差值表得知，当组成环公差等级为 IT9 时，标准公差值比较接近平均公差值，故组成环（除标准件和协调环外）的公差等级均取 IT9，查标准公差值表得：T_1=0.052 mm，T_2=0.03 mm，T_3=0.062 mm。

（5）确定组成环公差带位置

A_1、A_2 为外尺寸，按基轴制确定公差带位置，有

$$A_1=30_{-0.052}^{\ 0}\ \text{mm},\quad A_2=5_{-0.03}^{\ 0}\ \text{mm}$$

A_3 为内尺寸，按基孔制确定公差带位置，有

$$A_3=43_{\ 0}^{+0.062}\ \text{mm}$$

协调环 A_5 的公差为

$$T_5=T_0-(T_1+T_2+T_3+T_4)=0.25-(0.052+0.03+0.062+0.05)=0.056\ \text{mm}$$

（6）确定协调环 A_5 的极限偏差

1）计算 A_5 的下极限偏差。

因为　$ES_0=ES_3-(EI_1+EI_2+EI_4+EI_5)$

则　$EI_5=ES_3-(EI_1+EI_2+EI_4)-ES_0$

$=0.062-(-0.052-0.03-0.05)-0.35$

$=-0.156$ mm

2）计算 A_5 的上极限偏差。

$$ES_5=EI_5+T_5=-0.156+0.056=-0.100\ \text{mm}$$

所以，协调环 A_5 的尺寸 $A_5=5_{-0.156}^{-0.100}$ mm（相当于 IT10 级，合理）。

二、分组装配法

1. 概述

完全互换装配法有很多优点，但加工精度要求很高，给零件加工带来很大困难。能否放大配合件的公差、降低零件精度后加工，再采用适当的工艺手段进行装配，保证装配精度要求呢？分组装配法就可以解决这一问题。

分组装配法又称分组互换法，顾名思义，零件能在本组内互换。分组装配法是指装配前

将互配的零件经测量后分组，装配时按对应组进行装配以保证装配精度的方法。

采用这种工艺方法装配，虽然零件的公差放大，对零件的加工精度要求不高，但装配后仍然可以获得较高的装配精度，解决了因零件精度过高给加工带来的困难。经过测量分组和分组装配，同一组内的零件仍然可以互换，具有完全互换装配法的优点。分组装配法虽然增加了测量、分组的工作量，但降低了零件的加工精度要求，降低了成本。

分组装配法适用于大批量生产的高精度少环尺寸链，多用于孔轴配合。

2. 采用分组装配法应注意的问题

（1）配合件的公差必须相等，公差放大的倍数和方向也应相同，且分组数应等于零件公差放大的倍数。

（2）只能放大尺寸公差，几何公差和表面粗糙度值不能放大。应保持原来的几何公差和表面粗糙度值，以免影响配合性质。

（3）应采取措施，尽量使同组相配件数量相同或相近，避免造成零件积压浪费。

（4）零件的分组数不宜过多，一般以 3 ~ 5 组为宜，若分组数过多，会因零件测量分类和存储工作量增大而使生产组织工作变得复杂。

3. 生产实例分析

如图 12–17 所示为活塞与活塞销的连接。根据装配技术要求，活塞销孔与活塞销外径在冷态装配时应有 0.002 5 ~ 0.007 5 mm 的过盈量。与此相应的配合公差按等公差原则分配时，只有 0.002 5 mm。如果上述配合采用基轴制原则，则活塞销外径尺寸 $d=28^{\ 0}_{-0.002\,5}$ mm，相应的销孔直径 $D=28^{-0.005\,0}_{-0.007\,5}$ mm。显然，制造这样精确的活塞销和销孔是很困难的，也是不经济的。

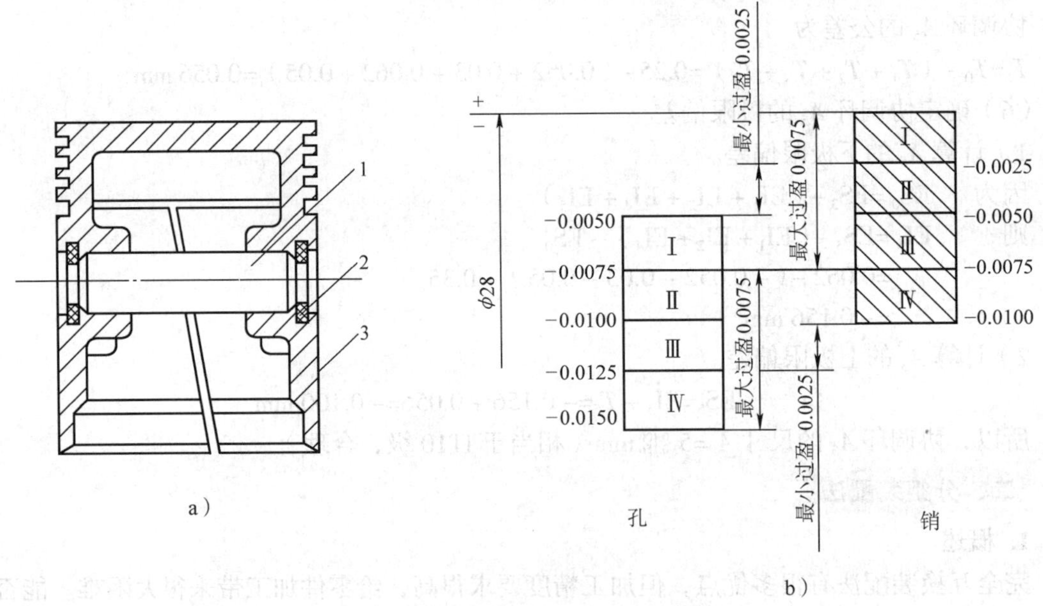

图 12–17　活塞与活塞销的连接

a）模型图　b）装配尺寸分组

1—活塞销　2—挡圈　3—活塞

生产中采用的办法是先将上述公差值都放大4倍（$d=28_{-0.010}^{0}$ mm，$D=28_{-0.015}^{-0.005}$ mm），这样即可采用高效率的无心磨床和金刚镗去分别加工活塞销外圆和活塞孔，然后用精密测量仪器进行测量，并按尺寸大小分成四组，涂上不同的颜色，以便进行分组装配。具体分组情况见表12–1。

表12–1　活塞销与活塞销孔直径分组尺寸　mm

组别	标志颜色	活塞销直径 $d=28_{-0.010}^{0}$	活塞销孔直径 $D=28_{-0.015}^{-0.005}$	配合情况	
				最小过盈	最大过盈
Ⅰ	红	$d=28_{-0.0025}^{0}$	$D=28_{-0.0075}^{-0.0050}$	0.0025	0.0075
Ⅱ	白	$d=28_{-0.0050}^{-0.0025}$	$D=28_{-0.0100}^{-0.0075}$		
Ⅲ	黄	$d=28_{-0.0075}^{-0.0050}$	$D=28_{-0.0125}^{-0.0100}$		
Ⅳ	绿	$d=28_{-0.0100}^{-0.0075}$	$D=28_{-0.0150}^{-0.0125}$		

三、修配装配法

1. 概述

在单件、小批量生产中，装配精度要求高而且组成件多时，完全互换法或不完全互换法均不能采用，在这些情况下，修配装配法是被广泛采用的方法之一。

修配装配法是指在零件上预留修配量，在装配过程中用手工锉削、刮削、研磨等方法修去该零件上多余的材料，使装配精度达到要求。修配装配法的优点是能够获得很高的装配精度，而零件的制造精度要求可以降低。缺点是装配过程中以手工操作为主，劳动量大，工时不易预定，生产效率低，不便于组织流水作业，而且装配质量依赖于工人的技术水平。

修配装配法多用于单件、小批量生产以及装配精度要求高的场合。

2. 尺寸链计算

为确保修配环有修配余量，必须通过计算来确定修配环的尺寸和偏差，其计算方法和步骤如下：

（1）建立装配尺寸链

根据装配精度要求建立尺寸链，判断增环、减环和封闭环。

（2）确定封闭环的尺寸。

（3）选择修配环

修配环的选择应满足以下要求：

1）便于拆装，易于修配。一般应选择形状较简单、修配面积较小的零件。

2）尽量不选公共环。公共环是指那些同时参加了两条以上尺寸链的尺寸（零件），它的变化会同时引起几个封闭环的变化，因此，尽量不要选它作为修配环。

3）修配时本身的几何精度和表面质量容易达到要求。

（4）确定其他组成环的尺寸和偏差

按照经济精度和入体原则确定除修配环以外其他组成环的公差和偏差。

（5）计算修配环尺寸和偏差

修配环的公差按照经济精度确定，其偏差则必须通过计算。为了计算简便，一般采用极值法的计算公式。由于放大了组成环的公差，因此，不能全部套用上极限偏差、下极限偏差

（或最大值、最小值）的计算公式，只能选用其中之一算出一个偏差，然后用加上或减去其公差的办法求出另一个偏差。

为保证有余量修配，应根据修配环修配时封闭环尺寸是变大还是变小来选择先计算上极限偏差还是下极限偏差，若修配环越修，封闭环尺寸越小，则应保证修配环尺寸最小时装上后不用修配就合格，所以应先计算下极限偏差；反之，若修配环越修，封闭环尺寸越大，则应保证修配环尺寸最大时装上后不用修配就合格，所以应先计算上极限偏差。

（6）校核修配环尺寸是否正确

按照算出的修配环尺寸计算实际封闭环的最大尺寸、最小尺寸，校核最小修配余量是否大于或等于零，最大修配余量是否过大。

3. 生产实例分析

如图 12–18 所示为车床主轴锥孔轴线与尾座套筒锥孔轴线的等高度尺寸链，根据精度要求，只允许尾座高出主轴 0 ~ 0.06 mm。已知：A_1=202 mm，A_2=46 mm，A_3=156 mm，现采用修配装配法装配，试确定修配环及各环的尺寸及偏差。

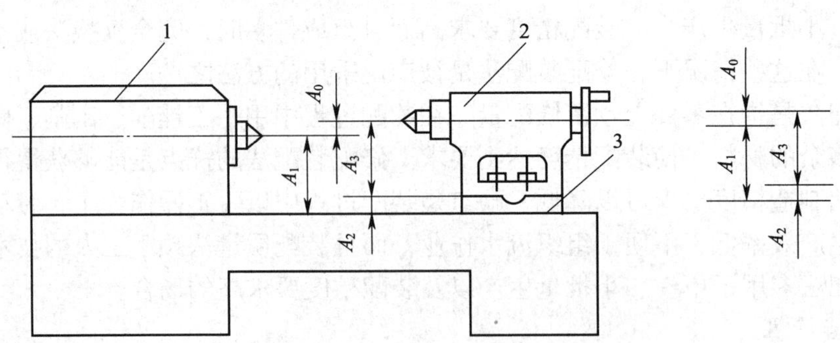

图 12–18　车床主轴与尾座装配尺寸链

1—主轴箱　2—尾座　3—尾座底板

解：

（1）建立装配尺寸链

如图 12–18 所示，其中 A_2、A_3 是增环，A_1 是减环。

（2）确定封闭环的尺寸

封闭环公称尺寸为

$$A_0=A_2+A_3-A_1=46+156-202=0\text{ mm}$$

封闭环尺寸为

$$A_0=0^{+0.06}_{0}\text{ mm}$$

（3）选择修配环

从图中可以看出，尾座底板较小且易拆装，因此选 A_2 为修配环。

（4）确定组成环的尺寸和偏差（除修配环外）

根据经济加工精度取 IT9 级，则

$$T_1=0.115\text{ mm},\ T_3=0.1\text{ mm}$$

因为 A_1、A_3 均为轴线，故公差值应对称标注，有

$$A_1=(202\pm0.057)\text{ mm}$$
$$A_3=(156\pm0.050)\text{ mm}$$

（5）计算修配环 A_2 尺寸和偏差

A_2 公差按精刨（或精铣）所能达到的经济精度取 IT10，查标准公差值表得

$$T_2=0.1\text{ mm}$$

在修配底板时，由于尺寸 A_2 越修，封闭环尺寸越小，故应先计算 A_2 的下极限偏差。

因为 $$EI_0=EI_2+EI_3-ES_1$$

则 $$EI_2=EI_0+ES_1-EI_3=0+0.057-(-0.050)=0.107\text{ mm}$$

$$ES_2=EI_2+T_2=0.107+0.1=0.207\text{ mm}$$

$$A_2=46^{+0.207}_{+0.107}\text{ mm}$$

（6）校核修配环

通过以上计算，A_1、A_2、A_3 的尺寸已经确定，如果按照以上尺寸加工并装配，观察封闭环的实际变化为：

$$A'_{0max}=A_{2max}+A_{3max}-A_{1min}=46+0.207+156+0.050-(202-0.057)=0.314\text{ mm}$$

$$A'_{0min}=A_{2min}+A_{3\,min}-A_{1max}=46+0.107+156-0.050-(202+0.057)=0\text{ mm}$$

则 $$A'_0=0^{+0.314}_{0}\text{ mm}$$

而设计要求 $A_0=0^{+0.06}_{0}$ mm，两者相比，说明按照修配环 $A_2=46^{+0.207}_{+0.107}$ mm 的尺寸加工，装配时修配环有一定的可修量（封闭环的实际尺寸完全包容了设计要求尺寸），可以满足装配时的修配要求。

当 A_2 和 A_3 加工成最小、A_1 加工成最大时，装配后封闭环的实际尺寸 A'_0 为 0（主轴轴线与尾座轴线正好在同一直线上），不用修配就能保证装配间隙的最小要求。

当 A_2 和 A_3 加工成最大、A_1 加工成最小时，装配后封闭环的实际尺寸 A'_0 为 0.314 mm，大于允许尾座高出主轴最大值 0.06 mm 的要求，需要修去（0.314−0.06）mm=0.254 mm 就可以达到装配精度要求。

因此，使用修配环 $A_2=46^{+0.207}_{+0.107}$ mm 的尺寸加工，装配时最小修配量是 0，最大修配量是 0.254 mm。

四、调整装配法

1. 概述

在装配时改变产品中可调整零件的相对位置或选用合适的调整件来达到装配精度的方法称为调整装配法。前者为可动调整法，后者为固定调整法。

（1）可动调整法

使调整件移动、回转或移动与回转同时进行，可以改变其位置，而达到装配精度。常用的可动调整件有螺钉、螺母、楔块等。可动调整法在调整过程中不需拆卸零件，故应用较广泛。如图 12–19 所示为用螺钉调整轴承轴向间隙。

（2）固定调整法

预先制造各种尺寸的固定调整件（如不同厚度的垫圈、垫片等），装配时根据实际累积误差，选定所需尺寸的调整件装入，以保证装配精度要求。如图 12–20 所示，传动轴组件装入箱体时，使用适当厚度的调整垫圈 D（补偿件）补偿累积误差，保证箱体内侧面与传动轴组件的轴向间隙。

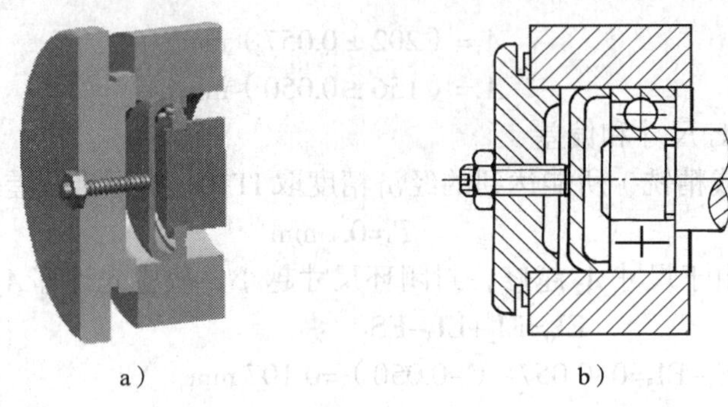

图 12–19　用螺钉调整轴承轴向间隙

a）模型图　b）示意图

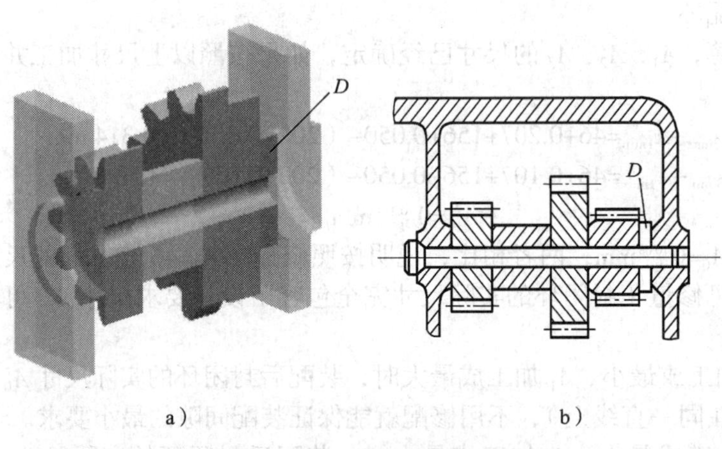

图 12–20　用调整垫圈调整轴向间隙

a）模型图　b）示意图

2. 特点

调整装配法的特点是零件按经济精度制造，装配时产生的累积误差用机构设计时预先设定的固定调整件（又称补偿件）或改变可动调整件相对位置来消除，从而获得较高的装配精度，并且可以随时调整因磨损、热变形或弹性变形及塑性变形等原因所引起的误差。不足之处就是增加了零件数量及较复杂的调整工作量。

3. 适用场合

（1）调整装配法适用于封闭环公差要求较严而组成环又较多的装配尺寸链，在汽车、拖拉机、自行车等产品中应用广泛。

（2）固定调整装配法适用于对刚度要求较高、不需要经常调整间隙的机构，如减速器传动轴轴向间隙调整机构。

（3）可动调整装配法适用于对刚度要求较低、对配合要求较高且需要经常调整间隙的机构，如自行车前、后转轴轴向间隙调整机构。

五、生产实例分析

如图 12–21 所示为孔与轴的装配，轴、孔配合副的公称尺寸为 $\phi 30$ mm，根据产品的性能要求，配合间隙在 0.005 ~ 0.015 mm 之间，比较选择不同的装配方案。

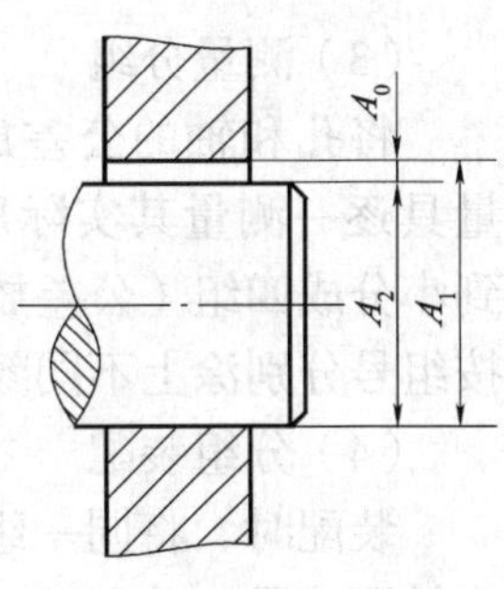

图 12–21　孔与轴的装配

1. 采用完全互换法的装配尺寸链计算

（1）建立装配尺寸链

如图 12–21 所示，A_0 为封闭环，A_1 为增环，A_2 为减环。

（2）确定封闭环公称尺寸及偏差

计算封闭环的公称尺寸，有

$$A_0=A_1-A_2=0\ \text{mm}$$

根据题意，封闭环的尺寸为

$$A_0=0^{+0.015}_{+0.005}\ \text{mm}$$

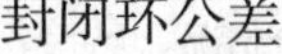

封闭环公差

$$T_0=0.015-0.005=0.01\ \text{mm}$$

（3）确定协调环

由于轴比孔更便于加工和测量，故选轴 A_2 作为协调环。

（4）确定各组成环公差

计算各组成环平均公差，有

$$T_M=\frac{T_0}{n-1}=\frac{0.01}{2}\ \text{mm}=0.05\ \text{mm}$$

确定各组成环公差值，取

$$T_1=T_2=0.005\ \text{mm}$$

（5）确定组成环（除协调环外）公差带位置

组成环 A_1 为内尺寸，按基孔制确定公差带位置，有

$$A_1=30^{+0.005}_{0}\ \text{mm}$$

（6）确定协调环 A_2 偏差

$$ES_0=ES_1-EI_2$$

则　$EI_2=ES_1-ES_0=0.005-0.015=-0.01\ \text{mm}$

　　$ES_2=EI_2+T_2=-0.01+0.005=-0.005\ \text{mm}$

协调环 A_2 尺寸为

$$A_2=30^{-0.005}_{-0.010}\ \text{mm}$$

2. 采用分组装配法的装配尺寸链计算

（1）计算各组成环的公差和偏差值

先按完全互换法解出各组成环的公差和偏差值。

（2）放大公差

将孔和轴的公差同时放大若干倍（放大的倍数根据经济精度和生产条件确定，现放大四倍），孔和轴的公差放大方向必须相同，如图 12–22 所示。公差放大后孔的尺寸 $D=30^{+0.02}_{0}$ mm，轴的尺寸 $d=(30\pm0.01)$ mm。

（3）测量分组

将孔和轴的公差放大后，再按尺寸要求加工，用精密量具逐一测量其实际尺寸，将孔、轴零件按实际尺寸从大到小分成四组（公差放大几倍，分组时相应分成几组），并按组号分别涂上不同颜色的标记，见表 12–2。

（4）分组装配

装配时，将同一组内具有相同颜色的轴、孔零件相配，小轴配小孔，大轴配大孔，使之达到设计给定的装配精度要求。

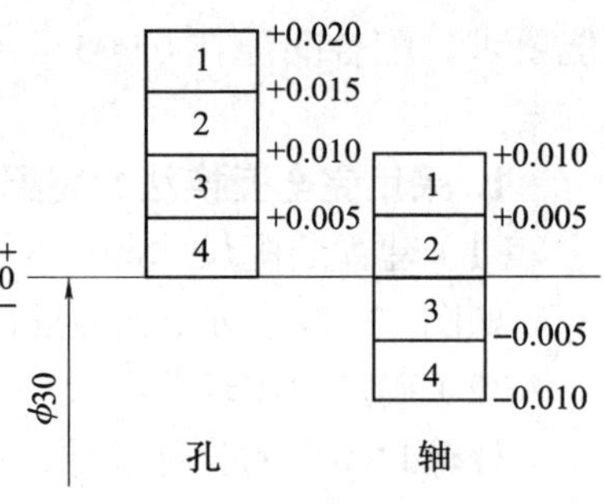

图 12–22　孔与轴的装配关系

表 12–2　　**孔与轴的分组尺寸**　　mm

组别	标志颜色	孔直径 $D=30^{+0.02}_{0}$	轴直径 $d=30\pm0.01$	配合情况	
				最小过盈	最大过盈
1	红	$D=30^{+0.020}_{+0.015}$	$d=30^{+0.010}_{+0.005}$	0.005	0.015
2	白	$D=30^{+0.015}_{+0.010}$	$d=30^{+0.005}_{0}$		
3	黄	$D=30^{+0.010}_{+0.005}$	$d=30^{0}_{-0.005}$		
4	绿	$D=30^{+0.005}_{0}$	$d=30^{-0.005}_{-0.010}$		

3. 装配方案的分析比较

分析比较采用两种不同方案的孔与轴的装配零件加工精度，如图 12–23 所示。

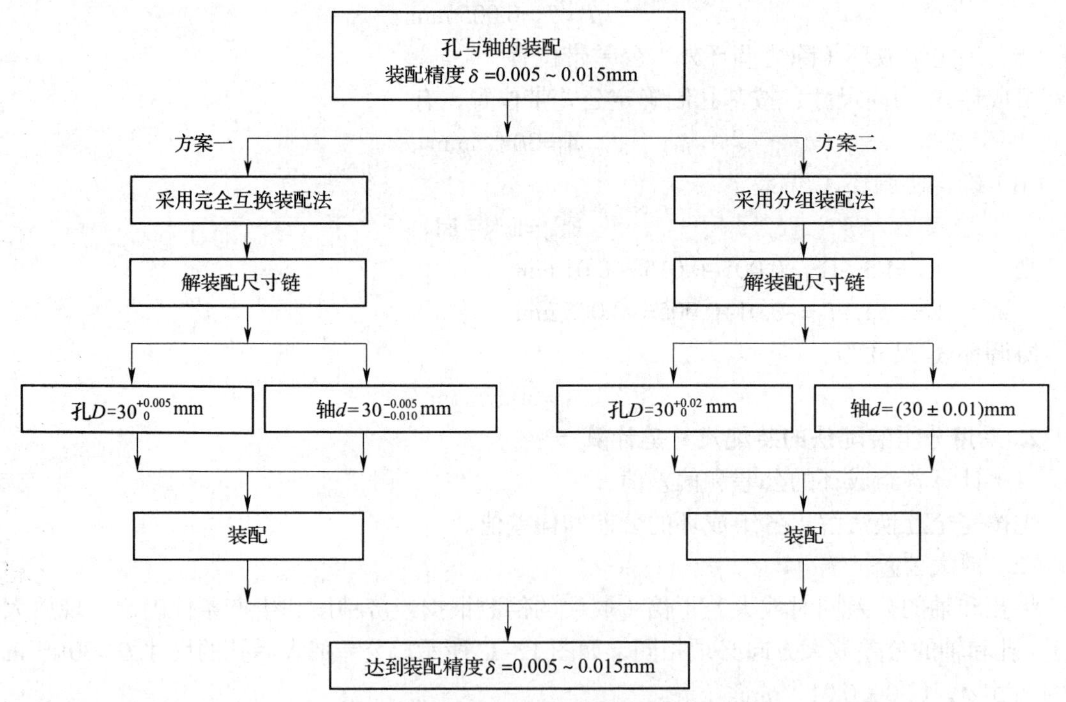

图 12–23　孔与轴的装配方案分析

通过以上分析可知，采用完全互换装配法装配时，孔和轴的加工精度要求高；采用分组装配法装配时，孔和轴的加工精度要求低，但装配后均可实现相同的装配精度。

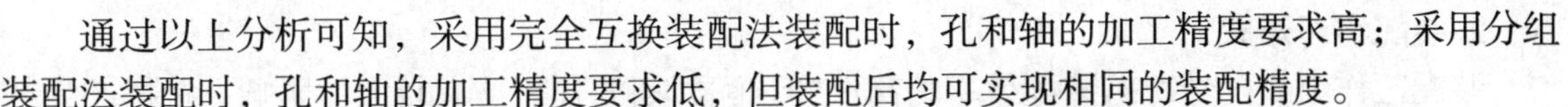

§12-4　装配工艺规程的制定

装配工艺规程是用文件形式规定下来的装配工艺过程，它是指导装配工作的技术文件，是制订装配生产计划、进行技术准备的主要依据，也是设计或改建装配车间的基本文件之一。

一、装配的生产类型和组织形式

1. 装配的生产类型及特点

机械装配的生产类型按装配生产批量可分为大批大量生产，成批生产及单件、小批量生产三种。生产类型支配着装配工作，使其各具特点，如在组织形式、装配方法、工艺装备等方面都有所不同。为提高装配工艺水平，必须注意各种生产类型的特点、现状及其本质联系。各种生产类型装配工作的特点见表 12-3。

表 12-3　各种生产类型装配工作的特点

生产类型	大批大量生产	成批生产	单件、小批量生产
基本特征	产品固定，生产活动长期重复，生产周期一般较短	产品在系列化范围内变动，分批交替投产或多品种同时投产，生产活动在一定时期内重复	产品经常变换，不定期重复，生产周期一般较长
组织形式	多采用流水装配线，有连续移动、间歇移动及可变节奏移动等方式，还可采用自动装配机或自动装配线	笨重、批量不大的产品多采用固定式流水装配，批量较大时采用流水装配，多品种平行投产时多采用可变节奏流水装配	多采用固定式装配或固定式流水装配进行总装，同时对批量较大的部件也可采用流水装配
装配工艺方法	按互换法装配，允许有少量简单调整；精密偶件成对供应或分组供应装配，无任何修配工作	主要采用互换法装配，但也灵活运用其他保证装配精度的装配工艺方法，如调整法、修配法及合并法，以节约加工费用	以修配法及调整法为主，互换件比例较少
工艺过程	工艺过程划分细致，有详细的工艺规程	工艺过程的划分需适合批量的大小，有工艺规程	一般不制定详细的工艺规程，工序可适当调整，工艺也可灵活掌握
设备及工艺装备	专业化程度高，广泛使用专用、高效的工艺装备	通用设备较多，使用一定数量的专用工具、夹具、量具	一般为通用设备及通用工具、夹具、量具
手工操作要求	手工操作比例小，技术水平要求不高	手工操作比例较大，技术水平要求较高	手工操作比例大，要求工人有较高的技术水平和多方面的工艺知识
应用实例	汽车、拖拉机、内燃机、滚动轴承、电气开关等	机床，机车车辆，中、小型锅炉，矿山采掘机械等	重型机床、重型机器、汽轮机、大型内燃机、大型锅炉及新产品试制等

2. 装配组织形式

装配工作组织的情况对装配效率的高低和装配周期的长短均有较大的影响。根据产品结构的特点和批量大小的不同，装配工作应采取不同的组织形式。装配的组织形式一般可分为固定式装配和移动式装配两大类。

（1）固定式装配

固定式装配是指将产品或部件的全部装配工作安排在某一固定的工作地点进行，装配过程中产品位置不变，装配所需要的零部件都集中在工作地点附近。当批量很小或单件生产（如新产品试制）时，产品的全部装配工作可集中在同一工作地点由同一组工人去完成，这样就需要较大的生产面积和技术水平较高的工人，整个产品的装配周期也比较长。当产品的批量较大时，为提高装配效率，可将产品的装配分成部装和总装，分别由几组工人在不同的工作地点同时进行。

在单件生产和中、小批量生产中，特别是对那些因质量较重和尺寸较大，装配时不便移动的重型机械，或因机体刚度较低，装配时移动会影响装配精度的产品，都宜采用固定式装配的组织形式。

（2）移动式装配

移动式装配是指将产品或部件置于装配线上，通过连续或间歇的移动使其顺次经过各装配工作地点，以完成全部装配工作。采用移动式装配时，装配过程分得较细，每个工作地点重复完成固定的工序，广泛采用专用设备及工具，生产效率很高，多用于大批大量生产。批量很大的定型产品还可采用自动装配线进行装配。

二、装配工艺规程的制定

1. 制定装配工艺规程应遵循的原则

（1）保证并力求提高产品装配质量，以延长产品的使用寿命。

（2）合理安排装配工序，尽量减少钳工装配的工作量，提高装配效率，以缩短装配周期。

（3）尽可能减少车间的生产面积，以提高单位面积的生产效率。

2. 制定装配工艺规程所需的原始资料

（1）产品的总装配图和部件装配图以及主要零件的工作图

产品的装配图应清楚地表示出所有零件的相互连接情况、重要零部件的联系尺寸、配合零件间的配合性质及精度、装配的技术要求、零部件明细表等。

（2）产品验收的技术条件

产品验收的技术条件是产品总装后验收产品的一种重要技术文件。它主要规定了产品主要技术性能的检验和试验工作的内容及方法，是制定装配工艺规程的主要依据之一。

（3）产品的生产纲领

产品的生产纲领是指产品的生产批量，如单件、中批、大批等。生产纲领决定了产品的生产类型，生产类型不同，装配的组织形式、工艺方法等有很大不同。

大批大量生产的产品应尽量采用专用的装配设备及工具，如机器人组成的流水自动装配线。成批生产及单件、小批量生产多采用固定装配方式。

（4）现有生产条件

现有生产条件是指现有的装配设备及工艺装备、车间面积、工人的技术水平和时间定额标准等。

3. 装配工艺规程的内容

（1）产品及其部件的装配顺序。

（2）装配方法。

（3）装配的技术要求及检验方法。

（4）装配所需的设备和工具。

（5）必需的工人技术等级及装配的时间定额等。

4. 制定装配工艺规程的步骤

（1）研究产品装配图和验收技术条件

制定装配工艺时，首先要仔细地研究产品的装配图及验收技术条件。通过对上述技术文件的研究，深入了解产品及其各部分的具体结构，产品及各部件的装配技术要求，设计人员所确定的保证产品装配精度的方法，以及产品的试验内容和方法等。研究产品装配图时，如果发现图样在完整性、技术要求和结构工艺性方面有缺点或错误，应及时提出，由设计人员研究后予以修改。

（2）确定装配的组织形式

产品装配工艺方案的制定与装配的组织形式有关。例如，总装、部装的具体划分，装配工序划分时的集中、分散程度，产品装配的运输方式，工作地点的组织等都与装配的组织形式有关。装配组织形式主要取决于产品结构特点和生产批量。

（3）划分装配单元，确定装配顺序

装配单元包括零件和部件。装配单元的划分，就是从工艺角度出发，将产品分解成独立装配的组件及各级分组件，是装配工艺制定中极重要的一项工作。

零件是组成产品的最基本单元。部件是由许多零件组成的产品的一部分，是一个统称，其划分是多层次的。如图 12–24 所示为用图解法表示的产品装配单元（即可以单独进行装配的部件）的划分。

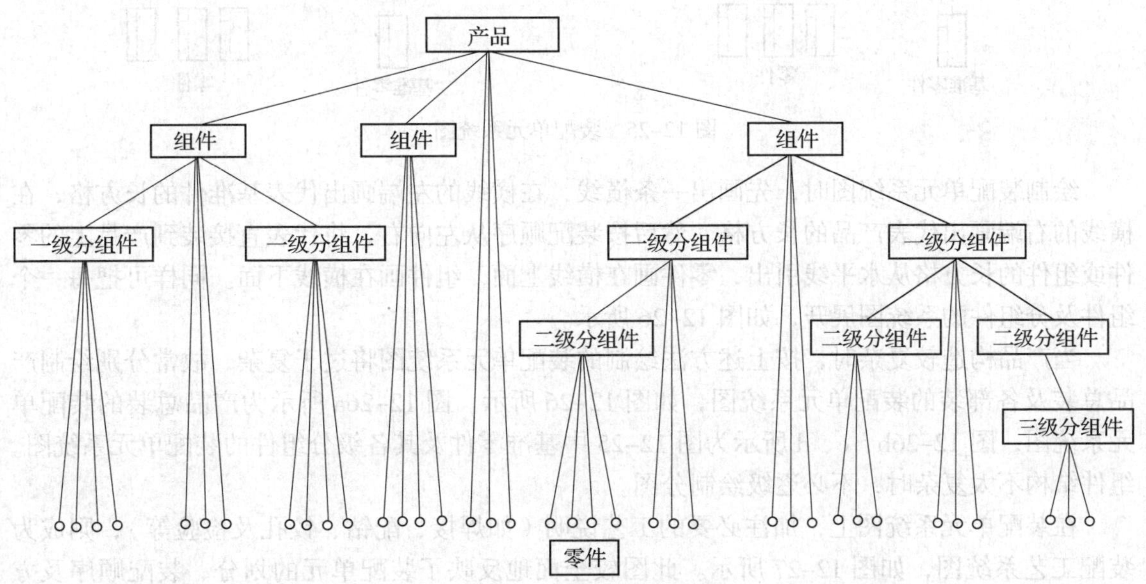

图 12–24 装配单元划分图解

装配单元划分后，可确定各级分组件、组件和产品的装配顺序。在确定产品各级装配单元的装配顺序时，首先要选择装配基准件，基准件可以选一个零件，也可以选低一级的装配单元。然后根据装配结构的具体情况，按照先下后上、先内后外、先难后易、先精密后一般、先重大后轻小的一般规律去确定其他零件或装配单元的装配顺序。合理的装配顺序是在不断的实践中逐步形成的。

如图 12–25 所示，产品装配单元的划分及其装配顺序可以通过装配单元系统图直观地表示出来。图中每一零件、分组件或组件都用长方格表示，长方格的上方注明装配单元的名称，左下方填写装配单元的编号，右下方填写装配单元的数量。装配单元的编号必须与装配图及零件明细表中的编号一致。

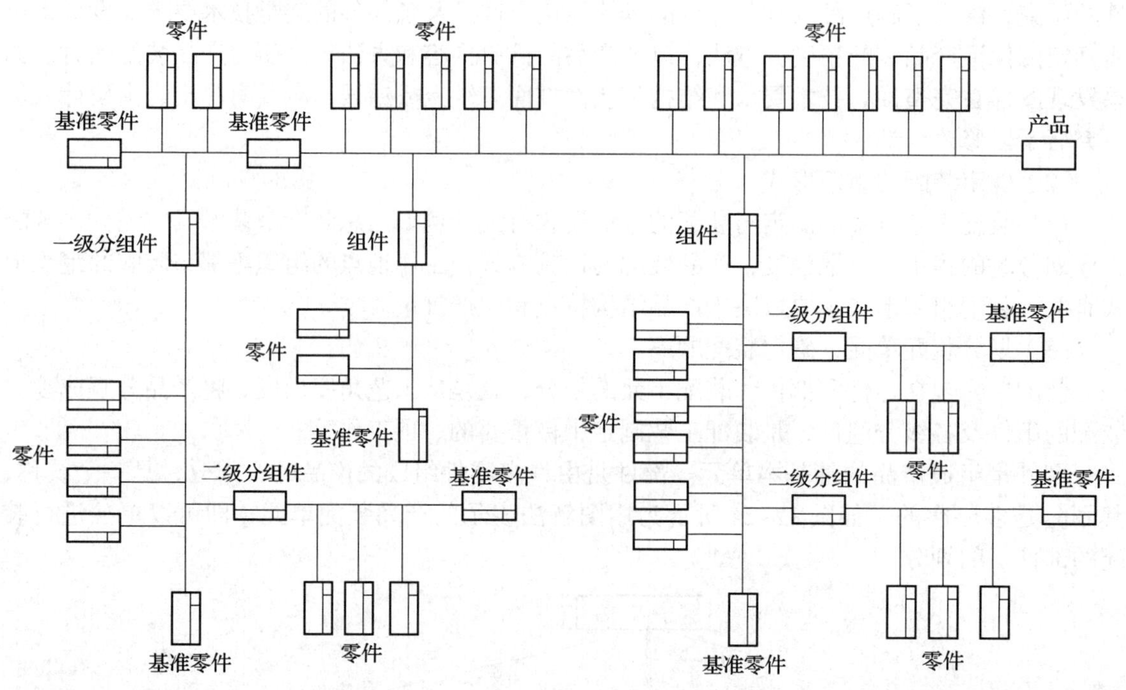

图 12–25　装配单元系统图

绘制装配单元系统图时，先画出一条横线，在横线的左端画出代表基准件的长方格，在横线的右端画出代表产品的长方格。然后按装配顺序从左向右，将代表直接装到产品上的零件或组件的长方格从水平线引出，零件画在横线上面，组件画在横线下面。同样可把每一个组件及分组件的系统图展开，如图 12–26 所示。

当产品构造较复杂时，按上述方法绘制的装配单元系统图将过于复杂，故常分别绘制产品总装及各部装的装配单元系统图，如图 12–26 所示。图 12–26a 所示为产品总装的装配单元系统图，图 12–26b、c、d 所示为图 12–25 中基准零件及其各级分组件的装配单元系统图。组件结构不太复杂时，不必逐级绘制分图。

在装配单元系统图上，加注必要的工艺说明（如焊接、配钻、铰孔及检验等），则成为装配工艺系统图，如图 12–27 所示。此图较全面地反映了装配单元的划分、装配顺序及方法，它是装配工艺规程中的主要文件之一。

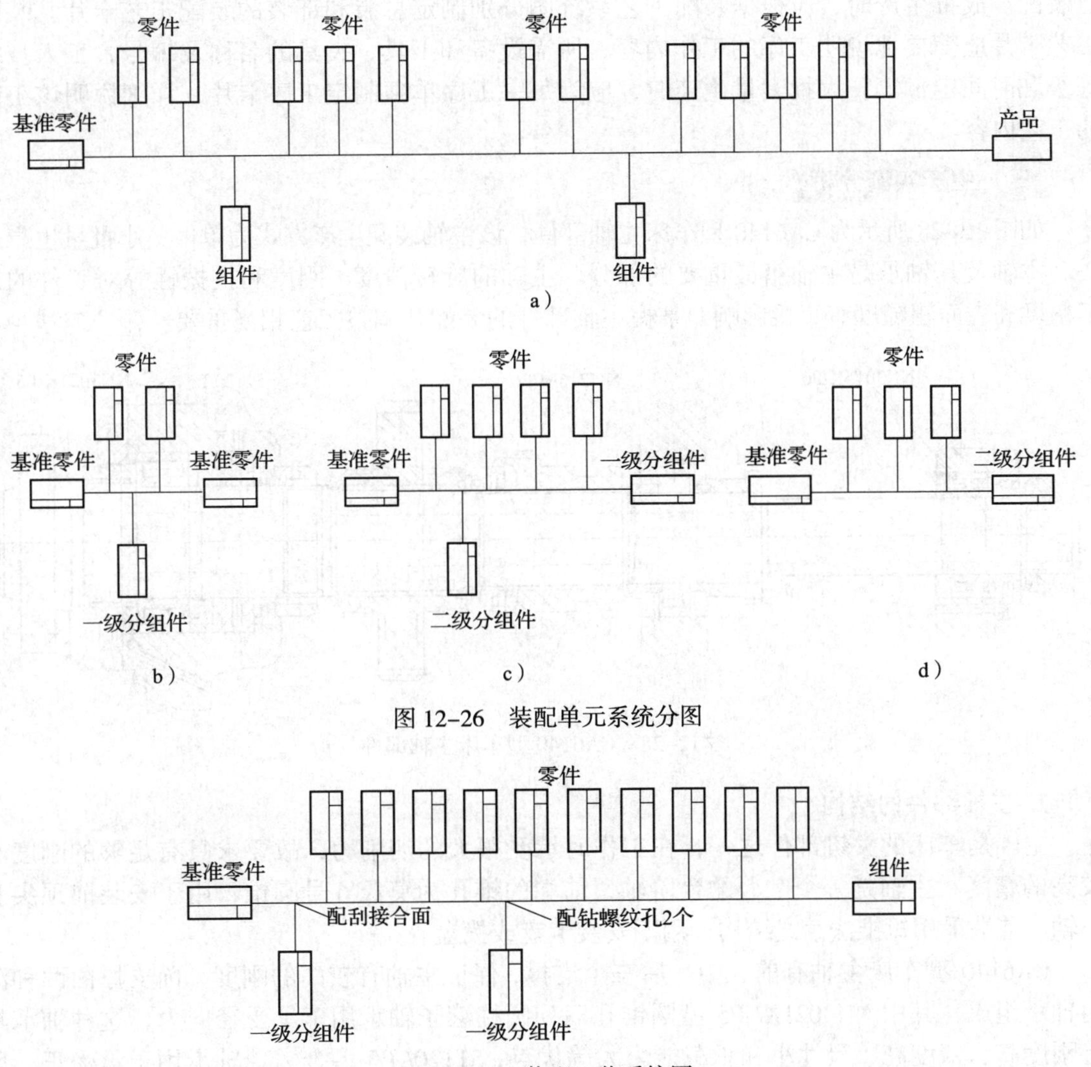

图 12–26　装配单元系统分图

图 12–27　装配工艺系统图

（4）划分装配工序

装配顺序确定后，还要将装配工艺过程划分为若干工序，并确定各工序的工作内容，主要工作如下：

1）确定工序集中与分散的程度。

2）划分装配工序，确定工序内容。

3）确定各工序所需的设备和工具。

4）制定各工序装配操作规范要求。

5）制定各工序装配质量标准与检测方法。

6）确定工序时间定额，平衡工序节拍。

（5）制定装配工艺卡片

在单件、小批量生产时，通常不制定装配工艺卡片，工人按装配图和装配工艺系统图进行装配。成批生产时，应根据装配工艺系统图分别制定总装和部装的装配工艺卡片。装配工艺卡片应简要地说明工序的工作内容，所需设备和工具、夹具的名称及编号，工人技术等级和时间定额等。大批大量生产时，应为每一工序单独制定工序卡片，详细说明该工序的工艺内容。

三、生产实例分析

如图 12–28 所示为 CA6140 型车床主轴部件，该主轴装配生产方式为单件、小批量生产。

主轴及其轴承是主轴箱最重要的部分。主轴的旋转精度、刚度和抗振性等对工件的加工精度和表面粗糙度有直接影响，掌握主轴部件的装配和调整工艺相当重要。

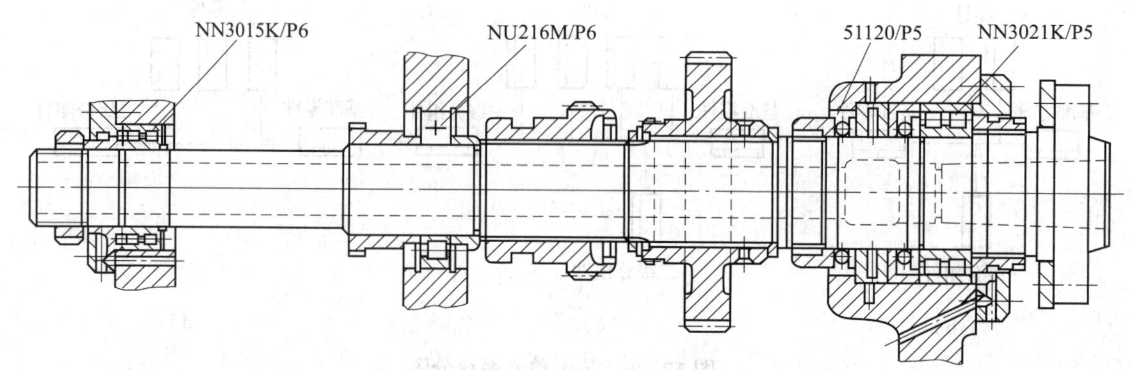

图 12–28　CA6140 型车床主轴部件

1. 主轴部件的结构

主轴是车床的关键部件之一，在工作时承受很大的切削力，故要求具有足够的刚度和较高的精度。主轴是一个空心的台阶轴，前端的锥孔为莫氏 6 号圆锥，用于安装前顶尖和心轴。前端采用短锥法兰式结构，用于安装卡盘或拨盘。

CA6140 型车床主轴有前、中、后三个支撑，保证主轴有较高的刚度。前支撑由两种滚动轴承组成，其中 NN3021K/ P5 型圆锥孔双列圆柱滚子轴承用于承受径向力，这种轴承具有刚度高、精度高、尺寸小和承载能力大等优点，51120/ P5 型推力球轴承用于承受正、反两个方向的轴向力。后支撑采用一个 NN3015K/ P6 型圆锥孔双列圆柱滚子轴承。中间支撑是 NU216M/ P6 型圆柱滚子轴承。这种结构将推力轴承安装在前支撑中，离加工部位距离较近，中、后支撑只承受径向力，而在轴向可以游动。当主轴由于长时间运转发热膨胀时，可以允许向后微量伸长，以减小主轴弯曲变形，使主轴在重负荷下有足够的刚度。

2. 主轴部件的装配技术要求

主轴轴承对主轴的旋转精度及刚度影响很大，轴承中的间隙直接影响机床的加工精度，主轴轴承应在无间隙（或少许过盈）的条件下运转，因此，主轴轴承的间隙应定期进行调整。该主轴的精度要求径向圆跳动误差和轴向窜动均不超过 0.01 mm，通常为 1 ~ 3 μm。

3. 主轴部件的装配工艺过程

（1）装配顺序

主轴部件的装配基准件是主轴，主轴上各直径向右呈台阶状，这就决定了装配的顺序应当是主轴自右向左装入箱体，右边的零件先装到主轴上，左边的零件后装到主轴上。

（2）装配单元系统图

主轴部件的装配可用图 12–29 所示的装配单元系统图来表达。

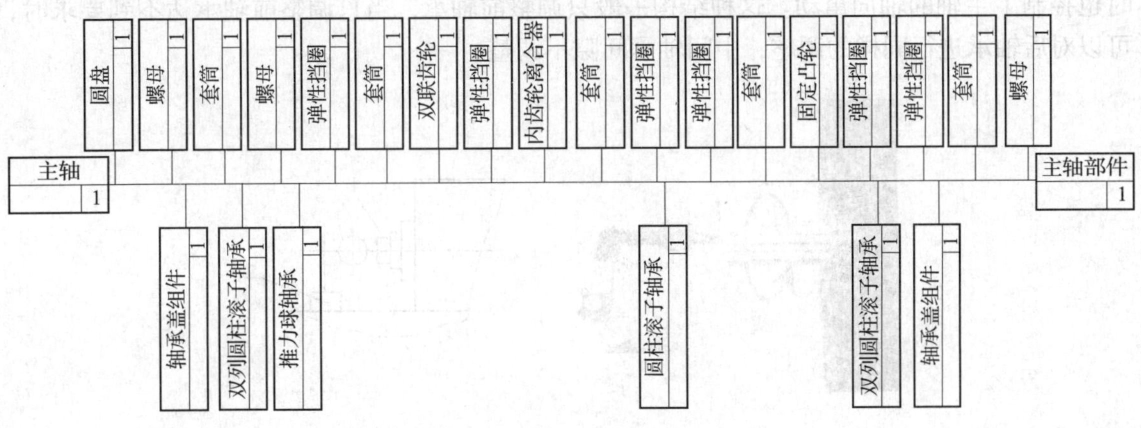

图 12–29　主轴部件装配单元系统图

（3）主轴部件的精度检验

1）主轴径向圆跳动的检验。如图 12–30 所示，在主轴锥孔中紧密地插入一根圆锥柄检验棒，将百分表固定在机床上，使百分表测头顶在检验棒表面上。旋转主轴，分别在靠近主轴端部 a 处和距 a 点 300 mm 的 b 处检验。a、b 的误差分别计算。主轴每转一转，百分表读数的最大差值就是主轴锥孔中心线的径向圆跳动误差。

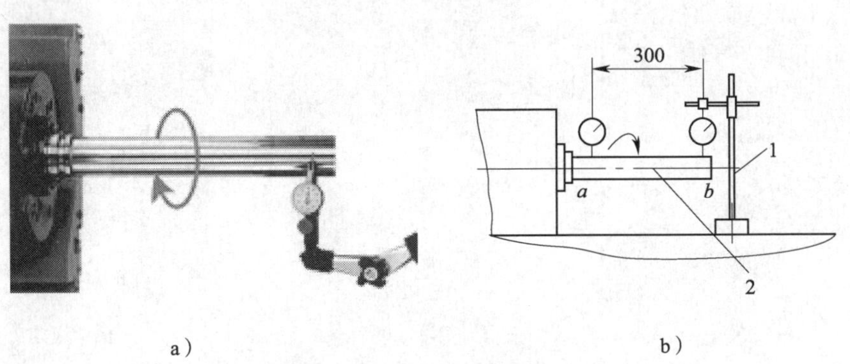

a）　　　　b）

图 12–30　主轴径向圆跳动的检验

a）径向圆跳动检验　b）示意图

1—百分表　2—检验棒

为了避免圆锥柄检验棒配合不良的影响，拔出检验棒，相对主轴旋转 90°。重新插入主轴锥孔中，再重复检验 3 次，4 次测量的平均值为主轴径向圆跳动误差。

2）主轴轴向窜动的检验。在图 12–31 中，在主轴锥孔中紧密地插入一根圆锥柄短检验棒，中心孔中装入钢球（钢球用黄油粘上）。平头百分表固定在床身上，使百分表测头顶在钢球上，旋转主轴检查，百分表读数的最大差值即主轴轴向窜动误差。

（4）主轴部件的调整

主轴轴承的间隙应定期调整，具体办法是松开主轴前端双列圆柱滚子轴承右侧的螺母，拧紧主轴前端推力球轴承左侧的圆螺母。因双列圆柱滚子轴承内圈是锥度为 1 : 12 的薄壁锥孔，推力球轴承左侧圆螺母的推力使双列圆柱滚子轴承内圈右移胀大，减小径向间隙，同时也控制了主轴的轴向窜动。这种结构一般只调整前轴承，当只调整前轴承达不到要求时，可以对后轴承进行同样的调整，中间轴承间隙不调整。

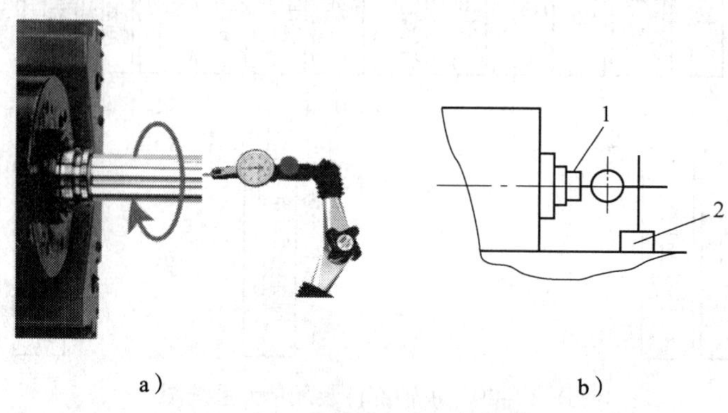

图 12–31　主轴轴向窜动的检验

a）轴向窜动检验　b）示意图

1—检验棒　2—百分表